AF564956

LEBENSWENDE

DEGENERATION UND REGENERATION IN NATUR UND GESELLSCHAFT

MICHAEL BELEITES

LEBENSWENDE

DEGENERATION UND REGENERATION IN NATUR UND GESELLSCHAFT

MIT EINEM GELEIT VON
THOMAS HOOF

MANUSCRIPTUM

Impressum

Lüdinghausen und Neuruppin 2020

Korrektorat: Christa Nitsch
Gestaltung Umschlag: Thomas Löffler

ISBN: 978-3-948075-23-1

Fotos und Graphiken, soweit nicht anders angegeben, vom Autor.
Vorarbeiten wurden gefördert durch die Andrea von Braun Stiftung, München.

THOMAS HOOF

ZUR EINFÜHRUNG IN UNSERE NEUE SCHRIFTENREIHE: NATUR.WISSENSCHAFT.PHILOSOPHIE

Aber zweihundert Jahre Orgien der Wissenschaftlichkeit – dann hat man es satt. Nicht der Einzelne, die Seele der Kultur hat es satt. Sie drückt das aus, indem sie ihre Forscher, die sie in die geschichtliche Welt des Tages hinaufsendet, immer kleiner, enger, unfruchtbarer wählt.

Oswald Spengler: *Der Untergang des Abendlandes*, einbändige Ausgabe, München 1990, S. 548.

Höhenflug und Höllensturz der Naturwissenschaften

Der faustische Höhenflug der Naturwissenschaften im 19. und 20. Jahrhundert war geladen mit dem Ehrgeiz, die »Welträtsel« endgültig zu lösen und die allesbewegende Kraft der Sonne nicht länger nur nach deren Maß empfangen, sondern sie nach eigenem Anspruch und Bedarf selbst aus der Erde brechen zu können. Beides nährte die gnostische Hoffnung, daß sich die Erlösung auf die Erde zwingen ließe, nicht als ein Geschenk des Himmels, sondern als Ergebnis eigener Erkenntnis und Tat. Die heute kaum faßbare Kraft, die den ab 1850 in Europa geborenen Männern zu eigen war, erwuchs unter diesen Horizonten.

Nur ein Jahrhundert später, am Ende dieses erschöpfenden geistigen und technischen Kampfes um Selbstvergrößerung, findet sich der Homo scientificus europaeus im Lichte der von ihm begründeten Wissenschaften wieder als ein Etwas, das infolge zahlreicher kosmischer Katastrophen und mutativer Unglücksfälle hervorgekrochen ist aus der Schimmelkruste des erkalteten Planeten einer Sonne am Rande einer peripheren Galaxie – und dieses eigentlich nur als Kostüm »egoistischer Gene«, die zynisch genug waren, sich in Gestalt eines denkenden und fühlenden und staunenden Wesens zu vermehren, anstatt dies auf die unkomplizierte Weise der Bierhefe zu tun. Er ist nichts als ein »Nichts-als«, ein seelenloser Körper, ein unbehaarter Affe, ein Paket Protoplasma, das zuckt und denkt, es denke. Im 21. Jahrhundert nahm dieser Drang zur Degradierung des Homo sapiens, faber und ludens geradezu manische Züge an. Die Genetiker legen mit Häme dar, daß der Weißkohl (Brassica oleracea mit 100 000 Genen) den Menschen (mit 25 000) an genetischer Komplexität weit übertreffe, verzichten aber darauf, aus einem Vergleich zwischen dem Weißkohlkopf und, sagen wir, Leonardo schlußzufolgern: Die Gene sind's wohl doch nicht.[1]

Und die Neurowissenschaftler erklären, daß menschentypische Gemütszustände wie Trauer, Freude, Glauben, Staunen, Wundern nur (oder »nichts als«) alltagspsychologische Schimären seien, denn auf ihren Kernspin-Tomographen erscheine keine Spur davon. Und sie nehmen sich die Freiheit zu erklären, es gäbe keine Freiheit: Der Mensch bilde sich bloß ein, sich entschieden zu haben, während in Wirklichkeit sein Mund das Rechenergebnis des determinierten Automaten unter seiner Schädeldecke genauso nur verkünde wie »Siri« das Resultat einer Abfrage in entfernten Datenbanken. Mindestens für die Neuro- und Kognitionswissenschaftler gilt in vollem

[1] Vom »Humangenomprojekt«, dem die FAZ am 27.6.2000 mit dem Abdruck der Codes der letzten Genabschnitte auf einer ganzen Feuilleton-Seite einen historisch-feierlichen Auftritt bot, heißt es fünfzehn Jahre später in derselben Zeitung, es sei »*... der größte und teuerste Flop, den wir wissenschaftsgeschichtlich je zustande gebracht haben*«. (Gerald Hüther im Interview mit der FAZ vom 31.12.2015)

Umfang Herbert Feigls (ursprünglich auf die Psychologen gemünztes) Diktum: Sie haben zuerst die Seele, dann das Bewußtsein und jetzt auch noch den Verstand verloren.[2]

Die Ingenieure erbrachten in der zweiten Hälfte des 20. Jahrhundert dank ihres Zugriffs auf scheinbar unerschöpfliche Energien monomanische Leistungen zur prothetischen Lebenserleichterung.[3] Die Naturwissenschaften blieben im Vergleich dazu völlig unfruchtbar. Keines der Welträtsel des 19. Jahrhunderts wurde im 20. Jahrhundert gelöst. Was Gravitation, Trägheit, Masse, Licht »eigentlich« sind, bleibt eben so rätselhaft und unverstanden wie die Entstehung des Lebens, die elektrochemisch nachzubilden in Computermodellen nicht gelingt, in der Scheinwirklichkeit des Labors erst recht nicht.

In dem Maße, in dem sie bei der Welterkenntnis versagten, waren die Naturwissenschaftler in Sachen Weltbildformung beflissen und betätigten sich als Herolde der Nichtigkeit (des Menschen) und der Bedeutungslosigkeit (der Welt). Um 1930 etwa, meinte Jakob von Uexküll, wurde die Sinnlosigkeit der Welt zum obersten naturwissenschaftlichen Grundsatz erhoben, und die »exakten Wissenschaften« wurden in der Folge zu einer Stoffsammlung für »suggestive Predigten über die Kleinheit und Wertlosigkeit des Menschen« (Theodor Haering). Die Milch der wissenschaftsfrommen Denkungsart ist nicht nur sauer geworden, sondern giftig, und sie quillt in Form immer schrillerer vulgärmaterialistischer Tiraden aus den Zeitungsspalten und Lautsprechern.
Gewiß: Man kann groß oder klein, mit Ehrfurcht, Abscheu oder Verachtung vom Menschen denken; für all dies bot er – über das breite Mittelmaß zwischen den Polen »Untier« und »Übermensch« pendelnd – reichlich Gründe. Aber seine schmähsüchtige Verkleinerung auf einen Bastard aus Eiweiß und Maschinchen und seine Umsiedlung aus der Harmonia Mundi in einen dem Nichts entsprungenen und in Zufallskatastrophen sich fortstürzenden Kosmos sind entweder Symptome eines fortgeschrittenen Wahns oder Indizien für einen beabsichtigten Denkmalsturz jener Riesen der europäischen Wissenschaft und Philosophie, auf deren Schultern die Nachfolger nicht stehen, sondern nur mehr herumhampeln.[4]

Es ist jedenfalls an der Zeit, daran zu erinnern, daß der europäische Mensch nie so klein war, wie er sich heute fühlen soll, in Teilen seiner heutigen Exponenten auch fühlt und in noch kleineren Teilen schon ist.

2 Es ist das alte erkenntnistheoretische Grundproblem der Verwechselung der Wirklichkeit mit der Wahrnehmbarkeit. Die Neurowissenschaftler meinen tatsächlich, daß sie mit ihren fMRT-Scans dem Geist eines Menschen beim Denken und Fühlen zuschauen, während sie tatsächlich einer von diesem Geist konstruierten Apparatur bei der angewiesenen Arbeit zusehen. Peter Janich aus der protowissenschaftlichen Erlanger Schule (in der Nachfolge Hugo Dinglers) fragt daher: »woher die Wahrheitskriterien (der Neurowissenschaften) kommen, d.h. wieso diese fiktiven Erklärungsmöglichkeiten als Erkenntnisse und nicht etwa als bloße Meinungen einer szientistischen Religion oder gar als absurder Irrtum anzusehen seien«. Peter Janich: *Was ist Erkenntnis?*, München 2000, S. 76.

3 Die Disziplinen der Werkstoff- und Materialwissenschaften, denen u.a. die Miniaturisierung der Halbleitertechnik zu danken ist, sind in einem solchen Maße »angewandte Wissenschaften«, daß man sie getrost dem Ingenieurwesen zuschlagen kann.

4 Das Urteil stammt nicht von mir: Der Physiker Alexander Unzicker sieht die Grundlagenwissenschaften mit ihrer Teilchen- und Signaljagd »Auf dem abschüssigen Hang zur Gaukelei« (»Gravitationswellen: Stilles Fiasko«, heise.de vom 16.2.2020) und seine Kollegin Sabine Hossenfelder sagt im *Spiegel*-Interview vom 8.6.2019 zu der karrieregetriebenen Veröffentlichungsflut aus dem Large Halon Collider des CERN in Genf: »Die überwiegende Mehrzahl dieser Arbeiten ist komplett nutzlos.« Am LHC in Genf arbeiten etwa 8.000 Physiker. Sie beobachten Maschinen, die Maschinen beobachten, die wiederum Detektoren beobachten – mit dem einzigen Ergebnis, daß den Teilchenphysikern ihre Teilchensammlung inzwischen um die Ohren fliegt. Zur Erinnerung: Die Quantentheorie wurde von einem Lehrstuhlinhaber (Max Planck) mit zwei Assistenten in den 1890er Jahren an der Berliner Humboldt-Universität entwickelt.

Das Evolutionsparadigma

Von der darwinistischen Evolution der Arten gab es Brückenschläge über 4 Milliarden Jahre zur Entstehung des Lebens und über 14 Milliarden Jahre an den Urbeginn des Kosmos. Alles war schließlich Evolution, d.h. A bringt endlich B hervor, nachdem es sich bei unzähligen Fehlversuchen in Sackgassen und Irrgängen verlaufen hatte.

Der Alltagsverstand hat den überwältigenden Eindruck, daß der kosmische Prozeß, wie ihn die Physik in ihrem Standardmodell schildert – vom Urknall, über die Bildung von Galaxien, Sonnen, in Atmosphären gehüllten Planeten, die Entstehung des Lebens bis zur Evolution hin zu einem bewußten Betrachter des Ganzen – von organisierenden Kräften ausgerichtet wurde. Es ist schlicht nicht denkbar[5], daß ein solcher Prozeß über Myriaden von Verzweigungspunkten hin »durchhält« und nicht »ausbricht« und im Chaos endet, sondern immer genau die Parameter trifft, die eine Weiterentwicklung im Sinne zunehmender Differenzierung der Strukturen ermöglichen, ohne daß »ziehende« oder allgemein organisierende Kräfte darin wirksam waren. Die Evolutionsparadigmatiker tragen diesem unwiderlegbaren Wahrscheinlichkeitseinwand ja auch widerwillig Rechnung:

- In der Kosmologie mit der Erwägung eines »anthropischen Prinzips« oder einer »Multiversentheorie«, mit der die infinitesimal geringe Wahrscheinlichkeit dieses einen Universums mathematisch aufgebessert wird, indem ihm so viele (meist 10^{500}, sprich: unendlich viele) andersgeartete Ko-Universen zugesellt werden, daß die Existenz dieses Universums mit den darin geltenden Naturkonstanten stochastisch möglich, ja sogar zwangsläufig wird – unter unendlich vielen Universen muß es schließlich auch eines wie das unsere geben. Man sieht: Das ist weder Wissenschaft noch Philosophie noch Spekulation. Es ist eine mathematische Kinderei.
- In der Biologie durch den geradezu verzweifelten Versuch, die organisierenden Kräfte in die Dinge hinein zu verlegen, indem mit der Vorsilbe Selbst- oder Auto- das Ausrichtende, das Bewegende und das Bewegte ineinander verhakt werden. »Autopoiesis und Emergenz« heißt das und bedeutet: Alles ist geschaffen, aber von sich selbst. Das »Neue« taucht aus dissipativen Strukturen plötzlich aus der Tiefe auf und ist dann da. Die Selbstorganisationskonzepte wollen das Wunder des Lebens nicht etwa erklären, sondern, weil sie das nicht können, lediglich ins Banale schieben. Ganz lässig: »Na, klar doch. Nix Besonderes. Emergenz halt.«

Der hartnäckigste Widerstand gegen das Evolutionsparadigma kommt nicht aus der Wissenschaft, sondern er liegt in dem, was ich oben als »Alltagsverstand« sehr unzureichend bezeichnet habe. Es ist ein Von-Selbst-Wissen, ein Vorwissen, eine »innere Gewißheit« von Menschen, die ihr Weltbild noch aus Sinneseindrücken, Erfahrungen, Intuition und Instinkt bestücken. Die

[5] Sicher: Was »denkbar« ist, bindet seit Kant nicht die objektive Wirklichkeit, sondern nur das denkende Subjekt. Aber ich bin guter Dinge, daß beide bis zu einem gewissen Grad wohlkoordiniert sind.

Neodarwinisten beklagen denn auch, es seien kognitive Grundeinstellungen des Menschen wie ein intuitiver Dualismus und ein finalistisches Denken dafür verantwortlich, daß der Neodarwinismus nach wie vor massive Akzeptanzprobleme habe.[6]

Um die Vernichtung dieser »Inneren Gewißheiten« ist es dem populärwissenschaftlichen Diskurs erkennbar zu tun; nur wer sich ihrer entledige, sei auf der Höhe der Zeit und erführe – das Dauerversprechen der Moderne – einen Gewinn an Freiheit dann, wenn er der »Inneren Stimme« endlich Schweigen geböte. Eine kleine Umdrehung weiter und der wirklich zeitgenössische Zeitgenosse wird sich von einer Ektomie des eigenen Rückgrats einen Zuwachs an Gelenkigkeit und Bewegungsfreiheit versprechen.

Was die Naturwissenschaft wirklich bewegt, ist nicht Neugier, sondern Abwehr; die Abwehr jeder Hypothese, die den kosmischen Energieflüssen eine Zielrichtung, also ein »Gerichtetsein« entnehmen oder zusprechen will. Es ist eine alte Frage, ob Zielursachen (wie sie in menschlichen Handlungen bestimmend sind) auch im Weltgeschehen wirken. Physikalisch ist nicht zu unterscheiden, ob eine Bewegung von stoßenden oder von ziehenden Kräften bewirkt wurde. Es ist insofern auch nicht zu unterscheiden, ob die Naturkonstanten der Physik für das Erscheinen des Menschen kausalursächlich sind, oder umgekehrt das Erscheinen des Menschen (oder eines hinter ihm liegenden Entwicklungszieles) für die Naturkonstanten finalursächlich ist.

Das Postulat wirkender Finalursachen würde zwei derzeit unlösbare Knoten entschlingen: Das oben geschilderte Unwahrscheinlichkeitsdilemma wäre behoben, und das Problem der Freiheit wäre für menschliche Maßstäbe verschwunden: Während der von »hinten gestoßene« Weltprozeß letzten Endes nur volldeterministisch gedacht werden kann, weil jede Inanspruchnahme von Freiheit die Kausalkette unterbräche, kann der von vorne zum Ziel gezogene Weltprozeß auch pendeln, schweifen und abirren (lassen) und Um- und Seitenwege möglich machen. Es führen eben viele Wege zum Ziel.

Es gibt eine lange Tradition in den deutschen Naturwissenschaften und der deutschen Naturphilosophie, die zumindest im Bereich des Organischen nach bildenden und steuernden Kräften, Dominanten, Entelechien (Eduard von Hartmann, Hans Driesch, Johannes Reinke, Richard Woltereck) oder gar nach regulierenden, möglicherweise auch informationsspeichernden biologischen Feldern sucht. Wenn diese Kräfte nicht bestimmt werden können, so sind sie damit nicht widerlegt: Auch die Gravitation kennen wir nur über ihre Wirkungen, und die Wirkung einer zielrichtenden Kraft ist für den, der nicht fest die Augen davor schließt, unübersehbar: Über alles – kein Chaos, sondern Entfaltung[7] … und unterwegs erfrischt sich die Ordnung im Chaos und besänftigt sich das Chaos in der Ordnung.

6 Dazu: Anna Beniermann: *Evolution – von Akzeptanz und Zweifeln. Empirische Studien über Einstellungen zu Evolution und Bewußtsein*, Heidelberg 2019.

7 oder »Gestaltstrebigkeit«. Die Wortbildung geht meines Wissens auf Max Thürkauf zurück, der damit aber auf einen spezifisch deutschen, entwicklungsphilosophischen Sonderweg verweist. Das Deutsche allein »… hat für den Komplex des Daseins eines wirklichen Wesens das Wort Gestalt.« (Goethe, *Zur Morphologie* – Die Absicht eingeleitet). Goethes morphologischer Gestaltansatz wurde später von Christian von Ehrenfels und Max Wertheimer zur der international wirksamen Gestalttheorie weiterentwickelt.

Aber die Naturwissenschaften wollen die Frischluftluke nach dieser Seite keinen Spalt öffnen; es könnte eine kleine Brise Metaphysik hindurchwehen, und eher hält der Teufel ganzen Sturzbächen von Weihwasser stand als ein szientistischer Gegenwartsbiologe solchem Lufthauch.

Von all dem wird in unserer neuen Reihe NATUR.WISSENSCHAFT.PHILOSOPHIE die Rede sein: Durch den Mund von Klassikern der Naturwissenschaft aus dem späten 19. und dem frühen 20. Jahrhundert, aber auch durch Arbeiten heutiger Autoren, die in der eng und spurgetreu geführten Wissenschaftslandschaft keine Publikationsmöglichkeiten mehr haben. Wir haben dabei selbstverständlich kein bestimmtes »Erkenntnisziel« vor Augen, insbesondere keinen Ehrgeiz die »Letzten Dinge« überhaupt zu klären; wir halten uns an die klügeren Alten und wenden uns (mit Spinoza) gegen Wissenschaften, »die so Sonderbares der Natur andichten, als sei sie schon zusammen mit ihnen rein verrückt geworden« und meinen im übrigen (mit Goethe), daß derjenige am besten tut, der sich *mit Einsicht* für beschränkt erklärt.

THOMAS HOOF

ZUM ERSTEN BAND DER SCHRIFTENREIHE: MICHAEL BELEITES' *UMWELTRESONANZ*

Unsere Reihe eröffnen wir mit Michael Beleites' großem Wurf gegen die Evolutionstheorie, seiner zum ersten Mal im Jahre 2014 erschienen *Umweltresonanz – Grundzüge einer organismischen Biologie*.

Michael Beleites' Kritik am Evolutionsdogma richtet sich *nicht* nur wie üblich gegen die vielen prozeßlogischen Schwachstellen[1] der darwinistischen Grundthesen

- vom gradualistischen Wandel der Arten durch Anpassung, ständige Selektion und die generative Bevorteilung der stärksten und überlebensfähigsten Exemplare einer Gattung,
- von der Entstehung neuer Arten durch Mutationen, Radiation von Formen und Bastardisierung und über die Generationenfolge veränderte Erbprogramme.
- vom gemeinsamen Stammbaum aller Arten und Rassen, in dem Fadenwurm, Mücke, Dinosaurier und Mensch und alles andere, was kreucht und fleucht, ihren gemeinsamen Vorfahren finden. Das Beeindruckendste an diesem »Stammbaum des Lebens« sind freilich bis heute die riesigen Lücken im Geäst.

Beleites' Ansatz zielt also tiefer als die übliche Darwinismuskritik, weil er die These von einer ständigen, durch den Kampf ums Überleben getriebenen evolutiven Dynamik insgesamt bestreitet. Das zielt auf – und trifft – die Fundamente dieser auch ideologisch so mächtigen Lehre, nämlich so:

Der englische Ethologe W. H. Thorpe hatte 1970 (in einer Diskussion mit Arthur Koestler und Ludwig von Bertalanffy) die Neodarwinisten in kritischer Absicht gefragt, wieso die Bachstelze (Motacilla alba) in gleicher Gestalt wie heute schon vor der Auffaltung des Himalayas (also vor etwa 40 Millionen Jahren) die Erde überhüpfte und überflog. »Diese Konstanz ist so erstaunlich, daß man sich gezwungen sieht, nach einem besonderen Mechanismus zu suchen, der nicht die Evolution, sondern die Beständigkeit mancher Gattungen zu erklären vermag«[2].

Die Frage hat Sprengkraft und die Neodarwinisten mußten die Antwort schuldig bleiben, weil sie die Geschichte des Lebens als hochdynamischen Prozeß eines pausenlosen, Anpassung oder Untergang erzwingenden Wandels geschrieben haben. Die Bachstelze gilt ihnen demnach als ein schräger Vogel, der zudem das Lied des verhaßten (weil ihre Lehre aus den Angeln hebenden) »Essentialismus« flötet, das übersetzt in etwa lautet: Die Natur hat mit ihren Gestalten etwas »gemeint«, und was sie gemeint hat, das stellt sie über gewisse Variationsbreiten hinaus auch nicht zur Disposition.

Ernst Mayr, der Übervater der Synthetischen Evolutionstheorie, sieht die tödliche Bedrohung durch die »Irrlehre des Essentialismus«: »Das herausragende Merkmal einer Essenz ist ihre Be-

[1] Der gradualistische Neodarwinismus stößt immer auf den Einwand der »nichtreduzierbaren Komplexität«: Bei einem gradualistischen Verlauf wäre eine Kutsche zum Automobil evolviert, indem sie sich qua Mutation mit jeweils 50 Jahren Abstand zunächst ein eisernes Getriebe (30kg), dann eine Kurbelwelle (20kg) und schließlich einen Verbrennungsmotor zulegte. Nach der glücklichen Kopplung dieser drei Teile wäre sie ein Automobil geworden. Es fragt sich allerdings, wie sie mit dem Zentner Zusatzgewicht aus Getriebe und Kurbelwelle den Kampf ums logistische Dasein gegen ihre unbeschwerten Konkurrenten für 99 Jahre überstanden hätte.

[2] Arthur Koestler (Hg.): *Das neue Menschenbild. Die Revolutionierung der Wissenschaft vom Menschen.* Wien 1970, S. 372.

ständigkeit, ihre Unveränderlichkeit ... Wenn Spezies eine solche Essenz hätten, wäre eine allmähliche Evolution unmöglich. Die Tatsache ihrer Evolution zeigt, dass sie eben keine solche Essenz haben.«[3] Er argumentiert also, daß es beständige Wesenheiten in der Natur schon deshalb nicht geben könne, weil sonst ja die Evolutionstheorie falsch sei. Da hat er zweifellos recht – nur eben: »just the other way round«.

Michael Beleites zeigt unwiderlegbar, daß die Beständigkeit der Arten innerhalb einer enggeführten Variationsbreite der Normalfall ist und die genetisch-divergente Ausuferung ein Sonderfall, der im wesentlichen bei Domestikations- und Zuchtformen eintritt, während Wildformen in freier Natur räumlich und zeitlich eine hohe Kohäsion zeigen.

Er steht damit in einer Tradition der Fundamentalkritik am Darwinismus, die der holländische Botaniker Hugo de Vries[4] schon vor 120 Jahren begründete. De Vries hatte festgestellt, daß

- bestehende Anlagen züchterisch ausgebaut oder eingeschränkt werden können; Neues entstehe dabei nicht.
- »Auf jede Selektion folgt eine Regression, um so größer, je schärfer die erstere war. Mag die Selektion auch noch solange anhalten, dieser stete Rückschritt läßt nicht nach.
- »Hört die Züchtung auf, so hören auch die erzüchteten Rassenmerkmale auf, und zwar innerhalb ... weniger Generationen«.

Was die Züchter schon immer wußten, die Mutationsbiologen seit den 50er und die Genbastler seit den 90er Jahren lernen mußten: Es gelingt das Wenigste. Und was gelingen kann, braucht ungeheuren Aufwand[5]: Die Natur ist anscheinend »gelagert« und hat einen Schwerpunkt, aus dem sie sich nicht kippen läßt. Und die Kraft, die da nach einer eigenen Logik ordnet und richtet, zuläßt und verwirft und immer wieder geradezieht, läßt, wie es scheint, zwar eine Zeitlang mit sich spielen, aber nicht mit sich spaßen. Man kann sie sich einstweilen wahlweise mit der Kategorie des »Gottgewollten« oder mit dem nicht minder geheimnisvollen, aber in Physik und Technik trotzdem alltags- und praxistauglichen Begriff des »Feldes« erklären.

Michael Beleites geht weit über de Vries hinaus, indem er Beständigkeit der Natur auf beiden Seiten der von ihm gezogenen Scheidelinien zwischen Wildformen – und Domestikationsformen in ungestörten und gestörten Milieus betrachtet. Er beweist damit nebenbei, daß das ideologieträchtigste (und giftigst gegen zahllose Einsprüche verteidigte) biologische Dogma aus einem grotesken Fehlgriff entstanden ist, mit dem tatsächlich die Naturgeschichte und ihre be-

3 Ernst Mayr: *Eine neue Philosophie der Biologie,* München 1991, Seite 241, weiteres dazu auf den Seiten 206 und 235.

4 Hugo de Vries: *Die Mutationstheorie. Versuche und Beobachtungen über die Entstehung von Arten im Pflanzenreich.* 2 Bände. Leipzig, 1901 und 1903.

5 Wie weit der Aufwand hochgetrieben wird, zeigt die heutige Gemüsezucht mit dem Prozeß der F1-Hybridisierung, bei der die degenerative Wirkung der Inzucht von Elternlinien über mehrere Generationen in der ersten Filialgeneration (F1) in einen sogenannten Heterosis-Effekt mündet. Die Pflanzen dieser Generation explodieren im Ertrag und sind völlig einheitlich. Beides ist allerdings ein Knalleffekt, denn die Eigenschaften können nicht fixiert werden; schon die F2-Generation »spaltet wieder auf«, baut ab und zeigt völlig neue, praktisch immer unerwünschte Eigenschaften mit dem Ergebnis, daß das F1-Saatgut aus der Elterngeneration immer wieder neu aufgebaut werden muß. Massenertrag und Einheitlichkeit der Gemüse sind also das 1-Generationen-Ergebnis eines ansonsten substanzzehrenden Prozesses, der außer mit hohem labortechnischen Aufwand auch mit dem Verlust jeder genetischen Variabilität bezahlt wird.

wegenden Kräfte ausgerechnet aus der Kulturgeschichte, nämlich der menschlichen Praxis der Tier- und Pflanzenzucht, herausgelesen werden sollte. Sein Buch ist insgesamt ein Steinbruch, mit einem – über das Zentralthema hinaus – überreichen Ertrag an biologischen, naturphilosophischen, aber auch naturkundlichen Einsichten.

In einer sehr fein ziselierten Argumentation geht er all den mit seinen Feststellungen verbunden Folgefragen nach: Was sind die Unterschiede zwischen Wildform, Domestikationsform und Zuchtformen? Was heißt »freie Natur« heute hinsichtlich der Landnutzungsformen zwischen Wildnis, Kulturlandschaften, Agrarsteppen und urbanen Räumen? Und er scheut sich nicht, der Frage der »Medien« nachzugehen, in denen die Natur übermittelt und sicherstellt, was sie meint, sei es durch

- Umweltinformationen wie Wetter, Klima, Sternbilder und terrestrische Gammastrahlung usw., oder
- wellenförmig-gleichschwingende Resonanzbeziehungen zwischen Umwelt und Organismen, die harmonisieren, Information tauschen oder sich gar wechselseitig anregen und energetisieren, wie die Saiten eines Instruments es tun, oder
- die hypothetischen biologischen Felder, die von Alexander Gurwitsch 1912 ins Spiel gebracht wurden, aber auch schon bei Eduard Hartmann, Hans Driesch, Hans Spemann, Richard Woltereck, Hirsch Rudy, Johannes Reinke, wenn auch unter anderen Begriffen (Entelechie, Dominanten, Bildekräfte), eine Rolle spielten. In der zweiten Hälfte des 20. Jahrhunderts wurde dieser Ansatz nur noch von dem Waliser Henry H. Price (als »Seelischer Äther«/Psychic ether) und Rupert Sheldrake (Morphogenetische Felder) wieder aufgenommen. Bei Sheldrake sind diese biologischen Felder jeder organischen Naturform zugeordnet, die sie sichern, stabilisieren und entwickeln und sie stehen darüber hinaus auch in kommunikativer Interaktion mit den zugehörigen Individuen, deren Erfahrungen hier in ein »kollektives Gedächtnis« »heraufgeladen« und gespeichert werden und zum »Download« angeboten oder übermittelt werden.[6]

Die Mehrzahl der Biologen hält dies alles für esoterische Zündschnüre, die an ihr molekularbiologisches Dogma[7] gelegt werden, und hält sich gegenüber jeder Aufforderung zur Erweiterung ihres Denkbereiches in orthodoxer Vollverstocktheit die Ohren zu. Das aber wäre nach Michael Beleites' Buch nicht mehr nur Ignoranz, sondern schuldhafte Unbelehrbarkeit.

[6] Die Begriffe aus der IT-Technik verwende ich hier nicht ohne Hintersinn: Das heutige, dauervernetzte IT-Gerät mit seiner Einbindung in »Wolken« und seiner Anbindung an Zentralrechner, auf die es Zustandsberichte und Fehlermeldungen hochlädt und aus denen es Updates erhält, ist ja geradezu eine Allegorie auf Sheldrakes Konzept morphischer biologischer Felder.

[7] Nach diesem Dogma gibt es innerhalb von Organismen nur kreisförmige Rückkopplungsprozesse zwischen DNA, RNA und Proteinen, aber keinesfalls feldförmige Wechselwirkungen mit externen Instanzen.

INHALT

III. ARTGEMÄSSES MENSCH-SEIN:
LEBEN IN REGENERATIVEN VERHÄLTNISSEN – 113

ZUR EINFÜHRUNG

Um die Lage der Menschheit steht es nicht gut. Nüchtern betrachtet, hatte Herbert Gruhl wohl Recht, als er seiner Situationsanalyse von 1992 den Titel gab: »Himmelfahrt ins Nichts«.[1] Auch seither hinzugetretene Lösungsansätze, wie die Energiewende, gründen auf einer irrationalen Wachstumslogik und schaffen wiederum gravierende neue soziale und ökologische Probleme. Schon lange ist der öffentliche Diskurs nicht mehr von einer gemeinsamen Suche nach Auswegen aus der Krise des Mensch-Natur-Verhältnisses bestimmt. Die Debatten der letzten Jahre sind geprägt von einem immer schmaler werdenden Meinungskorridor und einer Ab- und Ausgrenzungspraxis gegenüber den jenseits dieses Spektrums liegenden alternativen Meinungen und Lösungsansätzen. Gerade diejenigen, die in den 1970er und -80er Jahren als die »Alternativen« angetreten waren, wurden zu eifrigen Kämpfern gegen alternative Denkansätze.

Zu den inzwischen kaum noch sagbaren Überlegungen zur Umweltkrise gehört der Verdacht, dass unsere heutige Zivilisation an Degenerationserscheinungen leidet, die mit den physikalischen Auflösungsprozessen der *Entropie* vergleichbar sind. Herbert Gruhl meint: »Je schneller wir das Kapital der Erde ausbeuten, um so mehr treiben wir die Entropie voran. [...] Die heute lebenden Menschen sind Großparasiten an der Natur, die ›entwickelten‹ Völker am stärksten, die ›unterentwickelten‹ am geringsten; sie sollen noch zu einer parasitären Lebensweise ›entwickelt‹ werden. Das heutige Weltprogramm, welches sich die Entwicklung der ›Unterentwickelten‹ zum hochtechnischen Zivilisationsstandard zum Ziel setzt, ist ein *perfektes Entropieprogramm!*«[2]

Derart ernüchternde Überlegungen stimmen nicht gerade hoffnungsfroh. Wenn man es aber gar nicht zulässt, solche Gedanken zu erörtern, dann wird auch der Blick verstellt auf das der Degeneration entgegengesetzte Prinzip, das Heilung bringen kann: die *Regeneration*. Möglicherweise ist die Frage der Regeneration und der hierfür erforderlichen Lebensbedingungen der entscheidende Schlüssel für die Anbahnung einer sowohl naturgemäßen als auch menschengemäßen Zukunftsperspektive. Und wahrscheinlich führt die Erkenntnis der Regeneration unserer sozialökologischen Verfassung als Spezies nur über eine eingehende Analyse der biologischen, sozialen und kulturellen Degenerationsprozesse in den menschlichen Gesellschaften. Warum also sollten wir uns einem Denken in diese Richtung verweigern – oder es uns verbieten lassen?

Es geschieht uns im Schlaf: Die Wiederherstellung unserer Kräfte, die Reorganisierung des gedeihlichen Zusammenwirkens unserer Zellen und Organe, die Heilung von Verletzung und Krankheit. All dies ist Regeneration. Regeneration ist das geheime, aber wirkmächtige Potential des Lebens. Und Regeneration ist nichts, das wir »machen« können. Regeneration ist unverfügbar. Wir können nur für Verhältnisse sorgen, unter denen die aufbauenden Naturkräfte optimal wirken. Neben dem Schlaf gibt es eine ganze Reihe weiterer *Bedingungen der Regeneration*. Diese sind ausnahmslos von der Qualität unseres Umweltverhältnisses abhängig. Nur in einem harmonischen Umweltverhältnis stehend, können wir an jenen »Leistungen« der Natur teilhaben, die Ordnung aufbauen, Struktur bilden und Heilung ermöglichen. Es war kein Zufall, dass die Einführung des Umweltbegriffs vor hundert Jahren in der Gegenüberstellung von *Innenwelt* und *Umwelt* erfolgte. Der Biologe und Philosoph Jakob von Uexküll (1864–1944) hatte erkannt, dass die Umwelt immer auch ein Teil der Innenwelt ist.[3] Und dies trifft nicht nur auf Tiere zu, sondern ebenso auf Menschen.

Das, was ich als *Umweltresonanz* bezeichne, hat sowohl etwas mit *Beheimatung* zu tun, als auch mit *Teilhabe* an der Natur – im Sinne von Zugehörigkeit, Geprägtsein und Durchflossensein.[4] Insoweit beziehen sich die biologischen Fragen nach dem Wirken von Degeneration und Regeneration immer auch auf das Außenverhältnis der betreffenden Organismen. Und zwar sowohl auf die innerartlichen, »sozialen« Zusammenhänge als auch auf die jeweiligen Umweltbeziehungen, also die ökologische Einbettung. Auf beiden Seiten das Mitwirken des Lebensumfeldes einzubeziehen, bedeutet, systemisch zu denken: Was eine Art ausmacht, resultiert nur geringfügig oder gar nicht aus der Summe des Erfolgs oder Misserfolgs von Einzelindividuen im Überlebenskampf, sondern im Wesentlichen aus *Systemeigenschaften* der Art als überindividuelle Ganzheit. Diese Systemeigenschaften sind durchaus veränderlich und auch von der jeweiligen Umwelt geprägt – aber nicht über Mutation und Selektion der Individuen, sondern *epigenetisch* auf dem Wege einer kollektiven Umwelterfahrung.

Die heute vorherrschende *reduktionistische Biologie,* die alle Lebensphänomene aus den Molekülen des Zellkerns, den sogenannten Genen, herleitet, kann die überindividuellen Zusammenhänge nicht begreifen, die die Populationen, Arten oder Ökosysteme ausmachen – und die für das Verständnis von Degeneration und Regeneration unerlässlich sind. Dieser mechanistischen Auffassung vom Leben stelle ich eine *organismische Biologie* gegenüber. Wenn wir das Leben verstehen wollen, müssen wir vom organismischen Prinzip ausgehen: Ebenso wie ein Organismus sich aus verschiedenen Organen zusammensetzt, die, gerade *weil* sie verschieden sind, untereinander kooperieren und das Ganze am Leben halten, so sind auch überindividuelle Zusammenschlüsse, wie Schwärme, Familien, Arten oder Ökosysteme, »organismisch« verfasst. Die einzelnen Organismen haben als Individuen immer zugleich auch eine Organfunktion in einem überindividuellen Ganzen. Und diese Ganzheit ist mehr als die Summe ihrer Teile; sie hat ihre eigenen Systemeigenschaften.

Meine biologischen Arbeiten über den ökologisch-genetischen Zusammenhang[5] haben gezeigt, dass die generationenübergreifende Stabilität der Gestalt- und Verhaltensmuster von Arten und ihren regionalen Populationen unabhängig von einer im »Kampf um's Dasein«[6] vollzogenen »Zuchtwahl« (Selektion) ist. Das, was bei der fortwährenden Neukombination variierender Erbanlagen »von selbst« passieren müsste, wäre eine beständige Ausweitung der Variationsbereiche auf den unterschiedlichen Merkmalsebenen der Arten: Die Spanne zwischen großen und kleinen, zwischen hellen und dunklen Merkmalsträgern müsste sich fortlaufend vergrößern. Genau dies geschieht unter natürlichen Verhältnissen nicht. In freier Natur lebende Populationen tendieren stets zu einem Zusammenhalt der Variationsbereiche auf den jeweiligen Merkmalsebenen. Dieser wird als *genetische Kohäsion* bezeichnet[7]. Aber überall dort, wo es zu genetischen Verfallserscheinungen von Teilpopulationen einer Art kommt, wie es unter Domestikationsbedingungen und in Gefangenschaft der Fall ist, zeigt sich die kollektive Degeneration in einer Ausweitung der natürlichen Variationsbereiche der betroffenen Population.

Die darwinistisch geprägte Lehrmeinung geht davon aus, dass der Zusammenhalt der Variationsbereiche unter natürlichen Bedingungen daraus resultiert, dass Individuen mit weiter abweichenden Merkmalen in der freien Natur von Raubtieren oder Wetterextremen kontinuierlich »ausgemerzt« würden – und die in Gefangenschaft oder in Innenstädten lebenden Populationen vor derartigen »Selektionsfaktoren« mehr geschützt seien. Genau hier setzt meine Analyse des ökologisch-genetischen Zusammenhanges an und sie kommt zu einem anderen Befund: Dasjenige, was der Degeneration entgegenwirkt, ist nicht ein immerwährendes *survival of the fittest,* sondern das harmonische Eingegliedert sein in die natürlichen artgemäßen Umweltverhältnisse. Um es positiv zu formulieren: Nur in einer intakten Resonanzbeziehung zu ihrer natürlichen Umwelt stehend, können Lebewesen an den regenerativen Faktoren der Naturzusammenhänge Anteil haben. Nur solange das ökologische Milieu, in dem die Organismen leben, ein *offenes System* ist, leben sie unter *Bedingungen der Regeneration.*

Als *Umweltresonanz* bezeichne ich die Resonanzbeziehungen eines Organismus, im Besonderen den Wirkungszusammenhang zwischen dem Zustand eines ökologischen Milieus und der genetischen Konstitution der in ihm lebenden Organismenpopulationen. Die Möglichkeit zu einer ungestörten Umweltresonanz ist Voraussetzung für *Regeneration* und für alle aufbauenden Naturprozesse, wie das Generieren und den Transfer von Informationen sowie die Bildung von Struktur und Ordnung der Organismen und überindividuellen Systeme. Eine Abschirmung von natürlichen Umweltinformationen oder eine Desynchronisierung zwischen den Rhythmen der Organismen und denen ihrer natürlichen Umwelt wirkt hingegen abbauend; sie führt zu *Degeneration.* Ohne ein Verständnis für die Bedingungen der Regeneration lässt sich auch das Wesen der Degeneration, die durch einen Mangel an diesen Bedingungen ausgelöst wird, nicht verstehen.

In der Physik heißen Auflösung, Homogenisierung und Verfall *Entropie.* In abgeschlossenen Systemen herrscht eine Eigentendenz vor, bei der eine Temperaturerhöhung des Systems mit einem Verlust von Struktur, Ordnung und Information einhergeht. Auch in der Biologie gibt es diese Auflösungstendenz. Hier heißt sie *Degeneration.* Eigentlich kommt es hier wie dort auf das umgekehrte Prinzip an; nicht die abbauenden, sondern die aufbauenden Prozesse sind das Wesentliche. Hier wie dort tut man sich schwer, dafür einen geeigneten Begriff zu finden. Das, was die aufbauenden Prozesse im Reich des Lebens am ehesten trifft, ist das Wort *Regeneration.* Eigentlich bezeichnet *Re*-Generation die *Wieder*-Herstellung von Ganzheit im Blick auf Gestalt oder Gesundheit. Da das Wort »Generation« im Deutschen eben nicht für *Generieren* steht, ist es hier nicht verwendbar. Für die Prozesse der originären Bildung und Entstehung von lebenden Organismen und organismischen Systemen in ihrer funktionellen und ästhetischen Ganzheit fehlt der deutschen Sprache das passende Wort. So greife ich auf den Begriff der Regeneration zurück. Denn die *Bedingungen der Regeneration,* um die es hier geht, sind für Herstellung und Wiederherstellung lebendiger Organismen, für Aufbau und Wiederaufbau organismischer Strukturen weitestgehend dieselben.

Wenn Entropie und Degeneration so verwandte Phänomene sind, liegt es nahe, Umweltresonanz und organismische Biologie mit den Gesetzen der Thermodynamik zusammenzudenken.

In frappierender Weise hat der mit dem Umweltresonanz-Konzept beschriebene ökologisch-genetische Zusammenhang auch eine physikalische Entsprechung: Wenn die ökologischen Milieus der *urbanen Räume* in ihren degenerativen genetischen Effekten mit *Gefangenschaft* vergleichbar sind, so lässt sich das auf einen gestörten Zugang zu natürlichen Umweltinformationen zurückführen. Und der *Zweite Hauptsatz der Thermodynamik* besagt u. a., dass in einem abgeschlossenen System die Entropie nicht abnehmen, sondern im Laufe der Zeit nur zunehmen kann. Insoweit werden die abgeschlosseneren Systeme der urbanen Räume (wie die der Gefangenschaft) stets weniger Ordnung und Information aus der Umgebung aufnehmen können, als die zu ihrer Umwelt hin offeneren Systeme der *freien Natur*.

Ebenso wie die *Umwelt* immer auch ein Teil der *Innenwelt* der Organismen ist, so ist die artgemäße Umwelt, das *Habitat*, ein Bestandteil der Art. Außerhalb ihres Habitats kann keine Art auf Dauer existieren. Weil genau dies auch für den Menschen gilt, geht es um die Frage, ob unsere Umwelt wirklich artgemäß, also menschengemäß ist. Und es geht darum, ob die soziale Verfassung unserer Gemeinschaften menschengemäß ist. Nun, da die *Grenzen des Wachstums* in Sichtweite sind, darf auch das als Wachstumsmotor fungierende Wettbewerbsmodell einer *systemkritischen* Analyse unterzogen werden. Auch – oder gerade – weil ich gewiss unverdächtig bin, kollektivistischen Systemvorstellungen das Wort zu reden, will ich hier die Allgegenwart des »kapitalistischen« Wettbewerbsdenkens hinterfragen. Kampf, Konkurrenz und Wettbewerb hebeln nicht nur soziale und ökologische Beziehungen aus; ein Leben im permanenten Kampfmodus desintegriert auch das in jedem Organismus angelegte Verhältnis zwischen Innen- und Umwelt. Wahres menschliches Dasein ist auf eine Resonanz zwischen dem Individuum und seiner Umwelt angelegt. Nur kooperativ kann der Mensch sich in die sozialen wie ökologischen Zusammenhänge integrieren – und von diesen integriert werden. Nur in dieser Integration ist unser Erdenleben ein menschengemäßes, also ein menschliches *Da-Sein*.

Nicht nur auf dem spezifischen Feld der Biologie, sondern insbesondere auch bei der Hinwendung des biologischen Blicks auf die Lage der Menschheit geht es um die Grundfrage alles Lebendigen: *Regeneration oder Degeneration?* Und dies bedeutet in seiner ganzen Tragweite: *Lebenswende oder Lebensende?* Systemisch zu denken heißt auch hier, die überindividuellen Kategorien zu analysieren, deren Teil wir sind. Wenn wir Degenerationsprozesse in der menschlichen Gesellschaft wahrnehmen, so müssen wir deren Ursachen nicht in den »Genen« der Individuen suchen, sondern die epigenetischen Wirkungen der – nicht mehr menschengemäßen – kollektiven Umwelterfahrung in den Blick nehmen. So ist die rasant wachsende Krebshäufigkeit als das zu verstehen, was sie ist: als eine »Volkskrankheit«. Eine wirklich organismische Sicht auf die Dinge muss den übergeordneten »Organismus«, dessen Teil das menschliche Individuum ist, mit in den Blick nehmen – und das sind in diesem Fall die von dieser Entwicklung betroffenen zivilisierten Völker der Industriegesellschaft. Auch wenn in der systemischen Analyse der Begriff »Volksgesundheit« wieder einen Sinn bekommt, sei hier betont: Die Verantwortung, die die Umweltresonanz-Perspektive nahelegt, ist gerade nicht eine züchterische »Verantwortung« im Sinne von Selektion und Euthanasie, sondern eine Verantwortung für artgemäße, nämlich menschengemäße Lebensverhältnisse – eine Verantwortung für ein Leben in harmonischen Resonanzbeziehungen auf der sozialen wie auf der ökologischen Ebene.

Es ist in der Tat das darwinistische Kampf- und Züchtungsparadigma, das den Blick auf die *Bedingungen der Regeneration* verstellt. Es interpretiert die Lebensprozesse mechanistisch und negiert den Unterschied zwischen *veränderlich* und *veränderbar*. Nach wie vor steht in den Biologie-Lehrbüchern, dass alle Organismenarten vom Prinzip der *Selektion* geformt seien. Ich bezweifle nicht, dass es in der Natur Konkurrenzsituationen und Kämpfe gibt. Der Kampf gehört zur Natur. Dass aber ein Überlebenskampf all die wunderbaren Gestalt- und Verhaltensmuster der Arten hervorbringt – dass die Haubenmeisen deswegen ihre Haube haben, weil ihnen das im *Kampf um's Dasein* irgendwelche Vorteile brächte –, das glaube ich nicht.

Der Widerspruch zwischen meiner Naturwahrnehmung und der »allgemein anerkannten« biologischen Lehrmeinung spornte mich schon während meiner Berufsausbildung zum Zoologischen Präparator Anfang der 1980er Jahre zu einer eigenen biologisch-ökologischen Analyse an. Irgendwann las ich in den Schriften des Vogelkundlers Otto Kleinschmidt (1870–1954), dass es gegen das Selektionsdenken auch gewichtige naturwissenschaftliche Einwände gibt: Weil Zuchtformen in freier Natur genetisch und ökologisch unbeständig sind, sei es haltlos, von der »künstlichen Zuchtwahl« an gefangenen Haustieren auf eine vermeintliche »natürliche Zuchtwahl« zu schließen, welche die Evolutionsprozesse der Wildformen in freier Natur lenke. Nach mehr als zwei Jahrzehnten naturkundlicher »Nebentätigkeit« konnte ich schließlich aufzeigen: Der Zusammenhang zwischen ökologischem Milieu und genetischer Variation ist *unabhängig von Selektion*. Nicht Kampf und Konkurrenz bestimmen die Entwicklung der Arten, sondern eine überwiegend kooperative ökologische Integration, die *Umweltresonanz*. Mir wurde bewusst, auf welch umfassende Weise die Selektionslehre das Denken und Handeln der menschlichen Gesellschaft beeinflusst. Als Fazit meines Umweltresonanz-Konzepts formulierte ich: *Eine vom Selektionsdenken befreite Biologie entzieht der Wettbewerbslogik unserer Zeit das Fundament.*

Der Daseinskampf als Grundgesetz der Evolution und der Machbarkeitswahn als Ausblendung alles dessen, was über dem Menschen steht – dies beides ist auch als ein Programm zu verstehen, das auf permanente Dissonanz und Disharmonie angewiesen ist und diese Zustände herbeiredet, befördert und letztlich umgekehrt Harmonien, Resonanzerfahrungen – und alles Schöne – diskreditiert. Solange die Vorstellungen vom Mensch-Sein und vom Mensch-Natur-Verhältnis darwinistisch geprägt sind, werden wir das artgemäß Menschliche verfehlen.

Wer eine herrschende Wissenschaftsmeinung in Zweifel zieht, muss seine Befunde solide und umfassend begründen. So war es erst einmal notwendig, dass mein Buch *Umweltresonanz* (2014) in einem Umfang von fast 700 Seiten publiziert wurde. Damit war es dann allerdings kaum möglich, eine breite Leserschaft für dieses Thema zu gewinnen. In dem hier vorliegenden Buch geht es nun darum, meine Überlegungen zu *Umweltresonanz* und *organismischer Biologie* sowohl in einem weiterentwickelten Arbeitsstand, als auch in einer wesentlich knapperen Form zu präsentieren. Insbesondere werden hier die weitreichenden Schlussfolgerungen aufgezeigt, die sich aus diesen Erkenntnissen im Hinblick auf die Fragen nach *Degeneration und Regeneration* ergeben.

Ausgesprochen dankbar bin ich, dass nun auch das Buch *Umweltresonanz* im Manuscriptum Verlag neu erscheint. Allen, die zu der hier angerissenen Auseinandersetzung mit den Fragen des ökologisch-genetischen Zusammenhanges den Blick vertiefen wollen, sei die Lektüre des Umweltresonanz-Buches empfohlen. An den jeweiligen Textstellen des hier vorliegenden Buches finden sich Verweise auf die eingehendere Erörterung der jeweiligen Themenfelder in *Umweltresonanz.*

Für sein großes Interesse an diesem Themenkreis und die wohlwollende Unterstützung der vorliegenden Buchpublikation bin ich dem Verleger Thomas Hoof außerordentlich dankbar! Zu besonderem Dank verpflichtet bin ich auch Eduard Berger (Radebeul), der mit seiner Hilfe weitere Freiräume für die Manuskripterstellung ermöglicht hat. Dem Verlagsleiter Stefan Flach danke ich vielmals für die professionelle und überaus konstruktive Zusammenarbeit bei der Fertigstellung dieses Buches. Der *Andrea von Braun Stiftung* in München danke ich für die Förderung vorausgehender konzeptioneller Arbeiten. Wesentlich voran gekommen bin ich durch viele fruchtbare Gespräche zu den naturphilosophischen und wissenschaftstheoretischen Aspekten meiner biologischen Arbeiten sowie zu ihren wachstumskritischen Schlussfolgerungen, insbesondere mit dem Bauern Gerhard Busse, den Philosophen Reinhard Falter und Anders Lindseth, dem Wissenschaftstheoretiker Peter Finke, den Ökologen Hannes Knapp und Michael Succow sowie dem Mitbegründer der Salzburger Leopold-Kohr-Akademie, Alfred Winter. Ihnen und allen weiteren Unterstützern sei hier ausdrücklich gedankt.

Blankenstein (Sachsen), im Sommer 2020 *Michael Beleites*

I.

DAS UMWELTRESONANZ-KONZEPT: VIER GRUNDBEDINGUNGEN DER REGENERATION

Weizen *(Triticum aestivum)* und Raps *(Brassica napus)* wachsen oft an Straßenrändern und Bahndämmen. Wenn Samen dieser Kulturpflanzen an den Transportwegen des Erntegutes herabfallen, entwickeln sich aus ihnen ganz normale Pflanzen, die ihrerseits wieder neue Samen ausbilden. Diese aber begründen keine dauerhaften Weizen- oder Rapsbestände, geschweige denn solche, die sich von den Straßenrändern aus in umliegendes Grünland hinein ausbreiten. Auch entlaufene Meerschweinchen *(Cavia porcellus)* oder Goldhamster *(Mesocricetus auratus)* »verwildern« nicht in der Weise, dass sie unabhängig von menschlicher Obhut dauerhaft lebensfähige Populationen etablieren könnten.

In die Freiheit entwichene Nutztiere können nur dann in freier Natur ausbreitungsfähige Populationen entwickeln, wenn es sich bei ihnen um *Wildformen* ihrer Art handelt, wie es beispielsweise bei den Pelztieren Waschbär *(Procyon lotor)*, Marderhund *(Nyctereutes procyonoides)* und Bisamratte *(Ondatra zibethicus)* der Fall ist. Bei den meisten in der biologischen Literatur angeführten Beispielen von »Verwilderung« handelt es sich um Fälle, bei denen

a) die sich ausbreitenden Populationen keine Domestikations- oder Zuchtformen, sondern Wildformen sind (Kaninchen in Australien),

b) die aufnehmenden Ökosysteme nicht freie Natur sind (Stadttauben) oder

c) die in der freien Natur anzutreffenden Individuen direkt von Populationen abstammen, die sich nur innerhalb oder am Rande menschlicher Siedlungen vermehren (»streunende« Hauskatzen, Haushunde und Kulturpflanzen im Überschwemmungsbereich von Flüssen unterhalb der Städte, deren Samen aus den Städten kommen).

Übrig bleiben nur ganz wenige Beispiele, die sich entweder auf völlig isolierte ökologische Milieus beziehen (Ziegen auf den Galapagos-Inseln) oder hinsichtlich ihrer Unabhängigkeit von menschlicher Betreuung eine nähere Untersuchung verdienen (nordamerikanische Mustang-Pferde). Selbst wenn es Ausnahmen geben sollte, bleibt es doch eine durch nichts wegzudiskutierende *biologische Regel*, dass Zuchtformen von Kulturpflanzen und Haustieren in freier Natur genetisch und ökologisch *unbeständig* sind. (Zur Frage der »Verwilderung« von Kulturpflanzen und Haustieren s. auch *Umweltresonanz*, S. 164–205.)

Die Fragestellung nach einem Zusammenhang zwischen dem Zustand der genetischen Variation von Populationen und dem Zustand des ökologischen Milieus, in dem sie leben, hat eine zentrale Bedeutung für die Bewertung von Faktoren der Evolution. Bis heute geht die auf Charles Darwin (1809–1882) zurückgehende Selektionslehre von dem Postulat aus, dass die Evolutionsprozesse im Wesentlichen von einer »natürlichen Zuchtwahl« gelenkt würden, die nach denselben Prinzipien wirke wie die künstliche Zuchtwahl von Zuchtformen in Gefangenschaft.

Genetische Kohäsion: Die Gesetze der Variation

Darwin rechnete offenbar damit, dass diese Fragen erst dann klar beantwortet werden können, wenn die Natur der innerartlichen Variation näher erforscht ist. Am Schluss seines Hauptwerkes

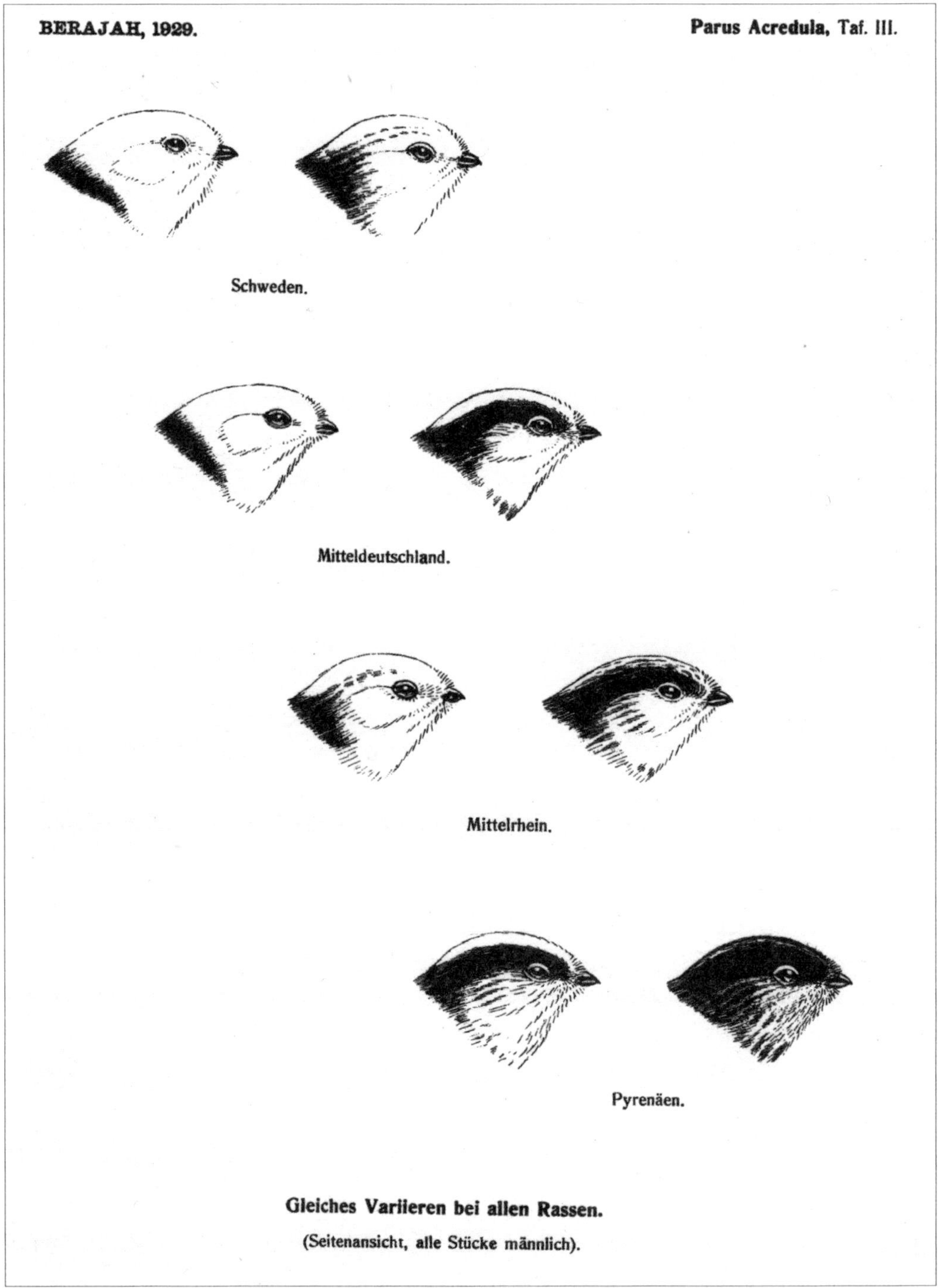

Abb. 1: Ein »Strom in festen Grenzen«: Die geographische Variation (untereinander) und die individuelle Variation (nebeneinander) zeigt, dass es bei den Schwanzmeisen (Aegithalos caudatus) keine gleichförmigen geographischen Rassen gibt, aber doch an jedem Ort eine relativ gleich weite Variationsweite existiert.[10]

prophezeite er: »Ein großes und fast noch unbetretenes Feld wird sich öffnen für Untersuchungen über die Ursachen und Gesetze der Variation [...].«[8] Der Ornithologe Otto Kleinschmidt war wohl der erste, der diese »Gesetze der Variation« systematisch untersucht und analysiert hat – und dabei zu gänzlich anderen Ergebnissen kam als Darwin. In der ersten Hälfte des 20. Jahrhunderts hatte Kleinschmidt die geographische und individuelle Variation anhand zahlreicher Vogelarten studiert. Seine Analysen führten ihn zu einer Ablehnung der Selektionslehre.[9] Kleinschmidt argumentierte zunächst vor allem gegen die darwinistische Artvervielfältigungs- bzw. Deszendenztheorie, weil er mit einer sehr weitreichenden chronologischen Veränderlichkeit innerhalb der Arten rechnete und es daher ablehnte, jede heute lebende Art auf eine geographische Subspezies einer anderen Art zurückzuführen. Der Kern von Kleinschmidts wissenschaftlichem Werk besteht aber in der Analyse der einer empirischen Forschung zugänglichen genetischen Variation.

Hierzu gehört auch das Aufzeigen der verschiedenen ökologischen Eigenschaften der genetischen Varietäten: Bei den meisten Arten gibt es eine *geographische Variation*, wobei die nördlicheren Formen meist größer und heller sind als die südlicheren. Auch am selben Ort besteht keine Population bzw. geographische Rasse aus absolut gleichen, genetisch identischen Individuen. Die *individuelle Variation* innerhalb der lokalen Populationen verläuft in einer jeweils begrenzten Variationsbreite. Das Zusammenspiel von individueller und geographischer Variation betrachtete Kleinschmidt als einen »Strom in festen Grenzen«[11]. Regelloses Variieren komme nur bei Haustieren vor, nicht aber in der Freiheit, wo die Variation nur innerhalb einer bestimmten Variationsbreite verläuft. Im Zustand der freilebenden *Wildform* habe jede Art ihre eigenen Variationsbereiche; also eine spezifische Bandbreite, innerhalb derer auch die geographische Variation abläuft.

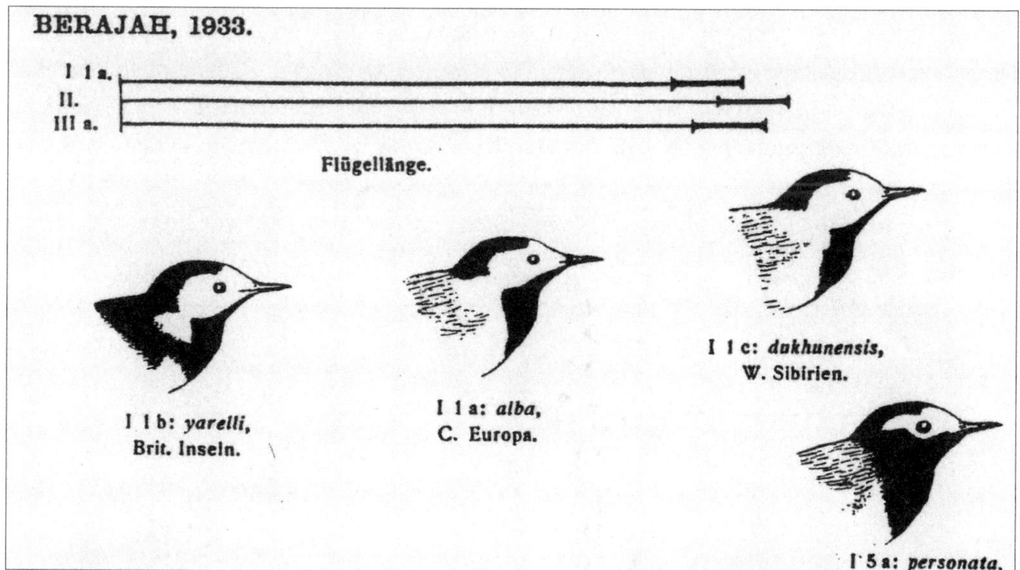

Abb. 2: Flügellänge der Bachstelzen (Motacilla alba): Bei der Darstellung der Variation der Größe benutzte Kleinschmidt den Strahl mit markierten Endpunkten der Minimal- und Maximalwerte.[12]

Innerhalb dieser Bandbreite sei alles gleichermaßen normal; da gebe es kein Optimum in der Mitte und auch keine schlechter angepassten oder »minderwertigeren« Varietäten zu den Rändern zu. Diejenigen Individuen jedoch, deren Merkmale jenseits der Grenzen der natürlichen Variationsbereiche liegen, wie es bei spontanen Mutationen bzw. »Aberrationen« der Fall ist, seien nicht mehr Bestandteil der jeweiligen Wildformen und in freier Natur stets genetisch und ökologisch unbeständig. Und die Domestikations- und Zuchtformen der Haustiere und Kulturpflanzen seien immer auch mit Merkmalen jenseits der natürlichen Variationsbereiche ausgestattet, also biologisch gesehen mit Mutationen oder Aberrationen gleichzusetzen.

Nur Individuen mit Merkmalen innerhalb der natürlichen Variationsbereiche – also Wildformen – seien in freier Natur beständig. Weil Individuen mit abweichenden Merkmalen in der Natur stets unbeständig seien, könnten Einzelindividuen mit abweichenden Merkmalen nie zum Ausgangspunkt neuer evolutiver Entwicklungslinien werden. Insoweit sei es unzulässig, aus der künstlichen Zuchtwahl von Zuchtformen in Gefangenschaft auf eine »natürliche Zuchtwahl« von Wildformen in freier Natur zu schließen. Das Züchtungs-Paradigma der Selektionslehre geht aber genau davon aus, dass die Anfänge neuer Arten in abweichenden Einzelindividuen (Mutationen) zu sehen seien; also gerade in solchen Varietäten, deren Merkmale außerhalb der Bahnen der natürlichen Variationsbereiche ihrer Art liegen. Somit lässt sich die wissenschaftliche Haltbarkeit der Selektionslehre u. a. an der Frage entscheiden, ob Individuen mit von der Bandbreite der natürlichen Variationsbereiche ihrer Art abweichenden Merkmalen, wie es Domestikations- und Zuchtformen sind, in natürlichen ökologischen Milieus dauerhafte und ausbreitungsfähige Populationen aufbauen können oder nicht.

Der Unterschied zwischen Wildform und Domestikationsform sowie der zwischen Domestikationsform und Zuchtform lässt sich auf die bereits von Darwin vermuteten »Gesetze der Variation« zurückführen – bei denen es sich um *Systemeigenschaften* von Populationen handelt.

Erhellend sind die von Werner Schulze Grotthoff [14] mit der Kleinschmidt'schen Methode durchgeführten Vergleiche der Variationsweiten (hier der Schädelbasislänge) bei den verschiedenen genetischen Zustandsformen der Felsentaube *(Columba livia)*:

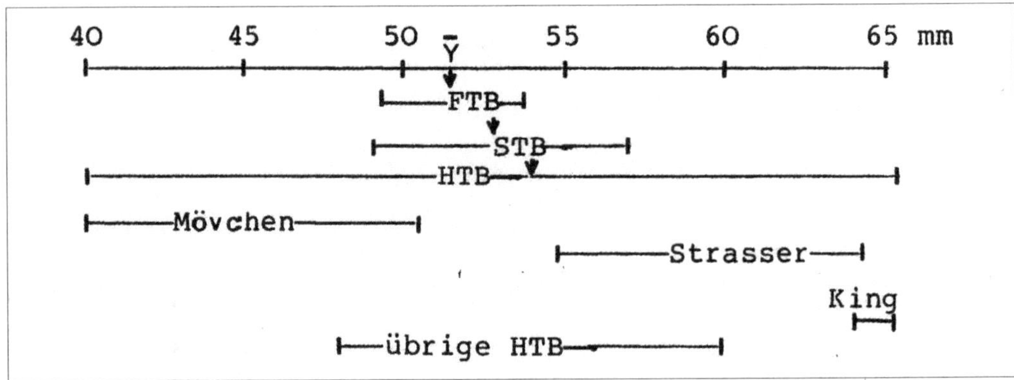

Abb. 3: Die Variationsbreite unterscheidet Wildform, Domestikationsform und Zuchtform. [13]

1. Die in freier Natur lebende *Wildform* Felsentaube (FTB) hat einen engen Variationsbereich.

2. Wenn die Population in Gefangenschaft oder ein unnatürliches (abgeschlossenes) Milieu gerät, sich die Individuen aber weiterhin frei verpaaren können, wie es bei der Stadttaube (STB) der Fall ist, kommt es zu einer »Ausuferung« der Variation über die Grenzen der natürlichen Variationsbreite hinaus; die Wildform löst sich auf und wird zur *Domestikationsform*.

3. Aus den abweichenden Varietäten der Domestikationsform wählt sich der Züchter bestimmte Varietäten aus und isoliert diese von der übrigen Population (künstliche Zuchtwahl). So entstehen die einzelnen *Zuchtformen* bzw. Zuchtrassen der Haustauben (HTB), die jede für sich wiederum einen gegenüber der Domestikationsform stark eingeengten Variationsbereich haben, der aber (mindestens bei den die jeweilige Zuchtrasse kennzeichnenden Merkmalen) jenseits der Variationsbereiche der Wildform liegt. Der Erhalt der Zuchtform ist davon abhängig, dass sie beständig von anderen Varietäten ihrer Art (egal ob dies Wildformen, Domestikationsformen oder andere Zuchtformen sind) künstlich isoliert werden. Ohne diese gezielte Isolation durch den Züchter zerfließt jede Zuchtform; sie löst sich in die erweiterten Variationsbereiche der Domestikationsform hinein auf.

Es zeigt sich also, dass es verschiedene genetische Zustandsformen von Populationen gibt, die sich in einer unterschiedlichen Variationsweite ihrer erblichen Merkmale niederschlagen. Die jeweiligen Wildformen zeichnen sich durch relativ enge Variationsbereiche aus. (Zur biologischen Variation s. auch *Umweltresonanz*, S. 22–44.)

Die heute übliche Erklärung hierfür ist die, dass die Variationsbereiche der freilebenden Populationen durch eine fortwährende »natürliche Selektion« in den engen Bahnen der Wildformen gehalten würden und die wichtigsten Faktoren der Selektion (Fressfeinde, Winterkälte) in Gefangenschaft und in den urbanen Räumen nur eingeschränkt wirkten. Diesem Erklärungsmuster der Selektionslehre steht die Tatsache entgegen, dass sowohl die meisten »Artmerkmale«, in denen sich nahestehende Arten untereinander unterscheiden, als auch die zuerst auftretenden Degenerationsmerkmale, wie die partiellen Pigmentausfälle im Gefieder, völlig selektionsneutral sind: Es gibt keinen vorstellbaren Grund, warum ein »Kampf um's Dasein« den Blaumeisen *(Parus caerulaeus)* einen blauen und den Kohlmeisen *(Parus major)* einen schwarzen Scheitel züchten sollte. Auch dem Habicht *(Accipiter gentilis)*und dem Frost ist es egal, ob die weißen Flecken an Hals und Flügeln der Tauben Bestandteil einer regelmäßigen natürlichen Musterbildung sind, wie bei den Ringeltauben *(Columba palumbus)*, oder ob sie Teil einer unregelmäßigen degenerativen Musterbildung sind, wie bei vielen Stadttauben *(Columba livia)*.

In welcher Weise der Zustand des ökologischen Milieus auf die genetische Verfassung der hier lebenden Populationen wirkt, lässt sich am besten an freilebenden Populationen im Zustand der Domestikationsform beobachten. Hier gibt es nur wenige Beispiele – aber eines davon haben wir alltäglich vor Augen: Die Stadttauben. Gemessen an der Tatsache, dass Charles Darwin seine Selektionslehre anhand von gefangen gehaltenen Haustauben entwickelt hat[15], ist es bemerkenswert, wie wenig die in den Städten freilebenden Tauben bisher von Biologen beachtet wurden.

Abb. 4 und 5: Ringeltaube und Stadttaube: Im Rahmen der regelmäßigen Musterbildung der Wildform sind weiße Flecken nicht von Nachteil. Die Weißscheckung der Domestikationsformen ist nicht Ursache, sondern Begleiterscheinung ihrer ökologischen Unbeständigkeit in freier Natur.

Bei den gewöhnlichen »Stadttauben« handelt es sich um Felsentauben *(Columba livia)* im genetischen Zustand der Domestikationsform. Diese gehen zum einen auf entflogene Haustauben zurück; zum anderen aber, so Glutz von Blotzheim, wohl ursprünglich auch auf eine »weitgehend natürliche [...] Kolonisation« wilder Felsentauben und deren – auf die Städte beschränkte – »Expansion über das semiaride Wildareal hinaus«[16]. Diese Annahme wird durch die Berichte Alfred Edmund Brehms (1829–1884) gestützt, der erwähnt, dass im 19. Jahrhundert regelmäßig größere Schwärme Felsentauben als Wintergäste in Schlesien und Thüringen zu beobachten waren.[17] Auch die Tatsache, dass es in Indien Stadttaubenschwärme gibt, die ausschließlich aus wildfarbigen Tauben bestehen, spricht gegen die These einer Stadttaubengenese über eine alleinige Verwilderung von Haustauben.

Die entflogenen Haustauben, die an der genetischen Zusammensetzung der europäischen Stadttaubenschwärme beteiligt sind, gehörten ja ursprünglich – als die Haltung freifliegender Tauben noch alltäglich und nicht auf Brieftauben beschränkt war – vielen verschiedenen Zuchtrassen an. Zu verschiedenen Zuchtrassen zugehörige Haustauben können sich in den Städten ohne künstliche Isolation und Zuchtwahl frei verpaaren, so dass die Zuchtformen mit ihren künstlich verengten Variationsbereichen in den erweiterten Variationsbereich der Domestikationsform auseinanderfließen. Als freifliegende und sich frei verpaarende »Feldtaube« existiert bzw. existierte eine der Stadttaube weitgehend entsprechende Form auch in vielen Dörfern; aber auch hier ist bzw. war ihr Vorkommen auf den menschlichen Siedlungsraum beschränkt.

Interessant ist nun, dass der Auflösungs- bzw. Degenerationsprozess im Zuge der Domestikation nicht grundsätzlich regellos geschieht: Bei den »Ausuferungen« aus den Bahnen der natürlichen Variation der Wildform lässt sich eine *unregelmäßig abweichende Variation* von einer *regelmäßig abweichenden Variation* unterscheiden. (Eine eingehende Variationsanalyse der Stadttauben findet sich in *Umweltresonanz,* S. 49–84.)

Bei den Domestikationsformen der Stadt- und Feldtauben ist, sobald die Populationen groß genug sind, die Häufigkeit der regelmäßigen Varietäten in den jeweiligen Gesamtpopulationen so gut

Abb. 6 u. 7: Der Ursprung der Stadttauben liegt nicht in verwilderten Haustauben, sondern in verstädterten Wildtauben: Rein wildfarbiger Stadttaubenschwarm in Bangalore/Indien (oben) und »domestikationsfarbiger« Stadttaubenschwarm in Bromberg/Polen. (Foto oben: Janus Beleites)

Abb. 8: Pigmentierungsstörungen und Musterauflösungen: Die unregelmäßige Variation der Stadttauben.

wie gleich verteilt: Überall sind die blauen Varietäten am häufigsten; also deutlich mehr als zwei Drittel aller Tauben sind als *wildfarbig* (»blau mit Binden« und »blau gehämmert«) einzustufen. Überall sind die schwarzen Varietäten häufiger als die rotbraunen. Überall sind die Zwischenformen zwischen den wildfarbigen und den schwarzen sowie zwischen den wildfarbigen und den rotbraunen Varietäten viel seltener als die schwarzen und die rotbraunen Varietäten. Und überall nimmt die durchschnittliche Präzision der Musterbildung (an den Grenzen zwischen Deck- und Grundfarbe der Federn) proportional zur Häufigkeit der Varietäten zu oder ab. Es gibt keinerlei Selektionsfaktoren, die diese von Stadt zu Stadt parallelen Variationsbilder der Stadttauben erklären könnten. Vielmehr handelt es sich hier um *Systemeigenschaften* von Populationen und Arten, die sich keinesfalls auf die Art *Columba livia* beschränken. So zeigt sich bei den Populationen der in den Dörfern freilebenden Hauskatzen *(Felis silvestris lybica)* ein ganz ähnliches Variationsbild.

Ja, bei nahezu allen domestizierten Säugetieren und Vögeln erscheinen die Färbungsabweichungen in denselben Bahnen: Schwarz, Weiß und Rotbraun sind die Grundfarben der Degeneration. Das sind keine »neuen« Farben, sondern Symptome für den Zerfall der jeweils vorhandenen natürlichen Farben und Muster der Arten. Das Variationsbild der Domestikation zeigt sich wohl auch deshalb bei verschiedensten Arten ganz parallel, weil es sich um ein *Krankheitsbild* handelt. Und diese »Krankheit« ist Ausdruck einer *Mangelerscheinung*. Nur dass es sich hier wohl

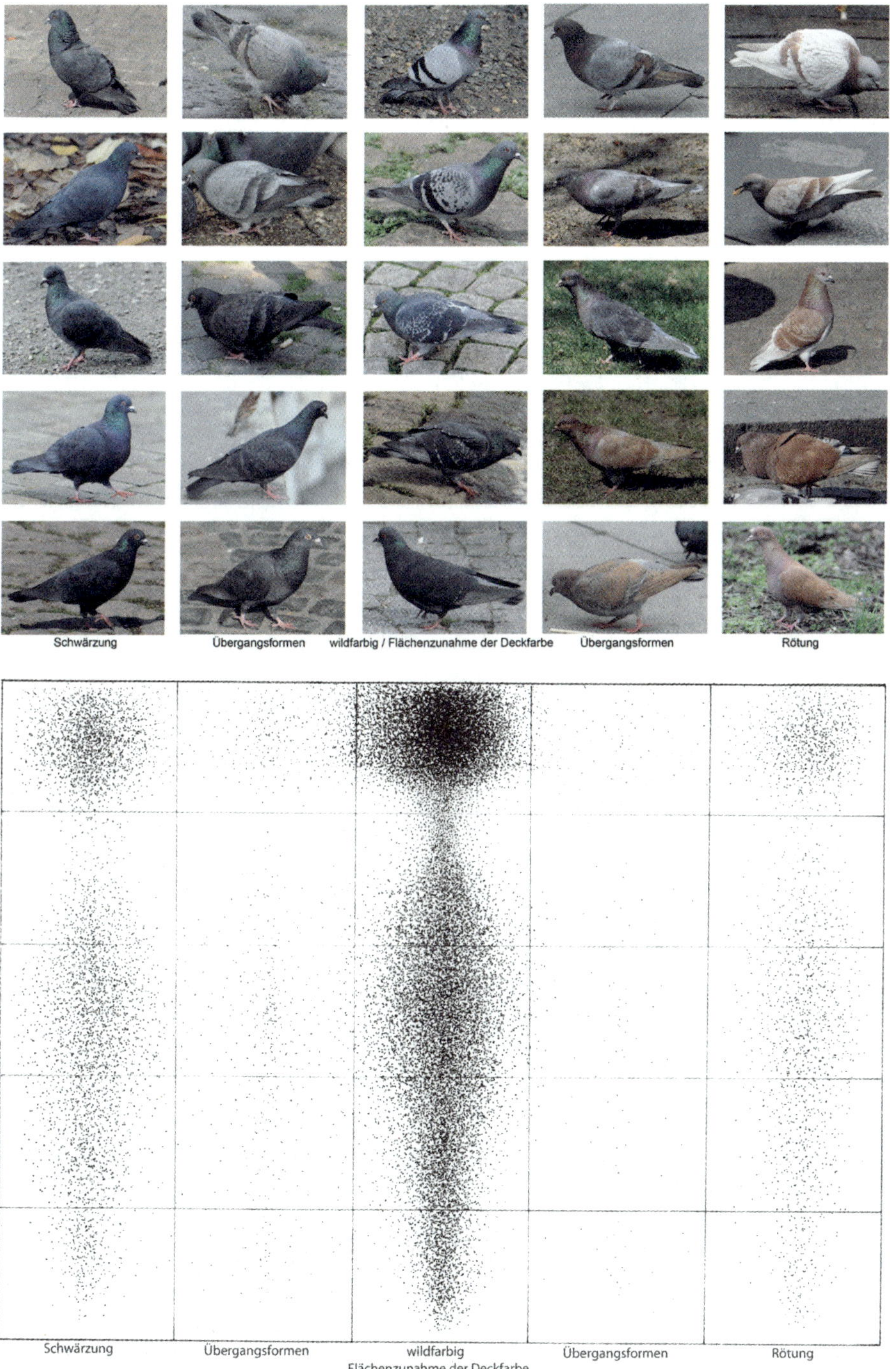

Abb. 9 u. 10: Die regelmäßige Variation der Stadttauben (vereinfacht): Variationsbild (oben) und Variationsdichte bzw. Häufigkeitsverteilung (unten).

nicht allein um stoffliche Mängel handelt, sondern auch um einen Mangel an Informationen und anderen aufbauenden Faktoren, der durch einen eingeschränkten Zugang zu natürlichen Umweltinformationen, also durch das Leben in einem eher geschlossenen System und eine dadurch gestörte Umweltresonanz hervorgerufen wird.

Da die Variationsbereiche von in natürlichen Milieus lebenden *Wildformen* offenkundig unabhängig von irgendeiner Zuchtwahl eng bleiben, empfiehlt es sich, das Phänomen der *genetischen Kohäsion*[18] in den Blick zu nehmen. Die Stärke dieser genetischen Kohäsion korrespondiert mit der »Gesundheit« bzw. »Natürlichkeit« der genetischen Verfassung einer Population – und diese wiederum steht in einem Zusammenhang mit der »Natürlichkeit« des jeweiligen ökologischen Milieus.

Wie die Auflösung der genetischen Kohäsion im Zusammenhang mit der Domestikation von den betroffenen Individuen her verstanden werden kann, hat der Zoologe Helmut Hemmer zu erklären versucht. Um den Ausbruch von degenerativen Domestikationsmerkmalen zu deuten, lenkt er den Blick auf die Wirkungen von dem Stress, den Tiere zwangsläufig erfahren, wenn sie aus ihrer natürlichen Umwelt herausgenommen und zudem zu eng mit Artgenossen zusammengesperrt werden:

Abb. 11: Keine »neuen« Farben, sondern parallele Pathologie der Domestikation: Trotz der völlig verschiedenartigen und jeweils reich strukturierten farblichen Musterbildung der Wildform (Katze, Taube, Huhn, Ente) erscheinen im Zuge der Domestikation immer dieselben Grundfarben der Degeneration: Schwarz, Rotbraun und Weiß.

»Zentrale Schaltstellen für das Streßgeschehen sind der Hypothalamus und die Hypophyse, die Hirnanhangdrüse. Die Reize, Signale, Informationen, die durch die Sinnesorgane aus der Umwelt empfangen und in Erregung umgesetzt werden, wirken sich über den Thalamus des Zwischenhirns direkt und je nach ihrer Verarbeitung auf Bedeutsamkeit in der Großhirnrinde, dem Neurocortex der Säugetiere, indirekt auf den Hypothalamus aus. Dieser kleine Zwischenhirnbezirk an der Hirnbasis über der Hypophyse sorgt auf der einen Seite für die Anregung des sympathischen Nervensystems, die den Körper aktiviert, ihn in Anspannung versetzt, um ihn bei akuter Gefahr ohne Zögern mit Kampf- oder Fluchtreaktionen reagieren zu lassen. Dies ist die akute Streßkomponente. Auf der anderen Seite steuert der Hypothalamus die Hormonproduktion der Hypophyse, mit der die übrigen Hormondrüsen des Körpers reguliert werden. So entsteht die [...] chronische Streßkomponente. Im Belastungsfall reagiert die Hypophyse mit verstärkter Ausschüttung ihres adrenocorticotropen Hormons (ACTH), das die Nebennierenrinde aktiviert. Die Zunahme der dort produzierten Corticosteroidhormone verursacht die genannte Erhöhung der Infektionsanfälligkeit, bedingt die Gewichtsverminderung und die Wachstumsverzögerung, steigert die Reaktionsbereitschaft der Nebennierenrinde auf ACTH und greift in die Aktivierung der Schilddrüse ein [...], womit eine weitere Beeinflussung des Wachstums möglich wird.«[19]

Permanenter Stress, so Hemmer, habe bei Haustieren zu einem gedämpften Verhalten geführt: »Im Vergleich zum Wildtier zeigte sich für Haustiere eine Verhaltensbestimmung durch mindere Bedeutsamkeit von Umweltfaktoren, von Reizen geophysikalischer, zwischenartlicher und sozialer, innerartlicher Natur, kurz, eben durch Verarmung der Merkwelt.«[20] Auch die im Laufe von Domestikationsprozessen auftretenden Weiß-Scheckungen, also die Pigmentierungsstörungen bei Haar- und Federbildung, sind heute als eine Stress-Folge nachgewiesen. Zellbiologen der Harvard-University um Bing Zhang fanden, dass die Hyperaktivierung sympathischer Nerven im Zusammenhang mit dem Kämpfen-oder-fliehen-Erregungszustand zu einer Erschöpfung der Melanozytenstammzellen an den Haarwurzeln führen[21]. Damit ist noch nicht gesagt, dass es sich hier um eine allein von unten nach oben gerichtete Kausalität handelt und die Systemeigenschaften der Populationen und Ökosysteme keine Rolle spielten. Denn akuter und vor allem chronischer Stress sind immer Begleiterscheinungen eines Lebens in Milieus, die – zumindest tendenziell – abgeschlossene Systeme sind. (Zur Domestikation s. auch *Umweltresonanz*, S. 98–120.)

In der *freien Natur* gibt es jedenfalls nicht die hinsichtlich ihrer genetischen Variation von sich aus auseinanderfließenden Populationen, deren Variationsbereiche allein über das beständige selektive »Ausmerzen« aller suboptimal angepassten Individuen durch irgendwelche widrigen Umweltbedingungen von außen zurechtgestutzt werden müssen. Wenn sowohl der Zusammenhalt, als auch die Veränderung der Merkmalsbereiche von in freier Natur lebenden Wildformen unabhängig von Selektion sind, darf die Zuchtwahl-These der Selektionslehre nicht länger als zentraler Faktor für die Erklärung der Evolution freilebender Arten gelten.

Dynamische Erblichkeit: Epigenetik und Feld-Hypothese

Wie aber sollte die natürliche Evolution dann ablaufen? Wenn man – wie die heutige Epigenetik – davon ausgeht, dass es die lange verworfene Möglichkeit einer *Vererbung erworbener Eigenschaften* tatsächlich gibt, dann rücken andere Prinzipen in den Blick: Die von Jean-Baptiste de Lamarck (1744–1829) begründete Evolutionslehre hatte eine Vererbung erworbener Eigenschaften so erklärt, dass die vielgebrauchten (überbeanspruchten) Organe – auch vom Willen beeinflusst – allmählich stärker angelegt werden. Auch unter Ausschluss der als Psycho-Lamarckismus bezeichneten Betonung des Willens-Aspekts wurde der Gedanke einer Vererbung erworbener Eigenschaften durch die Anhänger einer mechanistischen Interpretation von Darwin und Mendel Jahrzehnte lang erbittert bekämpft. Allein durch die selektive Begünstigung oder Benachteiligung zufällig entstandener Mutationen könne sich eine evolutive Veränderung von Arten ergeben. Aus der Perspektive der hier vorgestellten biologisch-ökologischen Analyse im Rahmen des Umweltresonanz-Konzepts ist eine *Vererbung erworbener Eigenschaften* durchaus für die Evolutionsfrage relevant – allerdings nur dann, wenn (veränderte) Umweltbedingungen a) nicht nur auf Einzelindividuen, sondern auf ganze Populationen gleichsinnig einwirken und b) diese Umweltverhältnisse nicht nur auf eine, sondern auf eine größere Zahl von Generationen über einen längeren Zeitraum einwirken.

Nun stellt sich die Frage, in welcher Weise das ökologische Milieu auf die genetische Konstitution einwirkt, wenn nicht über das Selektionsprinzip. Und hier kommen die durch die Umweltverhältnisse mitbestimmten Verhaltensweisen in den Blick: Eine Brücke zwischen ökologischer und genetischer Betrachtung bildet die ethologische Ebene, die der Verhaltensbiologie. Und dies trifft in gewisser Weise auch für Pflanzen zu, die als *Art* bzw. *Population* durchaus bestimmte ökologische »Verhaltensweisen« haben, so z. B. die je nach Art spezifischen »Latenzphasen« zwischen Einbürgerung und Massenausbreitung bei den als *Neophyten* bezeichneten gebietsfremden Arten (vgl. auch S. 56). Infolge der bereits von Darwin erkannten direkten erblichen Wirkungen des »Gebrauchs und Nichtgebrauchs« der Organe[22] können veränderte Verhaltensweisen auch ohne Selektion zu genetischen Veränderungen ganzer Populationen führen.

Darwin stellte die Frage: »Wer kann indessen behaupten, daß […] die Zwergpflanzen auf den Höhen der Alpen, oder der dichte Pelz eines Thieres in höheren Breiten nicht in einigen Fällen auf wenigstens einige Generationen vererbt werden?«[23] In diesem Sinne geht Albert Thellung (1881–1928)[24] auf einen weiteren interessanten Fall einer zeitlich begrenzten Erblichkeit erworbener Eigenschaften ein, die er als »Nachwirkung« bezeichnet. Nach den 1908 publizierten Beobachtungen von Emmerich Zederbauer (1877–1950) bilde das Hirtentäschel *(Capella bursa pastoris)* am Berge Erdschias Dagh in Kleinasien in 2000 bis 2400 m Höhe eine zwerghafte Höhenform mit kleinen, dicklichen, starkbehaarten Laubblättern und wenigblütigem Blütenstand, die insgesamt nur 1 bis 4 cm hoch wird. Dieses im Laufe von Jahrhunderten von Hirten bzw. Herden aus tieferen Lagen verschleppte Hirtentäschel sei durch »direkte Bewirkung« infolge starker Sonnenbestrahlung und geringer Wärmesumme entstanden; »es wäre sicherlich absurd, in diesem Falle an den Umweg über richtungslose Variation und Selektion zu denken«, so Thellung.[25] Zederbauer habe schließlich auch »das Hirtentäschchen aus Samen der Ebene in den Tiroler Alpen bis 2400 m gezogen und schon in der ersten Generation, wie zu erwarten war, ganz ähnliche Wuchsformen erhalten, wie die Pflanze des Erdschias Dagh.« Andererseits ergab die »Kultur aus Samen vom Erdschias Dagh im Wiener Botanischen Garten, daß die Höhenformen einerseits den Zwergwuchs durch mehrere (4) Generationen vererbten, andererseits in der Größe, Konsistenz und Behaarung der Laubblätter rasch zur Normalform der Ebene zurückschlugen.«[26]

Dass ein allmähliches Erblichwerden zunächst nicht erblicher Merkmale auch ohne irgendeine Form von umweltbedingter Verhaltensänderung in Betracht kommt, beschreibt der Biologe Bernhard Rensch (1900–1990) anhand der Bildung geographischer Rassen. Es gibt nämlich eine erstaunliche Parallele zwischen erblichen Merkmalen geographischer Rassen aus tropischen oder subarktischen Regionen mit nichterblichen Modifikationen, die experimentell durch entsprechende Umweltbedingungen verursacht werden können. Vögel, die während des Federwachstums künstlich in feuchtwarmen Räumen untergebracht werden, neigen oft zu einer verstärkten Pigmentbildung, sie ähneln dann den jeweiligen tropischen Rassen, deren erblichen Merkmale sich meist durch intensivere und dunklere Färbung auszeichnen. In kalter Umgebung gehaltene Tiere reagieren dagegen oft mit einer vermehrten Bildung pigmentarmer oder pigmentloser Federn – sie ähneln so wiederum den nördlicheren Rassen, deren erbliche Gefiederfärbung meist heller ist.

Dieser Zusammenhang ist dennoch stark vereinfacht und er bezieht sich nur auf die jeweiligen Grundtendenzen. Keine schwarze Krähe würde unter kälteren Bedingungen mit Modifikationen reagieren, die nach dem Muster einer Nebelkrähe nur den Mantel grau (und nicht weißgesprenkelt!) werden lassen und gleichzeitig Kopf, Flügel und Schwanz weiter in sattem Schwarz ausbilden! Natürliche geographische Rassen kann man weder »machen«, noch »nachmachen«. Dennoch sollen Renschs Ausführungen von 1929 hier angemessen gewürdigt werden, denn sie zählen meines Erachtens zu den klarsten Analysen der Erblichkeitsfrage überhaupt.

Rensch schließt aus seinen Beobachtungen: »Wenn wir der Entstehung geographischer Rassen Mutationen zugrunde legen, so würden diesen die experimentell erzeugten Phaenovarietäten rein zufällig parallel sein. Da es sich bei dieser Parallelität [...] um eine generelle Erscheinung handelt, so kommt eine solche Zufälligkeit nicht in Frage und damit auch nicht eine Annahme von Mutation als Grundlage der geographischen Rassenbildung.«[27]

Und er vertieft diese Einsicht: »Es wird vielmehr dadurch die Vorstellung nahegelegt, daß die erblichen geographischen Rassen ursprünglich als Phaenovarietäten entstanden, welche durch die auf eine große Zahl von Generationen stets gleichsinnig wirkenden klimatischen Faktoren allmählich erbfest wurden. Wir gelangen also durch subtile, an großem Materiale durchgeführte systematische Untersuchungen der geographischen Rassen und durch den Vergleich mit experimentellen Befunden zu einer Auffassung, der man heutzutage eine starke Skepsis entgegenzubringen pflegt [...]. Der heute scharf betonte Gegensatz zwischen Genotypus und Phaenotypus lässt ja zunächst ein solches ›allmähliches Erblichwerden‹ ganz unmöglich erscheinen. Es ist aber nun auch eine Erscheinung bekannt geworden, welche vielleicht als Mittelding zwischen Erblichkeit und Nichterblichkeit angesehen werden kann: die ›Nachwirkung', welche bekanntlich oftmals auftritt, wenn viele Generationen hindurch ein gleichsinnig abändernder Faktor wirksam war, und dann das Ursprungsmilieu wieder hergestellt wurde [...]. Je größer die Anzahl der beeinflussten Generationen ist, umso intensiver wird die Nachwirkung. Alverdes (5) spricht in diesen Fällen von einer ›kumulierten Nachwirkung‹.«[28] Man könne, so Rensch, durchaus »labilere Eigenschaften, bei denen sich eine Nachwirkung erzielen läßt, als ›schwächer erblich gefestigt' oder ›stärker erblich gefestigt‹ bezeichnen«.[29]

Im Gegensatz zu den Vorstellungen einer einfachen *Vererbung erworbener Eigenschaften* meint Rensch zu Recht: »es muß sich dabei um Vorgänge handeln, für welche die vielfache Wiederholung des Einflusses wesentlich ist, die also nicht einfacher chemischer Natur sein können (und daher auch nicht durch ›Parallelinduktion‹ erklärt werden können). Wir haben es also mit Vorgängen zu tun, die der Physiologe Hering 1870 in seinem berühmten Vortrage mit dem Gedächtnis parallelisierte, auf welcher Annahme sich dann Semons ›Mnemetheorie‹ (190) aufbaut. Semon nimmt an, daß die Keimzellen ganz ähnlich wie die Somazellen (vgl. das ›Lernen' eines Belichtungsrhythmus bei Pflanzen) befähigt sind, ›Engramme‹ (d. h. gedächtnismäßige Eindrücke) festzuhalten und bei Wiederholung zu verstärken. Eine solche Auffassung würde also die Notwendigkeit eines in vielen Generationen wiederholten Vorganges verständlich machen, da ja das Keimplasma kontinuierlich ist. [...] Wesentlich erscheint mir dabei zunächst nur die Tatsache, daß die Annahme eines Überganges vom Phaenotypus zum Genotypus nicht als prinzipiell unmöglich verworfen zu werden braucht. Und eine prinzipielle Ablehnung ist ja umso weniger angebracht, als der Teil der physiologischen Chemie, der sich mit den chemischen Beziehungen zwischen Keim und Soma befaßt, vorläufig noch mit einem ›Ignoramus‹ überschrieben werden muß.«[30]

An diesem Befund, dass die chemischen Beziehungen zwischen Keim und Soma, also zwischen den DNA-Molekülen und den mit ihnen korrespondierenden Gestalt- und Verhaltensmustern, noch gänzlich ungeklärt sind, hat sich auch 90 Jahre später noch nichts Wesentliches geändert. Wohl auch deswegen, weil es sich bei diesen Informationszusammenhängen gar nicht um chemische Beziehungen handelt. Hier zeigt Rensch genau in die richtige Richtung, indem er auf eine Parallelität der Vererbung mit dem Gedächtnis hinweist. Seine Verweise auf Friedrich Alverdes (1889–1952), Ewald Hering (1834–1918) und Richard Semon (1859–1918) machen zugleich deutlich, dass die Annahme eines dem Gedächtnis verwandten Prinzips der Vererbung und der entsprechenden Stabilisierung von Umwelterfahrungen und umweltbedingten Modifikationen lange vor Rupert Sheldrakes Postulat einer »morphischen Resonanz« (vgl. S. 47) ausgesprochen war.

Wichtig ist, dass eine Vererbung erworbener Eigenschaften nicht durch ein abruptes und totales Erblichwerden einer durch einmalige Umwelteinflüsse ausgelösten Modifikation eintritt, sondern hier eine Akkumulation sehr vieler gleichsinniger Umwelteinflüsse über viele Generationen erforderlich ist, um ein zunächst nicht erbliches Merkmal »erbfest« werden zu lassen. Eine direkte Umwandlung von erworbenen (nicht erblichen) Merkmalen in dauerhaft bleibende erbliche Merkmale gibt es wohl nicht.

Im Zusammenhang mit dem Umweltresonanz-Konzept bezeichne ich die Erkenntnis als *dynamische Erblichkeit*, dass sich die Eigenschaften »erblich« und »nicht erblich« nicht trennscharf unterteilen lassen, sondern es allmähliche Übergänge gibt; sowohl bezüglich des Grades der Erblichkeit, der in dominant und rezessiv unterschieden wird; als auch in Bezug auf die Reichweite der Erblichkeit eines Merkmals in der Generationenfolge. Ein Schlüssel zum Verständnis der dynamischen Erblichkeit ist das Wissen um die Vererbung erworbener Eigenschaften, insbesondere in Bezug auf

– die erbliche Nachwirkung von umweltbedingten Modifikationen und

– die erbliche Wirkung von Aktivität oder Passivität (bzw. des Gebrauchs oder Nichtgebrauchs der Organe).

Dynamische Erblichkeit heißt auch, das elastische und plastische Eigenschaften zusammenwirken: Eine in ihrer Erblichkeit noch ungenügend gefestigte Eigenschaft tendiert schnell zu einem Verlust der erblichen Nachwirkung einer umweltbedingten Modifikation, so dass man von einer Elastizität der ursprünglichen (gefestigten) erblichen Eigenschaft sprechen kann. Halten jedoch die Wirkungen von veränderten Umweltverhältnissen sehr lange an und beeinflussen sehr viele Generationen vollständig und gleichsinnig, dann wird die Erblichkeit der neuen Eigenschaft gefestigt, so dass man von einer langfristigen Plastizität der Erblichkeit sprechen kann.

Hieraus sind drei Schlussfolgerungen zu ziehen:

1. Die genetische Konstitution von Populationen muss durch eine artgemäße Aktivität in einer artgemäßen Umwelt fortwährend stabilisiert werden.

2. Eine durch veränderte Umweltverhältnisse, welche dann lange anhalten, bedingte Verhaltensänderung bewirkt eine allmähliche erbliche Festigung der neuen Umwelteinpassung.

3. Die Isolation einer Population von ihrem angestammten natürlichen Milieu (z. B. die Gefangenschaft) führt auf dem Wege des »Nichtgebrauchs« von Organfunktionen und Verhaltensmustern zu genetischen Auflösungserscheinungen im Sinne von Domestikation bzw. Degeneration. Augenfällig ist z. B. der Verlust des Brutinstinkts bei Hausgänsen durch das über viele Generationen fortgesetzte künstliche Erbrüten der Nachzucht.

Zu einer Weiterentwicklung des biologischen Denkens führte die »Epigenetik«. Diese ist ein neuer Zweig der Vererbungswissenschaften, welcher die Rolle der »über« der DNA sitzenden Bio-Moleküle in den Blick nimmt, welche die DNA-Abschnitte aktivieren oder deaktivieren (»Schalter-Gene«) – und auch außerhalb der Chromosomen des Zellkerns mit Trägern genetischer Information rechnet. Weil außerhalb der Chromosomen befindliche Moleküle der Umwelterfahrung des Individuums zugänglich sind – und chemische Modifikationen der DNA auch in reifenden Keimzellen erfolgen können –, können somit nicht nur von den Eltern ererbte Eigenschaften, sondern auch von den betreffenden Individuen erworbene Eigenschaften an die Nachkommen vererbt werden. Damit bekommt die lange verworfene Auffassung einer *Vererbung erworbener Eigenschaften* wieder eine theoretische Basis.

Allerdings geht auch die Epigenetik davon aus, dass die Moleküle selbst die komplette Erbinformation »enthalten«, es also zur Ausbildung vererbter Gestalt- und Verhaltensmuster keiner von außen hinzutretenden Information bedarf. Somit hat die Epigenetik zwar das monogenetische Paradigma gesprengt, wonach es für jedes Merkmal genau einen bestimmten DNA-Abschnitt gebe – aber sie ist weiterhin ein Teil der reduktionistischen Biologie. (Zum genetischen Paradigma und seinen Grenzen s. auch *Umweltresonanz*, S. 225-233.) Das *epigenetische Erklärungsdefizit* lässt sich nicht auflösen, solange die Vererbungswissenschaft an der deterministischen Denkweise festhält, wonach die DNA-Moleküle mit den Programmen für die Musterbildung des Stieglitzes oder für die »Berufe« der verschiedenen Altersstadien der Honigbiene *identisch* seien. Berücksichtigt man die Komplexität und situative Modifizierbarkeit ererbter Verhaltensmuster, erscheint diese reduktionistische Sicht wenig plausibel.

Hier bietet es sich an, auf Carl Gustav Jungs (1875–1961) Konzept des »kollektiven Unbewussten« zurückzugreifen. Jung definiert das kollektive Unbewusste als einen »Teil der Psyche«, der »seine Existenz nicht persönlicher Erfahrung verdankt und daher keine persönliche Erwerbung ist.« Die Inhalte des kollektiven Unbewussten waren »nie im Bewusstsein und wurden somit nie individuell erworben, sondern verdanken ihr Dasein ausschließlich der Vererbung.«[31] Das, was sich im kollektiven Unbewussten ausdrückt, bezeichnet Jung als »Archetypen« und er stellt diese mit den Instinkten in Parallele: »Daher bilden sie ganz genaue Analogien zu den Archetypen, ja so genau, dass Grund zur Annahme besteht, dass die Archetypen die unbewussten Abbilder der Instinkte selbst sind; mit anderen Worten: Sie stellen das Grundmuster instinktiven Verhaltens dar.«[32] Auch das Wirken der dynamischen Erblichkeit hat C. G. Jung im Grunde schon erkannt: »Archetypen sind wie Flußbetten, die das Wasser verlassen hat, die es aber nach unbestimmt langer Zeit wieder auffinden kann. Ein Archetypus ist etwas wie ein alter Stromlauf, in welchem die Wasser des Lebens lange flossen und sich tief eingegraben haben. Und je länger sie diese Richtung behielten, desto wahrscheinlicher ist es, daß sie früher oder später wieder dorthin zurückkehren.«[33]

Genau das, was der Begründer der analytischen Psychologie, Carl Gustav Jung, in Bezug auf den Menschen als das »kollektive Unbewusste« beschrieb, gibt es auch – und zwar noch klarer ausgeprägt – bei den Tierarten. Hierzu ein Beispiel: Auch künstlich aufgezogene Vögel können gefährliche von ungefährlichen Tieren unterscheiden, ohne dass sie diese Fähigkeiten erlernt haben. Sie sind ihnen »angeboren«. Wenn es also bei den Individuen eine Art Erinnerung an die Umwelterfahrungen und Verhaltensmuster der Vorfahren gibt, die unabhängig von der direkten Kommunikation zwischen Eltern und Kindern wirkt, dann stellt sich spätestens hier die Frage, welches die vermittelnden Elemente zwischen Umwelterfahrung, molekularer Struktur und Verhaltensdisposition sind.

Ein künstlich aufgezogener Weißstorch *(Ciconia ciconia)*, der von seinen Eltern nichts direkt »lernen« kann, findet zu einer artgemäßen Nistplatzwahl oder einem bestimmten Zugverhalten, weil er die Neigung ererbt hat, die von seinen Vorfahren akkumulierten Erfahrungen und Aktivitätsmuster zu aktualisieren. Er muss ein entsprechendes Bild vor seinem »inneren Auge« haben, an dem er sich orientiert. Auch wenn eine bestimmte DNA-Struktur diese oder jene Verhaltensweise »bewirkt«, benötigt das Individuum für seine instinktiven Verhaltensweisen ein solches

»Leitbild«, welches nicht mit den DNA-Molekülen identisch ist. Die molekulare Struktur kann bestenfalls als eine Art Schrift gelten. Schrift kann aber ohne eine auf Lebenserfahrung basierende Sprache und ohne Lesefähigkeit nicht wirksam werden.

Um also das epigenetische Erklärungsdefizit zu überbrücken und dynamische Erblichkeit verstehbar zu machen, kommen wir nicht umhin, auch Wege einer *nichtmolekularen Vererbung* mitzudenken. Wir benötigen also einen zumindest vorläufigen Begriff für den Ort bzw. das Medium, »wo« die Erfahrungen und Aktivitätsmuster der Vorfahren akkumuliert werden. Wir brauchen einen Begriff für ein notwendig vorhandenes, aber bisher nicht vorzeigbares Element, das die intergenerationelle »Erinnerung« an und die (Re-)Aktivierung von spezifischen Gestalt- und Verhaltensmustern ermöglicht. Hier kann – bei aller Vorläufigkeit – die Hypothese »biologischer Felder« hilfreich sein.

Der Gedanke, die Gestaltbildung der Organismen auf Faktoren zurückzuführen, die mit physikalischen Feldern vergleichbar sind, geht auf den russischen Biologen Alexander Gurwitsch (1874–1954) zurück. Gurwitsch schreibt 1914: »Der Bezirk, in welchem die formbildenden Umwandlungen des Substrates sich abspielen, ist m. a. W. ein Kraftfeld. [...] Ich halte es [...] im Allgemeinen (d. h. nicht für jeden speciellen Fall, der ja auch andere Verhältnisse bieten könnte) für erwiesen, daß der letzte Grund der Formgestaltung zwar in seiner Allgemeinheit an das Ei resp. den Keim gebunden, nicht aber innerhalb desselben in speciellen materiellen Bestandteilen localisiert ist, da er von den Perturbationen des Substrates unberührt bleibt.«[34]

Diese Überlegungen griff in den 1980er und 90er Jahren der englische Biologe Rupert Sheldrake auf.[35] Er verknüpft die biologische Feld-Hypothese mit dem Gedanken einer »morphischen Resonanz«: Demnach festigen oder verändern sich *morphische Felder* durch eine Akkumulation von Erfahrungen und Gewohnheiten in der Generationenfolge. Dadurch, dass die Individuen mit den morphischen Feldern ihrer Vorfahren in Resonanz treten, entwickeln sie eine Neigung, genau jene Verhaltensmuster auszuführen, die von den vorangegangenen Generationen ihrer Art in den spezifischen *Feldern* am stärksten akkumuliert wurden. Interessant ist auch die von Sheldrake verwendete Radio- bzw. Fernseher-Analogie: Aus der Perspektive des *Sender-Empfänger-Modells* ist die Ausführung biologischer Programme an molekulare Strukturen (DNA, Nerven- oder Gehirnzellen) gebunden, welche aber nur eine Art Antennen- bzw. Sendereinstellungs-Funktion haben. Die biologischen Programme selbst seien mit diesen physischen Strukturen ebenso wenig identisch, wie das Radioprogramm in den Bauteilen des Radios enthalten ist.

Im Zusammenhang mit seinem Biophotonen-Konzept kommt Marco Bischof zu dem bemerkenswerten Ergebnis, dass die Funktion der DNA im Sinne einer Antenne nicht nur sinnbildlich gemeint ist, sondern einen realen Hintergrund habe: »Wenn man ein DNS-Molekül von oben, das heißt in Richtung der Helixachse betrachtet, so sieht man eine Serie von Fünfecken, von denen jedes um ein Zehntel eines Kreises gedreht ist, in einer zylindrischen Form angeordnet. Die Veränderungen dieser Geometrie während der beschriebenen Zusammenziehungen und Ausdehnungen des Moleküls sind sicher bedeutsam für seine Funktion als

Abb. 12: Ökonomie der Präzision: Das Konturfeld der seitlichen Tauben-Deckfeder ist außen stärker kontrastiert als innen.

Empfänger [...]. Eine solche Helixantenne besitzt unter anderem auch die Eigenschaft, sich selbst auf bestimmte Frequenzen einzustellen. Genau die verschiedenen Positionen, die das DNS-Molekül gegenüber einem elektromagnetischen Signal einnehmen kann, sind es, die die Menge der Information, die die DNS zur Biophotonenregulation beitragen kann, noch bedeutend erhöhen gegenüber derjenigen, die sie bereits durch ihre statische Form den anderen Biomolekülen voraushat.«[36]

Der Biologe Richard Woltereck (1877–1944) ging davon aus, dass es eine unbewusst erlebte »Leiterregung« nicht nur bei Individuen, sondern auch bei den einzelnen Zellen gibt. Nach Woltereck ist »das Gerichtetsein und das harmonische Bezogensein« der organischen Gestaltungsvorgänge als ein »intentionales Innengeschehen (unbewußtes ›Erleben‹) der sich gestaltenden Subjekte zu verstehen.[37] « Auch Woltereck bezog sich hierbei auf die Idee biologischer Felder.

Ohne mich im Einzelnen auf die Interpretationen von Gurwitsch, Woltereck, Sheldrake oder anderen festzulegen, halte ich den Begriff des *biologischen Feldes* für geeignet, um die von der reduktionistischen Biologie ausgeklammerten Phänomene mitzudenken. Es handelt sich hier um Aspekte des Lebens, die für die unbewusste Orientierung der Organismen (sowie ihrer Zellen einerseits und ihrer Populationen und Ökosysteme andererseits) erforderlich sind – und die im Zusammenhang mit dem Konzept der Umweltresonanz eine entscheidende Rolle spielen. Wenn nämlich nur in Milieus, die als offene Systeme verfasst sind, Bedingungen der Regeneration herrschen, können die von außen hinzutretenden aufbauenden, ordnungsbildenden Faktoren u. a. mit biologischen Feldern und Programmen identifiziert werden. Eine intakte Resonanzbeziehung zu diesen Faktoren ist offenkundig davon abhängig, in welchem Ausmaß die Organismen auch die »normalen« natürlichen Umweltinformationen wahrnehmen können; also wie groß ihr Wahrnehmungsradius bzw. wie »leistungsfähig« ihre Umweltresonanz ist.

Um das Wirken gestaltbildender biologischer Felder an einem konkreten Beispiel zu veranschaulichen, wollen wir uns einmal eine Feder näher betrachten: Eine gewöhnliche Taubenfeder, so wie wir sie jeden Tag am Straßenrand finden können. An den seitlichen Deckfedern, bei Tauben besonders an den Flügeldecken, erkennt man, dass nur die äußerlich sichtbaren Federteile dunkel gefärbt sind und die Bereiche, die im Gefieder durch Nachbarfedern überdeckt werden, nicht oder schwächer pigmentiert sind. Der Ornithologe Heinrich Frieling (1910–1996) bezeichnet die Tatsache, »daß die Feder nur dort Zeichnung trägt, wo sie an der Oberfläche liegt«, als »Frackwestenprinzip«. Damit sei ausgedrückt, »daß nur das anschauenswert oder zweckvoll gefertigt ist, was zu sehen ist!«[38]

Dieses »Haushalten« mit dem dunklen Pigment in seiner Beschränkung auf die äußerlich sichtbaren Federbereiche hat eine interessante Parallele: Dort wo bestimmte Zeichnungsmuster »abgebildet« werden, also die Grenzen eines dunklen Bereiches zum hellen hin eine bestimmte Kontur bilden (wie z. B. bei den schwarzen Flügelbinden der blaugrauen Tauben), ist die Schärfe bzw. Präzision dieser Kontur nur am sichtbaren (äußeren) Teil der Feder deutlich ausgebildet. Am durch Nachbarfedern verdeckten (inneren) Teil der Feder ist der Übergang vom dunklen zum hellen Bereich stets mehr oder weniger verschwommen und unscharf.

Hieraus lässt sich schlussfolgern, dass die *Präzision* der Kontur etwas ist, womit die Natur ähnlich haushälterisch umgeht, wie mit der Einlagerung des Pigments. Während sich die Ökonomie der Pigmenteinlagerung durch eine begrenzte Verfügbarkeit der erforderlichen Stoffe oder durch einen Energiebedarf der Melanin-Synthese erklären lässt, ist eine Ökonomie der Präzision so nicht erklärbar.

Die Präzision der Musterbildung ist offenkundig abhängig von Information und Ordnung. So, wie es von der Datenmenge einer elektronischen Bilddatei abhängt, wie scharf sich ein Bild ausdrucken lässt, ist die Präzision der biologischen Musterbildung von Informationen abhängig, die offenbar nicht überall beliebig verfügbar sind. Wenn – wie es die biologische Feld-Hypothese annimmt – die für die Musterbildung erforderlichen Informationen erst *empfangen* werden müssen, dann bekommt die Ökonomie der Präzision einen Sinn: Wie wir aus der Erfahrung beim elektronischen Versenden von Bildern wissen, liegt der begrenzende Faktor für Präzision in der Übertragung der dafür erforderlichen größeren Datenmengen. Und die Leistungsfähigkeit von Informationsübertragung ist abhängig von der Beziehung zwischen Sender und Empfänger – in der Natur also von der jeweiligen Umweltresonanz. Der haushälterische Umgang der Natur mit Präzision zeigt, dass die Idee biologischer Programme und Felder, welche nicht allein innerhalb des Organismus lokalisiert werden können, mehr ist als ein bloßes Denkmodell.

Wenn die für die Musterbildung erforderliche Information bereits vollständig in den Molekülen des Zellkerns »enthalten« wäre bzw. die Musterbildung allein auf stofflicher Basis von den DNA-Molekülen ausgehend biochemisch synthetisiert würde, dann könnten die Konturen an verdeckten und an sichtbaren Stellen mit gleicher Präzision ausgebildet werden; oder es wäre allenfalls von den Stoffwechselprozessen und vom Ernährungszustand eines Tieres abhängig, ob sich die spezifischen Muster in der ihnen gemäßen Präzision herausbilden oder nicht. Wenn aber die für die Musterbildung erforderlichen Informationen erst »von außen« herangeholt bzw. empfangen werden müssen, dann ist die Ökonomie der Präzision ein logisch erklärbares Phänomen. Wenn Präzision eine größere »Datenmenge« erfordert und für einen höheren Ordnungszustand mehr Information übertragen werden muss, ist es plausibel, dass die Muster nur in den äußerlich sichtbaren Bereichen scharfe Konturen haben, also nur dort, wo es funktionell oder ästhetisch sinnvoll ist.

Auch wenn dieses »von außen« bislang nicht wirklich greifbar ist (und wohl auch nichtlokaler Natur ist), hat die Hypothese biologischer Programme und Felder offenkundig mehr mit der Wirklichkeit zu tun, als das reduktionistische Denken, wonach die Moleküle und Zellen eigenständig den Organismus aufbauen und sein Verhalten bestimmen. Hier ist nicht der Platz, um auf die biologische Feld-Hypothese näher einzugehen. (Eine ausführliche Erörterung des Für und Wider der biologischen Feld-Hypothesen findet sich im Buch *Umweltresonanz*, S. 343–392.)

Wichtig ist jedoch, dass wir – exemplarisch anhand der Betrachtung einer Taubenfeder – nachvollziehen können, dass es in der Natur (noch) nicht messbare Faktoren gibt, zu denen die

Organismen eine Informationsbeziehung brauchen, um Ordnung und Struktur aufbauen zu können. Diese Faktoren, die ich vorläufig nur als hypothetische biologische Programme bzw. Felder bezeichnen kann, sind für das Verständnis der Umweltresonanz von zentraler Bedeutung: Die jeweiligen ökologischen Milieus bieten in dem Maße *Bedingungen der Regeneration,* in dem sie – wie es der Zweite Hauptsatz der Thermodynamik besagt – *offene Systeme* sind, also die hier lebenden Organismen eine intakte Resonanzbeziehung zu außerhalb liegenden natürlichen Umweltinformationen aufbauen können. Dass es sich dabei *auch* um Faktoren handelt, die wir nicht direkt wahrnehmen und vermessen können, ändert nichts an diesem Befund.

Organismisches Prinzip: Kooperation und Integration

Es sind nicht nur die Regeln der natürlichen Variation, welche gegen die Plausibilität der Selektionslehre sprechen; es geht auch um die Frage der Beziehungen zwischen Individuen, zwischen Arten – ja auch zwischen Zellen und »Genen«. Es geht um die Frage, ob deren Verhältnisse tatsächlich primär vom Konkurrenzprinzip bestimmt sind, wie es die Selektionslehre behauptet. Auf die Spitze getrieben ist diese Auffassung durch Richard Dawkins These vom »egoistischen Gen«[39] – ihr hat Joachim Bauer die These des »kooperativen Gens« entgegengestellt.[40] Was aber beide Autoren eint, ist das für die reduktionistische Biologie charakteristische Denken einer allein von unten nach oben gerichteten Kausalität, das die Eigenschaften der Individuen und Arten auf die Summe der ihnen zugehörigen Zellen und »Gene« zurückführt.

Demgegenüber legt die hier vorgestellte biologisch-ökologische Analyse die Annahme eines *organismischen Prinzips* nahe. Dabei handelt es sich um einen multidimensionalen systemischen Naturzusammenhang, bei dem die verschiedenen biologischen (und abiotischen) Kategorien auf der genetischen (evolutionären) und ökologischen Ebene ebenso wie Organ und Organismus in einer hierarchisch strukturierten funktionellen (und ästhetischen) Integration untereinander verbunden sind. Das organismische Prinzip beruht auf einer wechselseitigen und intuitiven Tendenz zum funktionellen Integrieren und Integriertwerden (aktive und passive Integration). Auch das Gesamtökosystem der Erde (Gaia) beruht auf dem organismischen Prinzip, so der englische Arzt und Biologe James Lovelock.[41] Verdrängungswettbewerb und Konkurrenz sind dem organismischen Prinzip entgegengesetzt.

Der hieraus folgende Gedanke einer *organismischen Integration* betont den untrennbaren Zusammenhang zwischen den hierarchisch strukturierten vertikalen organismischen Beziehungsgefügen und ihrer wechselseitigen (passiven und aktiven) Integration. Dabei geht es um die Beschaffenheit von organismischen Systemen, die sich an den »richtigen Plätzen« des übergeordneten Systems verorten, und zugleich die ihnen untergeordneten Systeme bzw. Organe dort integrieren, wo sie ihre funktionelle oder ästhetische Aufgabe haben; wo sie in harmonischer Weise in das Ganze eingepasst sind und dieses ebenso am Leben halten, wie sie durch das Ganze am Leben gehalten werden.

Es ist das Verdienst des Biologen Jakob von Uexküll, den Lebensraum nicht nur als das Gegenüber der Lebewesen aufzufassen, sondern auch als einen Teil von ihnen.[42] Das ökologische Habitat ist demnach nicht nur der Wohnort einer Art. Indem ein bestimmter Habitat-Anspruch als *Umweltanforderung* in der Art verankert ist, ist die artspezifische Umwelt auch ein Bestandteil der Art selbst. Betrachtet man nun die gesamte Erde als den Wohnort der die Biosphäre bildenden – und ihr zugehörigen – Arten und Biozönosen, so ist es naheliegend, von einer solchen wechselseitigen Verbindung auszugehen: Die Arten und Ökosysteme als »Organe« der Erde, und die Erde als eine auch in der »Innerlichkeit« jeder Art und jedes Individuums verankerte Realität. Eine Biologie, die diesen Zusammenhang berücksichtigt, darf den Planeten Erde nicht als bloßen abiotischen Untergrund den Lebewesen gegenüberstellen; sie muss die Erde insgesamt als einen auch lebenden »Superorganismus« auffassen, dessen systemische »Prozessordnungen« die Lebensprozesse der Ökosysteme, Arten und Individuen mitbestimmen. (Zum organismischen Prinzip s. auch *Umweltresonanz*, S. 329–342.)

Umweltresonanz: Der ökologisch-genetische Zusammenhang

Um die ökologisch-genetischen Wechselwirkungen verständlich zu machen, hat es sich als fruchtbar erwiesen, das aus der Physik, der Musikwissenschaft und neuerdings auch aus der Soziologie[43] bekannte Phänomen der *Resonanz* in die biologischen Arbeiten einzubeziehen. Das, was ich als »Umweltresonanz« bezeichne, umfasst einerseits die Beziehung zwischen dem Zustand des ökologischen Milieus und der genetischen Verfassung der dort lebenden Organismenpopulationen; andererseits die Frage nach dem für die Herausbildung und Aktivierung von Gestalt- und Verhaltensmustern erforderlichen Informationstransfer. Letztlich geht es hier aber um mehr als um Informationstransfer: Leben und Ordnung sind nicht mit Information identisch, aber ebenso vom Vorhandensein einer Resonanzbeziehung zu verschiedensten natürlichen Umweltfaktoren abhängig. Die hier beschriebenen überindividuellen Zusammenhänge sind auch deshalb als Resonanz-Phänomene zu charakterisieren, weil die meisten Umweltinformationen (Licht, Schall, elektromagnetische Aspekte) Welleneigenschaften haben bzw. rhythmisch strukturiert sind und eine Desynchronisierung die Leistungsfähigkeit der Umweltresonanz ebenso einschränkt wie sie Präzision in der Gestaltbildung bzw. Informationsmenge vermindert.

Was eine intakte Umweltresonanz hinsichtlich der Lebensvorgänge bewirkt bzw. »leistet«, lässt sich am besten daran erkennen, welche Beeinträchtigungen dort auftreten, wo die Resonanzbeziehungen zu natürlichen Umweltinformationen gestört sind – also in ökologischen Milieus, die mehr als geschlossene denn als offene Systeme verfasst sind. Auch wenn am Individuum eine direkte Ursache-Wirkungs-Beziehung nur schwer feststellbar ist, sind hinsichtlich der *genetischen Kohäsion* von Populationen die Wirkungen einer gestörten Umweltbeziehung signifikant. Eine Häufung von Mutationen bzw. Aberrationen bei freilebenden Tieren ist eben in der Regel nicht primär auf radioaktive Strahlung oder mutagene Umweltgifte zurückzuführen, sondern auf eine eingeschränkte Umweltresonanz. Wenn man weißscheckige Haussperlinge *(Passer domesticus)*, Krähen *(Corvus corone)* oder Stockenten *(Anas platyrhynchos)* sehen will, findet man sie weder im Umfeld radioaktiver oder giftiger Deponien, noch am Rande tot gespritzter Agrarflächen; man findet sie mitten in den Metropolen. Egal in welcher Großstadt man heute ankommt – auf dem Wege vom Hauptbahnhof zum Rathaus kann der aufmerksame Ornithologe die Degeneration der ortsansässigen Vögel studieren. Die populationsgenetischen Wirkungen des urbanen Raumes stimmen weitestgehend mit den degenerativen Wirkungen des Zustands der *Gefangenschaft* überein.

Warum schwächt ein Leben im urbanen Raum die genetische Kohäsion der Population in ähnlicher Weise wie ein Leben in Gefangenschaft? Nicht verminderte Selektionsfaktoren (wärmere Winter, weniger Raubtiere), sondern eine gestörte ökologische Integration, also eine eingeschränkte *Umweltresonanz*, löst die genetische Kohäsion auf und wirkt somit degenerativ. In derselben Weise, wie der Biologe Helmut Hemmer die Domestikation als eine »Verarmung der Merkwelt«[44] bezeichnet, welche degenerativ wirkt, tut dies eine Einschränkung der Wahrnehmungsbereiche im urbanen Raum. Hemmer bezieht sich hier auf Jakob von Uexküll.[45] Von Uexküll sah einen zyklischen Zusammenhang zwischen der Umweltwahrnehmung eines Lebewesens (merken) und dessen darauf bezogenen Verhaltensantworten (wirken). Während die »Merkwelt« in der Summe dessen bestehe, was ein Subjekt (ein Tier) merkt, bestehe die »Wirkwelt« in der Summe dessen, was das Subjekt bewirkt.[46]

Dies sei an einem Beispiel veranschaulicht: An einem windstillen Frühjahrsmorgen hört eine Amsel *(Turdus merula)* im Wald alle singenden Amseln in einem Umkreis von etwa drei Kilometern. In der Stadt ist der Umgebungslärm so laut, dass eine dort lebende Amsel nur die Amseln hören kann, die in einem Umkreis von einem halben Kilometer singen. Ihr akustischer *Wahrnehmungsradius* ist hier auf ein Sechstel zusammengeschrumpft. Ebenso wie Lärm den akustischen Wahrnehmungsbereich verkleinert, verringert die nächtliche Lichtüberflutung der Städte den optischen Wahrnehmungsbereich (z. B. eine Überstrahlung der natürlichen Taktgeber für die tageszeitliche Biorhythmik oder eine Behinderung der Sternenorientierung von Zugvögeln). Und eine Überstrahlung der natürlichen elektromagnetischen Verhältnisse durch Mobilfunksender und anderen »Elektrosmog« vermindert die (instinktiv-unbewusste) Wahrnehmung des Eintrittswinkels (der Inklination) des Erdmagnetfeldes und blockiert so z. B. eine Ortsbestimmung bei Zugvögeln.[47] Entsprechendes gilt gewiss auch im Blick auf die verschiedenen Arten der hypothetischen biologischen Felder.

Wenn man nun den *Wahrnehmungsradius* als den Lebensbereich definiert, in dem ein Individuum mit Artgenossen und Umweltverhältnissen interagieren kann, in dem es soziale und ökologische Resonanzbeziehungen aufbauen kann, dann wird deutlich, warum eine verminderte (bzw. verhinderte) Umweltresonanz ähnlich wirkt wie Gefangenschaft. Freiheit bedeutet eben nicht nur Bewegungsfreiheit, sondern auch Beziehungsfreiheit und Orientierungsmöglichkeit. Derjenige ökologische Bereich, in dem Individuen und Populationen in diesem umfassenden Sinne frei sind, ist die *freie Natur*. Gefangenschaft und urbaner Raum sind der freien Natur entgegengesetzt. Im thermodynamischen Sinne handelt es sich bei ersteren um mehr abgeschlossene

Systeme und bei letzteren um mehr offene Systeme. Da, wie das Beispiel des Wahrnehmungsradius zeigt, im biologisch-ökologischen Bereich keine absolute Grenzziehung möglich ist, müssen wir hier von graduellen Unterschieden zwischen offenen und geschlossenen Systemen ausgehen.

Als *Umweltresonanz* bezeichne ich hier also die Gesamtheit aller horizontalen und vertikalen Resonanzbeziehungen eines Organismus oder eines Systems; im Besonderen jedoch der Wirkungszusammenhang zwischen ökologischem Milieu und genetischer Konstitution. Das harmonische Eingegliedertsein in die natürlichen Umweltverhältnisse ist dasjenige, was der Degeneration entgegenwirkt; es ist dasjenige, was die aufbauenden Naturprozesse im Sinne von Regeneration ermöglicht.

Damit erschließt sich die Frage nach dem ökologisch-genetischen Zusammenhang: Bei den in Gefangenschaft und im urbanen Raum festzustellenden »gestörten« ökologischen Milieus handelt es sich überall um mehr oder weniger abgeschlossene Systeme, die mit Abschirmungen oder Überlagerungen (bzw. Desynchronisierungen) von natürlichen Umweltinformationen verbunden sind. Da Umweltresonanz auf einem wechselseitigen Informationstransfer zwischen Organismen und ihrer Umwelt beruht, erfordert sie einen ungestörten Zugang zu natürlichen Umweltinformationen. Das heißt, dass die Organismen sich nur dann auf natürliche Weise in die Ökosysteme integrieren können, deren Teil sie sind, wenn sie sich anhand der tages- und jahreszeitlichen Rhythmen, der Charakteristika des Ortes und der Lebensäußerungen anderer Tiere und Pflanzen orientieren können. Da im thermodynamischen Sinn in einem abgeschlossenen System die Entropie nicht abnehmen, sondern nur zunehmen kann, bedeutet das, dass es das offene System braucht, weil etwas von außen hinzutreten muss, um die *Bedingungen der Regeneration* zu etablieren, welche den entropischen Degenerationsprozessen entgegenwirken.

Die Folgewirkungen einer gestörten Umweltresonanz treten oft überraschend schnell ein: In der freien Natur eingefangene wilde Stockenten *(Anas platyrhynchos)*, die man in Gefangenschaft nimmt, zeigen dort zum Teil schon in der ersten Folgegeneration eine von den jahreszeitlichen Rhythmen entkoppelte Fortpflanzungszeit. So schreibt Eberhard Haase, dass »die erste Nachzuchtgeneration in Gefangenschaft im Vergleich zur Elterngeneration bereits eine verlängerte Fortpflanzungsphase« habe.[48] Und das ist keine Ausnahme, sondern die Regel: Wenn man Wildpflanzen oder Wildtiere aus ihren natürlichen ökologischen Zusammenhängen herausnimmt, sie in Gefangenschaft bringt oder kultiviert, treten nach einigen Generationen vermehrt Individuen mit erblichen Eigenschaften auf, die von denen der Wildformen abweichen: Pflanzen mit rötlichen oder weißlichen (chlorophyllfreien) Flecken auf den Laubblättern, veränderten Blattformen, größerem Wuchs, weißen (farblosen) Blütenblättern oder ausgeweiteten Blühzeiten. Tiere mit weißen (pigmentfreien) Flecken in Fell oder Gefieder, die ein gedämpftes Verhalten, einen von der Jahreszeit entkoppelten Fortpflanzungszyklus und oft abweichende Körperproportionen bei einer veränderten Körpergröße haben. Man nennt diese Veränderungen »Domestikationserscheinungen«. Die Domestikationsmerkmale sind allesamt Verlusterscheinungen (Pigmentverluste und Auflösungen der spezifischen Gestalt- und Verhaltensmuster), die aus der Perspektive der betroffenen Art nachteilig sind. Es sind pathologische Merkmale, die mit Degeneration einhergehen bzw. identisch sind.

Abb. 13 und 14: Pigmentierungsstörungen bei Kornblume und Klatschmohn: Bereits in der zweiten Generation nach der Kultivierung von Wildformen in einem gärtnerischen Getreideanbau kommt es zu sichtbaren Degenerationserscheinungen. (Blankenstein, 2012)

Der ökologisch-genetische Zusammenhang ist wechselseitig: In natürliche Ökosysteme (freie Natur) sind nur Wildformen dauerhaft integrierbar, während in gestörte Ökosysteme (urbaner Raum) auch Domestikationsformen integrierbar sind. Gestörte Milieus degenerieren Populationen und degenerierte Populationen sind auf gestörte Milieus angewiesen. Eine dauerhafte Integration von Populationen in Ökosysteme ist nur dort möglich, wo die genetische und die ökologische Ebene gleichermaßen unbeeinträchtigt (Wildform in freier Natur) oder gleichermaßen beeinträchtigt (Domestikationsform im urbanen Raum) sind. In ungleichartigen Konstellationen (Domestikationsform in freier Natur / Wildform im urbanen Raum) ist keine oder nur eine eingeschränkte Integration der Population in das ökologische Milieu möglich. In diesem Zusammenhang zwischen den Strukturen bzw. Ordnungszuständen der ökologischen und der genetischen Ebene sehe ich nicht eine Folge von verstärkter oder verminderter Selektion, sondern das Wirken oder Nichtwirken von *Umweltresonanz*.

Abb. 15–20: Biologisch auf derselben Ebene: Die unregelmäßigen Färbungsstörungen der Domestikationsform (Stadttaube) und der Aberration (Stockente, Haussperling, Amsel, Ahorn und Nebelkrähe) beruhen hier wie dort auf einer degenerativen Störung der Gestaltbildung. Die auch bei Zuchtformen häufige Scheckung und Sprenkelung ist kein neues Muster, sondern eine Störung der vorhandenen Struktur.

Abb. 21: Wächst aus allen Ritzen: Der außergewöhnliche Populationsdruck des Chinesischen Götterbaumes (Ailanthus altissima) bleibt auf die Zentren der großen Städte beschränkt. Die schnellere Verbreitung von Neophyten in Städten lässt sich auch im Sinne einer »ökologischen Immunschwäche« der urbanen Räume interpretieren.

Bei freilebenden Populationen ist die Stärke ihrer *genetischen Kohäsion* unabhängig von Selektion, aber abhängig von dem Zustand des ökologischen Milieus, in dem die betreffende Population lebt. Gibt es also auch »Systemeigenschaften« der ökologischen Milieus, die mit den Systemeigenschaften der Populationen verbunden sind?

Der Zoologe Josef Reichholf weist darauf hin, dass die Außengrenzen der Städte mit den Außengrenzen der Vorkommen abweichend gefärbter Stockenten zusammenfallen: Die mutierten Enten »[…] verhalten sich tatsächlich so, als ob sie auf Inseln sitzen würden, die sie am besten nicht verlassen, auch wenn größere Gewässer mit vielen Artgenossen in der Nähe sind und die Flüsse Leitlinien geradezu anbieten.«[49]

Dass die verschiedenen ökologischen Milieus *Systemeigenschaften* haben, die mit den Systemeigenschaften der hier lebenden Populationen zusammenwirken, zeigt sich auch daran, dass die urbanen Räume gegenüber gebietsfremden Arten toleranter sind bzw. eine geringere »ökologische Widerstandskraft« aufweisen. Eine Kartierung der Neophyten in Deutschland zeigt deutlich, dass die Vorkommen der meisten Arten auf die urbanen Gebiete beschränkt sind bzw. sich nur entlang der großen Flüsse erstrecken.[50] Letzteres hängt damit zusammen, dass im Überschwemmungsbereich dieser Flüsse unterhalb der Städte Samen aufgehen, die kontinuierlich neu aus den Städten herantransportiert werden.

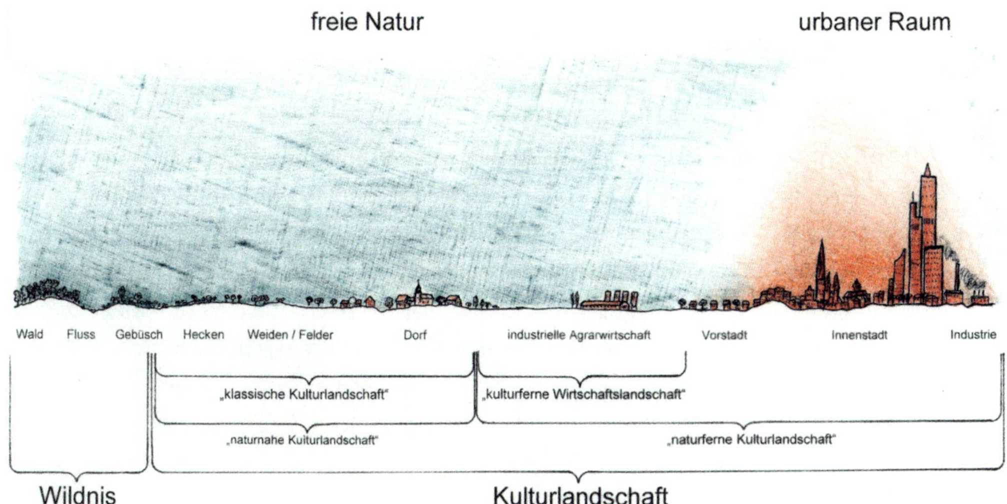

Abb. 22: Sukzessionsbezogene und systemische Kategorisierung der ökologischen Räume: Skizze der Landschaftsräume und Grenzziehungen nach verschiedenen Betrachtungsebenen.

Zur Ausbreitungsgeschichte des Chinesischen Götterbaumes *(Ailanthus altissima)* schreibt der Botaniker Ingo Kowarik, dass sich die massive Ausbreitungstendenz dieser Art in Deutschland auf die Zentren der urbanen Räume beschränkt: »Heute sind wild wachsende Götterbäume in der Berliner Innenstadt sehr häufig, werden zum Stadtrand hin jedoch immer seltener und sind in Brandenburg nur in Städten zu finden.«[51] Der Grad der »Natürlichkeit« eines ökologischen Milieus steht also nicht nur im Zusammenhang mit der Stärke der genetischen Kohäsion von Populationen, sondern auch mit der ökologischen Integration bzw. Nichtintegration des jeweiligen ökologischen Raumes gegenüber nicht bzw. noch nicht etablierten gebietsfremden Wildformen.

Aus der Perspektive des Umweltresonanz-Konzepts ergeben sich schließlich auch Konsequenzen für die ökologische Analyse der Landschaften: Die herkömmliche Kategorisierung der ökologischen Räume (Wildnis/Kulturlandschaft) fragt nach dem Umfang der vom Menschen zurückgesetzten Sukzessionsprozesse, also danach, wo in einem nennenswerten Anteil der Landschaft die natürliche Etablierung geschlossener Gehölzbestände durch menschliche Nutzung kontinuierlich unterdrückt wird. Dieser *sukzessionsbezogenen Kategorisierung* stelle ich eine *variationsbezogene Kategorisierung der ökologischen Räume* (freie Natur/urbaner Raum) zur Seite. Diese fragt nach dem Charakter der Variation der hier lebenden Organismenpopulationen (Kohäsion/Divergenz), der sich in der Zugänglichkeit bzw. Wahrnehmbarkeit natürlicher Umweltinformationen, also in der Frage, ob die jeweiligen Landschaftsräume in ihrer ökosystemischen Funktion eher offene oder eher geschlossene Systeme sind, widerspiegelt. (Zur Gliederung der ökologischen Räume s. auch *Umweltresonanz*, S. 138–151.)

Der »Variationsbezug« einer solchen Kategorisierung ist freilich nur eine Hilfskonstruktion im Hinblick auf die geforderte Abstützbarkeit auf eine empirische Datenbasis, die in metrischen Variationsdiagrammen oder der Auszählung abweichend pigmentierter Exemplare erbracht werden könnte. Die meisten Wildformen-Populationen dürften auch innerhalb der urbanen Räume eine normale Variation aufweisen – nur die Zahl der Arten, die hier zu einer Ausweitung ihrer natürlichen Variationsbereiche tendieren, ist in urbanen Räumen eindeutig größer als in freier Natur. Da aber die sukzessionsbezogene Kategorisierung der ökologischen Räume ebenfalls ohne exakt messbare Trennlinien auskommen muss und es eine »absolute Wildnis« wohl nicht mehr gibt, kann man die Unterscheidung freie Natur/urbaner Raum auch eine *systemische Kategorisierung* nennen: Der freien Natur sind die als offene Systeme verfassten ökologischen Räume zuzuordnen – auch dann, wenn sie Teile der vom Menschen geprägten *Kulturlandschaft* sind; den urbanen Räumen sind die als abgeschlossene oder abgeschlossenere Systeme verfassten ökologischen Räume zuzuordnen, die in vielerlei Hinsicht mit dem Umstand der Gefangenschaft vergleichbar sind. (Zum ökologisch-genetischen Zusammenhang und Umweltresonanz als biologischen Faktor s. auch *Umweltresonanz*, S. 437–438 und 452–505.)

Fazit: Ordnung und Resonanzfähigkeit, offene Systeme und Regeneration

Zwischen der Resonanzfähigkeit biologischer und ökologischer Systeme und ihrer tatsächlichen Umweltresonanz besteht eine Wechselwirkung: Gestörte ökologische Räume und domestizierte bzw. semidomestizierte Populationen sind ja auch deswegen mehr abgeschlossene Systeme, weil sie und ihre Bestandteile weniger natürlich geordnet, strukturiert und differenziert sind. Das biologisch-ökologische Gefüge ist hier mehr amorph und vermischt – und daher *weniger resonanzfähig*. Umgekehrt sind Systeme mit eingeschränkter Resonanzfähigkeit eher abgeschlossene Systeme; die zum Aufbau von Struktur und Ordnung erforderlichen Umweltinformationen können von ihnen nur eingeschränkt »empfangen« werden. Ein gestörtes Milieu zieht gestörte Ökosysteme und genetisch geschwächte (degenerierte) Populationen nach sich und beides verstärkt sich wechselseitig zu einer Art biologisch-ökologischer Entropie.

Ob die nur in offenen Systemen uneingeschränkt zu verwirklichenden *Prozesse der Regeneration* ermöglicht werden und der Vitalität bzw. Lebenskraft Raum geben, hängt im Wesentlichen von vier Faktoren ab: Genetische Kohäsion, dynamische Erblichkeit, organismische Integration und Umweltresonanz.

II.

VERERBUNG NEU DENKEN: EINE ORGANISMISCHE BIOLOGIE JENSEITS VON DARWIN UND MENDEL

Genetische Kohäsion, dynamische Erblichkeit, organismische Integration und Umweltresonanz sind die vier Eckpfeiler des Umweltresonanz-Konzepts, die zugleich als *Bedingungen der Regeneration* angesehen werden können. Wo all diese Bedingungen gegeben sind, sind biologische und ökologische Systeme resonanzfähig und somit offene und regenerationsfähige Systeme. Im folgenden Kapitel wird aufgezeigt, welche Konsequenzen die Umweltresonanz-Perspektive für unser biologisches Denken haben kann; in welcher Weise wir zu biologisch-ökologischen Erkenntnissen kommen, die dem Wesen des Lebendigen besser entsprechen als die reduktionistische Biologie. Es geht darum, ein Verständnis für dasjenige zu entwickeln, was Vitalität und Regenerationskraft ausmacht. Diesen Anspruch sollte Biologie haben.

Variationsregeln versus Selektionslehre: Die Natur ist keine Zuchtstation

Im Blick auf den ökologisch-genetischen Zusammenhang zeigt sich auch die Milieuabhängigkeit der verschiedenen Stufen der abweichenden Variation: In unnatürlich gestörten ökologischen Milieus, wie der Gefangenschaft und dem urbanen Raum, tritt stets eine Häufung unregelmäßig

Abb. 23–26: Regelmäßig abweichende Variation: Gleichmäßige Verdunklung, Normalfärbung und gleichmäßige Aufhellung ins Rotbraune bei der Stockente (oben) und gleichmäßige Aufhellung ins Weiße bei der Lachmöwe (Larus ridibundus). (Foto unten: Vytautas Pareigis)

abweichender Varietäten, insbesondere der Pigmentierungsstörungen, zuerst ein (welche bei einigen Arten, wie den Tauben, lediglich von einer Häufung regelmäßig abweichender Varietäten begleitet wird). Demgegenüber kommt es in auf natürliche Weise eher abgeschlossenen oder vereinseitigten ökologischen Milieus, wie Mooren, Hochgebirgen oder entlegenen Inseln, zu einer Häufung regelmäßig abweichender Varietäten. Das sind insbesondere gleichmäßige Verdunklungen, also der sogenannte »Melanismus«.

Die Färbungsabweichung im Rahmen der *regelmäßig abweichenden Variation* ist in mehrerer Hinsicht regelmäßig; d. h. sie betrifft stets den ganzen Körper in gleicher Intensität und kann von einer leichten Farbänderung in stufenlosen Übergängen bis zu einer extremen Ausprägung (fast schwarze oder fast weiße Individuen) variieren – und ihre Häufigkeitsverteilung ergibt in jeder Population ein regelmäßiges Variationsbild: Meist sind – neben den normal wildfarbigen – die schwarzen bzw. verdunkelten Varietäten am häufigsten, die aufgehellten Exemplare sind seltener und die rötlichen sind ganz selten.

Zudem sind es nur bestimmte Arten, die überhaupt eine Disposition zur regelmäßig abweichenden Variation haben: Die Häufung verdunkelter Individuen in Hochgebirgen, in Mooren, auf entlegenen Inseln, aber auch in Industriegebieten, lässt sich bei einigen wenigen Schmetterlings-, Vogel- und Säugetierarten finden, bei den meisten Arten aber nicht.

Eine dieser wenigen Arten ist der Nachtschmetterling Birkenspanner *(Biston betularia)*. In manchen Industriegebieten Englands und Deutschlands hat man jeweils etwa 30 Jahre nach deren Industrialisierung erstmals die dunklen Varietäten des Birkenspanners in einer nennenswerten Häufigkeit beobachtet. Die darwinistische Biologie erklärt dies damit, dass auf den in Industriegebieten dunkleren Birkenstämmen die hellen Exemplare schneller von Vögeln gefunden und gefressen (d. h. »selektiert«) werden. Bis heute gibt es kaum ein Biologie-Lehrbuch, das nicht den »Industriemelanismus« von Birkenspannern als Beleg für eine Selektion in freier Natur anführt – und so die Natur als eine Art Zuchtstation präsentiert. Das Phänomen des Melanismus, das gerade nicht als ein Anpassungsgeschehen erklärt werden kann, wird dort, wo es mit einer Verdunklung der Umgebung zusammenfällt, sofort als »Beweis« für die Selektionshypothese herangezogen.

Abb. 27: »Industriemelanismus« ist keine Neuzüchtung, sondern gleichmäßige Verdunklung im Rahmen einer regelmäßig abweichenden Variation: Nonnen (Lymantria monacha) – links – und Birkenspanner (Biston betularia) – rechts – mit ihren dunklen Formen. (Exemplare aus der Sammlung Kleinschmidt in Wittenberg, 2008).

Die vermehrte Entstehung dunkler Varietäten hat zwar etwas mit veränderten Umweltverhältnissen zu tun, aber nichts mit einer verdunkelten Umgebung. Der Entomologe William Frederic Reinig (1904–1980) sieht die Ursache für eine Häufung melanistischer Varietäten in populationsgenetischen Isolationsmechanismen. Da die Industrialisierung eine »Arealdisjunktion«, und damit eine Isolierung verschiedener Teilpopulationen, bewirken könne, sei das Phänomen Industriemelanismus »[…] einer Erklärung zugänglich gemacht, ohne daß ein direkter Einfluß irgendwelcher Verunreinigungen der Luft mit Industrieprodukten auf das Farbkleid der Tiere angenommen werden müßte.«[52] Schließlich bewirkt eine von rauchenden Schloten geprägte Umwelt nicht nur eine Isolierung der Teilpopulationen, sondern auch eine Störung des Zugangs zu natürlichen Umweltinformationen. Auch hier kommt es zu einer Verwandlung des ökologischen Milieus in ein tendenziell abgeschlossenes System.

Das Wesentliche ist aber, dass eine Häufung verdunkelter Varietäten (Melanismus) stets die zuerst eintretende und meist einzig mögliche Form *regelmäßig abweichender Variation* ist, die als eine Reaktion der Populationen mancher Arten auf eine nur geringfügige oder noch »naturnahe« Tendenz des ökologischen Milieus hin zu einem abgeschlossenen System (z. B. auch in Hochgebirgen, in Mooren, auf entlegenen Inseln oder an den Arealgrenzen von Arten) vorkommt; also an Orten, wo es keine Verdunklung der Umgebung gibt. Bei Arten mit einer Veranlagung zur regelmäßig abweichenden Variation ist eine Verdunkelung von Individuen eine ganz und gar selektionsunabhängige Reaktion der betroffenen Populationen auf verschiedenartige ökologische Vereinseitigungen oder Begrenzungen, welche in Richtung »geschlossenes System« gehen. Die Häufung verdunkelter Varietäten in Mooren oder Industrierevieren resultiert wohl aus einer Reaktion der betroffenen Population auf Resonanzprobleme mit einem vom üblichen Habitat abweichendem Milieu bzw. mit einer isolierten oder zerklüfteten Population – und nicht aus einer Umformung der Population über die Selektion ihrer Individuen. Sie kann deswegen nicht als eine selektionsbedingte Anpassung an eine verdunkelte Umgebung interpretiert werden.

Neben dem Birkenspanner-Beispiel wird in den Lehrbüchern gern auf den selektionistischen Zirkelschluss zurückgegriffen; dass nämlich die Fittesten überleben, *weil* die Fittesten überleben. So das scheinbar schlagkräftige Argument: »Die Produktion erblicher Variationen von lebensfähigen, aber unterschiedlich reproduktionsfähigen Typen führt *notwendigerweise* zur natürlichen Selektion«.[53] Wenn man im Blick auf den Zusammenhalt der natürlichen Variationsbereiche all die selektionsunabhängigen Merkmale, wie es die meisten arttypischen Gestaltmuster sind, ausblendet, muss man zwangsläufig zu einer solchen falschen Logik kommen bzw. auf sie hereinfallen. In den allermeisten Fällen sind die artcharakteristischen Gestaltmuster für das Überleben der Individuen nicht relevant, d. h. einer natürlichen Selektion gar nicht zugänglich.

Auch der Evolutionsbiologe Ernst Mayr (1904-2005) meint: »Selektion ist schlicht und einfach die Tatsache, daß in jeder Generation einige wenige Individuen von Hunderten, Tausenden oder Millionen Nachkommen eines Elternpaares überleben und in der Lage sind, sich fortzupflanzen, weil diese Individuen zufällig über eine Kombination von Merkmalen verfügen, die sie in der Konstellation von Umweltbedingungen, auf die sie in ihrem Leben treffen, begünstigen.«[54] Hier wird unterstellt, dass der weitaus überwiegende Anteil der Individuen in jeder Generation (im Gegensatz zu einer kleinen optimal angepassten Gruppe) mit Eigenschaften auf die Welt käme, die sich in der jeweiligen Umwelt als unmittelbar nachteilig auswirken. In der Natur ist es aber von einer Vielzahl von Zufällen abhängig, *welches* Individuum überlebt. Wenn Millionen Sämlinge junger Buchen nach wenigen Jahren wieder eingehen, weil die Sämlinge zu eng stehen oder weil die Samen an einen schattigen Standort gefallen sind, so hat dies mit einer natürlichen Auslese im Sinne Darwins nichts zu tun. Auch nach Tausenden von Jahren wird so weder eine schmalwüchsigere noch eine schattenverträglichere Buche entstehen.

Abb. 28: Kleine Bäume stehen enger als große Bäume: Beim natürlichen Waldaufwuchs ist es normal, dass die meisten Sämlinge nach wenigen Jahren wieder eingehen. Sie sterben aber nicht deswegen ab, weil sie schwächere Erbanlagen haben, sondern weil mit dem Fortschreiten des ökologischen Sukzessionsprozesses immer weniger Individuen in das Ökosystem integriert bleiben. Die wenigen Überlebenden sind nicht die einzigen »genetisch hochwertigen« Individuen.

Es gibt durchaus Beispiele, wo auch bei freilebenden Populationen die Variationsbereiche solcher Merkmale, die unmittelbar mit dem Überleben der Individuen zusammenhängen, über das Selektionsprinzip verändert werden. Das betrifft die Fälle von Krankheitsresistenz, Chemikalientoleranz, vielleicht auch die sogenannte Fischerei-Selektion, wo die Maschenweite der Schleppnetze unter Umständen nicht nur jüngere, sondern auch genetisch kleinere Kabeljaus *(Gadus morhua)* begünstigt.[55] Aber auch in diesen Fällen ist davon auszugehen, dass das *Prinzip der dynamischen Erblichkeit* hier ebenso mitwirkt, wie bei der erblichen Nachwirkung von umweltbedingten Modifikationen. Das bedeutet, dass die neu »herausgezüchteten« Merkmale erst dann genetisch stabil bzw. »erbfest« werden, wenn die veränderten Umweltbedingungen die gesamte Population betreffen und über viele Generationen hinweg gleich bleiben. Somit könnte auch hier eine »natürliche Selektion« nie allein, sondern immer nur im Zusammenspiel mit epigenetischen Prozessen evolutive Veränderungen (bzw. evolutive Stabilität) bewirken.

Insgesamt fordert eine kritische biologisch-ökologische Analyse dazu heraus, die Theorie der Selektion insgesamt auf den Prüfstand zu stellen. Es bleibt eine Reihe weiterer Fakten, vor deren Hintergrund die Plausibilität der Selektionslehre neu zu bewerten ist:

1. Die »natürliche Auslese« ist der Theorie nach ein Zwei-Stufen-Prozess aus Variation und Selektion. Man muss demnach in jeder Generation eine primäre Variation (vor der Selektion) und eine sekundäre Variation (nach der Selektion) unterscheiden. Solange bei Wildformen in freier Natur die sekundäre Variationsbreite nicht signifikant schmaler ist als die primäre Variationsbreite, können beobachtete Merkmalsverschiebungen in Populationen nicht auf Selektion zurückgeführt werden.

2. Das Beuteverhalten der Raubtiere steht in keinem Zusammenhang zur Stabilität bzw. Veränderung der Variationsbreite der Beutetiere. Die Beutetiere haben keine engeren Variationsbereiche als die Raubtiere, welche ihrerseits keinem entsprechenden »Selektionsdruck« durch Fressfeinde unterliegen. Fuchs *(Vulpes vulpes)* und Habicht *(Accipiter gentilis)* variieren nicht stärker als Feldmaus *(Microtus arvalis)* und Ringeltaube *(Columba palumbus)*. Insoweit kann der »Feinddruck« auf die Beutetiere nicht als ein Selektionsdruck interpretiert werden, der die Variationsbereiche einer Population zusammenhält oder verschiebt.

3. Die meisten »Artmerkmale«, die eine Art von einer anderen unterscheiden, beziehen sich nicht auf Hell/Dunkel- oder Groß/Klein-Unterschiede, sondern auf spezifische Musterbildungen. Diese sind a) selektionsneutral, d. h. für die funktionelle Eignung weder vorteilhaft noch nachteilig, und b) unterliegt deren (primäre) Variation – unabhängig von einer möglichen Selektion – in ihrer Breite und Verlaufsrichtung engen Grenzen. Solche »tieferliegenden« Merkmale können durch das Selektionsprinzip weder stabilisiert noch verändert, geschweige denn neu gebildet werden.

Abb. 29 u. 30: Die spezifischen Verlaufsbereiche der Musterbildung sind der Selektion nicht zugänglich: Bei den Krähen (Corvus corone) und den Tauben (Columba livia) geschieht die regelmäßige Verdunklung über eine Flächenzunahme der dunklen Deckfarbe auf den Federn. Bei den Krähen (oben) verbreitert sich die dunkle Federmitte; bei den Tauben (unten) vergrößern sich die dunklen Federränder.

Auch die Diagramme der Variationskurven, die in den Biologiebüchern das Selektionsprinzip erklären, sind Vorher/Nachher-Darstellungen, wo im Falle der »stabilisierenden Selektion« in der Folgepopulation nach der Selektion eine geringere Variationsbreite eingetragen wird als vorher. Noch verrückter (im wahrsten Sinnes des Wortes) sind diese Variationsdiagramme in den Fällen der »richtenden« bzw. »gerichteten Selektion« und der divergierenden bzw. »disruptiven Selektion«: Hier finden sich in den Nachher-Kurven der Diagramme plötzlich Varietäten, die vor der Selektion gar nicht existiert haben!

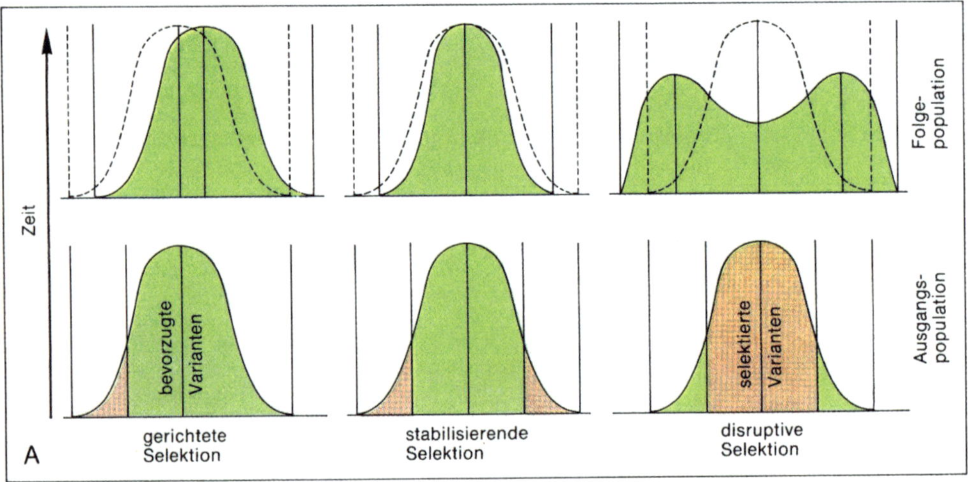

Selektionsdruck

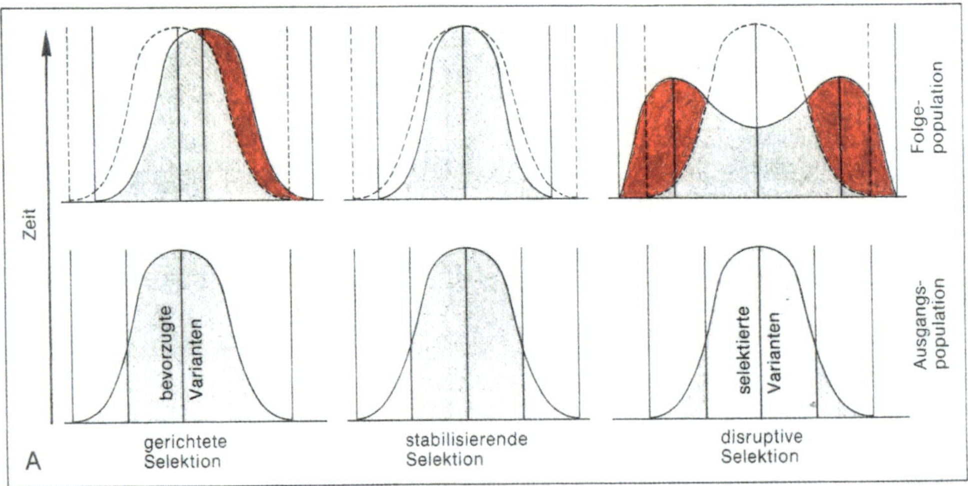

Selektionsdruck

Abb. 31 u. 32: Schöpfung aus dem Nichts? In den Diagrammen der Darwinisten erscheinen in der Folgepopulation Varietäten, die vor der Selektion gar nicht existiert haben (rechts unten: von mir rot markiert).[56]

Nun möchte ich nicht in Abrede stellen, dass es in der Populationsdynamik von Arten Entwicklungen gibt, die den in den Biologiebüchern abgebildeten Kurvenverläufen zur gerichteten oder disruptiven Selektion entsprechen. Nur ist dann eine solche Dynamik auf gänzlich andere Weise zu erklären: Wenn nämlich eine Population oder eine Art *im Ganzen* auf einen Druck von einer Seite mit einer vermehrten Bildung neuer Varietäten auf der anderen Seite reagiert, dann lässt sich das im Wege organismischer Betrachtungen im Zusammenhang mit Epigenetik und biologischer Feld-Hypothese ganz gut erklären. Aber gerade *nicht* durch Kampf und Zuchtwahl.

In der Analyse des ökologischen Verhaltens von Populationen, die anhand ihrer genetischen Konstitution zwischen Wildform und Domestikationsform unterschieden werden, zeigt sich eindeutig, dass für die Stabilisierungs- und Veränderungsprozesse der Arten auf der Ebene von Evolution allein deren Wildformen relevant sind – die sich durch relativ enge Variationsweiten ihrer Merkmale innerhalb der geographischen Populationen auszeichnen. Selektion ist weder die Ursache für die genetische Kohäsion, noch kann sie für sich allein neue Varietäten schaffen und so die natürlichen Variationsgrenzen erweitern bzw. verschieben.

Über das Prinzip einer selektiven Zuchtwahl können Gestalt- und Verhaltensmuster von Populationen nur dann verändert werden, wenn bereits eine Variation jenseits der Grenzen der natürlichen Variationsbreite vorliegt – und wenn gleichsinnig veränderte Varietäten vom Rest der Population isoliert werden. Da aber in freier Natur a) gerade solche genetisch abweichenden Varietäten unbeständig sind und b) Isolationsmechanismen zu den übrigen Teilen der Population nicht bestehen, ist die Vorstellung einer allein auf »natürlicher Zuchtwahl« beruhenden Evolution eine logische Unmöglichkeit. Ohne epigenetische Begleitprozesse, wie die Vererbung erworbener Eigenschaften und die dynamische Erblichkeit, kann eine »natürliche Zuchtwahl« Wildformen weder stabilisieren noch verändern, geschweige denn neu bilden. Wenn man nun bedenkt, dass diese epigenetischen Prozesse auch ohne Selektion wirken, dann sind eigentlich nicht sie die »Begleitprozesse«, sondern die Selektion ist ein (gelegentlicher) Begleitprozess, auf den die natürliche Evolution aber nicht angewiesen ist. (Eine eingehende Diskussion der Selektions-Hypothese findet sich in *Umweltresonanz*, S. 257-291, 305-325 und 409-430.)

Dass die Selektionslehre inzwischen als eine universale Welterklärung herangezogen wird, liegt vielleicht auch daran, dass sie aus einer kolonialen Gedankenwelt stammt. So meint der österreichische Kulturphilosoph Egon Friedell (1878–1938): »Die These des Darwinismus besagt, daß die Arten konstant gewordene Varietäten, die Varietäten in Bildung begriffene Arten sind und die Entstehung neuer Rassen ein Produkt des Kampfes ums Dasein ist, der als eine Art natürlicher Zuchtwahl gewisse Exemplare begünstigt [...]. Diese Vorstellungsweise macht die Natur zu einer Einrichtung, in der es *englisch* zugeht, nämlich: erstens *freihändlerisch*, indem die Konkurrenz entscheidet, zweitens *korrekt*, denn nur, was am wenigsten shocking ist, das Passendste, überlebt, drittens *liberal*, denn es herrscht ›Fortschritt‹ und die Nouveautés sind immer zugleich Verbesserungen, viertens aber zugleich *konservativ*, denn der Kampf um den Fortschritt vollzieht sich ›organisch‹: in langsamen Übergängen und durch Majoritätssiege. Englisch ist auch die naive Gleichsetzung der künstlichen Züchtung mit der natürlichen Auslese, eine Kolonialvorstellung, die die Erde als große Tierfarm und Gemüseanlage konzipiert, und die Unfähigkeit, sich die Vergangenheit als generell verschieden von der Gegenwart zu denken«. [57]

Wildform versus Reinzucht: In freier Natur gelten die Mendelschen Regeln nicht

Als »Genetik« wird heute allgemein die Vererbungslehre bezeichnet. Abgeleitet aus dem griechischen Wort *Genesis* (= Entstehung) wird die Genetik oft mit dem Anspruch verbunden, die Entstehung der Organismen oder gar der Arten erklären zu können. Im Grunde geht es aber um die Frage, welche Eigenschaften der Vorfahren in welcher Weise auf die Nachkommen übertragen werden.

Eine große Bedeutung für die Entwicklung der Vererbungswissenschaft hatten die Mitte des 19. Jahrhunderts von Gregor Mendel (1822–1884) gefundenen und um 1900 wiederentdeckten Vererbungsregeln. Die von Mendel entdeckten, unabhängig vererbbaren Einzelmerkmale wurden zunächst als Erbeinheiten und später als »Gene« bezeichnet. Wo sich diese Erbeinheiten mit den dazugehörigen Erbinformationen eigentlich befinden, ist offen. Lange vermutete man sie im Blut, dann in den Proteinen – heute lautet die Lehrmeinung, die Gene seien Bestandteile der DNA. In der reduktionistischen Biologie, welche annimmt, dass die Erbinformation komplett in den DNA-Molekülen *enthalten* ist, ist ein »Gen« identisch mit jenem dem Merkmal zuordenbaren DNA-Abschnitt. Die hier skizzierte *organismische Biologie* rechnet hingegen damit, dass die DNA-Struktur eher eine Antennen- bzw. Sendereinstellungsfunktion hat (vgl. S. 47).[58] Somit ist die Erbinformation nicht allein in den Molekülen des Zellkerns enthalten, sondern überwiegend als Bestandteil nichtlokaler biologischer Felder bzw. Programme anzusehen.

Lässt sich Vererbung in einer Entweder-Oder-Logik verstehen? Die auf den Regeln von Gregor Mendel und August Weismann (1834–1914) aufgebaute Genetik kennt keine Übergänge, sondern nur sich ausschließende Alternativen: Demnach resultiert ein verändertes Merkmal entweder aus einer umweltbedingt erworbenen Eigenschaft des Individuums (Modifikation) und ist nicht erblich – oder es ist die Folge einer molekularen Veränderung der Erbsubstanz (Mutation bzw. Rekombination) und dann ist es erblich. Der zweite Gegensatz ist der zwischen dominanter und rezessiver Vererbung: Wenn in der Erbsubstanz (im Genotyp) vorhandene erbliche Merkmale sich so durchsetzen, dass sie stets im Organismus der Nachkommen (im Phänotyp) sichtbar werden, sind sie »dominant«. Wenn sie sich nur dann durchsetzen, wenn beide Elternteile dasselbe Merkmal in ihrem Genotyp tragen, sind sie »rezessiv«. Doch die Wirklichkeit der Natur folgt nicht diesem Entweder-Oder-Prinzip. (Zur graduellen Veränderung der Erblichkeit s. auch *Umweltresonanz*, S. 244-256 und 393-402.)

Schließlich führt die reduktionistische Betrachtung der Vererbungsprozesse auch zu einer Verkennung der aus den Systemeigenschaften von Populationen resultierenden überindividuellen Prozesse. Mendel hat seine Vererbungsregeln an *Zuchtformen* von Erbsen entwickelt. Voraussetzung für das Wirken der von Mendel beschriebenen Vererbungsregeln ist, dass die

Ausgangsformen »reinerbig« sind. Es müssen also die Vorfahren beider Elternteile über viele Generationen voneinander reproduktiv isoliert gewesen sein, so dass innerhalb der jeweiligen Zuchtlinie schließlich immer dieselben Merkmale auftreten – also bei Mendels Erbsen einheitlich rote, rosafarbige oder weiße Blüten. Überall dort, wo sich in freier Natur freilebende Wildformen mit unterschiedlichen Merkmalen mischen, sind diese aber *nie* reinerbig. Egal, ob in den Kontaktgebieten verschiedener geographischer Rassen oder bei den verschiedenen Varietäten (Spielarten) innerhalb der natürlichen Rassen: Nie treffen in der Natur Artgenossen mit verschiedenen erblichen Merkmalen aufeinander, die in diesen Merkmalen reinerbig sind, also deren Vorfahren bis zu diesem Zeitpunkt von den Trägern anderer Merkmale isoliert gelebt haben.

Also: Da unter den *freilebenden Wildformen*, welche allein für evolutive Prozesse relevant sind, keine Individuen aufeinandertreffen, die in komplementär unterschiedlichen Merkmalen jeweils reinerbig sind, haben die Mendelschen Regeln ausschließlich für Züchtung und Laborversuche Bedeutung. Für die populationsgenetischen Prozesse von in *freier Natur* lebenden *Wildformen* sind die Mendelschen Regeln ebenso wenig relevant wie das Darwinsche Selektions-Prinzip. Hier gilt das Gesetz der *genetischen Kohäsion*, das sich nicht aus den Eigenschaften der Moleküle der beteiligten Individuen ergibt, sondern einer von oben nach unten gerichteten Kausalität folgt.

Systemeigenschaften der Population: Zur Richtung der Kausalität

Das *organismische Prinzip* wirkt über eine *von oben nach unten gerichtete Kausalität*: Die Eigenschaften der Individuen resultieren in erster Linie aus den Systemeigenschaften der Art und solchen anderer überindividueller Systeme, denen sie angehören. Nicht die Zellen machen die Individuen und diese die Art, sondern eher umgekehrt: Die Art leitet – über die Individuen – die Zellen, und diese wiederum die »Gene«. Das Entscheidende im Kontext der Genetik ist, dass die erblichen Eigenschaften der Organismen nicht aus zufällig entstandenen Konfigurationen von DNA-Molekülen kommen. Die materiellen »Buchstaben« des genetischen Alphabets werden erst zu »Worten« mit Sinn und Information, wenn sie im genetisch-ökologischen Zusammenspiel von Population und Umwelt geordnet und stabilisiert, also – phänomenologisch gesehen – in ihrer Erblichkeit gefestigt wurden. Was bedeutet das für die wissenschaftliche Praxis?

Neuerdings wird zum Beispiel überlegt, wie man Bienen, die ihre Behausung »wie besessen säubern«[59] und damit auch von den gefährlichen Varroa-Milben befreien, gezielt vermehren kann. Dabei kursiert unter den Anhängern des *Genome Editing CRISPR* der – vor dem Hintergrund der Erkenntnis der dynamischen Erblichkeit absurde – Gedanke, man müsse nur das entsprechende »Putz-Gen« finden, den entsprechenden DNA-Abschnitt isolieren und per Genmanipulation in die neuen Zuchtstämme einbauen: Der Biotechnologie-Unternehmer Brian Gillis aus San Francisco habe »bereits das Genom von ›reinlichen‹ Bienen analysiert« und wolle »nun Gene finden, die mit diesem Verhalten assoziiert sind, um diese in anderen Arten entsprechend zu verändern und damit die Gesundheit der Bienenstöcke zu fördern.«[60]

So maschinenartig funktioniert das Leben aber nur in der Vorstellung mechanistisch denkender Biologen. Da es sich hier nicht um eine Verlustmutation, sondern um eine für die Art neue, komplexe und konstitutive Eigenschaft handelt, muss dieses Verhaltensmuster erst in einer größeren Anzahl von Bienenvölkern über einen längeren Zeitraum gleichsinnig aktiviert und so im Informationspool einer Population stabilisiert werden. Erst dann können sich bestimmte DNA-Abschnitte mit Einzelkomponenten der Verhaltensinformation zur sozialen Körperpflege verbinden und schließlich so vernetzen, dass daraus ein erbfestes Merkmal wird. Dieses lässt sich vielleicht in der DNA lokalisieren, wohl aber – wegen des wahrscheinlichen Zusammenspiels verschiedener DNA-Abschnitte – nicht isolieren.

Zu welch abwegigen Schlussfolgerungen biologische Untersuchungen führen können, wenn sie von der alten Entweder-Oder-Genetik ausgehen und die Programme der Verhaltensmuster in den DNA-Molekülen suchen, zeigt sich auch am Beispiel der an das Stadtleben angepassten Amseln. Um die Frage zu klären, ob »die Verstädterung schon zu genetischen Unterschieden« geführt hat, »zogen Forscher vom Max-Planck-Institut für Ornithologie in Seewiesen Amselnestlinge aus Stadt und Wald gemeinsam auf«. Das Ergebnis war: »Im ersten Jahr wurden die Stadtmännchen rund eine Woche früher in der Fortpflanzung aktiv als die aus dem Wald. [...] Im zweiten Jahr näherte sich der Zeitpunkt der biologischen Geschlechtsreife zwischen beiden Gruppen wieder an. [...] Möglicherweise ist dies der Beginn einer Entwicklung, in der aus Stadt- und Waldamseln zwei verschiedene Vogelarten werden.«[61] Was sich hier zeigt, ist weder die Entstehung einer neuen Art, noch die bloße Aktivitätsänderung epigenetischer Schalter-Moleküle. Es handelt sich vielmehr um eine zeitlich begrenzte *erbliche Nachwirkung.*

Die genetische Kohäsion oder die ökologischen Sukzessionsabläufe werden nicht von den DNA-Molekülen der beteiligten Individuen bestimmt, sondern von den biologischen Systemeigenschaften der organismisch verfassten Populationen und Ökosysteme. Egal, ob die beteiligten »Organe« ähnlich sind, wie im Falle der Population, oder verschieden, wie im Falle des Ökosystems: Das kooperative Zusammenwirken von Lebensgemeinschaften beruht auf einer von oben nach unten gerichteten Kausalität. Hier finden die Individuen Erfüllung in ihrer optimalen funktionalen Integration in das Ganze – und nicht in einer Unabhängigkeit von jenem, dessen Teil sie sind. Eine Zusammenballung von Individuen wird erst dann zu einem Schwarm, wenn die an ihm beteiligten Fische oder Vögel einen Teil ihrer Verhaltensautonomie an das übergeordnete Ganze abgeben; also das organismische Ganze – bewusst oder unbewusst – als handlungsleitende Realität annehmen. Ebenso wenig, wie eine Ansammlung von Fischen oder Vögeln von unten her einen sich gleichsinnig bewegenden Schwarm »organisieren« könnte, bauen sich die Zellen von unten her ihren Organismus. Die Arten und ihre Populationen sind mehr als die Summe der ihnen zugehörigen Einzelwesen.

Selbst im Falle einer evolutiven Veränderung von Populationen oder Arten lässt sich die Wirkung veränderter Umweltverhältnisse über die Individuen auf die Art nicht allein im Sinne einer von unten nach oben gerichteten Kausalität beschreiben. Bei einer lebensgemäßen Analyse der Dinge kommt man nicht daran vorbei, den die Art bestimmenden biologischen Feldern oder

Programmen einen Subjektcharakter zuzugestehen: Auch diese höhere Ebene kann auf veränderte Umweltverhältnisse reagieren. Dieses Reagieren der »programmierenden« Ebene ist aber gerade nicht eine *Folge von* Umweltveränderungen, sondern eine *Antwort auf* veränderte Umwelterfahrungen einer Population. Aus den meist verschiedenen Umwelterfahrungen der betreffenden Population oder Art entwickelt sie jeweils *eine* sinnvolle Antwort (von mehreren möglichen Antworten).

Regeneration und Degeneration: Lebenskraft und biologische Entropie

Auch für den Aufbau und den Zerfall biologischer Strukturen ist die Frage der Umweltresonanz von Bedeutung. Organismen können nur dann an den »Leistungen« der Naturzusammenhänge teilhaben, wenn sie in einem harmonischen Naturverhältnis stehen. Diese Leistungen sind das schwer Fassbare, aber dennoch existenziell Notwendige, was Leben gibt, Ordnung und Struktur aufbaut und Regeneration ermöglicht. Hierauf muss sich das Interesse der Biologie richten. Schon 1921 hat Jakob von Uexküll angemahnt, der Biologe müsse »im Lebensprozeß selbst und nicht in seiner Zurückführung auf Chemie, Physik und Mathematik den ›wesentlichen‹ Inhalt der Biologie« sehen.[62] Auch und gerade im Blick auf die Lage der Menschheit geht es um die Grundfrage alles Lebendigen: Regeneration oder Degeneration? Lebenswende oder Lebensende?

In der Physik werden Auflösung und Verfall unter Bezugnahme auf den *Zweiten Hauptsatz der Thermodynamik* als *Entropie* charakterisiert: In abgeschlossenen Systemen herrscht eine Eigentendenz vor, bei der eine Temperaturerhöhung des Systems mit einem Verlust von Struktur, Ordnung und Information einher gehen. Auch in der Biologie gibt es diese Auflösungstendenz und hier heißt sie *Degeneration*. Wie gesagt; eigentlich kommt es auf das umgekehrte Prinzip an; nicht die abbauenden, sondern die aufbauenden Prozesse sind das Wesentliche. Ebenso wie in der Physik, tut man sich auch in der Biologie schwer, für das Aufbauende und Strukturierende einen geeigneten Begriff zu finden.[63] In beiden Zusammenhängen sind die abbauenden, strukturvermindernden Prozesse irreversibel, d. h. sie sind – ohne ein Hinzutreten »negativer Entropie« von außen – unumkehrbar. Hier wie dort handelt es sich bei den aufbauenden Prozessen um Wirkungszusammenhänge, die nur in offenen Systemen möglich sind; deren Ursachen ein *Mitwirken* »äußerer« Faktoren beinhalten, das mit unserem begrenzten menschlichen Erkenntnisvermögen nur bedingt vorstellbar ist. Der Begriff, der die aufbauenden Prozesse im Reich des Lebens am ehesten trifft, ist *Regeneration*.

In Bezug auf die Biologie meinte der Physiker Erwin Schrödinger (1887–1961), ein Organismus könne sich infolge von »einem fortwährenden Aufsaugen von Ordnung aus seiner Umwelt« den nötigen »Vorrat an negativer Entropie« einverleiben, welcher insbesondere aus dem Sonnenlicht kommt.[64] Zur Verringerung seiner Entropie (bzw. der Erhöhung seiner negativen Entropie) muss ein System offen sein; es benötigt dazu seine Umwelt. Angesichts der Tatsache, dass die *Bildung* von Struktur, Ordnung und Information, und nicht deren Zerfall, das eigentliche Charakteristikum von gesundem Leben ist, benötigt die organismische Biologie dafür eigentlich eine über den Terminus der *Regeneration* hinausreichende positive Begrifflichkeit. Am treffendsten erscheint mir dafür der in Naturvölkern gebräuchliche Begriff der *Lebenskraft*. Denn die Idee der Lebenskraft meint in Jäger-und-Sammler-Gesellschaften jene – intuitiv erfahrbaren – Faktoren der Natur, die Leben geben, Ordnung aufbauen und Struktur bilden. Dort hat die Lebenskraft zugleich eine heilende, regenerierende, integrierende und kräftigende Wirkung – also genau das, was für die aufbauenden und stabilisierenden Naturprozesse charakteristisch ist.

Der Biologe und Philosoph Hans Driesch (1867–1941) bezeichnet den der Lebenskraft entsprechenden »Naturfaktor, welchem alles ganzheitsbezogene Werden am organischen Individuum verdankt wird«, als »Entelechie«.[65] Driesch betont: »Entelechie ›ist‹ im Sinne empirischen Wirklichseins ebenso wirklich wie potentielle Energie, Potential, Affinität usw.; erfahrbar ist aber immer nur ihre *Wirkung*, ihr Gewirkthaben, im Produkt. Nicht ist sie vor ihrem Gewirkthaben erfahrbar. [...] Die Aktualitätsentwicklung der Entelechie zeigt sich in der Abfolge der Formstadien der von ihr beherrschten Materie. Populär sagen wir, daß die Formstadien es eben seien, welche ›sich entwickeln‹, aber es darf nie vergessen werden, daß sie das nicht *als* materielle Gebilde tun. ›Die Materie‹ eines Keimes ›entwickelt‹ sich aus sich gerade ebensowenig, wie sich ein Steinhaufen aus sich entwickelt, wenn Arbeiter aus ihm ein Haus bauen. Das ist *viel mehr* als bloße ›Analogie‹.«[66] Was Driesch hier in Bezug auf das Werden der organischen Individuen beschreibt, gilt natürlich entsprechend auch für überindividuelle Kategorien, soweit diese organismisch verfasst sind, also für Schwärme, Populationen, Arten und Ökosysteme.

Soweit wir die aufbauenden und regenerativen Naturprozesse im Sinne der »Entelechie« als Lebenskraft benennen, können wir die abbauenden Naturprozesse im Bereich der Biologie getrost als *Degeneration* bezeichnen. Um die besondere Tragweite der durch eingeschränkte Umweltresonanz ausgelösten Degenerationsprozesse zu verdeutlichen, kann man auch von einer *biologischen Entropie* sprechen.

Die Umweltresonanz-Hypothese bezieht sich in erster Linie auf den Zusammenhang zwischen ökologischem Milieu und biologischer Variation, welcher von der Qualität bzw. Harmonie der Umweltresonanz bestimmt wird: 1.) Varietäten bzw. Populationen mit hohem Ordnungsgrad (Wildformen) sind in ökologischen Milieus mit hohem Ordnungsgrad (freie Natur) genetisch und ökologisch beständig. 2.) Varietäten bzw. Populationen mit niedrigem Ordnungsgrad (Domestikationsformen, Aberrationen) sind in Milieus mit niedrigem Ordnungsgrad (urbaner Raum, Hausstand) *auf vermindertem Niveau* stabil bzw. ökologisch beständig. 3.) Varietäten bzw. Populationen mit hohem Ordnungsgrad (Wildformen) sind in ökologischen Milieus mit niedrigem Ordnungsgrad (urbaner Raum, Hausstand) genetisch instabil bzw. unbeständig. 4.) Varietäten bzw. Populationen mit niedrigem Ordnungsgrad (Domestikationsformen, Aberrationen) sind in ökologischen Milieus mit hohem Ordnungsgrad (freie Natur) instabil bzw. ökologisch unbeständig.

Welche Schlussfolgerungen sind nun aus der *Milieuabhängigkeit der Variation* zu ziehen? In der Tat ist die Stärke der *genetischen Kohäsion* von Populationen an bestimmte Orte und Umstände gebunden. Nur unter der Bedingung von Unfreiheit (im Milieu der Haustiere und Kulturpflanzen, dem sogenannten »Hausstand«) und in gestörten Ökosystemen (im urbanen Raum) kommt es zu einer Häufung von domestikationstypischen Degenerationserscheinungen. *Freiheit* und *freie Natur* sind also die unabdingbaren Voraussetzungen für die Bewahrung der Art in ihrem natürlichen Aggregatzustand als *Wildform*. Freiheit und freie Natur sind die Bedingungen für das Zustandekommen einer ausreichend starken *genetischen Kohäsion* von Populationen. Genau dies entspricht dem physikalischen Gesetz der Thermodynamik, wonach in einem abgeschlossenen System die Entropie nicht abnehmen, sondern nur zunehmen kann. Umgekehrt können also die für gesundes Leben notwendigen Bedingungen nur in offenen Systemen etabliert werden, in denen Ordnung und Information von außen hinzutreten können.

Damit die Individuen und Populationen auch die *biologischen Programme* ihrer arteigenen Gestalt- und Verhaltensmuster ungestört, d. h. mit einem ausreichenden Informationsgehalt bzw. der erforderlichen »Datenmenge« empfangen und umsetzen können, ist ein ungestörtes ökologisches Milieu erforderlich. Aus einer solchen Perspektive ist es völlig plausibel, dass Wildformen in freier Natur – unter den Voraussetzungen harmonischer Resonanzbeziehungen zwischen Organismen und arteigenen biologischen Programmen bzw. Feldern – mehr Information empfangen und höhere Ordnungszustände verwirklichen können, als Domestikationsformen im Hausstand oder im urbanen Raum.

So weist Bernhard Streck unter Bezugnahme auf den Andenforscher Franz Xaver Faust[67] darauf hin, dass die kolumbianischen Indios die Wirksamkeit ihrer Heilpflanzen mit deren Wildheit verbinden: »Je länger man suchen müsse, je steiler der Aufstieg zu den Fundplätzen, umso heilkräftiger sei das Kraut. Voll wirksame Heilkräuter ließen sich deswegen auch nicht in einem Kräutergarten domestizieren. Auch die Nutzpflanzen auf den Feldern verlieren nach Ansicht der Bergbauern mit der Zeit ihre Kraft und müssen – z.B. in der Brache – sich als Wildnis regenerieren. Hier zeigt sich deutlich das Grundverständnis archaischen Erntertums: Die Pflanzen geben sich als Geschenk, und ein Zuviel führt zum Ende der Balance oder, wie die Indios sagen, ›zum Umschlagen der Erde‹.«[68]

Aberrationen und Domestikationsformen zeichnen sich gegenüber den Wildformen stets durch Defizite von Struktur, Ordnung und Präzision aus, die man auf einen Mangel an Information zurückführen kann. Dieser Mangel steht in einem unbestreitbaren Zusammenhang mit den gestörten Milieus in Hausstand und urbanem Raum. (Zu Aberrationen s. auch *Umweltresonanz*, S. 121–133.) Die degenerierenden Wirkungen ergeben sich offenkundig nicht aus stofflichen Vergiftungs- oder Mangelerscheinungen, sondern aus einer Störung oder Abschirmung der für natürliche Entwicklungen nötigen Resonanzbeziehungen zu natürlichen Umweltinformationen, insbesondere zu den entsprechenden biologischen Programmen bzw. Feldern. Insoweit sind natürliche Ordnungszustände zugleich höhere Ordnungszustände und die *freie Natur* ist sowohl als Ort als auch als Umstand die Voraussetzung für das fortwährende Generieren und Strukturieren von Ordnungszuständen mit hohem Informations- und Präzisionsgrad seitens der Organismen. Die gestörten ökologischen Milieus muss man im Blick auf ihre degenerierenden Wirkungen als *destruktiv* bezeichnen.[69]

Superorganismen: Zu Verhaltensbiologie und Pflanzenkommunikation

Die Verhaltensbiologie erforscht gewöhnlich die Verhaltensmuster von Tieren, die, so die übliche Sicht, entweder angeboren sind oder erlernt werden müssen. Meist trifft aber dieses Entweder-Oder gar nicht zu: In der Regel ist eine Veranlagung bzw. Neigung zur Ausführung bestimmter arteigener Verhaltensweisen ererbt, die Feinheiten des artgemäßen Verhaltens müssen jedoch von jedem Individuum eingeübt, also erlernt werden. In jedem Fall ist aber die Neigung bzw. »Lust«, die typischen Verhaltensweisen der eigenen Art erlernen zu wollen, den Tieren angeboren. Anders ist das bei bislang nicht artgemäßen Verhaltensweisen, die durch neu hinzugetretene Umweltbedingungen erzwungen werden. Diese beginnen erst dann allmählich erblich zu werden, wenn sie über viele Generationen hinweg gleichsinnig aktiviert wurden.

Über ihren Instinkt, also die intuitive Verbindung mit einem der Situation angemessenem arteigenen Verhaltensmuster und deren Ausführung, sind die Individuen mit dem überindividuellen Verhaltenspool ihrer Art verbunden. Dieses könnte man als »kollektives Unbewusstes« bezeichnen oder einfach nur als eine bestimmte Art von *biologischem Feld*. In keinem Fall lässt sich artgemäßes Verhalten allein aus dem Individuum und den DNA-Molekülen seiner Zellkerne herleiten.

Aus der Perspektive einer *organismischen Biologie* lässt sich das Verhalten nur verstehen, wenn man das Individuum auch als »Organ« eines überindividuellen »Organismus« sieht. Eine Art, ein Schwarm oder eine ökologische Lebensgemeinschaft (Biozönose) sind immer mehr als die Summe der ihnen zugehörigen Individuen. Sie haben jeweils Systemeigenschaften, welche das Verhalten der ihnen zugehörigen Individuen bestimmen – oder zumindest ganz wesentlich mitbestimmen. Auch wenn diese Systemeigenschaften sich meist einer rechenbaren Analytik entziehen, lässt sich ihre Wirksamkeit nicht bestreiten. Hierzu zwei Beispiele zum Verhalten und zur »Erinnerung« von Schwärmen:

Kann ein Schwarm eine Erinnerung haben? Schwärme sind nicht nur Zusammenschlüsse von Individuen zu einer übergeordneten Individualität. Es gibt offenbar auch eine Art Erinnerung des überindividuellen Ganzen. Die Wege von Zugvogel-Schwärmen vollziehen sich mitunter in unsichtbaren Bahnen, die von anderen Schwärmen bereits in den geographischen Raum »eingraviert« wurden. Sogar aus einmaligen Erlebnissen resultierende Stimmungen haben Einfluss auf Tage oder sogar Jahre später nachfolgende Schwärme.

Alfred Edmund Brehm (1829–1884) beschreibt die eindrucksvollen Schwärme der ausgestorbenen Wandertauben (*Ectopistes migratorius*) Nordamerikas. Aus einem Bericht von 1813 zitiert er: »Unmöglich ist es, die Schönheit der Schwenkungen zu beschreiben, wenn ein Falke eine aus dem Haufen zu schlagen versuchte. [...] Es war höchst anziehend zu sehen, daß jeder folgende Schwarm dieselben Schwenkungen ausführte wie der vorhergehende. War z. B. ein Raubvogel an einer gewissen Stelle unter den Zug gestoßen, so beschrieb der folgende an derselben Stelle die gleichen Winkelzüge, Krümmungen und Wellenlinien, die der angegriffene Zug in seinem Bestreben, der Klaue des Räubers zu entrinnen, durchflogen hatte.«[70]

Die geographische Verankerung von Erinnerung ist auch vom Vogelzugforscher Johannes Thienemann (1863–1938) beschrieben worden. Da Eulen, wenn sie tagsüber sichtbar sind, von Krähen heftig attackiert werden, hatte Thienemann einen zahmen Uhu dazu benutzt, vorüberziehende Krähen anzulocken: »Und da steht mein Uhu nun schon seit bald 20 Jahren während der Zugzeiten immer an derselben Stelle [...] und aber Tausende von Krähen sind in jedem Jahre über ihn hinweggezogen und haben sich über seine Grimassen erbost. Wenn er nun einmal zufällig nicht dastand, dann ist es vorgekommen, daß die Krähen die leere Stelle durch Warnungsgeschrei und Schwenkungen markierten. [...] Ob wohl die Krähen diesen angestammten Platz ihres Feindes aus der Erinnerung kennen und markiert haben?«[71] Die auf der Kurischen Nehrung vorüberziehenden Krähen überfliegen höchstens zwei Mal im Jahr dieselbe Stelle, so dass ihnen dieser Ort gewiss nicht näher bekannt ist.

Hier haben die Tauben oder Krähen nicht das physische Gelände markiert. Das überindividuelle Bewusstsein bzw. Unterbewusstsein der Art hat ganz offenkundig eine geographisch-räumliche Komponente. Und dafür hat der Superorganismus des Schwarms anscheinend ein feines Sensorium.

Wenn man den Blick nicht nur auf die Individuen richtet, sondern auf die Populationen und Arten, dann kommt man zu dem überraschenden Befund, dass auch Pflanzen ein »Verhalten« haben! Das pflanzliche Verhalten zeigt sich besonders deutlich bei der Ausbreitung von gebietsfremden Pflanzen (Neophyten).

Hier gibt es einerseits jeweils arteigene »Latenzzeiten« zwischen der Ankunft einer Art auf einem anderen Kontinent und ihrer Massenausbreitung in die dortigen Ökosysteme hinein. Die zeitliche Verzögerung (»time leg«) zwischen der Einführung einer nicht einheimischen Art und dem Beginn ihrer spontanen Ausbreitung wurde für Stauden mit durchschnittlich 68 Jahren, für ein- oder zweijährige Arten mit durchschnittlich 32 Jahren ermittelt. Im Fall der aus der nordamerikanischen Appalachenregion stammenden Robinie *(Robinia pseudoacacia)* vergingen 152 Jahre zwischen ihrer Einbürgerung (ca. 1670 erstmals in Berlin eingeführt) und dem Beginn ihrer massenhaften Ausbreitung in Deutschland.[72]

Andererseits gehört es auch zum ökologischen Verhalten der gebietsfremden Pflanzenarten, dass sie ihre Massenausbreitung oft von ganz verschiedenen Orten aus gleichzeitig beginnen. Der Botaniker Ingo Kowarik schreibt im Hinblick auf das Indische Springkraut *(Impatiens glandulifera)*: »Auffällig ist, dass die Massenausbreitung von Impatiens in verschiedenen mitteleuropäischen Gebieten annähernd gleichzeitig nach 1960 einsetzte, obwohl die Art zuvor regional unterschiedlich lange präsent war«.[73]

Wie auch immer man die Latenzphasen und synchronen Entwicklungen verschiedener Populationen einer Art erklären mag – eines kann man gewiss daraus ableiten: Auch bei Pflanzen (wo den Individuen kein Verhalten im herkömmlichen Sinne zu eigen ist und von einer Kommunikation zwischen Individuen räumlich getrennter Populationen nicht ausgegangen wird) muss man von einem ökologisch relevanten »Verhalten« der *Art* selbst ausgehen. Auch die zeitliche Parallelität der episodisch wechselnd dominierenden Pflanzenarten an topographisch voneinander isolierten Flussufern und Autobahnrändern spricht für ein den Pflanzenarten bzw. Populationen innewohnendes ökologisch relevantes Verhalten. Und vor allem spricht es dafür, die Art als eine eigene Individualität anzusehen, die zu synchron gleichsinnigen Ausdrucksformen ihrer Glieder imstande ist.

Diese Verhaltensweisen der Art stehen natürlich in einem engen Zusammenhang mit den (ebenfalls veränderlichen) Systemeigenschaften der Ökosysteme, die sie besiedeln – oder eben nicht besiedeln. Aus der Tatsache, dass gebietsfremde Pflanzen die urbanen Räume wesentlich schneller besiedeln als die freie Natur, lässt sich schlussfolgern, dass man auch den Lebensräumen und Ökosystemen besondere Eigenschaften im Sinne einer größeren oder geringeren ökologischen Widerstandsfähigkeit bzw. Immunstärke zugestehen muss. (Zum ökologischen Verhalten gebietsfremder Arten s. auch *Umweltresonanz*, S. 152–163.)

Während sich das synchrone Verhalten räumlich weit entfernter Pflanzenpopulationen eigentlich nur mit Hilfe der erwähnten Hypothesen »morphischer Resonanz« und »morphischer Felder« (nach Rupert Sheldrake) erklären lässt, gibt es zwischen benachbarten Pflanzen tatsächlich eine Kommunikation: Die Pflanzenkommunikation funktioniert nicht nur über Duftstoffe, sondern auch unterirdisch über chemische und elektrische Signale, die die Wurzeln untereinander austauschen.

»Wurzeln kommunizieren offensichtlich nicht nur mit Pflanzen, sondern mit allen Organismen in der sogenannten ›Rhizosphäre‹ [...], das heißt, in dem sie umgebenden Erdreich, das die unterschiedlichsten Lebensformen beherbergt«, so Stefano Mancuso und Alessandra Viola in ihrem Buch *Die Intelligenz der Pflanzen*.[74] Der Botaniker Dieter Volkmann meint: »Bei der Kommunikation innerhalb des *woodwideweb*, wie man heute so schön sagt, da spielen Pilze eine entscheidende Rolle, nämlich symbiotisch, also in Gemeinsamkeit mit den Pflanzen arbeitende Pilze, die den Pflanzen helfen, die Nährstoffe zu erschließen. Und dieses unterirdische System von Pilzfäden existiert für jeden Baum und dieses ist eventuell über die ganze Erde verteilt, so dass also ein unterirdisches Kommunikationssystem für die Pflanzen über das Pilzsystem besteht.«[75]

Die Übertragung elektrophysiologischer Signale innerhalb einer Pflanze vom Blatt zur Wurzel ist etwa um den Faktor 1000 langsamer als bei tierischen und menschlichen Nerven, so Volkmann. Wenn nun die Pilzfäden so etwas wie Leitbahnen sind, so müsste es in den Wurzeln »eine Art Wahrnehmungszentrum« geben. Genau dies bejaht der slowakische Molekularbiologe František Baluška: »Es ist nicht die ganze Wurzelspitze, sondern eine kleine Zone, die wir Übergangszone nennen. Und diese Zone scheint sehr, sehr aktiv zu sein. Es gibt dort kein Zellwachstum, aber ein Recycling von kleinen Zellbläschen und es gibt elektrische Aktivität. Das weist darauf hin, dass die Zone eine Aufgabe hat. Welche Aufgabe? Wir haben das untersucht und nun weisen die Daten darauf hin, dass die Zone ganz ähnliche Eigenschaften aufweist wie unsere Gehirnzellen.«[76]

Eine solche funktionelle Verwandtschaft zu tierischen Gehirnzellen lässt auch Raum für die Annahme, dass Impulse aus biologischen Feldern bzw. Programmen wahrgenommen werden, welche das ökologische Verhalten der Organismen leiten. In ähnlicher Weise, wie die Wurzelspitzen der Pflanzen über Mechanismen zur Schwerkraft-Wahrnehmung verfügen, können sie – im

Zusammenwirken mit Pilzen und anderen Bodenorganismen – Informationen über Situationen und Erfordernisse des Ökosystems aufnehmen, zu dem sie gehören.

Das, was Richard Woltereck als »intentionales Innengeschehen (unbewußtes ›Erleben‹) der sich gestaltenden Subjekte« bezeichnet, ist wohl die treffendste Beschreibung dessen, wie biologische Programme über biologische Felder auf lebende Organismen wirken könnten. Und dieses Prinzip trifft für anatomische Gestaltbildung während der Embryogenese ebenso zu, wie auf die Ausführung instinktiver Verhaltensweisen oder die Integration in ökologische Prozesse.

Eine organismisch orientierte Verhaltensbiologie muss sowohl die Systemeigenschaften der jeweils den Individuen übergeordneten Kategorien im Blick haben, als auch den überindividuellen Zusammenhalt der Individuen untereinander. Letzteres wird besonders deutlich am Beispiel Schwarm und Familie:

Die Versuchsergebnisse des Verhaltensbiologen Konrad Lorenz (1903–1989) an Küken von Graugänsen und anderen Nestflüchtern haben den Eindruck erweckt, dass Vogelkinder zu jedem beweglichen »Gegenstand« eine bleibende Bindung aufbauen, dem sie nach dem Schlüpfen aus dem Ei begegnen. So sehr es stimmt, dass Jungtiere in den ersten Lebensstunden für Prägungen besonders sensitiv sind, so unrichtig ist die pauschale Verallgemeinerung dieser Beobachtungen. Insbesondere ist die These zu hinterfragen, dass in jeder Generation aufs Neue die Prägung der Elternbindung erforderlich sei. Küken von Nestflüchtern, wie Hühnern und Gänsen, würden demnach nur deswegen eine Bindung zu ihrer Mutter erlangen, weil sie auf den ersten sich bewegenden »Gegenstand«, den sie nach dem Schlüpfen aus dem Ei sehen, so »geprägt« würden, dass sie bis zu ihrer Selbstständigkeit nur noch diesem hinterher laufen. Hier stimmt zweierlei nicht:

Erstens ist es keinesfalls egal, welchen »Gegenstand« die schlüpfenden Küken zuerst wahrnehmen. Sie »verstehen« die Sprache ihrer eigenen Art von Anfang an und haben eine deutlich ausgeprägte Präferenz zur eigenen Art – sowohl was die Gestalt betrifft, weit mehr aber noch, was die Stimmen und Verhaltensmuster betrifft. Ein Gänseküken, das seine ersten Stunden bei einem Menschen oder bei einer Gänseattrappe verbracht hat, wird sofort zu seiner wirklichen Mutter und seinen Geschwistern laufen, wenn man es später in deren Nähe bringt. Fasanenküken, die ich von einem Haushuhn ausbrüten ließ und die sofort nach dem Schlüpfen freien Auslauf mit der Hühner-Glucke hatten, liefen erst einmal von der Amme weg. Weder reagierten die Fasanenküken auf die Rufe der Hühner-Glucke, noch reagierte die Hühner-Glucke auf die Rufe der Fasanenküken. Das Moment der »Prägung« ist also weitaus schwächer ausgebildet, als der durch angeborene innerartliche Kommunikation gestützte Zusammenhalt.

Zweitens ist es nicht so, dass das »Führen« und »Folgen« nur in einer Richtung verläuft. Es gibt kein Gänseküken, das immer seinen Eltern »hinterherläuft«. Nicht selten laufen auch die Gänseeltern ihren Küken hinterher. Viele Gänsehalter kennen die Situation, wenn die kleinen Gänseküken durch die Latten eines Gartenzauns schlüpfen und die Gänseeltern nicht mitkommen, weil sie nicht hindurchpassen. Sie versuchen dann heftig, den Jungen zu folgen, schließlich lassen sie einen bestimmten Ruf hören, der nur ertönt, wenn die Gruppe der Familie zu weit verstreut ist. Es ist der Familienzusammenhalt im Ganzen, der das Eltern-Kind-Verhältnis der

Nestflüchter bestimmt, und nicht allein ein geprägter Folge-Reflex bei den Küken. Auch die keil- und kettenförmigen Flugstaffeln der Kraniche und Wildgänse resultieren nicht aus einer Logik des Führens und Folgens, sondern aus einer für den Schwarm als Ganzes optimalen Ausnutzung der durch den Flügelschlag verursachten Luftströmungen. Hier gibt es kein Leittier. Die Vögel wechseln ständig zwischen den jeweiligen »Positionen«.

Wenn Rupert Sheldrake meint, dass »morphische Felder« oft »wie unsichtbare Gummibänder wirken«[77], so trifft das für die Familien- oder Schwarmbindung von Tieren recht gut. Vielleicht passt hier sogar Rudolf Steiners (1861–1925) Begriff einer Art- bzw. Gruppenseele; schließlich liegt es nahe, dass der Familienzusammenhalt durch ein Feldphänomen unterstützt wird – das eben eingeschränkt wirkt, wenn Eltern und Kinder verschiedenen Arten angehören.

Die den verhaltensbestimmenden Instinkten zugrunde liegenden »Programme« sind jedoch nicht starr, und die betreffenden Tiere agieren keineswegs roboterartig. Ebenso wie junge Fasanen die »Sprache« einer Hühnerglucke lernen können, wenn sie eine Weile mit dieser zusammengesperrt sind, können im Bedarfsfall auch geschlechtsspezifische Brutpflegeinstinkte vom anderen Geschlecht ausgeführt werden. Bei Turmfalken *(Falco tinnunculus)* beteiligt sich beispielsweise das Männchen normalerweise weder am Brüten noch am Füttern der unter zwei Wochen alten Jungvögel. Es ist dagegen für das Heranschaffen der Mäuse zuständig.

Doch wenn das Weibchen infolge einer Störung das Nest für eine Weile verlässt, übernimmt das Männchen. Und es »kann« die hier nötigen Verhaltensweisen auf Anhieb und mit derselben Geschicklichkeit ausführen wie das Weibchen. Dass das Weibchen bei seiner Rückkehr seinen Partner nicht länger am Nest duldet, ist wahrscheinlich dem Impuls der familiär-organismischen Rollenverteilung geschuldet, aber gerade nicht einem genetisch verankerten Egoismus. Im Gegenteil: Wenn Richard Dawkins Recht hätte mit seiner Behauptung vom »Krieg der Geschlechter«, dass infolge »egoistischer Gene« schließlich »jeder Partner den anderen ausbeuten möchte« und versuche, »die Aufzucht der Kinder [...] stets dem Partner zu überlassen«[78], dann würde weder das Männchen im Notfall einspringen, noch das Weibchen so energisch für die Rückübernahme seiner Rolle sorgen.

Die ökologische Sukzession: Systembildung als Regenerationsprozess

Die Ökologie betrachtet die Wechselwirkungen der Organismen mit den abiotischen und biotischen Faktoren ihres Lebensraumes. Bezogen auf ein bestimmtes (anhand erkennbarer Diskontinuitäten mehr oder weniger willkürlich abgegrenztes) Gebiet bilden eine Lebensgemeinschaft (Biozönose) und ein Lebensraum (Biotop) zusammen ein Ökosystem. Und die Dynamik von Ökosystemen wird als ökologische Sukzession bezeichnet.

Sukzession (lateinisch: *succedere* = nachrücken, nachfolgen) meint hier eine zeitliche Abfolge ineinander übergehender Zustände von Pflanzen- und Tiergesellschaften (Biozönosen) an einem Standort. Nach einer natürlichen Störung (z. B. Waldbrand nach Blitzschlag) oder einer

Abb. 33 u. 34: Nicht Egoismus, sondern Ergänzung: Das Turmfalken-Männchen hat sehr wohl Zugang zu den weiblichen Brutpflegeinstinkten, aber ohne Not treten die Eltern nicht aus ihrer Vater- bzw. Mutterrolle heraus. Oben: brütendes Männchen (Blankenstein, 2016); unten: fütterndes Männchen, das vom zurückkehrenden Weibchen vom Nest vertrieben wird (Trebnitz, 1984).

anthropogenen Störung (z. B. Rodung) eines im (theoretischen) Gleichgewicht befindlichen natürlichen Ökosystems (z. B. eines Mischwalds) vollzieht sich eine mit hoher Wahrscheinlichkeit vorhersagbare Abfolge von Sukzessionsstadien. Beginnend vom Initialstadium wird das Gebiet über verschiedene Folgestadien durch verschiedene Arten bzw. Lebensgemeinschaften besiedelt, bis ein natürliches Endstadium, die sogenannte »Klimaxgesellschaft«, (wieder) erreicht ist.

Im mitteleuropäischen Flachland stellen sich zunächst »Pionierarten« wie Gräser, Kräuter, Sträucher und Birken ein, später werden die »Pflanzengesellschaften« von Eichen dominiert und ganz zuletzt, nach mehreren Hundert Jahren, entstehen meist Buchenmischwälder als dauerhaftes Stadium. Das Endstadium, welches mit der Zielrichtung der Sukzessionsprozesse identisch ist, wird nicht nur durch die Bodenverhältnisse und das Klima, sondern auch durch die verfügbaren Arten des jeweiligen Standortes bestimmt. So wirkte sich das Fehlen des Wolfes in mitteleuropäischen Wäldern wohl stärker auf manche Sukzessions-Prozesse aus als die Bodenbeschaffenheit.

Aufgrund der geregelten Abfolge der ökologischen Prozesse wird sich auf einem offen gelassenen Acker also nie sofort ein Buchenmischwald ansiedeln, sondern nach der rasch einsetzenden natürlichen Vergrasung und Verbuschung und der anschließenden Bewaldung folgt erst ein langer Prozess des Wandels der Artenzusammensetzung dieses Waldes bis sich am Ende ein relativ stabiler, von Buchen dominierter Wald etabliert. Meist sind die relativ stabilen, »natürlichen« Endstadien artenärmer als frühe und mittlere Stadien. Je näher ein Sukzessionsprozess an das natürliche Endstadium heranrückt, desto geringer ist die Geschwindigkeit seiner Änderungen.

Den Lauf der ökologischen Sukzession kann man allerdings nicht allein aus dem Zusammenspiel zwischen den unbelebten Umweltfaktoren (Boden/Klima) und den Eigenschaften der beteiligten Arten verstehen. Vom Ökosystem her betrachtet, zeigen sich die Sukzessionsprozesse als Phänomene einer *Regeneration*. Klimaxstadien der Ökosysteme sind hochkomplexe Systeme, die man in ihrer gesamten Gestalt und Funktion mit einem erwachsenen Organismus vergleichen kann. Sukzession ist kein Auflösungsprozess, sondern ein Gestaltbildungsprozess. Sie ist nicht der Zerfall in einzelne Bestandteile, sondern die Regeneration eines Ganzen.

Aber auch der Wirkungszusammenhang zwischen Umweltfaktoren und Artenzusammensetzung muss aus beiden Richtungen analysiert werden. Wie oben aufgezeigt, gibt es nicht nur bei Tier-, sondern auch bei Pflanzenarten ein ökologisch relevantes *Verhalten*. Bisher werden die ökologischen Verhaltensweisen von Arten und Individuen meist mit einem angenommenen Konkurrenzkampf erklärt; oft sogar als *Konkurrenzstärke* bezeichnet. Ich spreche hier lieber von einem spezifischen ökologischen Potential der Arten und Populationen, wobei ich mit diesem Begriff auch etwas anderes meine, als das, was normalerweise »Konkurrenzstärke« genannt wird. (Zur Wechselwirkung des ökologischen Potentials der Varietäten und der Lebensräume s. auch *Umweltresonanz*, S. 297–300.) Die Förderung oder Hemmung vorhandener Individuen im Verlauf ökologischer Sukzessionsprozesse wird meist als ein konkurrenzbedingtes Phänomen beschrieben. Demnach finde zwischen Pflanzenindividuen überall ein »Wettbewerb um Nährstoffe, Raum und andere ökologische Erfordernisse« statt, »wobei mindestens die Fitness eines Partners vermindert ist«, so der Botaniker Roland Marti.[79]

Bemerkenswert ist jedoch, dass es trotz aller »Konkurrenz« in natürlichen Ökosystemen kaum »reine« Pflanzenbestände aus nur einer Art gibt, und dass dort, wo es sie gibt, solche Dominanzbestände meist sehr instabil sind. Wie auch immer man die »ökologischen Nischen« definiert – die Tatsache, dass es im Laufe der ökologischen Sukzession nahezu überall eine erstaunliche Artenvielfalt auch auf kleinstem Raum gibt, dürfte nicht in den »Lücken« zu suchen sein, sondern in der »Koexistenzfähigkeit« der Arten. In den meisten Fällen ist sie wohl sogar eine Koexistenzabhängigkeit. Viele Arten sind angewiesen auf »Pionierarten«, die in gewisser Weise den Boden bereiten, oder auf Nachbarn, die bestimmte Nährstoffe erschließen oder anderweitig begünstigende Einflüsse haben.

Eine Artenvielfalt auf engem Raum, eine Koexistenz unterschiedlicher Arten, wie sie z. B. in Dürers »Großem Rasenstück« von 1503 so eindrucksvoll dargestellt ist, ist keine Ausnahmesituation, sondern der Normalfall in der Natur. Und die gängigen Konkurrenztheorien können auch die zeitliche Abfolge bestimmter Pflanzengesellschaften im Laufe der Sukzessionsprozesse nur bedingt erklären. Hier hat die organismische Interpretation eine höhere Plausibilität.

Es lässt sich nicht leugnen, dass die Häufigkeitsverteilung verschiedener Arten und deren räumliche Verteilungsmuster auf einer Fläche sowie die zeitliche Abfolge unterschiedlicher Artenzusammensetzungen auf eine *Förderung* oder *Hemmung* der auf dieser Fläche vorhandenen (bzw. der an dieser Lebensgemeinschaft Anteil habenden) Arten und Individuen im Verlauf ökologischer Sukzessionsprozesse zurückzuführen sind. Das Phänomen der Förderung bzw. Hemmung aber allein als Konkurrenz zu interpretieren, ist ein Trugschluss – zumal der Begriff der »Konkurrenz« ein Verständnis der ökologischen Sukzession als »Kampf um Ressourcen« suggeriert.

Aus der organismischen Perspektive lässt sich das wachsende bzw. sich regenerierende Ökosystem mit einem wachsenden oder sich regenerierenden Organismus vergleichen: So wie ein »morphogenetisches Feld« im Keimplasma durch Förderung oder Hemmung bestimmter Moleküle an bestimmten Orten die räumliche Ordnung der Embryonalentwicklung in einer geordneten zeitlichen Abfolge bestimmt, so ordnen die Systemeigenschaften des Ökosystems (bzw. die »ökologischen Felder«) die Entwicklung der auf einer Fläche vorhandenen Organismen (einschließlich der im Boden ruhenden Samen) im Sinne der Regeln ökologischer Sukzessionsprozesse. (Zur ökologischen Sukzession als Reife- und Regenerationsprozess von Ökosystemen s. auch *Umweltresonanz*, S. 403–408.)

Die Umwelt in der Innenwelt: Zu Ökologie und Naturschutz

Hat nun die organismische Sicht der Ökologie eine Relevanz für den praktischen Naturschutz? Ja, durchaus! Hier gilt es, ganz wesentliche Schlussfolgerungen zu ziehen, und zwar sowohl im Blick auf den Gebietsnaturschutz als auch im Blick auf den Artenschutz. Zunächst zum Verständnis der ökologischen Prozesse in Naturschutzgebieten, insbesondere zu dem in den letzten Jahren viel diskutierten Konzept des »Prozessschutzes«:

Prozessschutz ist ein neuer Begriff für konsequenten Wildnis-Naturschutz, der aber so auf die ökologische Dynamik fixiert ist, dass die ebenso natürlichen Phasen ökologischer Stabilität von ihm nicht mit abgedeckt werden. Insofern bringt er keine Lösung für die nötigen Klärungen im theoretischen Naturschutz, sondern nur eine neue Vereinseitigung. Aus der hier vertretenen *organismischen Perspektive* erscheint es abwegig, statische und dynamische Naturschutzkonzepte gegeneinander zu stellen. Der Sinn der ökologischen Dynamik erschließt sich daraus, dass sie als Regenerations- bzw. Heilungsprozess eines ökologischen Organismus – des Ökosystems – gesehen wird. Das »Statische« eines ökologischen Gesamtsystems im (potentiellen) Endstadium der Sukzession ist ebenso real und natürlich wie die Gestalt eines erwachsenen Organismus. Niemand würde es einfallen, die Embryogenese mit den Wachstumsstadien gegen das adulte Stadium eines Organismus in Stellung zu bringen. Dass wir in Mitteleuropa kaum noch »erwachsene« Ökosysteme zu sehen bekommen, darf uns nicht glauben lassen, dass es nur dynamische (wachsende) Ökosysteme gäbe.

Die allein auf das Dynamische fixierten Ökologen, die in den Endstadien der Sukzession nur das Produkt eines Konkurrenz- oder Kooperationsgeschehens der Einzelteile sehen, sind von derselben reduktionistischen Denkweise geleitet wie die »Genetiker«, die die Strukturbildung des Organismus während der Embryogenese allein auf biochemische Eigenschaften von Molekülen in den Zellen zurückführen. Letztlich gilt für die Ökologie dasselbe wie für die Biologie überhaupt: Die Zunahme von Ordnung, Struktur und Präzision einer Ganzheit lässt sich nicht allein auf die Eigenschaften seiner Teile zurückführen. Sie ist nur organismisch zu verstehen, und im Mitdenken einer von oben nach unten wirkenden Kausalität logisch nachzuvollziehen.

Im Naturschutz wird gewöhnlich davon ausgegangen, dass ein Schutz vor menschlichen Eingriffen die zielführende Methode sei. Dies trifft allerdings nur für solche Landschaftsteile zu, die sich im Klimaxstadium, also am Endpunkt der ökologischen Sukzession befinden oder zum Referenzzeitpunkt befunden haben. Für jedes andere Ökosystem – in Deutschland betrifft das die überwiegende Zahl der Naturschutzflächen – gilt diese Annahme nicht.

Beim Naturschutz in der Kulturlandschaft, wie z. B. auf Trockenrasen oder Feuchtwiesen, handelt es sich gerade nicht um Endstadien der ökologischen Sukzession. Solche Biotope sind auf ein Zusammenspiel spezifischer Standortbedingungen mit bestimmten – meist traditionellen – Landnutzungsformen zurückzuführen. Die dort als Schutzziel definierten Lebensgemeinschaften (Biozönosen) sind als eine Momentaufnahme der ökologischen Sukzession anzusehen. Sie erscheinen nur deswegen dauerhaft, weil der natürliche Sukzessionsablauf durch die jeweilige Nutzungsform (z. B. Mahd, Beweidung) kontinuierlich unterbrochen, bzw. in einer bestimmten Weise regelmäßig gestört wird.

Die Artenzusammensetzung solcher Landschaftsteile ist nur solange relativ stabil, wie die entsprechende Nutzungsform durch den Menschen fortgeführt wird (und die betreffenden Arten überhaupt noch vorhanden, d. h. aus dem Umfeld verfügbar sind). Eine Stabilität der Ökosysteme lässt sich hier nur durch eine Fortführung der entsprechenden Nutzungsform, d. h. einer regelmäßig wiederkehrenden und in einer bestimmten Art und Weise erfolgenden Störung der ökologischen Sukzession, erreichen. Heute werden traditionelle Landnutzungsformen gewöhnlich durch »Pflegemaßnahmen« simuliert – die aber die herkömmlichen Nutzungsweisen in ihrer ökologischen Funktion meist nicht ersetzen können.

Im Prinzip muss man nicht zwischen natürlichen oder anthropogenen Störungen ökologischer Prozesse bzw. Zustände unterscheiden. Ob ein Wald durch Blitzschlag oder Brandstiftung abbrennt, ob eine Wiese von Wildschweinen oder vom Pflug umgebrochen wird, ändert nichts an den dann folgenden Sukzessionsprozessen. Allerdings sollte man reversible und irreversible anthropogene Einflüsse bzw. Störungen unterscheiden. Solange Bodenbeschaffenheit und Klima Bestand haben und die bestimmenden Arten verfügbar bleiben, ist der mit einer Etablierung agrarischer Nutzung verbundene Wandel von der Naturlandschaft/Wildnis zur Kulturlandschaft reversibel; eine natürliche Sukzession tritt ebenso und mit derselben Zielrichtung ein wie nach naturbedingten Einflüssen wie Brand oder Überflutung. Wenn aber durch natürliche oder durch anthropogene Einflüsse, wie z. B. Pestizideinträge in den Boden, die zielbestimmenden Grundlagen der Sukzession, wie Boden, Klima oder Artenverfügbarkeit, nachhaltig verändert werden, dann sind damit irreversible Folgen für die Sukzession und somit auch für die Landschaft verbunden.

In der landwirtschaftlich geprägten Kulturlandschaft wird die ökologische Sukzession vom Menschen periodisch unterbrochen. Dabei bestimmt die Art der Nutzung einer Landschaft ihr Erscheinungsbild. Die Nutzungsweise entscheidet darüber, wie oft und in welcher Weise die ökologische Sukzession unterbrochen wird – sie hat aber (soweit sie nicht die Bodenqualität dauerhaft verändert oder Arten ausrottet) keinen Einfluss auf die Zielrichtung der immer wieder neu einsetzenden ökologischen Sukzessionsprozesse.

Dem *Landschaftsschutz* wurde bisher eher eine kulturelle als eine biologische Relevanz beigemessen. Dieser kulturelle Aspekt ist zweifelsohne bedeutsam, schließlich zeigt sich die Krise der Kulturlandschaft gerade am Zerfall der Landbaukultur. Dennoch hat das Freihalten der Landschaft von Siedlungen, Industrieanlagen und Verkehrstrassen auch eine unmittelbar biologische Bedeutung. Es geht nämlich – meist unausgesprochen – immer auch darum, das Zusammenschrumpfen der *freien Natur* einzudämmen. Und die freie Natur ist das als offenes System verfasste ökologische Milieu, das als Ort der weitgehend ungetrübten Wahrnehmbarkeit natürlicher Umweltinformationen eine Voraussetzung für die *genetische Kohäsion* der hier lebenden Organismen – also für den Bestand der *Wildformen* – ist.

Soll die ökologische Funktionsfähigkeit der freien Natur erhalten werden, so muss es immer darum gehen, eine Störung bzw. Abschirmung natürlicher Umweltinformationen zu verhindern bzw. einzuschränken. Ebenso wie eine künstliche Lichtüberflutung und permanenter Verkehrslärm nicht nur das »Landschaftsbild«, sondern auch die Umweltresonanz-Fähigkeit des Raumes stört, so beeinträchtigt auch die Überstrahlung mit künstlichen elektromagnetischen Feldern und Signalen die Wahrnehmbarkeit der entsprechenden natürlichen Umweltinformationen. »Landschaft« sollte immer auch als (potentieller) *biologischer Regenerationsraum* aufgefasst werden, also als *freie Natur* im eigentlichen Sinne. (Zu Ökologie und Naturschutz s. auch *Umweltresonanz*, S. 509–513.)

Das andere Handlungsfeld des Naturschutzes, das durch die organismische Betrachtung der Ökologie in einem anderen Licht erscheint, ist der *Artenschutz*. Die Tatsache, dass sich natürliche Evolution auf *Wildformen* in *freier Natur* beschränkt, bezieht sich nicht nur auf die Veränderungsphasen der Arten, sondern auch auf die (meist viel längeren) Phasen ihrer Konstanz. Das Wichtigste, was eine leistungsfähige Umweltresonanz bewirkt, ist der Zusammenhalt der Variationsbereiche der spezifischen Gestalt- und Verhaltensmuster der Arten bzw. ihrer Populationen, also die *genetische Kohäsion*. Dass bei stark wechselnden Umweltverhältnissen und unter der Beibehaltung eines charakteristischen Variationsspielraumes die Kontinuität der Art oder Population gewahrt wird, ist nämlich a) weit weniger wahrscheinlich als die Tatsache, dass sie sich verändert und b) auch ökologisch wesentlich bedeutungsvoller als ihre Veränderlichkeit bzw. Divergenz.

Die meisten der heute von vielen Zoologischen Gärten betriebenen Programme einer »Erhaltungszucht« bedrohter Wildtierarten verkennen die Tatsache, dass eine Population nur als Wildform in freier Natur ihre spezifischen Gestalt- und Verhaltensmuster bewahren kann. Meist dauert es mehrere Generationen bis sich bei Zootieren körperliche Domestikationsmerkmale einstellen. Aber die für ihre Art charakteristischen Verhaltensdispositionen können schon nach ein oder zwei Generationen verloren bzw. gedämpft sein, wenn diese Tiere nicht die Möglichkeit hatten, ihre angeborenen Neigungen zu den ökologisch relevanten Verhaltensweisen ihrer Art in einem artgemäßen natürlichen Umfeld zu aktualisieren. Die in Zoologischen Gärten gezüchteten Wildtiere sind zumindest semidomestiziert. Die halbzahmen, nur noch eingeschränkt ziehenden Parkschwäne *(Cygnus olor)* und die in städtischen Balkonkästen nistenden Karpaten-Uhus *(Bobo bubo)* sind Beispiele eines durch vorübergehende Gefangenschaft oder künstliche Aufzucht verloren gegangenen bzw. gedämpften Wildtier-Verhaltens.

Und wenn das ihre ökologische Rolle bestimmende arttypische Verhalten verloren gegangen oder diffus geworden ist, ist die Art als solche nicht »erhalten« worden. Der Begriff »Erhaltungszucht« ist dort, wo er sich auf Wildformen bezieht, eine biologische Unmöglichkeit. Der Artenschutz muss lernen, dass, wie es Jakob von Uexküll aufgezeigt hat, nicht nur die Umwelt ein Teil der Innenwelt ist, sondern auch die artgemäßen ökologischen Lebensräume, die *Habitate*, ein Bestandteil der Art sind. Da ein bestimmter Habitat-Anspruch als Umweltanforderung zur Art gehört, ist die art-spezifische Umwelt auch ein Teil der Art selbst und aller ihr zugehörigen Individuen.

Da die spezifischen ökologisch relevanten Verhaltensmuster bzw. Habitat-Bindungen den Arten immanent sind, kann man die ökologischen Habitate als einen Bestandteil der Art (bzw. die »Außenseite« der Art) auffassen. Außerhalb ihrer Habitate kann keine Art dauerhaft als Wildform existieren. Ein Artenschutz im Kontext *organismischer Biologie* weiß, dass das jeweilige Habitat ein Teil der Art ist und demzufolge Gefangenschafts-Züchtung keine Art auf Dauer erhalten kann, sondern innerhalb weniger Generationen zu Semidomestikation oder gar Domestikation führt.

So wichtig die Rettung vom Aussterben bedrohter Arten ist – durch das Aussetzen semidomestizierter Tiere gebietsfremder geographischer Formen kann sich das ökologische Verhalten einer Art radikal ändern. Einer besonderen Verantwortung sollten sich die Artenschützer auch in einem anderen Fall bewusst sein: Wenn man bei der Wiederansiedlung des Wolfes *(Canis lupus)* nicht ausschließlich auf eigenständige Zuwanderungen setzen, sondern auch Gehege-Tiere auswildern würde, dann müsste man mit den für semidomestizierte Arten typischen Verhaltensänderungen rechnen: Was es bedeuten würde, wenn sich die Fluchtdistanz und die Vermehrungsrate der Wölfe ähnlich entwickeln würden wie bei den Parkschwänen, liegt auf der Hand. (Zur Semidomestikation s. auch *Umweltresonanz*, S. 209–216.)

In der Ökologie geht es also nicht nur darum, die Konkurrenz- und Kampf-Vorstellungen zu überdenken und die ökologische Sukzession als einen Regenerationsprozess zu verstehen. Es geht auch darum, die *Wildform* und die *freie Natur* als empirisch belegbare biologisch-ökologische Kategorien zu berücksichtigen und die artgemäßen Habitate als Bestandteile der jeweiligen Arten zu verstehen – und zu bewahren.

Organismisch denken: Die Erde als Superorganismus

Im Blick auf Ökosysteme und ökologische Prozesse hat die organismische Betrachtung gezeigt, dass die Konkurrenz-Modelle eines »Kampfes um Ressourcen« wenig plausibel sind. Wir müssen anerkennen, dass a) eine Koexistenz zwischen Arten und Individuen nicht nur (durch Konkurrenz) gehemmt, sondern auch (durch Begünstigung) gefördert werden kann; und es b) neben den Einflüssen anderer Organismen und den Boden- und Klimafaktoren noch in den Ökosystemen selbst liegende, systemische »Strukturerfordernisse« gibt, die raumzeitlich ordnend, fördernd oder hemmend auf die Individuen wirken. Somit lassen sich die ökologischen Sukzessionsabläufe als systemische Regenerationsprozesse verstehen.

Nach demselben organismischen Prinzip lebt auch das Gesamtökosystem der Erde. Weil ein bestimmter Habitat-Anspruch als Umweltanforderung in der Art verankert ist, ist die art-spezifische Umwelt ein Bestandteil der Art. Betrachtet man nun die gesamte Erde als den Wohnort der die Biosphäre bildenden – und ihr zugehörigen – Arten und Biozönosen, so ist es naheliegend, von einer solchen wechselseitigen Verbindung auszugehen: Die Arten und Ökosysteme als »Organe« der Erde, und die Erde als eine auch in der »Innerlichkeit« jeder Art und jedes Individuums verankerte Realität. Eine Biologie, die diesen Zusammenhang berücksichtigt, darf den Planeten Erde nicht als bloßen abiotischen Untergrund den Lebewesen gegenüberstellen; sie muss die Erde insgesamt als lebenden »Superorganismus« auffassen, dessen systemische »Prozessordnungen« die Lebensprozesse der Ökosysteme, Arten und Individuen mitbestimmen.

Genau diesen Gedanken verfolgt die *Gaia-Theorie* des englischen Arztes und Biologen James Lovelock, der die Erde mitsamt der sie umhüllenden Atmosphäre als einen lebenden Organismus betrachtet. Aus seiner Sicht ist »Gaia [...] das Lebenssystem der ganzen Erde, zu dem alles gehört, was von der Gesamtheit von Flora und Fauna (Biota) beeinflußt wird oder sie beeinflußt. Das Gaia-System hat mit allen lebendigen Organismen die Fähigkeit zur Homöostase gemein, das heißt, zur Stabilisierung der physikalischen und chemischen Umwelt auf einem das Leben begünstigenden Niveau.«[80] Entscheidend an Lovelocks Erkenntnissen ist seine organismische Betrachtungsweise: »Die natürlichen Ökosysteme sind die Organe des Systems Gaia. In mancher Hinsicht entsprechen sie unseren Organen, der Leber, dem Blut, der Haut und der Lunge. Jedes besitzt seine partielle Eigenständigkeit, in der es für das System lebenswichtig ist, kann aber nur als Teil dieses Systems existieren.«[81] Eine organismische Perspektive auf unsere Erde öffnet den Blick dafür, dass auch der Mensch ein Teil der Erde ist. Er wird überleben, wenn er seine Organfunktion wiederfindet, die Natur der Erde als ein Höheres akzeptiert und sich zum Wohle des Ganzen in sie integriert – bzw. integrieren lässt.

Zur Genese von Gestalt und Verhalten: Evolutionsbiologie als spekulative Disziplin

Die Zuordnung der Evolutionswissenschaft zur Biologie ist mit dem Glauben verbunden, dass die Fragen der Naturgeschichte unserer Erde grundsätzlich verifizierbar seien. Doch hier gibt es Grenzen, die gern verwischt oder ganz negiert werden. Zwar lässt sich der Wandel von Organismenformen als Tatsache belegen. Das Wie und Warum des Evolutionsgeschehens kann aber empirisch kaum über die innerartlichen Differenzierungsprozesse hinaus zurückverfolgt werden. Die meisten evolutionsgeschichtlichen Hypothesen können anhand von Indizien, wie z. B. Fossilfunden oder Analogieschlüssen aus heutigen Beobachtungen, für mehr oder weniger wahrscheinlich gehalten, jedoch nicht nachprüfbar »bewiesen« oder »widerlegt« werden. Viele Evolutionsbiologen glauben, dass ihre Hypothesen bereits aufgrund ihrer prinzipiellen Erklärbarkeit zu Tatsachen würden. Vielleicht wird gerade deswegen in diesem Fachbereich so heftig gestritten. Eigentlich muss man sich darüber Klarheit verschaffen, welche Bestandteile der Naturgeschichte in der Philosophie und welche in der Biologie zu verorten sind, bzw. wo eine Synthese sinnvoll und notwendig ist – die dann aber als solche benannt werden muss.

Unabhängig von ihrem Bekanntheitsgrad und ihrer Akzeptanz gilt es zunächst festzustellen: Es gibt eine große Vielfalt von Evolutionstheorien. Die Anhänger der einen heute »allgemein anerkannten« Evolutionstheorie haben viel Energie darauf verwendet, all die widersprechenden Evolutionstheorien und ihre Vertreter als »unwissenschaftlich« zu diskreditieren oder ganz zu negieren. Bedeutende Biologen des 20. Jahrhunderts wie Hans Driesch, Alexander Gurwitsch, Otto Kleinschmidt, Jakob von Uexküll und Richard Woltereck sind heute ebenso unbekannt wie die brillanten Theoretiker Ludwig von Bertalanffy (1901–1972), Hedwig Conrad-Martius (1888–1966) oder Bernhard Steiner – allesamt scharfe Kritiker der mechanistischen Biologie und der darwinistischen Evolutionstheorie.

Und was noch schlimmer ist als die Diffamierung oder Negierung der Kritiker: seit der Mitte des 20. Jahrhunderts hatten Skeptiker der herrschenden Lehrmeinung in Ost wie West kaum noch Chancen auf eine universitäre Berufsentwicklung. An den Universitäten gab es nur noch »die« Evolutionstheorie. Wer aber von »der« wissenschaftlichen Evolutionstheorie im Singular spricht, agiert von vornherein unwissenschaftlich. Im Übrigen gilt es zu bedenken, dass Theorien, die nicht in allen Punkten richtig sind, deswegen nicht in allen Punkten falsch sein müssen.

Als Charles Darwin 1859 sein Buch Über *die Entstehung der Arten durch natürliche Zuchtwahl oder die Erhaltung der begünstigten Rassen im Kampfe um's Dasein* veröffentlichte, hat er eine Debatte in Gang gebracht, die zuweilen den Charakter eines Glaubenskampfes annahm. Im Ergebnis sind zwar die überkommenen kirchlichen Schöpfungs-Dogmen weitestgehend überwunden – auf der anderen Seite hat aber die darwinistische Evolutionstheorie in vieler Hinsicht selbst einen ideologisch-dogmatischen Charakter angenommen. Bis heute gelten Darwins Grundpostulate – Veränderung der Arten durch natürliche Selektion und Entstehung der Arten durch Aufspaltung vorhandener Arten – wie Glaubenssätze, die meist in einer Beharrung auf deren Ausschließlichkeit (Veränderung der Arten *nur* durch natürliche Selektion und Entstehung der Arten *nur* durch Aufspaltung vorhandener Arten) vertreten werden.

Zwischen 1930 und 1950 kam es zu einer »Vereinheitlichung«[82] der Evolutionsauffassungen in der universitären Biologie. Aus den drei Hauptströmungen der reduktionistischen Biologie – der darwinistischen Selektionslehre (welche die Evolution auf in der Natur genetisch und ökologisch unbeständige Mutationen zurückführt), dem monogenetischen Paradigma (ein Gen = ein Merkmal) und der auf den Mendelschen Regeln basierenden statistischen Vererbungslehre (die nur für Merkmale zutrifft, die jenseits der natürlichen Variationsbereiche der Wildformen liegen) – wurde eine neue Lehre »zusammengesetzt«. Insbesondere die Zusammenfassung der Theorien des Genetikers Theodosius Dobzhansky (1900–1975), des zoologischen Systematikers Ernst Mayr und des Zoologen Julian Huxley (1887–1975) wurde als »Moderne Synthese« der Evolutionstheorie gesehen und wird heute als die »Synthetische Evolutionstheorie« bezeichnet. Sie postuliert ein Zusammenspiel von »stetiger Überproduktion« und »natürlicher Selektion« als richtunggebende Kraft der Evolution – und behauptet, dass sich die Makroevolution (Entstehung höherer Ordnungen, wie Würmer, Insekten, Wirbeltiere) durch dieselben Prinzipien einer allmählichen Selektion vollziehe, wie es für die Wandlung und Vervielfältigung der Arten angenommen wird.

Ein zentrales Element der »Synthetischen Evolutionstheorie« war die Klärung des *Artbegriffs* (Biospezies als Fortpflanzungsgemeinschaft) und die Erklärung der Artbildung durch genetische (vor allem geographische) Isolation. Ernst Mayr leitete nun die »neuen Arten« nicht mehr von abweichenden individuellen Varietäten, sondern von geographischen Varietäten, also Rassen, Formen bzw. Subspezies ab. Eine geographische Form müsse nur lange genug von den übrigen Populationen ihrer Art isoliert leben, um eine eigene Identität zu erlangen und sich fortan als eigenständige Art geographisch zu differenzieren. Als Beispiel für solche noch unvollendeten »Artbildungsprozesse« lassen sich all die Formen anführen, die man nicht sicher als Rassen oder Arten qualifizieren kann, wie Nachtigall *(Luscinia megarhynchos)* und Sprosser *(Luscinia luscinia)* oder Heringsmöwe *(Larus fuscus)* und Silbermöwe *(Larus argentatus)*. So plausibel diese Beispiele sein mögen, so fraglich ist es doch, diese Form der »Artvervielfältigung« zur alleinigen oder entscheidenden Ursache der heute vorhandenen biologischen Mannigfaltigkeit zu erklären.

Die von Mayr aufgezeigte Möglichkeit einer geographischen Artbildung diente dann allerdings der allgemeinen »Untermauerung« der Deszendenz- bzw. Stammbaumtheorie.

Die *Synthetische Theorie* ist eine unnatürliche Theorie. Sie bezieht nahezu all ihre »Beweise« aus Ausnahmeerscheinungen (geographische Isolation), aus unnatürlichen Varietäten (Mutationen, Zuchtformen) und aus unnatürlichen Milieus (Labor, Domestikationsbedingungen). Um die einseitige Fokussierung der Biologie auf einen unnatürlichen Zustand der Lebewesen und ihres Lebensraumes zu verschleiern, musste man die Unterscheidbarkeit von natürlichen und unnatürlichen Varietäten und Ökosystemen negieren – und die Kategorien *Wildform* und *freie Natur* ignorieren. Aus meiner Sicht schließen sich die *synthetische Evolutionstheorie* und die hier skizzierte *organismische Biologie* gegenseitig aus: Eine wissenschaftliche Analyse der Kategorien Wildform und freie Natur ist nur jenseits der Synthetischen Theorie möglich; andererseits kann die Synthetische Theorie nur so lange aufrecht erhalten werden, wie man einer Analyse der Kategorien Wildform und freie Natur aus dem Wege geht – bzw. schon die damit verbundene Fragestellung ignoriert.

Doch noch einmal zurück zur Frage der Einstamm- oder Vielstamm-Entwicklung: Ernst Haeckel (1834–1919) hat zur Veranschaulichung der monophyletischen Deszendenzvorstellung das Bild des Baumes (alle Zweige und Blätter aus einem Stamm) eingeführt und bezeichnete das Gesamtbild als Stammesentwicklung oder »Phylogenese« (gr. *phylos* = Stamm).[83] Demgegenüber versuchte Otto Kleinschmidt die polyphyletische Vorstellung einer Vielstammentwicklung mit dem Bild einer Getreidegarbe oder eines »Strahlenkörpers der Stämme« zu veranschaulichen.

Lange bevor Charles Darwin seine Deszendenzlehre mit einer »natürlichen Auslese« im »Kampf um's Dasein« begründete, wandte sich Immanuel Kant (1724–1804) gegen Vorläufer dieser Theorie. Bezugnehmend auf einen Aufsatz von Georg Forster (1754–1794) im Jahr 1786 schrieb Kant (1788), dass bei einer angenommenen »Verwandtschaft aller in einer unmerklichen Abstufung vom Menschen [...] bis zu Moosen und Flechten [...] aus gemeinschaftlichem Stamme« der Naturforscher »sich hierdurch unvermerkt von dem fruchtbaren Boden der Naturforschung in die Wüste der Metaphysik verirre.«[84] Kant hatte schon vorher die Gesamtheit der geographischen Rassen einer Art als *Realgattung* zusammengefasst und die Meinung vertreten, dass sich Veränderung und Abstammung nur innerhalb der Grenzen solcher Realgattungen abspielt.

Die Auffassung einer *polyphyletischen Evolution* (Vielstamm-Entwicklung) ist der konzeptionelle Kern der »Formenkreislehre«, die Otto Kleinschmidt zu Beginn des 20. Jahrhunderts entwickelt hatte. Kleinschmidt fasste die jeweils zu einer Art gehörenden geographischen Formen (Rassen) zusammen. Da der Begriff »Art« durch seine häufige Verwendung für Rassen unbrauchbar geworden schien, nannte er die eigentliche Art »Formenkreis« oder – in Anlehnung an Kant – »Realgattung«. Kleinschmidt hielt es für wahrscheinlich, dass jeder Formenkreis (jede Art) auf jeweils eigene Urformen zurückgeht und ähnliche Arten in der Regel nicht von einer gemeinsamen Vorgängerart abstammen, sondern von Anfang an getrennte, wenn auch parallele Werdegänge genommen haben.

Durch die Entdeckung mehrerer sehr ähnlicher aber eigenständiger Zwillings- bzw. Parallelarten, wie Sumpf- und Weidenmeise, Garten- und Waldbaumläufer oder Hauben- und Theklalerche, sah sich Kleinschmidt in der Ansicht bestärkt, dass man von Ähnlichkeit nicht automatisch auf Abstammung schließen könne. Ganz ähnlich sah dies auch der Biologe Ludwig von Bertalanffy, der darauf hinwies, dass man zu ganz verschiedenen Ergebnissen kommt, wenn man »verschiedene Organe nach ihrer Spezialisierungshöhe zu einer Stufenreihe« anordnet: »Etwa eine phylogenetische Reihe der Wale, die nach den Stufen der Beinreduktion angeordnet ist, ist durchaus verschieden von einer Reihe, die auf der Grundlage der Spezialisierung des Gebisses aufgestellt wurde. [...] Wenn wir diese logische Säuberung energisch durchführen, bleibt von dem gewaltigen Gebäude der darwinistischen Stammbaumkonstruktion fast nichts übrig [...].«[85]

Und der Morphologe Bernhard Steiner bilanziert: »Die unbewiesene Behauptung [...] des phyletischen Charakters organischer Systematik hat sämtliche systematischen Beziehungen mit Hilfe einer ›historischen Kausalität‹ umgedeutet: Aus den logischen Beziehungen der Systematik (Verwandtschaft) ... werden die genealogen der Deszendenz (Abstammung); aus der Hierarchie (Subordination) systematischer Kategorien [...] die Chronologie eines monophyletischen Stammbaums [...]; aus dem Einen, das in Vielem ist und von Vielem ausgesagt werden kann [...] das Viele, welches von Einem abstammt und von ihm weitergegeben wird; aus dem Typus wird [...] eine ›Urform‹; aus dem Begriff ... ein Ding; kurz, man macht aus der logischen eine ontologische Ordnung.«[86]

Letztlich war kein Forscher dabei, niemand weiß, welche fossilen Formen reproduktiv voneinander isoliert waren – und man muss sich vor Verallgemeinerungen hüten: Alle Indizien bzw. Belege zur Existenz von Artaufspaltungen sind keine Indizien oder Belege zu der völligen Verallgemeinerung dieser Artbildungsmöglichkeit. Sie machen lediglich die ausschließlich polyphyletische Annahme (in dem Sinne, dass es überhaupt keine Artaufspaltungen geben könne) unwahrscheinlich bzw. widerlegen diese. Das Vorhandensein von Artaufspaltungen belegt aber weder, dass diese den einzigen, noch dass diese den grundlegenden Prozess der Artbildung darstellen. Übrigens gibt es zwischen der absoluten monophyletischen Hypothese (alle Arten aus einer Art) und der absoluten polyphyletischen Hypothese (alle Arten gehen auf eine jeweils eigene »Urzelle« zurück) nahezu alle denkbaren Zwischenformen.[87]

Nicht unwesentlich für den Erfolg der verallgemeinernden Artaufspaltungstheorie dürfte der Umstand gewesen sein, dass hier die – rein physikalisch nicht erklärbare – Entstehung des Lebens nur ein einziges Mal angenommen werden muss. Bei der polyphyletischen Sichtweise muss die Entstehung des Lebens ja nicht anders, sondern lediglich öfter angenommen werden als bei der monophyletischen These.

Die Kleinschmidt'sche Idee, Populationen als den Ort des Evolutionsgeschehens anzusehen, wurde im Zusammenhang mit der Theorie der geographischen Artbildung nach Mayr von der universitären Biologie übernommen.[88] Damit war eben nicht nur gesagt, dass sich biologische Arten infolge genetischer Isolation von Teilpopulationen im Laufe geologischer Zeiträume vervielfältigen können, sondern auch etwas anderes: Evolutionäre Veränderungen resultieren nicht aus Mutationen einzelner Individuen, sondern aus allmählichen Veränderungen des gesamten »Genpools« großer Populationen. Das *populationsbezogene Denken* stand damit zunächst *gegen* die alte darwinistische Vorstellung von Artbildung durch individuelle Selektion von Einzelmutationen in Analogie zur Haustierzüchtung.

Insoweit verdanken wir Ernst Mayr auch die von ihm in den Fokus der biologischen Analyse gestellte Kategorie der *Population*. In einer Zeit, als die Biologie ihren Blick von den Individuen auf die Moleküle des Zellkerns hin verengte, hat er die Perspektive geweitet und die Population zum Gegenstand der biologischen Wissenschaft gemacht. Erst später wurde das Populationsdenken in einen anderen Kontext gestellt, nämlich als Gegenpol zum sogenannten »typologischen Denken« im Streit zwischen monophyletischen und polyphyletischen Evolutionsauffassungen.[89] Diejenigen, die davon ausgehen, dass es bestimmte Grundeinheiten (Typen) gibt, innerhalb derer eine selektionsbedingte Formenbildung als »Mikroevolution« bejaht wird, deren Entstehung selber aber nicht aus der selektionsbestimmten Anpassung von Vorformen erklärbar sei, nannte man »Typologen«. Die Schule der »Populationisten« ging davon aus, dass alle Evolution in der Interaktion zwischen den Individuen der Populationen und ihrer Umwelt stattfinde und die hierarchische Struktur der Lebensformen allein auf früher oder später liegende Aufspaltungen zurückgehe (»Makroevolution«). Die »Typologen« dagegen waren in deren Sicht prinzipiell Gegner »der« Evolutionstheorie. Im Grunde ist aber gerade die Bezugnahme auf die Kategorie der Population eine Voraussetzung für das nichtreduktionistische biologische Denken im Sinne biologischer Programme und Felder und einer dynamischen Erblichkeit.

Eigentlich ist die Frage, ob man die Evolution organismisch betrachtet, unabhängig von der Frage, von wie vielen eigenständigen Entstehungspunkten man ausgeht. Jakob von Uexküll kritisiert z. B. das monophyletische Stammbaum-Konstrukt nicht als solches, sondern nur, dass die Darwinisten »die ganze Abfolge der verschiedenen Arten, wie sie uns die Paläographie vom Kambrium bis zur Gegenwart zeigt, gar nicht für einen Lebensprozeß halten, sondern aus chemischen, physikalischen oder mechanischen Ursachen erklärt haben. [...] Der Stammbaum soll kein Bild eines inneren Wachstums wiedergeben, sondern nur das Resultat einer Beeinflussung durch äußere Faktoren.«[90]

Wenn man nun, was vernünftig erscheint,

a) nicht alle Arten genealogisch auf eine einzige Urzelle zurückführt und dennoch

b) nicht absolut beziehungslose Artbildungen annimmt, sondern von einem übergeordneten Zusammenhang ausgeht, in den die Arten eingebunden sind,

dann sollte das Sinnbild der Evolution weder Baum noch Garbe sein – weil beide nur gleichartige »Früchte« tragen. Ein Analogiebild, das sowohl eigenständige Bildung als auch den übergeordneten Zusammenhang einer geordneten, aber vielfältigen Gestaltbildung aufzeigt, ist das des *Gefieders* eines Vogels.[91]

Neben der Frage nach den Werdegängen der Arten wird auch die Frage diskutiert, wie das Neue in der Natur entsteht. Und hier steht die Evolutionsbiologie vor dem Problem, dass weder das *Mutations-Selektions-Prinzip*, noch eine *Vererbung erworbener Eigenschaften* überhaupt in der Lage ist, neue Gestalt- und Verhaltensmuster – oder gar neue Organismentypen zu bilden. Beide Auffassungen sind mit der generellen Schwierigkeit verbunden, dass aus dem Zusammenspiel der Begünstigung des einen Merkmals und der Benachteiligung eines anderen Merkmals nicht automatisch ein drittes und neues Merkmal entsteht. Für eine Biologie, die das Mitwirken einer übergeordneten (schöpferischen) Intelligenz, welche in der Lage ist, auf die Herausforderungen des Lebens *Antworten* zu finden, kategorisch ausschließt, ist das Potential der Gestaltbildung für qualitativ neue Merkmale prinzipiell nicht zugänglich.

Schließlich sei hier auf den Großkonflikt zwischen *Evolutionismus* und *Kreationismus* eingegangen. Dieser ist ein Glaubenskrieg, der sich mehr und mehr als eine Symbiose der Eiferer entpuppt. Charles Darwin stellte seine Abstammungstheorie in den Gegensatz zu einer »theory of creation«, also einer Schöpfungstheorie. Als Kreationisten bezeichnet man seither die Anhänger eines wörtlich genommenen biblischen oder anderweitig religiösen Schöpfungsglaubens. Der Kreationismus unserer Tage ist einerseits eine – berechtigte – Kritik am dogmatischen, oft kämpferisch atheistischen Evolutionismus. Andererseits ist er dadurch gekennzeichnet, religiöse Überlieferungen zur Schöpfung als Tatsachenbericht misszuverstehen. Und er ist darauf aus, jeweils einen einzigen religiösen Schöpfungsbericht mit naturwissenschaftlichen Methoden zu »beweisen«. Nur solche Positionen bezeichne ich als *kreationistisch*.

Im Gegensatz dazu werden heute oft verallgemeinernd alle Betrachtungsweisen, die sich die Entstehung der Welt und der Lebensformen nicht ohne ein (Mit-)Wirken göttlicher Schöpferkräfte vorstellen können, als »Kreationismus« zusammengefasst. Damit bezieht sich dieser Begriff auf jeglichen Schöpfungsglauben, soweit dabei die Frage nach dem Ursprung des Lebens und den Ursachen der Entwicklung der Organismen in einen religiösen oder spirituellen Kontext gestellt wird.

Manche darwinistische Autoren gehen noch einen Schritt weiter und meinen, »dass der Kreationismus allgemein als Anti-Evolutionismus definiert werden muss«, so der Biologe Ulrich Kutschera.[92] Dies sind dann aber zugleich diejenigen, die sich selbst nicht als Evolutionswissenschaftler, sondern als Evolutionisten sehen. Typisch für den *Evolutionismus* ist, dass seine Vertreter – auch solche, die sich selbst nicht als »Evolutionisten« bezeichnen – für sich die Deutungshoheit darüber beanspruchen, was auf dem Felde der Evolutionsforschung »wissenschaftlich« ist und was nicht. So kommt es zu einem verbreiteten Missbrauch des Begriffs »Kreationismus« zum Zwecke der Diffamierung und Ausgrenzung skeptischer oder nichtdarwinistischer Evolutionswissenschaft. Mit der Keule des Kreationismus-Vorwurfs wird jeder Versuch totgeschlagen, auf naturwissenschaftlicher Basis das mechanistische Weltbild der Biologie oder auch nur die Vorherrschaft der »synthetischen Theorie der Evolution« zu überwinden. Insbesondere dann, wenn skeptische Biologen religiöse Menschen sind, wird ihnen ihre naturwissenschaftliche Kritik am Darwinismus in eine religiös motivierte Kritik umgedeutet.

Eigentlich ist der Kampf zwischen Evolutionismus und Kreationismus ein Glaubenskrieg. Auf beiden Seiten geht es primär um Rechtgläubigkeit. Dieser Glaubenskrieg hat der biologischen

Naturwissenschaft ebenso geschadet wie dem Schöpfungsglauben der Religionen. Eine unvoreingenommene Annäherung an die Fragen nach der Naturgeschichte ist ja weder von naturwissenschaftlicher noch von philosophisch-theologischer Seite möglich, solange man stets auf der Hut sein muss, dass man nicht mit den Extremisten der anderen Seite in einen Topf gesteckt wird, nur weil man den Extremisten der »eigenen« Seite ein paar offene Fragen vor Augen führt. Als *evolutionistisch* bezeichne ich all jene evolutionstheoretischen Positionen, die alle anderen als die akademisch vorherrschende (bzw. die eigene) Evolutions-Theorie bzw. -Hypothese ignorieren oder für »unwissenschaftlich« erklären – und somit stets von »der wissenschaftlichen Evolutionstheorie« im Singular sprechen. Heute sind die meisten Vertreter der »synthetischen Theorie« dieser Richtung zuzurechnen, die eigentlich eher eine dogmatische Grundhaltung ist, und keine fachliche Position.

Aus gutem Grund weist der islamische Religionsphilosoph Seyyed Hossein Nasr darauf hin, in welchem Maße der Evolutionismus selbst schon den Charakter einer dogmatischen Religion angenommen hat: »Die Vergötterung des historischen Prozesses hat eine solche Dynamik und zwingende Macht erlangt, daß sie in den Seelen vieler Menschen den Platz der Religion eingenommen hat. Nirgendwo zeigt sich dies deutlicher als bei der Rolle, die die Evolutionstheorie im geistigen und psychologischen Leben derjenigen Wissenschaftler einnimmt, die für sich in Anspruch nehmen, alles aus einer nüchternen wissenschaftlichen Sicht zu sehen, aber mit heftigen Gefühlsausbrüchen reagieren, wenn die Evolutionstheorie aus irgendeinem Blickwinkel kritisch beleuchtet wird, sei es aus logischer, theologischer oder wissenschaftlicher Sicht. In vielerlei Hinsicht und aus sehr tiefliegenden Gründen ist die Evolution für viele Menschen zum Religionsersatz geworden, die sie mit völliger Intoleranz verteidigen und gleichzeitig beanspruchen, sehr vernünftige und tolerante Zeitgenossen ohne einseitige religiöse Überzeugungen zu sein. Andere sprechen kategorisch von der wissenschaftlichen Methode und verteidigen dann die Evolution aus wissenschaftlichen Gründen, ohne sich darüber im klaren zu sein, daß ihre Hinnahme der Evolution als wissenschaftlich sich absolut nicht mit ihrer eigenen Definition von Wissenschaftlichkeit verträgt. Diese Haltungen haben Konsequenzen großer Tragweite, die die Tiefen der menschlichen Seele berühren, denn hier wird die Gottheit durch den geschichtlichen Prozeß ersetzt und eine Reaktion ausgelöst, die dem Heiligen vorbehalten ist, auf das der pontifikale Mensch immer mit seinem ganzen Wesen anspricht. Darüber hinaus liegt in dieser Verteidigung der Evolution eine Schlacht um den ›Glauben', nicht um die wissenschaftliche Wahrheit, denn in der Evolutionslehre liegt die einzige Möglichkeit, das Hineinragen der archetypischen Wirklichkeiten, von denen die Arten irdische Abspiegelungen sind, auf den physischen Plan zu verschleiern, um ein halbwegs akzeptables Schema bereitzustellen, das es dem Menschen erlaubt, in dieser Welt inmitten der verwirrenden Vielzahl der Naturformen zu leben und dabei den transzendenten Einen zu vergessen, der die Quelle dieser Vielfalt ist.«[93]

Durch die kreationistische Argumentation wiederum wird die durchaus berechtigte Kritik am Materialismus eher geschwächt, wenn als einzige Alternative zu ihm ein theistisches Naturverständnis aufgezeigt wird, zumal wenn dieses dann auf einen wörtlichen oder zumindest eingeengten religiösen Schöpfungsglauben hinausläuft. Das von einer großen Mehrheit mitgetragene Anliegen einer Überwindung des mechanischen Weltbildes wird so instrumentalisiert zur Durchsetzung ganz spezifischer religiöser Interessen – so als ob das heute vorherrschende Weltbild nur durch eine einzige Denk- bzw. Glaubensrichtung überwunden werden könnte. Gerade die Herausstellung des Aspekts der Ebenbildlichkeit des Menschen mit Gott legt den Grund für dieselben Fehlinterpretationen, die auch den modernen Darwinismus kennzeichnen: Wenn der Mensch dem Schöpfer gleich ist, liegt es nahe, auch die »Geschöpfe des Menschen« (die Zuchtformen) mit den »Geschöpfen Gottes« auf eine Stufe zu stellen. Eine Ignoranz gegenüber dem Unterschied zwischen Zuchtform und Wildform – welche ja mit der Ignoranz gegenüber dem Unterschied von *veränderlich* und *veränderbar* einhergeht – scheint hier ebenso vorprogrammiert, wie eine Geringschätzung der außermenschlichen Natur überhaupt.

Joachim Klose und Jochen Oehler meinen zu Recht: »Schöpfung und Evolution sind miteinander vereinbar, wenn sie als Bilder der Wirklichkeit betrachtet werden, deren Fragestellungen verschiedene Intentionen verfolgen und somit auch unterschiedliche Antworten zulassen. [...] Methodisch vertreten die religiösen Fundamentalisten und wissenschaftlichen Atheisten die gleiche Position: beide behaupten, dass die naturwissenschaftliche Sprache die einzige Beschreibungsform ist.«[94] Dies deutet zugleich auf ein zentrales Missverständnis auf beiden Seiten der Darwinismus-Kreationismus-Debatte: Vertreter des Kreationismus glauben, dass jedes nicht mechanistisch erklärbare Phänomen die Schöpfungslehre ihrer Konfession beweist. Umgekehrt scheinen Vertreter des Darwinismus genau dasselbe zu glauben, weil sie a) eine panische Scheu davor haben, offene Fragen als solche zu benennen und b) jeden, der darauf hinweist, dass bestimmte Phänomene nicht mechanistisch erklärbar sind, reflexartig als Kreationisten oder Esoteriker stigmatisieren.

Konfessionell motivierter Kreationismus und atheistisch motivierter Evolutionismus zeigen sich oft als zwei Seiten desselben Phänomens: eines Glaubenskampfes um die Deutungshoheit über die Natur – für deren »Eigenwerte« sich beide nicht sonderlich interessieren. So ist es auch bezeichnend, dass beide Seiten unter »Evolution« bzw. »Schöpfung« nur den Aspekt der Veränderung bzw. der Neuentstehung sehen und den zwingend damit zusammenhängenden Aspekt der Konstanz bzw. Bewahrung völlig außer Acht lassen. Es ist hier wie dort ein naturabgewandter Kampf um die Vereinnahmung der Natur. Es lässt sich auch nicht leugnen, dass sich beide Seiten hinsichtlich ihrer Rechthaberei mental kaum unterscheiden. Insoweit trifft auch hier zu, was Viktor von Weizsäcker so treffend auf den Punkt bringt: »Im Kampfe wird man dem Gegner immer ähnlicher.«[95]

Die »Abstammung von gemeinsamen Ahnen« und geringe Abänderungen, die auf »lange Erdperioden hin [...] schließlich gewaltige Änderungen« bewirkten, zeige »der paläontologische Tatbestand«[96], so der Philosoph Bernhard Bavink (1879–1947). Und Bavink schließt daraus: »Diese Grundgedanken einer jeden Abstammungslehre müssen wir in jedem Falle festhalten. Ohne sie ist die ganze Lehre überhaupt zwecklos. Denn was sie erklären soll, das ist eben einerseits der Tatbestand der systematischen Verwandtschaften, andererseits der der erdgeschichtlichen Umwandlungen des Artenbestandes.«[97] Im Gegensatz dazu kommt der Ornithologe Heinrich Frieling bei einer Analyse des natürlichen Systems der Organismen zu dem Schluss »[...] einer hierarchisch gestaffelten Anordnung von stammesgeschichtlichen Gestalten (Ganzheiten).« Man könne diese »[...] als Beweis für die Planmässigkeit der schöpferischen Natur ansehen, die eben eine zufallsgerichtete (besser: regellose) oder von der Umwelt diktierte Entwicklung der Gattung von unten nach oben ausschliesst.«[98]

Angesichts der Tatsache, dass Annahmen über die biologischen Werdegänge in lange zurückliegenden Epochen der Erdgeschichte weder in ihren genealogischen Verläufen, noch hinsichtlich der Faktoren ihrer Verursachung »beweisbar« oder »widerlegbar« sind, sollte sich die Evolutionswissenschaft mehr in Bescheidenheit üben. Aus wissenschaftstheoretischer Sicht spricht vieles dafür, Jakob von Uexkülls Mahnung zu beherzigen: *»Nichtwissen ist besser als Falschwissen.«*[99] Bernhard Bavinks Schlussfolgerung bekommt nun in ihrer Umkehrung einen Sinn: Weil eine Abstammung von gemeinsamen Ahnen und das Auftauchen neuer überartlicher Kategorien über kontinuierliche allmähliche Abänderungen *nicht* mit dem paläontologischen Tatbestand belegt werden kann, ist die ganze Abstammungslehre »überhaupt zwecklos«. Vielleicht ist sie nicht ganz zwecklos; aber als eine in weiten Teilen spekulative Disziplin kann die Abstammungslehre nicht bedingungslos als Evolutions*biologie* gelten, geschweige denn der gesamten Biologie übergeordnet werden.

Egozentrik und Maschinentheorie überwinden: Für eine lebensgemäße Biologie

Darwin sah sogar die Gestalt eines Baumes als Resultat eines Verdrängungswettbewerbs der Organe: »In jeder Wachsthumsperiode haben alle wachsenden Zweige nach allen Seiten hinaus zu treiben und die umgebenden Zweige und Äste zu überwachsen und zu unterdrükken gestrebt, ganz so wie Arten und Artengruppen andere Arten in dem großen Kampfe um's Dasein überwältigt haben.«[100] Hier liegt die entscheidende Wurzel der Entgleisung der Moderne, also der tiefen Beziehungsstörung zwischen Mensch und Natur: Dass sich Organe desselben Organismus im großen Kampfe um‹s Dasein gegenseitig überwältigen; das ist das Prinzip der Krebszelle – das zur Grundlage des kapitalistischen Wettbewerbssystems wie auch der kommunistischen Klassenkampf-Ideologie gemacht wurde. Wenn selbst die Organe desselben Organismus gegeneinander kämpfen, wenn die Zweige desselben Baumes nicht zur Bildung einer gemeinsamen Form tendieren, sondern sich gegenseitig zu überwältigen trachten, dann muss man sich nicht wundern über Darwins These von der »Erhaltung der begünstigten Rassen im Kampfe um's Dasein«.[101]

Eine solche Interpretation der Natur hat nicht nur der Irrlehre eines innerartlichen Rassenkampfes den Anstrich eines »Naturgesetzes« verliehen und somit rassistischen Ideologien den Boden bereitet; sie hat auch den Grundstock für die reduktionistische Biologie gelegt: Zunächst schnitt Darwin die Beziehung der Art zu einer schöpferischen Intelligenz ab, weil er diese als

Eigentum religiöser Institutionen missverstanden hatte. Sodann hat er auch die Arten und Rassen aus ihrer Organstellung im ökologischen Gefüge herausgelöst, um sie als autonome Gebilde in einen gegenseitigen Überlebenskampf zu schicken. Die solcherart aus ihrem organismischen Kontext herausgeschälten Arten konnten dann in Gefangenschaft und im Labor untersucht werden. In Gefangenschaft und Labor sind die Arten aber nur noch in einer solchen Weise Arten, wie Blätter in der Salatschüssel Blätter sind.

Obwohl Darwins Stammbaum-Hypothese das Potential zu einer organismischen Betrachtung hätte, hat gerade die Denkungsart eines Verdrängungswettbewerbs der Zweige direkt davon weggeführt, natürliche Systeme im größeren Zusammenhang – organismisch – wahrzunehmen. Mit der Überbewertung der »unteren Ebene« der einzelnen Organe als den einzigen den Organismus bestimmenden Faktoren ist die Relevanz einer »übergeordneten Ebene«, welche die Gestalt des Organismus bestimmt und den Teilen ihren Platz zuweist, relativiert bzw. negiert worden. Natur wird somit als das Resultat eines Kampfes der Teile untereinander verstanden. Wenn man den »Typus«, den »Plan« oder das »Programm«, welche eine Art ausmachen und zusammenhalten, als »übergeordnete« Faktoren prinzipiell negiert, dann ist es folgerichtig, sich die Art allein als ein Produkt der Zuchtwahl zu denken, welches durch umweltbedingte Auslese »von unten« beliebig veränderbar ist.

Seit etwa hundert Jahren konzentriert sich die Biologie überwiegend auf den Chemismus des Zellkerns. Die Studien zur Gestalt und zum Verhalten der Organismen erschienen fortan als eine Forschung an etwas »Sekundärem«. Aber auch in der Vererbungswissenschaft selbst kam es so zu einer Verengung des Denkens. Schon 1914 warnte Alexander Gurwitsch davor, »daß hier die Frage nach dem ›Wie‹, durch eine solche nach dem ›Wo‹ substituiert zu werden droht«.[102] Bis heute erweckt die reduktionistische Biologie den Eindruck, als sei durch die Kenntnisse von der Beschaffenheit des Substrats auch die Frage nach dem »Wie« der Gestaltbildung hinreichend beantwortet.

Ins Extreme gesteigert wurde die reduktionistische Genetik von dem britischen Zoologen Richard Dawkins. In seinem 1976 erstmals erschienenem Buch *Das egoistische Gen* schreibt er: »Die These dieses Buches ist, daß wir und alle anderen Tiere Maschinen sind, die durch Gene geschaffen wurden. Wie erfolgreiche Chicagoer Gangster haben unsere Gene in einer Welt intensiven Existenzkampfes überlebt [...].« Und Dawkins meint, »[...] daß eine vorherrschende Eigenschaft, die wir bei einem erfolgreichen Gen erwarten müssen, ein skrupelloser Egoismus ist. Dieser Egoismus wird gewöhnlich egoistisches Verhalten des Individuums hervorrufen.«[103] Sehr anschaulich wird bei Dawkins, dass der Glaube an die Selektionslehre auf direktem Wege zu einer – aus ihrer Fehlinterpretation resultierenden – Verachtung der Natur führt: Dawkins schreibt, wenn sein Leser »[...] eine Gesellschaft aufbauen möchte, in der die einzelnen großzügig und selbstlos zugunsten eines gemeinsamen Wohlergehens zusammenarbeiten, kann er wenig Hilfe von der biologischen Natur erwarten.« Denn: »Menschen und Paviane haben sich durch natürliche Selektion entwickelt. Aus den Mechanismen der Selektion scheint bei genauerem Hinsehen zu folgen, dass alles, was sich durch natürliche Auslese entwickelt hat, egoistisch sein muß. Deswegen müssen wir, wenn wir das Verhalten von Pavianen, Menschen und anderen Lebewesen untersuchen, damit rechnen, daß es sich als egoistisch erweist.«[104] Eigentlich müsste ein »genaueres Hinsehen« zu der Erkenntnis führen, dass sich die Arten gerade *nicht* durch die »Mechanismen der Selektion« entwickelt haben!

Eine fundamentale Entgegnung auf Dawkins Egoismus-These legte 2008 Joachim Bauer mit seinem Buch *Das kooperative Gen* vor.[105] Bauer betont, dass die Gene nicht autonom sind: »Zellen haben jedem Gen einen ›Genschalter‹ vorgesetzt, der – wie das Gen selbst – zwar aus DNS besteht, aber ausschließlich dazu dient, Signale entgegenzunehmen, die ihm von der Zelle zugesandt werden. Diese Signale entscheiden darüber, ob – und wie stark – das dem Genschalter zugeordnete Gen aktiviert (das heißt abgelesen) oder ob es abgeschaltet wird.«[106] Den kooperativen Aspekt der Genetik erläutert Bauer am Beispiel der Endosymbiose. Die ursprünglichen Archäa-Zellen hatten mit der allmählichen Zunahme von Sauerstoff in der Erdatmosphäre ein Problem. Doch die Evolution ließ sie nicht nach dem darwinistischen Modell untergehen, sondern sorgte auf dem Wege von Kooperation für eine Lösung, »[...] welche die Grundvoraussetzung für die Entwicklung aller weiteren Lebensformen war: Archäa-Zellen nahmen Bakterien in sich auf und ließen sie zu einem Teil ihres eigenen Zellorganismus werden.« Die Endosymbiose füge sich weder ins Darwin'sche Dogma, noch lasse sie sich als ein Zufallsgeschehen erklären. Sie sei »[...] nicht nur ein *per se* kooperatives Phänomen. Indem sie zwei eukaryotische Grundtypen entstehen ließ, erzeugte sie eine neue kooperative Konstellation zwischen der Sauerstoff produzierenden Pflanzenwelt und dem Sauerstoff verbrauchenden Tierreich.« Und Bauer fügt hinzu: »Die Evolution ist keine Entwicklung von Einzelkämpfern [...], sie ist eine Entwicklung von biologischen Systemen.« Leider kommt aber auch Bauer nicht über die Vorstellung einer von unten nach oben gedachten Kausalität hinaus, die die Eigenschaften der Individuen und Arten auf die Summe der ihnen zugehörigen Zellen und »Gene« zurückführt.

Bei aller Kritik an den biologistischen Vereinfachungen und der Übertragung eines wissenschaftlich-technischen Machbarkeitswahns ins Politische durch die »Sowjetische Genetik« der 1940er und 50er Jahre, bleibt auch festzustellen, dass ihr Vordenker Trofim Denissowitsch Lyssenko (1898–1976) den Irrtum der westlichen Genetik klar erkannt hatte, als er schrieb: »Das grundlegende Kennzeichen der mendel-morganschen Theorie liegt darin, daß sie den Organismus von den Umweltbedingungen losreißt.«[107] Im Kern war der Ansatz der sowjetischen Genetik sogar weitaus weniger materialistisch als die westliche Genetik, die von einer rein materiellen Erbsubstanz ausging und sich auf das Mutations-Selektions-Prinzip festgelegt hatte. Das Problem der sowjetischen Genetik bestand nicht in einer falschen Sicht auf die natürlichen Vererbungsprozesse, sondern in ihrem auf eine »Pflanzenerziehung« gerichteten Streben, »sich die belebte Natur unter dem Gesichtswinkel der Praxis planmäßig zu unterwerfen«.[108]

In diesem Machbarkeitswahn war sich die Sowjetische Genetik mit dem westlichen Darwinismus einig: Natur ist demnach allein etwas Gemachtes, und sie ist demzufolge auch über eine Manipulation ihrer Bestandteile »machbar«. Doch genau das ist die Natur nicht. Die Natur ist das Höhere und Größere, das *veränderlich* ist, aber nicht (bzw. nur degenerativ) *veränderbar*.

Zur genetischen Konstitution einer polytypischen Art: Der Rassenwahn und sein Spiegelbild

Kaum etwas ist in unserer Zeit mit einem solchen Tabu belegt wie das Sprechen über Rassen beim Menschen. Doch dieses Tabu ist destruktiv; nicht nur weil es vor dem Hintergrund der biologischen Tatsachen nicht haltbar ist, sondern auch, weil es das Ziel seiner ethischen Absicht verfehlt. Wie bei den meisten anderen Arten gibt es auch bei der Art *Homo sapiens* eine regionale Differenzierung, die sich in der geographischen Rassenbildung zeigt. Ist es also in der Sache unbedenklich, auch beim Menschen von »Rassen« sprechen?

Rassen im Sinne von Zuchtrassen gibt es beim Menschen nicht. Nirgendwo. Aber Rassen im Sinne von Naturrassen gibt es beim Menschen sehr wohl. Und es gibt nichts, worin sich die natürliche geographische Variation des Menschen von der geographischen Variation wildlebender Tierarten unterscheidet. Dennoch bestehen gegen das Wort *Rasse* erhebliche Vorbehalte, die mit der Verurteilung der rassistischen Verbrechen des 20. Jahrhunderts begründet werden. Dass man die Bestandteile der menschlichen Art dadurch aus dem Modus gegenseitigen Verdrängungskampfes in ein kooperatives Miteinander überführen könnte, indem man ihre Existenz leugnet, entbehrt allerdings jeder logischen Vernunft. Nicht die Erkenntnis der geographischen Rassenvielfalt des Menschen, sondern das darwinistische Weltbild von der »Erhaltung der begünstigten Rassen im Kampfe um's Dasein« begründet rassistische Haltungen.

Wer glaubt, dass die Bewahrung oder Veränderung der genetischen Konstitution einer Population (eines Volkes) allein über die selektive Begünstigung oder Benachteiligung von als positiv oder negativ erachteten Merkmalsträgern bei der Fortpflanzung möglich ist, der hat nur eine Alternative: Entweder eine Selektion durch Euthanasie und Schlimmeres in die Wege zu leiten – oder den Menschen aus dem Geltungsbereich der Biologie heraus zu definieren. Die Nazis taten das eine, die ihnen nachfolgenden Antifaschisten das andere. Eine Geschichtsaufarbeitung, die nicht danach fragt, mit welchen biologistischen Vorstellungen die Rassenlehre der Nationalsozialisten eigentlich begründet wurde, wird ihre Ursachen nur schwer verstehen. Selbst Saul Friedländer geht in seinem Standardwerk *Das Dritte Reich und die Juden*[109] nicht auf die Frage ein, auf welchem Biologieverständnis die nationalsozialistische Rassenideologie beruhte.

Die rassistische Gewaltherrschaft der Nationalsozialisten lässt sich im Kern als eine Selektions-Diktatur beschreiben. Es ist unübersehbar, in welchem Ausmaß die sozialdarwinistische Selektionstheorie als theoretische Basis der rassistischen Strömungen am Anfang des letzten Jahrhunderts sowie für den Rassenwahn der Nationalsozialisten herangezogen wurde. Einer der Wortführer der nationalsozialistischen Rassenideologie, der »Sozialanthropologe« Hans Günther (1891–1968), kommt in seinem Buch *Rassenkunde des deutschen Volkes* von 1933 zu dem selektionistischen Schluss, dass »zu Gedeihen und Größe eines jeden Volkes das bewußte oder unbewußte Ergreifen und Einhalten einer bestimmten Ausleserichtung nötig ist«. Daraus folgt für ihn: »Ist einmal die heutige Lage des deutschen Volkes diesem selbst bewußt geworden, und ergibt sich aus solcher Erkenntnis ein neuer Artwille der Deutschen [...]: sich aus dem Willen zu reiner nordischer Rasse neu zu schaffen!«[110] Ernst Rodenwaldt (1878–1965) spricht 1940 von einer »Selektionsgesetzgebung« der Nationalsozialisten, die »an die Stelle eines notwendigen Ausmerzeprozesses« der Natur getreten sei. Er meint, dass »heute noch das große Naturgesetz der Selektion, der stehengebliebene Teil der Lehre Darwins, seine volle, ausnahmslose Wirkung auch auf jede menschliche Gemeinschaft übt«.[111] Unbestreitbar fußte der nationalsozialistische Rassismus auf der auf den Menschen angewandten Selektionstheorie; verknüpft mit dem Glauben, dass der Mensch – im Sinne von Haustierzüchtung – seine Rasse(n) selber »schaffen« kann.

Eine klare Analyse der biologisch-ideologischen Fundierung des Holocaust sollte eigentlich erkennen, dass das Übel nicht in der bloßen Unterscheidung von Menschenrassen liegt, sondern vielmehr in der naturwidrigen Selektionslehre von einem angeblich auf Verdrängung hinauslaufenden Existenzkampf zwischen Rassen derselben Art – und in der Übertragung dieser Irrlehre auf den Menschen. Zu der absurden Schlussfolgerung, die Existenz von geographischen Rassen beim Menschen zu leugnen bzw. zu tabuisieren, um das Entstehen von Rassismus zu verhindern, kommt nur, wer die Selektionslehre für unantastbar hält. Dies tue ich nicht. Daher kann die Umweltresonanz-Perspektive dazu beitragen, unbefangen über die »Rassenfrage« zu sprechen, um so die wahren Wurzeln des Rassismus freizulegen.

Erst durch die darwinistische Selektionslehre griff die Idee von einem Existenzkampf unter Rassen derselben Art um sich. Erst auf dieser falschen und naturfremden theoretischen Basis wurde die Differenzierung von Rassen gefährlich. Erst dadurch wurden Rassen-Differenzierungen zu rassistischen Anschauungen, die nun den Keim des Genozids in sich trugen – und obendrein noch einen wissenschaftlichen Anstrich bekamen. Die logische Konsequenz aus der entsetzlichen Geschichte der rassistischen Völkermorde wäre die, dass man die Selektionslehre einer Prüfung unterzieht und, da sie sich als ein im Kern naturfremdes Konstrukt zeigt, sie aus den naturwissenschaftlichen, gesellschaftlichen und politischen Konzepten herausnimmt, um sodann die naturgegebene geographische Variation des Menschen ohne den Hintergedanken (oder gar die vordergründige Absicht) von Existenzkämpfen zwischen Rassen derselben Art zu analysieren.

Tatsächlich wurde genau der umgekehrte Weg eingeschlagen: Man hat die Selektionslehre unangetastet gelassen und stattdessen die biologische Tatsache der geographischen Formenvielfalt des Menschen tabuisiert. Auf diese Weise wurde die Aufarbeitung der rassistischen Menschheitsverbrechen des NS-Staates von Anfang an auf ein marodes Fundament gestellt. Und die Wissenschaftlichkeit der »wissenschaftlichen« Wurzeln des Holocaust hat nach Auschwitz – im Gegensatz zu vorher – fast niemand mehr hinterfragt. So rückte die darwinistische Selektionslehre nahezu zeitgleich mit den rassistischen Menschheitsverbrechen zur unangefochtenen evolutionsbiologischen Lehrmeinung auf – und behauptete diesen Platz in der zweiten Hälfte des 20. Jahrhunderts.

Mitunter nimmt die Verneinung der offenkundigen Tatsache der geographischen Rassenvielfalt des Menschen recht skurrile Formen an. Nicht nur in der Weise, dass die Vielfalt der geographischen Merkmalsunterschiede des Menschen auf »Hautfarbe« reduziert wird, sondern selbst diese sei nur »Maske«, also eigentlich Illusion. Zu diesem Irrglauben gehört auch die wohlmeinende Verdrehung von logischen Zusammenhängen. So sagt der Genetiker Luca Cavalli-Sforza: »Die Unterschiede zwischen den ›Rassen‹ [...] sind also ziemlich gering. Innerhalb der Kontinente sind die Unterschiede in der Regel sogar noch kleiner. In diesem Licht betrachtet sind die Demütigungen, die großen Tragödien und die Grausamkeiten, die auf die Verschiedenheit der Rassen auf der Welt zurückzuführen sind, mit den Worten Macbeths ›eine Geschichte, von einem Narren erzählt, voller Schall und Wut und ohne Bedeutung‹.«[112] Die logische Bruchstelle solcher Argumentation besteht in Folgendem: Die furchtbaren Demütigungen, Tragödien und Grausamkeiten des Rassismus sind gerade nicht »auf die Verschiedenheit der Rassen auf der Welt zurückzuführen«, sondern auf eine Fehlinterpretation dieser Verschiedenheiten! Wären sie auf die Verschiedenheit der Rassen zurückzuführen, dann erschienen die Grausamkeiten als legitim, sobald sich diese Verschiedenheiten als real herausstellen. Wer sich eine solche Falle selbst stellt, kann dann gar nicht mehr anders, als die Verschiedenheiten der Rassen zu leugnen bzw. zu nivellieren.

Wirkliche Aufklärung muss in eine andere Richtung gehen: Man muss die Verschiedenheiten der Rassen zur Kenntnis nehmen und sie als einen natürlichen Reichtum der Spezies Mensch begreifen. Es ist in hohem Maße destruktiv, wenn gerade die Aufarbeitung der nationalsozialistischen Verbrechen die großartige Rassenvielfalt der Spezies *Homo sapiens* zum Tabu-Thema macht und alle Konzepte einer Integration des Menschen in die biologisch-ökologischen Naturzusammenhänge unserer Erde von Grund auf als illegitim oder zumindest als verdächtig brandmarkt. Eine Aufarbeitung, die nur den Rassenwahn des Rassenkampfes gegen den Rassenwahn der Negierung von Rassen austauscht, kann – und will – auch nichts mehr für bedrohte Rassen tun.

Sollte man auf die heute in der Biologie gebräuchlichen Synonyme »Unterart« oder »Subspezies« zurückgreifen oder das Thema nur umschreiben? Nein. Man würde dann nämlich auch das Engagement gegen Rassismus schwächen und sogar lächerlich machen. So kommt z. B. aus dem Deutschen Institut für Menschenrechte der Vorschlag, den Antidiskriminierungsartikel 3 (3) im Deutschen Grundgesetz »Niemand darf wegen seiner Rasse oder seines Geschlechtes [...] benachteiligt oder bevorzugt werden« so umzuformulieren: »Niemand darf *rassistisch* oder wegen seines Geschlechtes [...] benachteiligt oder bevorzugt werden.« Begründet wird das so: »Nach dem gegenwärtigen Wortlaut von Artikel 3 Absatz 3 GG müssen Betroffene im Falle rassistischer Diskriminierung geltend machen, aufgrund ihrer ›Rasse‹ diskriminiert worden zu sein; sie [...] sind so gezwungen, rassistische Terminologie zu verwenden.« Und schließlich: »Rassismus lässt sich nicht glaubwürdig bekämpfen, wenn der Begriff ›Rasse‹ beibehalten wird.«[113] Würde man dieser absurden Logik folgen, müsste man den Begriff »Frau« ächten, bevor man glaubwürdig über eine Gleichberechtigung der Geschlechter sprechen kann...

Dass es zwischen geographischen Rassen fließende Übergänge gibt, ist ihr Kennzeichen und unterscheidet sie von Arten. Insoweit ist der Einwand berechtigt, dass kein Gesetz fordern darf, Individuen bestimmten Rassen zuzuordnen. Deswegen aber die biologische Tatsache der natürlichen Rassenvielfalt des Menschen zu leugnen, wird in keiner Weise dazu beitragen, alle Menschen unter Beachtung ihrer genetischen Verschiedenheiten als prinzipiell *gleichwertig* zu achten.[114]

Der Rasse-Begriff ist problemlos auf den Menschen anwendbar – soweit man a) ihn allein im Sinne von Naturrassen benutzt und b) die naturwidrige Selektions-Theorie eines Existenzkampfes zwischen Rassen derselben Art verwirft. Wenn man sich nämlich von dem Irrglauben der Selektionslehre gelöst hat, kann man die biologische Tatsache der geographischen Rassenvielfalt des Menschen als das begreifen, was sie ist: Als ein kostbares Naturerbe der Menschheit. Es ist für die Menschheit insgesamt ein Glücksumstand, dass sie in viele verschiedene »Populationen« mit jeweils qualitativ verschiedenen genetischen Konstitutionen untergliedert ist – da sie auf einem Planeten lebt, dessen Kontinente und Regionen klimatisch und naturräumlich verschieden sind. Eine ökologische Integration des Menschen kann es nur dort geben, wo die genetische Konstitution der regionalen Formen mit der Natur der geographischen Region, in der sie leben, zusammenpasst.

Da die von ihren verschiedenen regionalen natürlichen Umwelten geprägten Kulturen[115] in den jeweiligen Verhaltensdispositionen der beteiligten Menschen immer auch eine genetische oder zumindest epigenetische Komponente haben (vgl. S. 45), kann man davon ausgehen, dass auch umgekehrt geographische Rassen mehr sind als nur physische Umwelteinpassungen in spezifische Klimaverhältnisse. Zu einer geographisch bestimmten genetischen Konstitution gehören wohl auch bestimmte Veranlagungen, die den kulturellen Umgang mit der Natur des geographischen Raumes bestimmen, in dem die Vorfahren gelebt haben. Die Frage, ob man sich in einer Kultur zu Hause zu fühlt, hängt daher nicht nur von der individuellen Lebenserfahrung ab.

Insoweit trifft es die Kulturen in ihrem innersten Kern, wenn die »Kulturträger« aus ihren ökologischen und sozialen Umweltzusammenhängen herausgerissen werden und durch die *strukturelle Gewalt* der »Globalisierung« ihre Identität untergraben wird. Papst Franziskus mahnt in diesem Zusammenhang: »Die konsumistische Sicht des Menschen, die durch das Räderwerk der aktuellen globalisierten Wirtschaft angetrieben wird, neigt dazu, die Kulturen gleichförmig zu machen und die große kulturelle Vielfalt, die einen Schatz für die Menschheit darstellt, zu schwächen.«[116]

Abb. 35: Darf man beim Menschen von Rassen sprechen? Wenn man sich von der Irrlehre der Selektion frei macht: Ja! Die Rassenvielfalt ist ein wertvolles Naturerbe der Menschheit. (Schaufensterdekoration in Zürich, 2011)

Wer denkt, dass eine Akzeptanz der biologischen Tatsache, dass es innerhalb der Menschheit geographisch bedingte genetische Unterschiede gibt, zwingend zu Rassenkampf und rassistischer Diskriminierung führt, der ist selber in rassistischem Denken verhaftet. Schon der Genetiker Theodosius Dobzhansky hat deutlich gemacht: »Laut Deklaration der UNESCO zum Rassenproblem (1952) ›hängen Gleichheit der Chancen und Gleichheit vor dem Gesetz als ethische Prinzipien in keiner Weise von der Voraussetzung ab, daß die Menschen hinsichtlich ihrer Erbanlagen tatsächlich gleich sind‹.«[117]

Vielleicht dient ja die Tabuisierung der Rassenvielfalt gerade der Verschleierung eines gewissermaßen umgekehrten Rassismus. Was es in der Natur nämlich nicht gibt, sind Massenverfrachtungen von nicht benachbarten Rassen aus entfernten Kontinenten. Der Publizist Jörg Bernig empfiehlt, das *ethnic engineering* auch in seiner autoaggressiven Variante zur Kenntnis zu nehmen: Die »hierher geleitete Massenmigration ist aber ein tiefgreifender politischer Akt [...]. Der französische Philosoph Michel Foucault erkannte in solchem Gebaren bereits in den 1970er Jahren eine *Technologie der Macht.* Er bezeichnete sie als ›Biopolitik‹«.[118] Und Bernig spricht offen aus, was viele mutmaßen: »Nur wird dieses Mal die Aggressivität nicht nach außen in Richtung der ›Anderen‹ gesteuert, sondern nach innen, autoaggressiv gegen das, was als ›deutsch‹ abgelehnt wird. In der Ablehnung eines kulturellen Überlieferungszusammenhanges, dem das Attribut ›deutsch‹ vorgeschaltet ist, geht es darum, die Gesellschaft in Deutschland ›bunter‹, ›weltoffener‹, ›multikultureller‹ zu machen und das *Volk* durch eine *Bevölkerung* zu ersetzen. Doch ist es nicht auch ein rassistischer Ansatz, wenn eine Gesellschaft erst dann für gut befunden wird, wenn sie das Versuchslabor einer ethnischen Modifizierung durchlaufen hat?«[119] Ja, diese autoaggressive »Biopolitik« ist ein Spiegelbild des herkömmlichen Rassenwahns und als solches dem Rassismus zuzuordnen.

Wenn beispielsweise der Publizist Harald Welzer schreibt, »die meisten Bürgerinnen und Bürger Deutschlands« hätten die Auffassung längst überwunden, »dass Zugehörigkeit eine biologische Kategorie sei«[120], so fragt sich doch, was damit gewonnen ist. Zugehörigkeit ist freilich nicht *nur* eine biologische Kategorie, aber sie ist *auch* eine biologische Kategorie. Und jenseits des Selektionsdenkens wird sich niemand durch das Bewusstsein für seine Zugehörigkeit zu einer biologisch definierbaren Gruppe dazu genötigt sehen, diejenigen, die zu anderen biologisch definierbaren Gruppen gehören, zu verachten. Ebenso wenig wie das Zugehörigkeitsgefühl zur biologisch definierbaren Gruppe *Familie* automatisch dazu führt, die anderen Familien zugehörigen Menschen zu diskriminieren, führt auch das Zugehörigkeitsgefühl zu einer geographischen Rasse des Menschen nicht automatisch dazu, die anderen Rassen zugehörigen Menschen geringzuschätzen.

In der Natur ist es ja gerade das Kennzeichen geographischer Rassen, dass ihre Angehörigen keine Aversionen gegeneinander haben und daher die Rassen nie scharf abgegrenzt sind, sondern fließend ineinander übergehen. Trotz der stets fließenden Übergänge zu benachbarten Rassen sind die geographischen Rassen real – ebenso wie die Farben des Regenbogenspektrums, deren Existenz wir auch nicht leugnen, weil es zwischen ihnen fließende Übergänge gibt. Aber wir würden es auch hier als einen Verlust empfinden, wenn eine allgemeine Vermischung so weit ginge, dass bunt zu grau wird.

In seinem Buch *Die Rassen der Menschheit* sagt John Randal Baker (1900–1984): »Die Realität der Rassen mit dem Hinweis auf Zwischenformen zu bestreiten, ist insofern besonders ungerechtfertigt, als gerade das Vorhandensein von Zwischenformen zu den kennzeichnenden Merkmalen der Rasse gehört: wo keine Zwischenformen, da keine Rassen.«[121] Der Verweis auf Zwischenformen könnte den Rasse-Begriff nur dann erschüttern, wenn die geographische Rasse im Sinne von Zuchtrasse definiert wird, was sie aber nicht ist. So meint der Anthropologe Armin Heymer: »Da wir den Menschen als ein Wesen betrachten, das der Ganzheit biologischer Evolutionsmechanismen unterliegt, kommen wir nicht umhin, Definitionen zu fordern, die im holistischen Sinne *auch für* oder *nicht nur für* die Art Mensch Gültigkeit haben.«[122] (Zu den ethischen Fragen der Anthropologie s. *Umweltresonanz*, S. 570–573.)

Wenn man davon ausgeht, dass epigenetische Mechanismen und das Prinzip der *dynamischen Erblichkeit* dazu führen, dass die Einpassung ganzer Populationen in eine von der geographischen Mannigfaltigkeit der Natur unseres Planeten geprägte verschiedenartige Kulturentwicklung auch bestimmte Verhaltensdispositionen erblich macht, dann lässt sich die geographisch bedingte genetische Verschiedenheit der Menschen eben nicht auf körperliche Merkmale oder gar nur auf »Hautfarbe« reduzieren. Und auch die Verschiedenheiten der Verhaltensdispositionen sind im Rahmen der ökologischen und kulturellen Integration in die Natur der geographischen Regionen sinnvoll, positiv und *gleichwertig*. Insoweit ist das Konzept eines *»Ethnopluralismus«* solange vernünftig, wie es von einem *gleichwertigen* und kooperativen Nebeneinander verschiedener Völker und Rassen ausgeht, die alle gleichermaßen an einer Wahrung ihrer jeweiligen regionalen Identität interessiert sind. Problematisch wird es erst dann, wenn der Grundsatz der Gleichwertigkeit verlassen wird – was automatisch immer dann passiert, wenn das Selektionsdenken und die Wettbewerbslogik durchschlagen. Das Problem rassistischer Haltungen resultiert wirklich nicht aus der Bejahung der real existierenden biologischen Rassenvielfalt des Menschen und dem tabufreien Sprechen darüber; sondern aus der Verknüpfung dieser Realität mit der – biologisch falschen – Selektionstheorie.

Welche Missverständnisse über den ökologisch-genetischen Zusammenhang aufkommen, wenn nur eine reduktionistische und darwinistische Biologie zur Verfügung steht, zeigt das Beispiel des Architekten Paul Schultze-Naumburg (1869–1949). Als Vorsitzender des Bundes Heimatschutz hatte er in den 1920er Jahren den mit einer Verschandelung der Landschaften einhergehenden Verlust des architektonischen Schönheitsempfindens beklagt und festgestellt: »Eine disharmonische und schmutzige Welt ist heute um uns aufgebaut [...]. Waren früher die menschlichen Niederlassungen die Edelsteine in dem Kranze einer reinen Natur, so ist heute einer Pilzsaat gleich eine neue Welt von ausdrucksloser Physiognomie aufgegangen, die [...] auch in ihrem hemmungslosen Wachstum die Natur beschmutzt und verdrängt.«[123] Auf der Suche nach Ursachen, machte Schultze-Naumburg eine Veränderung der menschlichen Erbanlagen aus: »Das Volk selbst hat sich in seiner Art, seinen *Erbanlagen* geändert oder doch verschoben«.[124]

Der Historiker Rolf Peter Sieferle (1949–2016) kommentiert: »Die Umweltveränderung hatte also eine unmittelbar biologische Ursache, sie entsprang einer Verschlechterung der Rasse.

Schultze-Naumburg folgte hier dem gängigen Muster der rassenhygienischen Theorie, wonach der medizinische Fortschritt, die zunehmende Hygiene im Alltag sowie die staatliche Armenfürsorge die Mechanismen der natürlichen Auslese aufgehoben hatten.«[125] Jenseits der Selektions-Logik würde man zu umgekehrten Schlüssen gelangen: Vor dem Hintergrund der Erkenntnisse einer *Vererbung erworbener Eigenschaften* und einer *dynamischen Erblichkeit* ist die Umweltverschandelung nicht Folge, sondern Ursache von Veränderungen des ästhetischen Empfindens, welche auf epigenetischem Wege zu »Erbanlagen« werden. Solange also für eine Analyse des ökologisch-genetischen Zusammenhangs allein Selektionslehre und mechanistische Biologie als »seriöse Wissenschaft« zugelassen sind, muss man sich über das immer neue Aufkeimen von sozialdarwinistisch grundierten rassistischen Sichtweisen nicht wundern.

Solange man die Selektionstheorie unangetastet lässt, wird man auch nichts Substanzielles gegen das Weiterwirken des Sozialdarwinismus erreichen. Nicht wenige unserer Zeitgenossen glauben beispielsweise, dass über 50 % der Menschen mit »minderwertigen« Genen ausgestattet seien und es für die Menschheit besser wäre, sie würden vor der Pubertät einer »natürlichen Auslese« anheimfallen. Die Gefahr einer Degeneration resultiert aber gerade nicht aus einer fehlenden Selektion, sondern aus einem gestörten Verhältnis zu unserer natürlichen Umwelt; insbesondere aus einer mit denaturierter Ernährung gekoppelten unnatürlichen (bewegungsarmen) Lebensweise, welche die primäre Variation der »Population« ausweitet.

Darwins Selektionslehre lieferte allerdings nicht allein für die rassistischen Verbrechen der Nationalsozialisten den theoretischen Unterbau. Auch jenseits eines expliziten Rassismus gab es sozialdarwinistische Politikkonzepte. So z. B. betrachtete die Freiwirtschaftslehre Silvio Gesells (1862–1930), die substanzielle und freiheitliche Alternativen zum Kapitalismus aufgezeigt hat und von den Nazis verfolgt wurde, die Frage der Selektion nicht minder radikal: Gesell bekämpft die Vererbung von Besitz deswegen, weil sie das Selektionsprinzip in der menschlichen Gesellschaft unterhöhlt. Nach seiner Auffassung müsse sich jede Generation neu dem *Kampf ums Dasein* stellen und es dürften nur die »Tüchtigen« selber und nicht deren Nachkommen von der *Selektion* begünstigt werden.

Ähnlich beschränkt wie zur geographischen Diversität des Menschen ist die Debattenlage in Bezug auf seine ökologische Differenzierung. Diese bezieht sich auf die ökosozialen Daseinsformen menschlicher Gesellschaften als *Jäger und Sammler* sowie als *Ackerbauern und Viehzüchter* – einschließlich des ebenfalls ackerbaubasierten Industriesystems. Diese ökologische Differenzierung unserer Art wird leider heute meist als eine chronologische Differenzierung missverstanden. Und hieraus leiten viele Zeitgenossen das Recht ab, die ursprünglicheren Formen geringzuschätzen oder gar »dem Fortschritt« zu opfern. Da man diese Ökotyp*en* auch als ökologische Rass*en* definieren kann (die zusammen mit den geographischen Rassen den Naturrassen zuzurechnen sind), ist die Diskriminierung und Auslöschung von Jäger-und-Sammler-Völkern auch als eine besondere Form des Rassismus zu kennzeichnen. Dass dieser ökologische Rassismus direkt dem Wettbewerbssystem der Industriegesellschaft entspringt, hat schon Erich Fromm (1900–1980) klar erkannt: »Gesellschaften, in denen Egoismus, Selbstsucht und Habgier nicht existieren, wurden als ›primitiv‹, ihre Mitglieder als ›naiv‹ abqualifiziert. Man weigerte sich anzuerkennen, daß diese Charakterzüge gerade nicht *natürliche* Triebe sind, die zur Bildung der Industriegesellschaft führten, sondern das *Produkt* gesellschaftlicher Bedingungen.«[126]

Im Kapitel »Rasse und Geschichte« seines Buches *Strukturale Anthropologie* schreibt Claude Lévi-Strauss (1908-2009) über die Bedeutung von Verschiedenheiten: »Wir haben vielmehr zeigen wollen, daß der wirkliche Beitrag der Kulturen nicht in der Liste ihrer besonderen Erfindungen besteht, sondern in dem ›*differentiellen Abstand*‹, den sie voneinander haben. Das Gefühl der Dankbarkeit und Bescheidenheit, das jedes Mitglied einer jeden Kultur gegenüber allen anderen empfinden kann und muß, kann sich nur auf eine einzige Überzeugung gründen: daß die anderen Kulturen sich von seiner eigenen auf die verschiedenste Art unterscheiden, und das sogar dann, wenn die eigentliche Natur dieser Umstände ihm entgeht oder es ihm trotz all seiner Bemühungen nur unvollständig gelingt, in sie einzudringen. [...] Denn wenn unsere Beweisführung stimmt, dann gibt es keine und kann es auch keine Weltzivilisation in dem absoluten Sinn geben, den dieser Ausdruck oft hat, weil Zivilisation eine Koexistenz von Kulturen einschließt, die ein Maximum von Verschiedenheit untereinander aufweisen, ja weil Zivilisation gerade in einer solchen Koexistenz besteht. Die Weltzivilisation kann nichts anderes sein als die weltweite Koalition von Kulturen, von denen jede ihre Originalität bewahrt.«[127] Insoweit ist eine nationale Identität – und sogar die regionale Identität innerhalb der Nationen – eine Eigenschaft, die die Vielfalt der Menschheit ermöglicht und bewahrt.

Wegen der epigenetischen Effekte bei der Tradierung regionaler und chronologischer Verhaltensdispositionen müssen wir davon ausgehen, dass es zwischen Rasse und Kultur fließende Übergänge gibt. Tom Porter, Sprecher des nordamerikanischen Irokesen-Stammes der *Mohawk*, sagt über das Wissen um die Natureinbettung des Menschen: »Wir, die Irokesen und die indigenen Völker Nordamerikas, haben dieses Wissen noch in unserer DNA – erst vor wenigen Jahrhunderten kam es zu einer heftigen Irritation durch die Kolonialisierung; in europäischen Kulturen hat diese Abtrennung ein paar Jahrtausende zuvor stattgefunden. Ihr müsst tiefer in eurer DNA graben. Für uns ist das nicht ganz so schwer, weil das Wissen noch relativ dicht unter der Oberfläche liegt.«[128]

Auch wenn wir hier davon ausgehen, dass dieses Wissen nicht in den Molekülen der DNA liegt, sondern das »kollektive Unbewusste« oder der transgenerationelle Informationspool der Population eher mit dem Modell biologischer Felder bzw. Programme charakterisiert werden können, zeigt doch Porters Beschreibung genau, worum es geht: Durch eine gleichsinnige kollektive Umwelterfahrung gewonnene und über viele Generationen akkumulierte Bewusstseinsinhalte sind erblich und intuitiv »abrufbar«; ja sie generieren beim Individuum ein Resonanzgefühl, das aber immer schwächer empfunden wird, je länger diese »Wissensvermittlung« im kollektiven Umweltverhältnis nicht mehr aktualisiert wurde. (Über den Zusammenhang zwischen der genetischen Konstitution des Menschen und seiner ökologischen Rolle s. auch *Umweltresonanz*, S. 528–569.)

Machbarkeitsglaube und Züchtungsdenken: Zu den Folgen von Geo- und Bioengineering

Die biologisch-ökologische Analyse, auf der das Umweltresonanz-Konzept basiert, führt zu einem Verständnis für das Eigenständige der Natur: Das Natürliche ist *veränderlich,* aber *nicht veränderbar.* Jede vom Menschen veränderte Art, jedes vom Menschen veränderte Ökosystem ist genau in der Eigenschaft, die verändert wurde, nicht mehr als natürlich anzusehen. Hierauf beruht die Unterscheidung von *Wildformen* und *Zuchtformen* ebenso wie die zwischen *freier Natur* und *urbanen Räumen.* Und aus der Unterscheidbarkeit von natürlichen und unnatürlichen Zuständen folgt die Erkenntnis, dass Bewahrung und aufbauende Entwicklung nicht von planmäßiger Zuchtwahl abhängen, nicht von planmäßigen Eingriffen in die Geosphäre, sondern von harmonischen und naturbezogenen Umweltverhältnissen.

Wie gezeigt, resultiert das von Wirtschaftsinteressen dominierte Konkurrenzgeschehen aus einem sozialdarwinistischen Denkmuster. Das Fatale ist nun aber, dass die globalen Probleme, zu denen insbesondere der Wachstumstreiber Verdrängungswettbewerb geführt hat, wiederum mit naturwidrigen Konzepten behoben werden sollen. Doch wenn die vermeintlichen Lösungen auf falschen Naturbildern gründen, sind es keine Auswege aus der Mensch-Natur-Krise, sondern Irrwege, die die Probleme eher verschärfen als lösen.

Was es bedeuten würde, sich auf das von dem Biologen Hubert Markl (1938-2015) geforderte, politisch gesteuerte »Management der Biosphäre«[129] einzulassen, beschreibt James Lovelock am Beispiel eines Menschen mit geschädigten Organfunktionen: »Mit geschädigten Nieren muß man die Rolle des Managers des eigenen Körpers selbst übernehmen. [...] Wenn mehrere Organsysteme gleichzeitig geschädigt sind, dann ist man fast die ganze Zeit über beschäftigt, bewußt die eigenen Körperfunktionen zu regeln. Diese Last, diese Sklaverei meine ich, wenn ich sage, daß es kein schlimmeres Schicksal für den Menschen gibt, als den eigenen Planeten so zu schädigen, daß er selber die Aufgabe des Managements übernehmen muß, wenn er überhaupt überleben will.«[130]

Angesichts der großtechnischen Behandlungskonzepte gegen die globale Erwärmung warnt Lovelock »vor unkluger medizinischer Behandlung oder sogar chirurgischen Eingriffen« in das Ökosystem Erde: »Die Rede ist von der Düngung der Meere durch eine Eisenchloridlösung mit Hilfe von Supertankern. Die Experten, die auf diese Idee kamen, wollen Kohlendioxid aus der Luft eliminieren, so daß wir weiterhin so viele fossile Brennstoffe verheizen können, wie wir wollen. Das Modell könnte kurzfristig funktionieren, wäre aber genauso dumm wie die Verabreichung von Schilddrüsenhormon zur Erhöhung der Stoffwechselrate, weil ein übergewichtiger Patient sein Verlangen nach Süßigkeiten und Hamburgern nicht mehr bremsen kann. Beide Verschreibungen – der Eisenchloridlösung wie des Schilddrüsenhormons – begreifen nicht, daß Gaia und der menschliche Patient selbstregelnde Systeme sind. Eine Kontrolle von außen durch einen Eingriff in einen Regelkreis bringt selten den gewünschten Erfolg, birgt aber das hohe Risiko gefährlicher und unvorhersehbarer Instabilität in sich.«[131]

Dasselbe gilt auch für die Projekte des *Solar Radiation Management,* die beabsichtigen, im großen Stil Partikel in die Atmosphäre einzubringen, um eine stärkere Reflexion der Sonnenstrahlung zu bewirken.[132] Jedwedes »Geoengineering« würde das Ökosystem Erde in den Zustand eines Patienten bringen, dessen Körperfunktionen von außen reguliert werden müssen. Natur ist als Selbstregulierung wahrnehmbar. Doch um die Heilungs-, Regenerations- und Regulierungsfunktionen der Natur wirksam werden zu lassen, müssen wir dem *Natürlichen* Raum geben und uns bewusst in die Naturzusammenhänge hinein stellen.

Zur Debatte um das »Bioengineering« der Genmanipulation kann das Umweltresonanz-Konzept zweierlei beitragen: Zum einen ist die Gefahr, dass transgene Organismen das ökologische Gleichgewicht stören, weil es zu einem horizontalen Gentransfer mit nahestehenden Arten kommt und transgenes Erbgut in Wildpopulationen eindringt und deren genetische Konstitution verändert bzw. zerstört, wohl als gering einzustufen. Da es sich bei den transgenen Pflanzen um Zuchtformen handelt, werden sie in freier Natur unbeständig sein. Ebenso wenig wie herkömmliche Kulturpflanzen und Haustierrassen sich eigenständig in die freie Natur hinein ausbreiten und die genetische Konstitution von Wildpopulationen nachhaltig verändern, werden transgene Zuchtformen dies tun. Im Blick auf Mikroorganismen ist sicher eine vorsichtigere Bewertung angebracht, da diese auch unter natürlichen Verhältnissen weniger stabile Variationsbereiche haben, was oft im Sinne einer größeren »Evolutionsgeschwindigkeit« interpretiert wird.

Die offenkundig geringe Gefahr einer genetischen Beeinflussung von Wildpflanzen und Ökosystemen durch transgene Kulturpflanzen bedeutet aber keinesfalls, dass wirkliche Risiken nicht vorhanden wären oder es keine biologisch begründbaren Argumente gebe. Im Gegenteil: Auf der Basis des Umweltresonanz-Konzepts lässt sich das Risiko genmanipulierter Nahrungspflanzen und Nutztiere präziser beschreiben. Erinnert sei hier an das (auf S. 47) erwähnte Sender-Empfänger-Modell von Rupert Sheldrake und Marco Bischof. Sie gehen davon aus, dass die molekulare Konfiguration der DNA der Geometrie einer Antenne entspricht und sie die Funktion einer Sendereinstellung in Bezug auf biologische Felder bzw. Programme hat.

Genmutationen könnten demnach zunächst Empfangsstörungen und aufgrund dessen verzerrte Bilder (gestörte Gestalt- und Verhaltensmuster) bewirken. Es ist sehr wahrscheinlich, dass die DNA die molekulare Grundlage für die Herstellung und Aufrechterhaltung allseitig harmonischer Beziehungen im Innen- und Außenverhältnis einer Art ist. Eine die Artgrenzen überbrückende transspezifische Genmanipulation bewirkt demnach nicht nur einen zerstückelten Empfang der eigenen Programme, sondern zugleich eine immerwährende Präsenz von Teilen eines fremden Programms. Das Ergebnis ist eine permanente *Disharmonie* in dem gesamten Geschehen bei der Aktualisierung der genetisch verankerten Merkmale im Organismus, der das betroffene Individuum nicht entkommen kann. Unter dieser Voraussetzung ist Genmanipulation nichts anderes als die Einpflanzung von Dissonanz-Faktoren. Anders als im Falle einer Genomüberlagerung bei Artbastardierung oder Polyploidie (wo sich komplette »Programme« überlagern), dürfte das Verlagern vorhandener oder die Einpflanzung artfremder DNA auch zu massiven internen Disharmonien führen.

In jedem Falle ist eine Analyse jenseits der monogenetischen Denkweise (ein Gen = ein Merkmal) erforderlich. Gestalt- und Verhaltensmerkmale stehen immer im Zusammenhang mit der

Gesamt-Merkmalskombination der Art bzw. Population. Wenn einzelne DNA-Abschnitte verpflanzt werden, kommt es zwangsläufig zu einer Dissonanz, die sowohl die innere Verfassung der Organismen betrifft, als auch ihr Verhältnis zur Individualität ihrer Art bzw. Population im Ganzen sowie ihr Verhältnis zu ihren ökologischen Milieus.

Die künstlichen Schnittstellen im Genom, insbesondere aber die Zusammenfügung artverschiedener DNA-Segmente sind um Größenordnungen abrupter und unorganischer als spontan entstehende Genmutationen (Aberrationen) oder ein interspezifischer Gentransfer in der Natur. Daher kann man hier nicht auf die obige Argumentation zurückgreifen und sagen, die genmanipulierten Kulturpflanzen sind ohnehin Domestikationsformen und demzufolge in ihren »Sendereinstellungen« und den davon abhängigen Resonanzbeziehungen gestört. Nein, die Resonanzstörung der genmanipulierten Organismen liegt viel tiefer als die der »normalen« Domestikationsformen. Eine künstlich veränderte oder verpflanzte DNA-Frequenz wird stets dazu tendieren, zur falschen Zeit am falschen Ort die falsch zerlegten Einzelteile eines falschen »Programms« heranzuholen.

Auch dort, wo die Fremd-DNA dafür sorgt, dass die vom Züchter erwünschten artfremden Stoffwechselprodukte gebildet werden, dient das nicht der betreffenden Art, sondern nur der Vereinfachung ihrer Vergewaltigung im Anbau. Die mit dem Grad der Resonanzstörung der betroffenen Varietät korrelierende abermalige Verminderung ihres ökologischen Potentials kann durch eine größere Schädlings- oder Herbizid-Toleranz kaschiert werden; aber sie tritt mit einer reduzierten Erb- bzw. Sortenfestigkeit unweigerlich wieder zu Tage. Und schon beginnt das destruktive Spiel von neuem, und die Intervalle der gewalttätigen Neuschöpfungen werden beschleunigt bis zur besinnungslosen Raserei.

Am Ende gibt es vielleicht nicht immer mehr, aber immer neue künstliche Verbindungen von Erbgut, das nicht zusammengehört und folglich nicht harmonisch und nicht dauerhaft zusammenwächst. Und wenn solche in hohem Maße denaturierten Organismen mit den ihnen implantierten harten Dissonanzfaktoren im Informationsgefüge durch den landwirtschaftlichen Anbau massenhaft in die Natur ausgebracht und in die Nahrung eingebracht werden, bleibt das gewiss nicht folgenlos. Dass die Molekülstruktur biologischer Materie nicht nur eine stoffliche, sondern auch eine Informationsebene hat, dass trifft auch für die Nahrung zu (vgl. S. 154). Und in der Nahrung werden nun nicht nur die verminderten Ordnungszustände der überzüchteten Kulturpflanzen und Haustiere weiterwirken, die nach Meinung des Biophysikers Fritz Albert Popp anhand verminderter Lichtspeicherfähigkeit messbar sind.[133] Es werden mit der allgemeinen gentechnischen Kontamination der Umwelt und der Nahrung nunmehr auch die Dissonanzfaktoren im Menschen weiterwirken, die nicht nur Ordnung und Information auflösen, sondern Harmonien in Disharmonien verwandeln.

In jeder Hinsicht trifft zu, was der Philosoph Franz-Theo Gottwald im Blick auf die »Bioökonomie« schreibt: »Der Bioökonomie liegt ein Denken zugrunde, das der Ökonomie alles unterordnet. Das technokratische, reduktionistische Weltbild der bioökonomischen Vertreter stellt die Welt, wie wir sie kennen, auf den Kopf: Wissenschaft und Wirtschaft dienen hier nicht länger dem Leben – vielmehr dient das Leben der Wirtschaft als Ressource und der Wissenschaft als Forschungsobjekt. Dieses Denken verbreitet sich zunehmend unter dem Deckmäntelchen der Nachhaltigkeit.«[134] Jedes Gesellschaftskonzept, das auf den falschen Glauben gegründet ist, dass Natur manipulierbar ist und sich dem Wahn hingibt, die Natur zum Wohle des Menschen manipulieren zu müssen, führt in die Irre. Das, was ich als *Umweltresonanz* bezeichne, meint das harmonische und organismische Miteinander zwischen Organismenpopulationen und ihren ökologischen Milieus. So man dieses als natürlich anerkennt, können und müssen politische und gesellschaftliche Entwürfe, die einen Ausweg aus der ökologischen Krise der Menschheit anbahnen wollen, *naturbezogene* Konzepte sein. (Zu den politischen Dimensionen einer naturfremden Biologie s. auch *Umweltresonanz*, S. 580–590.)

Fazit: Biologie vom Leben her denken

Das, was das Leben ausmacht, ist mit den an die Physik und die Mathematik angelehnten naturwissenschaftlichen Methoden nicht fassbar. Erhellend sind die Gedanken des russischen Biologen Alexander Gurwitsch, der über das Grundproblem der Biologie, den Umgang mit dem Lebendigen, schreibt: »Es wird ja von keinem Biologen, der sich ernstlich in die Lebensprobleme vertieft, bestritten werden können, daß im Urgrunde derselben uns ein ›Etwas', nicht weiter auflösbares ein ›vitaler Rest' entgegentritt. Meinungsverschiedenheiten können nur in der Frage aufkommen, wie sich die exacte Naturforschung zu diesem letzten Problem zu verhalten habe. Indem die moderne sich einzig exact nennende biologische Forschung ihr Augenmerk ausschließlich den Wandlungen des materiellen Substrats zuwendet, erklärt sie sich stillschweigend, wenn auch unbewußt, mit dem so radical erscheinenden Gedanken des ausgesprochenen Vitalisten Bergson einverstanden, welcher in unumwundener Weise erklärt, das Leben könne nur durch Instinct nicht durch Vernunft erfaßt werden.«[135]

Der Versuch, die biologischen Phänomene auf physikalisch-chemische Vorgänge zu reduzieren, hat immer wieder die reduktionistischen Vorstellungen bestärkt. Die Philosophin Hedwig Conrad Martius schreibt dazu: »In der Physik und Chemie haben wir es mit Kräften zu tun, die dem räumlich gebreiteten Stoff genau anliegen [...]. Deshalb sind sie in ihrem Wirken aufeinander durch raum-zeitliche Zahlenbestimmungen genau festzulegen. In einer physikalischen Gesamtanschauung dürfen nun auch die *Lebens*erscheinungen im Grunde nichts weiter sein als solche rein stoffliche Wirkungsbeziehungen. Aufs stärkste gestützt schien diese Auffassung einerseits durch die mikroskopische Entdeckung, daß alle lebenden Organismen aus den gleichen letzten Bausteinen [...] bestehen [...], andererseits durch die *Entwicklungslehre*, die alles höher Organisierte durch allmähliche Umbildung aus dem niedriger Organisierten hervorgehen ließ. So schien schließlich alles Höhere auf Niederes, alles Komplizierte auf Einfacheres und Einfachstes zurückführbar; so schien auch das Höchste ›im Grunde‹ nichts weiter mehr zu sein als eine im besten Fall äußerst verwickelte Zusammenfügung und Zusammenordnung des Einfachsten – nach den bekannten physikalisch-chemischen Gesetzen. Es war klar, daß auf diese Weise alle wesentlichen Unterschiede zwischen totem und belebtem Stoff, zwischen Pflanze und Tier, zwischen Tier und Mensch verschwinden mußten. Alles Naturgeschehen liegt ja im Grunde auf der gleichen Ebene rein stofflicher Wirksamkeit. Wir können diese Anschauung in Angleichung an den Ausdruck ›Allbeseelungslehre‹: Allverstofflichungslehre nennen.«[136]

Um die Biologie als eine solide Naturwissenschaft nicht der Überprüfbarkeit ihrer Hypothesen zu entziehen, hatte es natürlich eine gewisse Berechtigung, sie nicht auf ein Fundament zu stellen, das wesentliche Komponenten enthält, die nicht messbar, also im Rahmen der klassischen Naturwissenschaft nicht überprüfbar sind. Hedwig Conrad Martius gibt aber im Blick auf die Biologie zu bedenken: »Es ist eine sehr bemerkenswerte Tatsache, daß heute immer noch alles, was über eine mechanisch (funktionell)-kausale Begründungsart hinausliegt, als ›methaphysisch‹ und deshalb unwissenschaftlich bezeichnet wird. Die Neodarwinisten lassen sich auf solche Theorien selbstverständlich von vornherein nicht ein. Wenn nun aber die Welt und in engerem Sinne die Natur transphysische Begründungsfaktoren *konstitutionell* in sich schlösse? Wäre dann ihre Herausarbeitung und Analyse auch noch unwissenschaftlich?«[137] Hinzu kommt, dass auch die Physik längst eine andere ist, als jene Physik des 19. Jahrhunderts, auf die sich viele Biologen immer noch beziehen.

Ebenso wie der Zweite Hauptsatz der Thermodynamik zum Verständnis des ökologisch-genetischen Zusammenhangs beiträgt, bietet möglicherweise die von dem Physiker Anton Zeilinger beschriebene *Quantenteleportation* einen Zugang zum Verständnis nichtphysischer überindividueller Zusammenhänge in der Biologie. Bei der von Albert Einstein (1879–1955) als »spukhafte Fernwirkung« bezeichneten *Verschränkung* handelt es sich darum, dass zwei Teilchen, die einmal miteinander in Wechselwirkung getreten sind, fortan ortsunabhängig informell miteinander verbunden sind. »Beobachtung eines der beiden Teilchen beeinflusst sofort, das heißt mit beliebig großer Geschwindigkeit, den Zustand des anderen.«[138] Die »Übertragung des Quantenzustands, also der Eigenschaften eines Systems auf ein anderes, beliebig weit entferntes, mit Hilfe der Verschränkung«, bezeichnet Zeilinger als »Quantenteleportation«.[139] Vor diesem physikalischen Hintergrund könnten biologische und soziologische Phänomene, wie die »morphische Resonanz« (Sheldrake), das »kollektive Unbewusste« (Jung), das »Wissen durch Teilhabe« (Hellinger), das synchrone ökologische Verhalten räumlich getrennter Populationen derselben Pflanzenart, die generationenübergreifende »Erinnerung« an die Umwelterfahrungen der Vorfahren, die epigenetische Verankerung von Verhaltensmustern und schließlich die dynamische Erblichkeit, einer naturwissenschaftlich plausiblen Erklärung zugeführt werden.

Hier trifft zu, was Egon Friedell über wahre Wissenschaft schreibt: »Die ganze Natur ist wunderbar. Jede in die Tiefe gehende Erklärung einer empirischen Tatsache ist nichts anderes als die Feststellung eines Wunders. [...] Je tiefer eine Wissenschaft in die Sphäre des Wunderbaren einzudringen vermag, desto wissenschaftlicher ist sie. Wenn wir heute keine Wunder mehr erleben, so zeigt dies nicht, daß wir klüger, sondern daß wir temperamentloser, phantasieärmer, instinktschwächer, geistig leerer, kurz: daß wir dümmer geworden sind. Es geschehen keine Wunder mehr, aber nicht, weil wir in einer so fortgeschrittenen und erleuchteten, sondern weil wir in einer so heruntergekommenen und gottverlassenen Zeit leben.«[140]

Bislang schirmt sich die universitäre Biologie hermetisch gegen nichtreduktionistische Erklärungsansätze, oder einfach nur in der Sphäre der *Bürgerwissenschaft* entstandene und mit den akademisch befestigten Lehrmeinungen nur bedingt kompatible Überlegungen ab. Andererseits zeichnet sich ab, dass ein transdisziplinärer Austausch mit anderen Wissensgebieten weniger schwierig und offenbar auch fruchtbarer ist. Denn eine Sozialwissenschaft, die sich verstärkt für kooperative und integrative Modelle interessiert, kann mit einer Biologie, die um jeden Preis am Paradigma des *Kampfes um's Dasein* festhält, wenig anfangen.

Heute ist das Wort *Diskursdarwinismus* ein in der Wissenschaftssphäre geläufiger Begriff. Gemeint ist damit ein unter Wissenschaftlern immer häufiger zu beobachtendes Verhalten: Ganz und gar von der Frage nach Erkenntnisgewinn entkoppelt, geht es darum, sich und seine Verbündeten in die Positionen zu bringen, die die Richtung der Debatten bestimmen – und die anderen, auch durch gezieltes »Nichtzitieren«, aus den Diskursen herauszuhalten. Nach dem Prinzip »fressen oder gefressen werden« wird um Deutungsmacht gerungen, anstatt kooperativ die Dinge weiterzuentwickeln.

Bezeichnend ist, dass gerade die darwinistische Selektionslehre in der Mitte des 20. Jahrhunderts weder durch eine Plausibilität ihrer Argumente noch durch eine Vereinbarkeit mit den natürlichen Phänomenen, sondern allein durch eine systematische Verdrängung ihrer Kritiker aus den Universitäten zur wissenschaftlichen Lehrmeinung aufgerückt ist. Es mag folgerichtig erscheinen, dass sich die Darwinisten auch selber darwinistisch verhalten. Wenn aber die wissenschaftlichen Institutionen nach dem Prinzip der »künstlichen Zuchtwahl« funktionieren, müssen sie sich nicht wundern, wenn Scheinforschung und Betrug zunehmen und infolge einer charakterlichen Negativauslese der Akteure der »Elfenbeinturm« zu einem Zirkus der Hahnenkämpfe verkommt.

Die moderne Wissenschaft ist geprägt von einem stetigen Wettlauf um Forschungsmittel. Im Zusammenhang mit Eliteuniversitäten und Exzellenzinitiativen wollen die Universitäten so weit vorn wie möglich platziert werden. Da die Mittel begrenzt sind, ist auch dieser Wettbewerb ein Verdrängungswettbewerb: Wenn einzelne Universitäten oder Lehrstühle mehr Geld erhalten, bekommen andere weniger. »Einen kritischen Wissenschaftstheoretiker schaudert es bei dem Gedanken an die Idee einer Wissenschaft, die das ›survival of the fittest‹ zu ihrem Grundprinzip gemacht hat.« – so der Wissenschaftsanalytiker Peter Finke.[141] Zu Recht kritisiert er auch die »ethikfreien Tunnelblicke des Disziplinären Zeitalters«.[142] Es muss also eine Forschungspolitik entwickelt werden, die in der Wissenschaft nicht das Gegeneinander, sondern das Miteinander fördert. Dabei geht es nicht nur um transdisziplinäre Wissenschaft, sondern auch um die Integration außeruniversitärer Forschung, wie der Bürgerwissenschaft.

Peter Finke, ein bedeutender Analytiker und Unterstützer der Bürgerwissenschaft, meint völlig zu Recht: »Den Wahrheitspfad unter dem Wust aus Geld und Macht wiederzufinden ist im

Grunde einfach, denn man muss sich nur daran erinnern, dass es eben nicht nur um das ›survival of the fittest‹ geht, sondern vor allem anderen darum, auch jenes andere Ergebnis der Evolution nicht völlig aus dem Auge zu verlieren: Lernfähigkeit und die Bereitschaft zu Anpassung, Symbiose und vor allem Kooperation. Das heutige System fördert diese wichtigen Errungenschaften nicht. Deshalb endet es genau so wie eine ökologisch und sozial nicht zivilisierte Wirtschaft im Strudel des Fressens und Gefressenwerdens.«[143]

Dass die etablierte Biologie derart auf ihren vom Leben abgewandten Denkmustern beharrt und die herrschende Lehrmeinung von anderen Denkweisen abschirmt, liegt freilich nicht allein an dem diskursdarwinistischen Verdrängungskampf der wissenschaftlichen Schulen. Nur im Zusammenspiel mit dem sozialpsychologischen Phänomen der »kollektiven Normopathie« entsteht eine *geschlossene Gesellschaft*, die jeden Erkenntnisgewinn ihrer Rechthaberei unterordnet und ihre eliminatorische Denkungsart in eine Praxis der Ausgrenzung umsetzt. Der Hallenser Psychoanalytiker Hans-Joachim Maaz beschreibt die »Normopathie« als »die Psychodynamik, in der wir als Preis für Zugehörigkeit unser Wesen – verkörpert als Eigenart – verraten und nach den Normen derer leben, von denen [...] wir uns heute abhängig wähnen.«[144] Und: »Wenn Menschen durch Erziehungsnormen, durch politisch-ideologische Repression oder ökonomische Verführung mehrheitlich in ein politisch gewünschtes oder ökonomisch notwendiges Verhalten gedrängt werden, kann eine kollektive Krankheit entstehen, die keiner mehr wahrhaben will und nur noch wenige erkennen können. Letztere werden dann aber sofort gemobbt, ausgegrenzt, beschimpft und diffamiert. [...] ›Normopathie‹ ist die Anpassung an mehrheitliche Meinungen und Positionen, nicht weil diese etwa wahr sind oder als beste Möglichkeit das Leben sichern, sondern weil das ›falsche Leben‹ damit am besten kaschiert oder verleugnet werden kann.«[145]

Interessant ist, wie verwandt der Druck zu politischer Anpassung und jener zu wissenschaftlicher Konformität sind. Über ersteren schreibt Maaz: »Die Auflösung demokratischer Strukturen beginnt, wenn jeder substanzielle Protest mit einer Schlagwortkeule, z. B. ›populistisch‹, ›rechtsextrem‹, ›rassistisch‹ oder ›sexistisch‹ moralisierend abgewertet und zum Schweigen gebracht werden soll. Demokratie lebt von Opposition! [...] Die Opposition zu beachten und zu achten ist die wichtigste Pflicht der Machtpolitik, um einen Spiegel und ein Regulativ für die notwendigen Entscheidungen zu erfahren.«[146] Entsprechend kann man wohl auch sagen: Die Auflösung der wissenschaftlichen Substanz beginnt, wenn jeder grundsätzliche Einwand mit einer Schlagwortkeule, wie z. B. »kreationistisch« oder »pseudowissenschaftlich« abgewertet und zum Schweigen gebracht werden soll. Wahre Wissenschaft lebt vom Widerspruch!

Wenn wir uns ein Beispiel an der Natur nehmen, dann sollte es auch in der Wissenschaft nicht um Daseinskampf und Verdrängungswettbewerb gehen, sondern um Kooperation und Integration. Hierzu nochmals Hans-Joachim Maaz: »Der Sachstreit mit dem Machtanspruch zur Verteidigung der eigenen entfremdeten Position kann sich durch die Selbstanalyse in ein tolerantes Nebeneinander unterschiedlicher Lebenserfahrungen mit der Chance der Akzeptanz der Verschiedenheit verwandeln. Statt Kampf und Streit der einseitigen Positionen [...] ist mit dem Eingeständnis eigener Begrenztheit ein Interesse an Zusammenarbeit mit anders Begrenzten denkbar.«

III.

ARTGEMÄSSES MENSCH-SEIN: LEBEN IN REGENERATIVEN VERHÄLTNISSEN

Man dürfe biologische Erkenntnisse nicht auf das menschliche Zusammenleben übertragen. Die Natur könne in keinem Fall als *normativ* für gesellschaftliche Regeln oder politische Systeme angesehen werden. Dieses Argument kommt derzeit nicht nur von denen, die die Menschheit als außerhalb bzw. über der Natur stehend betrachten. Es kommt heute vor allem aus der Richtung derer, die das sozialdarwinistische Prinzip des Verdrängungswettbewerbs als unantastbar betrachten und sich vor einer postdarwinistischen Biologie fürchten. Solange man das »Fressen-oder-gefressen-Werden«[147] als das Grundgesetz des Lebens ansieht, ist es zweifellos richtig, das soziale Leben vor den Irrtümern der Naturwissenschaft zu schützen.

Aber könnte es nicht auch sein, dass, solange Naturwissenschaft und Sozialwissenschaft unvereinbar sind, auf einer Seite – oder auf beiden Seiten – etwas nicht stimmt? Sollten wir nicht ein Weltbild anstreben, in dem das Natürliche und das Menschliche widerspruchsfrei verknüpft werden können? Der Philosoph Georg Picht (1913–1982) erinnert daran, dass die Spaltung zwischen Menschlichem und Natürlichem noch nicht immer bestand: »Eine gerechte Verfassung ist nach Platon nur möglich, wenn sie mit der Verfassung der Natur im Einklang steht. [...] täuschen wir uns in der Erkenntnis der Natur, so gerät unweigerlich auch das Recht der Menschen aus den Fugen.«[148]

Das bedeutet keinesfalls, alle möglichen in der Natur vorkommenden Phänomene, wie z. B. Raubtierverhalten oder Parasitentum, als Maßstab für das menschliche Zusammenleben heranzuziehen, sondern umgekehrt: Es gilt, in einer Analyse der allgemeinen Naturzusammenhänge die menschliche Bestimmung zu erkennen und das spezifisch *Menschengemäße* zu finden. Wenn wir es als »normal« betrachteten, dass der Mensch außerhalb der Naturgesetze steht, dann würden wir auch nichts Wesentliches zu einer Heilung des gestörten Mensch-Natur-Verhältnisses beitragen können. Da ich diesen Anspruch aber habe, will ich hier explizit darauf hinweisen, wie eine organismische Betrachtung der Biologie unser Naturverhältnis verändern könnte.

Zudem bietet die Abkehr von der reduktionistischen Biologie eine Chance, um künstliche Spaltungen in unserer Vorstellung vom Leben zu überwinden. Der Philosoph Hermann Schmitz verortet die abendländische Weltzerteilung bereits zwischen dem fünften und vierten vorchristlichen Jahrhundert: »Im 4. und 5. Jahrhundert v.Chr. ereignet sich im griechischen Denken die Weltspaltung, indem die Erfahrungswelt in private Innenwelten [...] und eine [...] Außenwelt zerlegt wird, zugleich der Mensch in Körper und Seele. Seither vermischt sich das Subjekt mit der Seele als Subjektivität.«[149] Diesem Schema gemäß werde die Seele »[...] zur abgeschlossenen Innenwelt, mit eingeschlossenem Verstand, zu dem nur noch durch die fünf Sinne von außen Zugang möglich ist. Die Außenwelt wird bis auf wenige standardisierte Merkmalsorten, die unspezifischen Sinnesqualitäten (Größe, Gestalt, Zahl, Ruhe, Bewegung, Lage, Anordnung) und deren hinzugedachte Träger (Atome) abgeschält. Der Abfall der Abschälung wird förmlich in den Seelen abgelegt (spezifische Sinnesqualitäten) oder übersehen und dann unter der Hand in veränderter Gestalt in die Seelen mitgenommen.«[150]

Wenn sich also die abendländische Wissenschaft von der »ganzen Welt« abgewandt hat und nur noch in den Spaltungen und gegenseitigen Ausschließungen von Körper und Seele, Materie und Geist sowie Naturwissenschaft und Geisteswissenschaft nach Erkenntnis sucht, verfehlt sie genau das, was Mensch und Natur verbindet. Eine organismische Sicht auf die Weltzusammenhänge ermöglicht nicht nur eine Überwindung dieser lebensfremden Bewusstseinsspaltung, sondern auch eine sowohl natur- als auch menschengemäße Einordnung des Menschen in die natürlichen »Ordnungen des Lebendigen« (Rupert Riedl).

Auf sehr schöne Weise hat auch der Ökonom und Philosoph Leopold Kohr (1909–1994) darauf hingewiesen, dass die soziale Welt weder außerhalb noch unabhängig von universellen Naturgesetzen existiert: »Das mobile Prinzip des Gleichgewichts [...] ist offensichtlich jenes, das unser Universum davon abhält, sich aufzulösen. [...] Auf unserer Erde werden die Berge von Tälern im Gleichgewicht gehalten, das Land durch das Wasser, die Jahreszeiten durch die Jahreszeiten, Hitze durch Kälte, Moskitos durch Vögel, Finsternis durch Licht, Stille durch Geräusche, Tiere durch Pflanzen, Alter durch Jugend und, die liebenswürdigste Form des Gleichgewichts, Männer durch Frauen. Überall deutet alles auf Gleichgewicht hin, nichts auf Einheit. [...] Abgesehen von anderen Gründen, scheint die Schlußfolgerung gerechtfertigt, daß ein Prinzip, das so offensichtlich auf die gesamte physische Schöpfung zutrifft, auch seine Gültigkeit in der sehr physischen Welt der Politik haben sollte.«[151] Egal ob wir es nun als das mobile Prinzip des Gleichgewichts oder als kooperatives organismisches Beziehungsgeflecht verstehen – gegen die Prinzipien, die den systemischen Zusammenhalt in der Natur leiten, wird auch der Zusammenhalt eines sozialen Systems nicht gelingen.

Ebenso wie es für Tiere und Pflanzen regenerative oder degenerative Umweltverhältnisse gibt, gibt es auch für den Menschen regenerative oder degenerative Umweltverhältnisse. Und ebenso wie es regenerative oder degenerative Umweltverhältnisse gibt, gibt es auch regenerative oder degenerative Sozialverhältnisse. Beides steht im Zusammenhang; es geht um sozialökologische Verhältnisse, die die *Bedingungen der Regeneration* erfüllen. Hierfür ein Bewusstsein zu eröffnen, ist die Chance der Umweltresonanz-Perspektive.

Tragend oder lastend: Die Naturunmittelbarkeit unserer paradiesischen Herkunft

Vieles spricht dafür, dass der Mensch ein »von Natur aus« religiöses Wesen ist. Daher können uns religiöse Überlieferungen möglicherweise auch etwas darüber verraten, welche Rollenbestimmung des Menschen in der Natur zu früheren Zeiten als *menschengemäß* angesehen wurde. Wesentliche Indizien für grundlegende Vorstellungen von der ökologischen Verfassung menschlicher Gesellschaften finden wir im biblischen *Paradies-Motiv*. Wenn wir den *Garten Eden* nicht als einen geographischen Platz ansehen und das Paradies nicht als einen Ort der Faulheit seiner Bewohner verstehen, eröffnet sich eine interessante humanökologische Perspektive:

Das Leben des Menschen im *Paradies* lässt sich mit dem Leben wilder Tiere in der Wildnis bzw. in freier Natur vergleichen; es ist naturunmittelbar – oder, wie es der Theologe Rainer Hagencord formuliert, »gottunmittelbar«.[152] Hagencord stellt das Bild des Paradieses über seine

Betrachtungen über »Gott und die Tiere«: »In der Bibel ist das Paradies eine Seinsweise, die sich der unmittelbaren Gemeinschaft mit Gott verdankt – die anfängliche und somit ursprüngliche Verbundenheit alles Lebendigen mit seinem Schöpfer. Und genau darin ist der Mensch heil und ganz.«[153] Ist das Paradies-Motiv vielleicht eine Art Erinnerung an die verlorene »Gottunmittelbarkeit« des Menschen? Sehr wahrscheinlich ist mit der paradiesischen Herkunft des Menschen genau jenes naturunmittelbare Umweltverhältnis der *Jäger und Sammler* gemeint, das auch der Lebensform freilebender Wildtiere entspricht.

Die Vertreibung aus dem Paradies entspräche dann dem, was heute als *neolithische Revolution* bezeichnet wird, also dem Übergang vom menschlichen Ökotyp der Jäger-und-Sammler-Kultur zum Ökotyp der Ackerbaukultur. Es ist jedoch ein folgenschwerer Fehler, das Vorhandensein dieser beiden Ökotypen im Sinne einer geschichtlichen Abfolge zu interpretieren. Diese historisierende Sichtweise spricht nicht nur den heutigen Jäger-und-Sammler-Kulturen ihre gleichwertige und zeitgemäße Daseinsberechtigung ab; sie fasst auch die Ablösung von der naturunmittelbaren Daseinsweise unserer Art als »Evolution« auf, wo doch beim Eintreten in die Umstände von *Semidomestikation* genau das Gegenteil der Fall ist. Da es das paradiesische Umweltverhältnis bei den in freier Natur lebenden Wildformen aller Arten – und wahrscheinlich auch bei einigen menschlichen Stämmen der Pygmäen und San – noch gibt, darf man »das Paradies« nicht ausschließlich in der Vergangenheit verorten. Genau dies hat wohl der Mystiker Jakob Böhme (1575–1624) gemeint, als er schrieb: »Das Paradeis ist noch in der Welt, aber der Mensch ist nicht darinnen«.[154]

Im Paradies ist sicher nicht das Einzelleben unsterblich, sondern es ist *organismisch* in eine überindividuelle Kategorie integriert, die beständig ist. Das Leben im Paradies ist wohl nur insoweit »zeitlos«, wie das Leben des tropischen Regenwalds (als Ökosystem) zeitlos ist – und nicht »zeitlos« im Sinne einer Kunstblumenvitrine. Weiterhin ist das Leben im Paradies nicht Passivität, sondern Aktivität – aber eben eine Aktivität, die nicht als Anstrengung empfunden wird, soweit sie in Resonanz mit den verhaltensbestimmenden Impulsen der eigenen Art geschieht. Wenn das Instinkt- und Triebleben von den Tieren als Anstrengung empfunden würde, würde kaum eine Schwalbe im Herbst nach Südafrika fliegen – und nicht eine einzige im Frühjahr wieder zurückkehren! Das Heraustreten aus dem artgemäßen Umweltverhältnis und den von diesem stabilisierten artgemäßen Verhaltensmustern - also aus dem paradiesischen Zustand – macht Aktivität, soweit sie nicht weiterhin triebbedingt ist, zur Anstrengung.

Und genau hier liegt der Unterschied zwischen *tragend* und *lastend*: Ein über lange Zeiträume gleichbleibendes Umweltverhältnis, das bestimmte Verhaltensmuster im Informationspool bzw. im »biologischen Feld« der Art akkumuliert hat, bewirkt nicht nur, dass die Artangehörigen eine Neigung spüren, genau diese Verhaltensweisen als arteigene zu empfinden und auszuführen. Ein solcher Zusammenhang bewirkt immer auch, dass sie dieses Verhalten mit einer gewissen Leichtigkeit, also ohne besondere Anstrengung umsetzen können und *wollen* – was sie als »tragend« empfinden. Eine für die Art neue oder erzwungene Verhaltensweise, die noch nicht ausreichend im kollektiven Gedächtnis der Art aktualisiert ist, wird hingegen als »lastend« empfunden. Insoweit lässt sich die Energie, die für die Ausführung einer umweltbezogenen »Arbeit« aufgewendet wird, nicht allein physikalisch bestimmen: Wenn erst wenige Generationen vorher mit einem (neuen) Umweltverhältnis konfrontiert waren oder sich über Generationen gar kein gleichbleibendes Umweltverhältnis einstellen konnte, und sich das entsprechende Umweltverhalten im überindividuellen und transgenerationellen Informationspool der Art noch nicht gefestigt hat, führt dieselbe »Arbeit« viel schneller zu Erschöpfung, als dann, wenn es sich um Aktivitätsmuster handelt, die Zehntausende Generationen vorher in derselben Weise ausgeführt haben. Und der Beginn degenerativer Abbauprozesse ganzer Populationen ist mit einer Häufung solcher Erschöpfungszustände verknüpft.

Die paradiesische Aktivität ist eine Aktivität, die als im Einklang mit den dem Menschen von Gott gegebenen Intentionen erlebt und ausgeführt wird; kein »Machen« zur Befriedigung sekundärer Bedürfnisse, wie Status und Geld. Erst seine Verführbarkeit (oder seine Versklavung) macht den Menschen dafür anfällig, für andere (für Geld) eine Arbeit zu tun, die er nicht aus den in sich gefühlten Intentionen heraus für sinnvoll und notwendig erachtet; eine Arbeit, für die er in sich keinerlei Resonanz spürt und die er jenseits der tatsächlichen Kraftaufwendung als anstrengend im Sinne von »lastend« empfindet.

Eine zentrale symbolische Bedeutung in der biblischen Überlieferung haben die beiden Bäume in der Mitte des Garten Eden, der *Baum des Lebens* und der *Baum der Erkenntnis*. Hierzu heißt es: »Und Gott der Herr nahm den Menschen und setzte ihn in den Garten Eden, daß er ihn baute und bewahrte. Und Gott der Herr gebot dem Menschen und sprach: Du sollst essen von allerlei Bäumen im Garten; aber von dem Baum der Erkenntnis des Guten und Bösen sollst Du nicht essen; denn welches Tages du davon issest, wirst du des Todes sterben.« (1 Mose 2, 15–17) Die tiefere Symbolik darin meint wohl eine »Erkenntnis«, die allein Gott zukommt und die in den Köpfen der Menschen nur Unheil stiftet, weil sie der menschlichen Natur und Bestimmung nicht gemäß ist.

Ebenso hat wohl die Geschichte von Kain und Abel, der Söhne von Adam und Eva, einen bislang oft übersehenen Symbolgehalt. In 1 Mose 4, 2 heißt es: »Und Abel ward ein Schäfer; Kain aber ward ein Ackermann.« Gott schenkte allein dem nomadisch arbeitenden Abel Gnade, »[…] aber Kain und sein Opfer sah er nicht gnädig an.« (1 Mose 4, 5) Daraufhin erschlug Kain seinen Bruder Abel. Als der Ackerbauer merkte, dass sein Tun Gott weniger gefällt als das des Hirten, schlug er den Schäfer tot. Das Arbeitsleben des Hirten steht ja dem »gottunmittelbaren« nomadischen Leben der Jäger und Sammler viel näher, als das die Sesshaftigkeit ermöglichende – und erfordernde – Arbeitsleben des Ackerbauern.

Wenn man erkennt, dass a) es beim »Sündenfall« in keiner Weise um eine verbotene geschlechtliche Vereinigung von Adam und Eva geht, sondern um ihr mangelndes Vertrauen in die menschengemäße Stellung innerhalb der Schöpfung; ein mangelndes Gottvertrauen, das wiederum die Verführbarkeit des Menschen, aus seiner »Gottunmittelbarkeit« herauszutreten, bedingt; und b) mit Adam und seinem Weibe nicht Personen, sondern der Mensch als Volk oder als Spezies gemeint ist; so wie mit Kain und Abel offenbar nicht Personen, sondern ein nomadisches und ein ackerbauliches Naturverhältnis des Menschen gemeint sind[155], dann liest sich die biblische Paradiesgeschichte völlig anders.

Auch die zweite Schöpfungsgeschichte lässt sich in diesem Sinne interpretieren: Hier formt Gott den Menschen nun aus Erde, dem Stoff des Ackerbaus, der Kultur möglich macht. Er gibt ihm ein Stück Freiheit in seinen Verhaltensweisen. Diese macht den Menschen verführbar, so dass er sich eine ihm nicht gemäße, sondern bislang Gott vorbehaltene Erkenntnis aneignet. Diese Erkenntnis wird im Menschen zu einer anmaßenden Klugheit. Indem sich der Mensch einer göttlichen Eigenschaft bemächtigt hat, erlischt sein Gottvertrauen. Er verliert nicht nur die »Fühlung« zu den göttlichen Intentionen, er sucht diese gar nicht mehr. Gott »sichert« nun den *Baum des Lebens* vor diesem Menschen. Der in der ersten Schöpfungsgeschichte beschriebene, und von Gott als »gut« befundene, harmonische Zusammenhalt der Schöpfung soll vor der Disharmonie bewahrt werden, welche der menschlichen Klugheit entspringt. Der Schöpfer ist entsetzt über die Verhaltensweisen des *erdenen* Menschen, aber er lässt ihn leben – allerdings nur jenseits des Paradieses, auf dem Feld »davon er genommen ist« (1 Mose 3, 23). Trotz des göttlichen Bundes am Ende der Sintflut bleibt das Verhältnis des Menschen zu Gott und seiner Schöpfung gespannt. Der Mensch fühlt sich in der ihm zugewiesenen Stellung so unwohl, dass er eine »Erlösung« sucht. Er will unsterblich werden, was aber eigentlich nur heißen kann, (wieder) Bestandteil einer überindividuellen Kategorie zu werden, die ihrerseits beständig ist, also innerhalb einer harmonischen Einbindung in die Schöpfung ein »ewigliches Leben« hat.

Den hiermit zusammenhängenden Seelenzustand des nach ewigem Leben strebenden Menschen beschreibt der russische Philosoph Alexander Solschenizyn (1918-2008) treffend: »Nichts legt unsere heutige geistige Hilflosigkeit und intellektuelle Verwirrung so bloß wie der Verlust eines klaren, friedvollen Verhältnisses zum *Tode*. Je stärker der Wohlstand der Menschen wächst, desto schärfer bohrt sich in die Seele des heutigen Menschen eine eisige Todesangst. Aus diesem unersättlichen, lauten, betriebsamen Leben hat sich ja eine derartige Massenangst vor dem Tod entwickelt, wie man sie in alten Zeiten gar nicht kannte. Der Mensch hat das Gespür dafür verloren, sich als begrenzten, wenn auch mit Willen begabten Punkt des Weltalls zu empfinden. Immer mehr und mehr deucht es ihn, Zentrum seiner Welt zu sein, versucht er, nicht sich der Welt anzupassen, sondern die Welt nach seinen Vorstellungen zu formen. Da wird natürlich der Gedanke an den Tod unerträglich: bedeutet er doch das Auslöschen des ganzen Weltalls mit einem Schlag.«[156] Wenn wir ein harmonisches, friedvolleres Verhältnis zum Tode wiedererlangen wollen, so gilt es, die Organstellung des Menschen in einem Höheren zu akzeptieren. Und das bedeutet, dieses Höhere im Ökologischen und im Sozialen wiederzufinden, um ein Umweltverhältnis in *organismischer Integration* zu etablieren.

Da das Paradies-Motiv nicht nur auf die christliche Überlieferung beschränkt ist, scheint es im »kollektiven Unbewussten« zumindest der ackerbaubasierten Kulturen unserer Art fest verankert zu sein. Wenn es ein überindividuelles Grundgefühl für das (verlorene) artgemäße, also menschengemäße Umweltverhältnis gibt, so ist es durchaus nicht abwegig, sozialökologische und anthropologische Betrachtungen mit diesem in Beziehung zu setzen. Auch aus diesem Grunde sollten wir verstehen, dass die gesellschaftlichen Zustandsformen des Menschen als *Jäger und Sammler* sowie als *Ackerbauern und Viehzüchter* keine historischen Epochen, sondern »Ökotypen« unserer Art sind: Es handelt sich also um Population, die sich auch aufgrund ökologisch relevanter erblicher Verhaltensmuster (welche durch das Prinzip der *dynamischen Erblichkeit* stabilisiert oder verändert werden) von anderen (ggf. in derselben Region lebenden) Populationen derselben Art unterscheiden und daher eine andere »Habitatbindung« haben. So wie es bei Tierarten Berg- und Talformen oder Wald- und Offenlandbewohner gibt, die jeweils zugleich als »ökologische Rassen« angesehen werden, gibt es auch beim Menschen diese beiden Grundtypen, die sich in ihrem epigenetisch verankerten Umweltverhältnis (ihrer Habitatbindung) nicht nur unterscheiden, sondern gegenseitig ausschließen. Von daher kann man die historisierende Sichtweise, die den Jäger-und-Sammler-Typ als »historisch überlebt« ansieht, als einen den Genozid billigend in Kauf nehmenden, mitunter sogar rechtfertigenden ökologischen Rassismus betrachten.

Man kann wohl davon ausgehen, dass Menschen mit dem Austritt aus der Lebensweise der Jäger und Sammler auch ihre Wildform-Eigenschaften verlieren. Sie sind deswegen noch nicht domestiziert, aber in ähnlicher Weise *semidomestiziert* wie beispielsweise die halbzahmen Hökkerschwäne, Kanada- und Graugänse in unseren Parkanlagen. Auch wenn es innerhalb der »semidomestizierten« Populationen gewaltige Unterschiede im Grad der Ablösung von naturunmittelbaren Lebensformen gibt, bedeutet das doch, dass wir alle nur noch einen – mehr oder weniger – eingeschränkten Zugang zu den für das artgemäße Verhalten nötigen instinktbestimmenden Informationspool der Art haben. (S. auch die Beschreibung des Mohawk-Ältesten Tom Porter auf S. 104.)

Interessant ist in diesem Zusammenhang auch, dass die Schamanin Sonia Emilia Rainbow darauf hinweist, dass in naturunmittelbar lebenden, indigenen Kulturen der weibliche Zyklus offenbar mit dem Mondzyklus verbunden war: »Die Lakota nennen die Tage der Menstruation ›Mondzeit‹. Als die Frauen noch mit den Rhythmen der Natur verbunden waren, dauerte der Menstruationszyklus ähnlich lange wie ein Mondzyklus mit 29,5 Tagen. Bei einem natürlichen Zyklus der Frau erfolgt der Eisprung bei Vollmond und die Menstruation bei Neumond. [...] Bei abnehmendem Mond ziehen sich die Kräfte der Frau wieder zurück in das Innere und bereiten den Körper auf eine tiefe Reinigung vor, um dann zu Neumond zu bluten und die Gebärmutter, den Körper und das ganze Energiesystem zu erneuern und darauf vorzubereiten, eine Seele zu empfangen, die einen menschlichen Körper annehmen möchte.«[157]

Und eines ist offenbar eine sehr alte Gewissheit: Nach der biblischen Überlieferung von Paradies und Sündenfall hat Gott dafür gesorgt, dass der Mensch nicht gleichzeitig an die Früchte vom *Baum des Lebens* und vom *Baum der Erkenntnis* herankommt. Der Politikwissenschaftler Werner J. Patzelt schreibt über den dieses Gebot übertretenden Menschen: »Alsbald erkennt er, dass er auch grundsätzlich ›falsche‹ Entscheidungen treffen kann, ja treffen will – so in der berühmten Passage von Genesis 3, 1-24, wo Adam und Eva vom ›Baum der Erkenntnis‹ essen, anschließend Gut und Böse unterscheiden können und sich dergestalt aus dem Paradies vertrieben finden. Eben das heißt in den abrahamitischen Religionen ›Sünde‹ und gilt ihnen als Ursache misslingenden Lebens und Zusammenlebens. [...] Wenn nämlich – wie in der biblischen Geschichte vom ›Sündenfall‹ – das Menschwerden gerade mit der Fähigkeit zum bewussten Tun des Falschen einhergeht, dann kann es durchaus sinnvoll (gewesen) sein, dass ein um seine Schöpfung besorgter Gott den Menschen über Propheten die ›richtigen‹ Regeln gelingenden Lebens und nachhaltiger Entwicklung vor Augen führt.«[158] Nun ist es zwar nicht »das Menschwerden«, sondern die Ablösung des Menschen von der naturunmittelbaren und eigentlich menschengemäßen Lebensweise als Jäger und Sammler – aber genau mit diesem Bindungsverlust geht eben die »Fähigkeit zum bewussten Tun des Falschen« einher.

Der absolute Kompass-Sinn von Menschen, die in Jäger-und-Sammler-Gemeinschaften leben, deutet darauf hin, dass diese einen intuitiven Zugang zu jenen höheren Naturkategorien haben, aus denen auch die spezifischen Instinkte der Wildtiere ihre Verhaltensdispositionen beziehen. So schreibt Laurens van der Post über eine Expedition mit San (Buschleuten) in der Kalahari: »Sie hatten einen absolut sicheren Ortssinn. [...] Einmal hatten sie, mehr als 150 Meilen von ihrer Wohnstätte entfernt, auf die Frage, in welcher Richtung sie liege, ohne zu überlegen nach rückwärts gezeigt. Ich hatte mit einem Kompass die Richtung nachgeprüft. Nxous zeigender Arm hätte die Magnetnadel des Instruments sein können, so genau stimmte seine Angabe.«[159]

Der Gedanke, dass sich ein mit den artgemäßen Instinkten harmonisch verbundenes naturunmittelbares *Leben* und eine auf individuelle geistige Klugheit aufbauende *Erkenntnis* gegenseitig ausschließen, findet sich auch bei dem Philosophen Ludwig Klages (1872–1956). In seinem Hauptwerk *Der Geist als Widersacher der Seele* schreibt Klages: »Ist mithin der Charakter der Seele bald triebmäßige, bald enthusiastische *Preisgegebenheit*, so erscheint ihr gegenüber der Charakter des Geistes im Lichte einer *Widersetzlichkeit*, die sich an jeder seelischen Regung als intentionale *Hemmung* verwirklicht! Demgemäß ist zwischen Geist und Seele ein Ausgleich unmöglich [...].«[160] Oder noch deutlicher:»Die Urteilstat bedarf des erlebenden Lebens, worauf sie sich stütze; das Leben bedarf *nicht* des Geistes, damit es erlebe – Der Geist als dem Leben innewohnend bedeutet eine *gegen* dieses gerichtete Kraft; das Leben, *sofern* es Träger des Geistes wurde, widersetzt sich ihm mit einem Instinkt der Abwehr – Das Wesen des ›geschichtlichen‹ Prozesses der Menschheit (auch ›Fortschritt‹ genannt) ist der siegreich fortschreitende Kampf des Geistes gegen das Leben mit dem (allerdings nur) logisch absehbaren Ende der Vernichtung des letzteren.«[161] Auch hier wird – zumindest indirekt – der »vorgeschichtliche« Prozess der Menschheit, also die Daseinsweise als Jäger und Sammler, mit dem Leben assoziiert, der vom »Fortschritt« geprägte geschichtliche Prozess der ackerbaubasierten Kulturen hingegen als dem Leben entgegenwirkend beschrieben.

Wenn wir nun auf das Thema von Degeneration und Regeneration zurückkommen, so zeigt sich in frappierender Weise: Frei von domestikationstypischen Divergenz-Merkmalen sind nur menschliche Populationen der sogenannten »Sapiens-Altschicht« (z. B. Pygmäen und San) und auch diese nur solange sie als Jäger und Sammler leben. Wir müssen mit der Möglichkeit rechnen, dass eine regenerative und aufbauende natürliche Evolution der Spezies Mensch nur noch von diesen Populationen ausgehen kann. Daher sollten die als Jäger und Sammler lebenden Völker bzw. Stämme ausreichend große Gebiete erhalten, zu denen auf Ackerbau und Viehhaltung gestützte Gesellschaften (mitsamt ihren Siedlungs- Sozial- und Infrastrukturen, ihrem Rechtssystem, ihrem Eigentumsbegriff und ihrer Geldwirtschaft) keinen Zutritt erhalten. Papst Franziskus bezeichnet es als »[...] unumgänglich, den Gemeinschaften der Ureinwohner mit ihren kulturellen Traditionen besondere Aufmerksamkeit zu widmen. Sie sind nicht einfach eine Minderheit unter anderen [...]. Denn für sie ist das Land nicht ein Wirtschaftsgut, sondern eine Gabe Gottes und der Vorfahren, die in ihm ruhen; ein heiliger Raum, mit dem sie in Wechselbeziehung stehen müssen, um ihre Identität und ihre Werte zu erhalten.«[162]

Mit den Begriffen »Ureinwohner«, »Indigene« oder »Naturvölker« sind keinesfalls nur Jäger und Sammler oder Hirten gemeint. Wenn wir uns die südamerikanischen Indios oder die nordamerikanischen Indianer betrachten, so finden wir hier zwar Elemente der Jäger-und-Sammler-Kultur, aber sie leben im Wesentlichen als Ackerbauern und Viehzüchter, teils auch als Hirten. Dennoch verbindet sie mit den Jägern und Sammlern ihre Fähigkeit zu einer *qualitativen Naturwahrnehmung*. Insoweit ist es gerechtfertigt, neben der Kategorisierung Jäger und Sammler/Hirten/Ackerbauern auch *industrielle Gesellschaften* von *»nichtindustriellen Gesellschaften«*[163] zu unterscheiden.

Der Ethnologe Bernhard Streck betont die Fähigkeit der nichtindustriellen Gesellschaften zu einer qualitativen Umweltwahrnehmung, welche die Möglichkeit einschließt, »einer Landschaft zuzuhören und ihr rituell zu antworten«. Bezug nehmend auf den französischen Religionsphilosophen Lucien Lévi-Bruhl (1857–1939) schreibt Streck, dass er »das archaische Denken für das reichere hält, weil es qualitative und quantitative Umweltwahrnehmung nebeneinander duldet, während das moderne Denken nur das messbare gelten lässt und das Unermessliche den Dichtern, Schwärmern und Wahnsinnigen überlässt.«[164]

Die überhebliche Art der ackerbaubasierten Industriekultur hat vielerorts versucht, Jäger-und-Sammler-Gesellschaften in den »Fortschritt« hineinzuzwingen. Das Ergebnis solcher »Integration« ist bei den San im südlichen Afrika, den Pygmäen in Zentralafrika, den Ewenken und Nenzen in Sibirien, den Inuit in Kanada und Alaska, den nordamerikanischen Indianern und bei den australischen Aborigines stets dasselbe: eine Bevölkerung, die sich zur Aufgabe ihrer Tradition verführen ließ oder dazu gezwungen wurde, bemerkt erst nach der Ablösung ihrer eigenen kulturellen und »epigenetischen« Wurzeln, dass eine andere Kultur ihrem Naturell nicht entspricht und ihre Identität verloren ist. Was dann folgt, ist auch überall dasselbe: ganze Völker ertränken sich im Alkohol oder betäuben sich mit Drogen, sie werden in Barackensiedlungen untergebracht und sind von nun an abhängig von staatlicher Fürsorge. Erst dann bestätigt sich das Klischee von ihrer vermeintlichen kulturellen Primitivität und verminderten körperlichen Vitalität.

Merkwürdig ist, wie die direkte und indirekte Ausrottung des originalen Typus der Spezies *Homo sapiens* einfach hingenommen wird. Eine Gesellschaft, die für jede alte Zuchtrasse des Hausschweins eine kostspielige Erhaltungszucht organisiert und für die Zuchtsorten des Tabaks

»Genreserven« anlegt, die für bedrohte Tierarten große Reservate einrichtet, und gleichzeitig die letzten Populationen des in natürliche Ökosysteme integrierbaren (paradiesischen) Ökotyps des Menschen achselzuckend untergehen lässt, die ist schlicht bodenlos. Die heute übliche Sichtweise, die »Urform« des Menschseins allein als eine historische bzw. »historisch überlebte« Frühform des Menschen zu betrachten, ist genauso beschränkt, als ob man deswegen, weil einzellige Organismen die Urformen des Lebens waren, glaubte, künftig ohne sie auskommen zu können. Wir sollten jedenfalls ernsthaft mit der Möglichkeit rechnen, dass die Menschheit insgesamt nur *mit* ihren Ur-Formen überleben kann!

Tradition als Stabilisierung: Das Kulturerbe aus biologischer Sicht

Der Mensch ist nicht nur ein Teil der Erde, sondern auch ein Teil seines sozialen Umfeldes. Ohne die kulturelle Tradition der Gesellschaft, in der er beheimatet ist, ohne die Geschichte der Familien, aus der er kommt, ist die Psyche des Einzelnen nicht zu verstehen. Kulturelle Traditionen und Identitäten gibt es nur im Plural. Ebenso wie die Natur der Erde und die »Biologie« des Menschen vielfältig sind, ist auch die Sozialverfassung der Menschheit nur in ihrer großen Vielfalt als ein Reichtum unserer Spezies zu verstehen. Für alle Kulturen gilt, dass sie veränderlich sind, aber auch vergänglich.

Eine geradezu organismisch interpretierte Geschichtsauffassung hat vor etwa hundert Jahren der Philosoph Oswald Spengler (1880–1936) mit seinem Werk *Der Untergang des Abendlandes* vorgelegt. Spengler parallelisiert darin die Entwicklung der Kulturepochen mit den Lebensstadien eines Organismus: »Jede Kultur besitzt ihre eigene Seele, wird geboren, durchläuft eine Phase der Hochkultur, um schließlich zur bloßen Zivilisation zu degenerieren.«[165] Es ist hier nicht der Ort, um über die Richtigkeit eines solchen zyklischen Geschichtsbildes zu urteilen. Wichtig ist zu verstehen, dass auch jenseits des über viele Zehntausende Jahre mehr oder weniger stationären Lebens der als Jäger und Sammler verfassten menschlichen Gesellschaften kein linearer Fortschritt angenommen werden muss. Dass die Entwicklungen der ackerbaubasierten Gesellschaften zyklisch verlaufen, kann freilich nicht mit einer naturgegebenen, artgemäß-menschlichen »Gesetzmäßigkeit« erklärt werden – denn eine solche müsste das naturunmittelbare Jäger-und-Sammler-Leben strukturieren. Was jedoch zutreffen dürfte, ist das Urteil von Egon Friedell, der meint: »Weltgeschichte [...] wird von einem höheren Geiste gemacht als dem menschlichen.«[166]

Aus der Umweltresonanz-Perspektive erscheint es wahrscheinlich, dass es sich bei der Vergänglichkeit der Kulturen um Versuche der Spezies *Homo sapiens* handelt, jenseits ihrer bewährten ökosozialen Verfassung als Jäger und Sammler eine neue harmonische, ökologisch und sozial resonanzfähige und daher stabile Lebensform zu etablieren. Dass dieser Versuch bisher immer nach etwa tausend Jahren gescheitert ist, erklärt sich in gewisser Weise durch das Misslingen eines harmonischen Umweltverhältnisses: Wenn das Sozialsystem eine eingeschränkte Resonanzfähigkeit zur umgebenden Natur aufweist, wird es aufgrund unzureichender Umweltresonanz zu einem abgeschlossenen System, in dem dann entropische Degenerationsprozesse einsetzen. Die unzureichende Humus-Regeneration der Ackerböden ist wohl eine Folge der gestörten ökologischen Einbettung von Kulturen, die zur Natur hin abgeschlossen sind.

Einer solchen Interpretation der Vergänglichkeit der Kulturen im Sinne der Entropie-Falle entspricht auch Spenglers Beobachtung, dass der Degenerationsprozess einer Kultur, der Übergang von der Kultur zur »Zivilisation«, insbesondere dadurch gekennzeichnet ist, dass die ländlichen Räume neben ein paar Großstädten zur Provinz herabgestoßen werden: »Statt einer Welt eine Stadt [...]; statt eines formvollen, mit der Erde verwachsenen Volkes ein neuer Nomade, ein Parasit, der Großstadtbewohner, der reine, traditionslose, in formlos fluktuierender Masse auftretende Tatsachenmensch, irreligiös, intelligent, unfruchtbar, mit einer tiefen Abneigung gegen das Bauerntum (und dessen höchste Form, den Landadel), also ein ungeheurer Schritt zum Anorganischen, zum Ende«.[167]

Auch unabhängig von einem zyklischen Geschichtsbild ist die Vorstellung einer linearen Aufwärtsentwicklung der Kulturen fraglich. In seinem Buch *Evolution ohne Fortschritt* hat der Evolutionsbiologe Franz M. Wuketits (1955-2018) darauf hingewiesen, dass weder in der organischen Evolution noch in der kulturellen Entwicklung jede Veränderung mit einer Höherentwicklung einhergeht: »Als im 19. Jahrhundert der Evolutionsgedanke (biologisch) begründet wurde, waren sozialgeschichtliche Ideen dabei nicht unmaßgeblich, und einmal etabliert, wurde die biologische Evolutionstheorie auf die Erklärung sozialer und kultureller Entwicklungsprozesse übertragen. Der Glaube an den Fortschritt in einem dieser Bereiche wirkte sich entsprechend auf den anderen Bereich aus. In beiden Bereichen jedoch war eine Illusion der Vater des Glaubens – und ist es bis heute geblieben.«[168]

Dass die aktive Auseinandersetzung mit den jeweiligen ökologischen und sozialen Gegebenheiten und die kontinuierliche Aktivierung der entsprechenden Kulturtechniken die ihnen zugehörigen kulturellen Verhaltensmuster nicht nur hervorbringt, sondern die entsprechenden Veranlagungen hierzu auch epigenetisch verankert, ergibt sich nicht zuletzt aus der Erkenntnis der *dynamischen Erblichkeit*. Und dies betrifft nicht nur die Festigung von Kultur durch Tradition, sondern auch ihre Auflösung durch das Heraustreten aus einer Tradition.

Auch beim Menschen gibt es eine Akkumulation von tradierten Verhaltensweisen im »kollektiven Unbewussten«, die allgemein zu der Neigung führt, tradierte (bewährte) Aktivitätsmuster zu wiederholen oder zumindest anderen vorzuziehen. Da es nach den Regeln der *Epigenetik* und der *dynamischen Erblichkeit* (vgl. S. 45f.) fließende Übergänge zwischen nicht erblichen und erblichen Merkmalsänderungen gibt, sind die kulturell relevanten Verhaltensdispositionen durchaus als Merkmale mit beginnender Erblichkeitstendenz einzustufen und können daher auch im Zusammenhang mit dem Modell der dynamischen Erblichkeit verständlich gemacht werden. Vor allem ist der seit Jahrzehnten tobende Streit, ob Geschlecht, Rasse und soziale Zugehörigkeit »von der Natur oder von der Kultur bestimmt«[169] seien, eine Scheindebatte. Denn dies ist keine Entweder-Oder-Frage, sondern in aller Regel spielen beide Aspekte eine Rolle, wenn auch zu unterschiedlichen Anteilen.

Bezüglich der Unterscheidung »zwischen biologischer und (sozio-)kultureller Evolution« meint Werner J. Patzelt: »Biologische Replikation verläuft allein ›darwinistisch‹« – aber: »Im Bereich der kulturellen und sozialen Evolution geht es da komplexer zu.« Wie die hier vorgestellten Erkenntnisse zur dynamischen Erblichkeit zeigen, geht es auch bei der biologischen Vererbung erheblich komplexer zu, als es die darwinistische Interpretation zulässt! Wesentlich ist aber, dass Patzelt sich auf ein »epimemetisches System« stützt, also auf ein »auf andere Meme einwirkendes und deren Verkoppelung steuerndes System«.[170] Wenn man *Meme* als kollektive Gedächtnisinhalte und kulturelle Muster versteht, dann ist die Analyse von »epimemetischen Systemen« gerade nicht auf den kulturellen Bereich einzugrenzen. Denn das Mitdenken solcher epimemetischer Zusammenhänge kann sehr viel zum Verständnis der Übergangsbereiche zwischen nicht-erblichen und erblichen Verhaltensmustern beitragen. Genau dadurch werden die fließenden Übergänge zwischen kultureller und biologischer »Evolution« anschaulich.

Das Prinzip der dynamischen Erblichkeit bedeutet: Stabilisierung durch Wiederholung bzw. Destabilisierung durch Veränderung. Normalerweise ist die Destabilisierung umweltbezogener Verhaltensmuster und damit zusammenhängender Organfunktionen Voraussetzung für eine Neujustierung im Falle veränderter Umweltverhältnisse. In der Natur heißt das, dass über Zehntausende oder Hunderttausende von Jahren gleichsinnig wiederholte ökologisch relevante Verhaltensweisen zu arteigenen erblichen Instinkten werden, die umso »erbfester« sind, je länger sie von Generation zu Generation akkumuliert wurden. Wenn veränderte Umweltverhältnisse sich nicht auf natürliche Weise stabilisieren, sondern Gefangenschaft oder anderweitige Abschirmungen von natürlichen Umweltinformationen (im urbanen Raum) eine Population daran hindern, ihre instinktiv gewordenen Verhaltensweisen auszuführen ohne (kollektive) neue zu etablieren, tritt eine Destabilisierung ein, die meist auch mit somatischen Degenerationserscheinungen einher geht. Dasselbe geschieht nun auch, wenn sich in menschlichen Populationen ein ökologisches und soziales Umweltverhalten gar nicht stabilisieren kann, weil die ökologischen und sozialen Umweltbedingungen von Generation zu Generation verändert werden und die »Bewegung des Fortschritts […] auf ein Sich-Selbst-Überschreiten«[171] zielt, also alles Bestehende relativiert.

In welcher Weise Fortschritt und kulturelle Destabilisierung sich gegenseitig bedingen, beschreibt Rolf Peter Sieferle am Beispiel sich auflösender »Normintegration«: Über traditionellen Gesellschaften »[…] liegt gewissermaßen ein normatives Netz, das alle Handlungsbereiche einfängt, die autonom werden wollen und damit die Stellung des dominanten Zentrums gefährden. ›Normintegration‹ bedeutet, daß ein bestimmtes normatives Zentrum, in dem die kulturelle Identität der Gesellschaft inhaltlich fixiert ist, die einzelnen Teilsysteme synthetisiert, kontrolliert und restringiert. […] Den reinen Typus einer normintegrierten Gesellschaft, der es gelingt, ein kulturelles Netz zu weben, das über allen Handlungsebenen liegt und deren Expansionsspielraum begrenzt, finden wir real nur in vorhochkulturellen Stammesgesellschaften. Hier bildet die Tradition den entscheidenden Ordnungsrahmen. […] Diese Tradition wirkt als Entwicklungsbremse.«[172]

Bezüglich der Industriegesellschaften meint Sieferle: »Das entscheidende Charakteristikum des Industriesystems ist gegenüber allen anderen Hochkulturen, daß in ihm die Autonomisierung zum universellen Prinzip geworden ist. [...] Das kulturelle Netz ist zerrissen. Die historische Singularität des Industriesystems liegt weniger in seinen unvergleichlichen technischen Kompetenzen als darin, daß es kein normatives Zentrum mehr besitzt, das den Anspruch erheben könnte, den Entfaltungsraum von Potentialen, die einzelnen Handlungssystemen innewohnen, zu steuern.«[173] Hier spiegelt sich auf der kulturellen Ebene genau das, was wir auf dem Feld der Biologie als stabilisierende oder destabilisierende Wirkungen von tradierten oder nicht tradierten Umweltverhältnissen beobachten können.

Solche Phänomene sind nicht nur bei der geschichtlichen Analyse historischer Epochenwechsel festzustellen, sondern auch in den intergenerationellen Beziehungen. Ein wesentlicher Bestandteil des Prinzips der dynamischen Erblichkeit ist das Phänomen der *erblichen Nachwirkung*. Dieses sorgt beispielsweise dafür, dass Trauma-Erfahrungen und Schicksalsschläge der Vorfahren unsere Gefühle mitbestimmen. Der Wissenschaftsjournalist Peter Spork spricht im Blick auf die Nachkommen der Kriegskinder von »geerbter Angst«.[174] Aber auch im positiven Sinne erben wir eine Neigung, uns in die kulturellen Traditionen des Volkes oder der Völker, aus denen unsere Vorfahren stammen, hineinzustellen. Menschen, die einmal die Gelegenheit haben, einfache Arbeitsgänge der traditionellen bäuerlichen Landbaumethoden, wie das Pflügen mit dem Pferd, die Handaussaat von Getreide, die Getreideernte mit Sense, Garben binden und Puppen aufstellen, in derselben Weise auszuführen, wie es eine Vielzahl ihrer Vorfahren-Generationen Jahr für Jahr getan hatte, sind oft erstaunt darüber, dass ihnen diese Tätigkeiten viel leichter von der Hand gehen, als erwartet. Viele empfinden dabei sogar eine besondere Erfüllung. Auch hier zeigt sich, was es bedeutet, ob es für bestimmte Aktivitätsmuster bereits – oder noch – ausreichend gefestigte biologische »Felder« oder »Programme« gibt; also ob diese als »tragend« oder »lastend« empfunden werden.

Immer müssen wir uns vor Augen halten, dass auch Veränderungen der sozialen Umweltverhältnisse Wahrnehmungs- und Verhaltensänderungen nach sich ziehen – und Verhaltensände-

Abb. 36 und 37: Von den Aktivitätsmustern der Vorfahren mitgetragen: Die Praktizierung traditioneller Landbaumethoden ist nicht so schwer, wie gemeinhin angenommen. (Foto rechts: Ludwig Beleites)

rungen zu einer Veränderung der erblichen Verhaltensdispositionen führen, welche nur dann stabil werden, wenn die veränderte Umwelterfahrung a) die Gesamtpopulation gleichsinnig betrifft und b) über eine Anzahl von Generationen bestehen bleibt. Jede andere Umweltveränderung wirkt destabilisierend.

Da die Neigung zu bestimmten Verhaltensweisen und Beziehungsformen durch eine gleichsinnige Wiederholung der entsprechenden Aktivitätsmuster in der Gesamtpopulation erblich gefestigt wird, führt eine lange währende Kultur (im Extremfall die seit mindestens 90 000 Jahren bestehende Jäger-und-Sammler-Kultur) zur Herausbildung und Stabilisierung angeborener sozial und ökologisch relevanter Verhaltensmuster, die sehr gefestigt sind, also »tiefer liegen«. Auch die Ackerbaukultur hat sich die längste Zeit ihres über zehntausendjährigen Bestehens so wenig verändert, dass sich mit ihr verbundene menschliche Verhaltensweisen akkumulieren konnten, die recht stabil sind und schließlich als »tragend« empfunden werden konnten. Thomas Hoof spricht im Blick auf Rolf Peter Sieferles Werk zu Recht von einem »[...] Erstaunen darüber, wie nach einer zwölftausendjährigen, in allen kulturellen Großräumen der Welt sehr ähnlich und parallel verlaufenden Entwicklungsgeschichte agrarischer Zivilisation plötzlich durch ein geographisch (England-Deutschland-Frankreich) und zeitlich (Ende des 18. bis Mitte des 19. Jahrhunderts) winzig kleines Fenster ein fulminanter Ausbruch aus dieser scheinbar auf Ewigkeit angelegten Form des Mensch-Natur-Stoffwechsels geschehen konnte.«[175]

Wenn wir uns vor Augen führen, dass die »ganze wissenschaftliche und industrielle Revolution des Westens [...] etwa einem halben Tausendstel des Gesamtlebens der Menschheit« entspricht, so der Anthropologe Claude Lévi-Strauss[176], dann wird klar, warum die hiermit verbundenen Veränderungen des menschlichen Umweltverhaltens weniger stabil sind und weniger »tragend« wirken. Erst recht führt dann die als »Fortschritt« bezeichnete ständige Veränderung kultureller Verhaltensnormen und Aktivitätsmuster von Generation zu Generation dazu, dass die alten Verhaltensweisen nicht mehr aktualisiert und neue nicht stabilisiert werden. Je weniger tradiert wird, desto mehr kommt es zu kulturellen Verfallserscheinungen und auch zu einem Gefühl kultureller Haltlosigkeit beim Einzelnen. Im Zusammenhang mit der zunehmenden Geschwindigkeit des »Fortschritts« spricht der Evolutionsbiologe Franz M. Wuketits von »Gegenwartsschrumpfung«.[177]

Christoph Pfluger sieht in der insbesondere durch das zinsbasierte Geldsystem angetriebenen Fortschrittsdynamik auch eine Ursache für Identitätsverlust: »Während noch vor 500 Jahren die Kinder in die Welt ihrer Großeltern geboren wurden, verändert sie sich heute während eines einzigen Lebens praktisch zur Unkenntlichkeit.«[178] Pfluger betont daher: »Identität ist eine Grundbedingung des Menschseins. [...] Je stabiler die Verhältnisse, desto stabiler die Identitäten.«[179] Dass die Identitätsbildung durch die Beschleunigung erschwert wird, liege vor allem daran, dass Identitätsbildung »als rückgekoppelter Prozess ihre eigene Zeit« braucht: »Wenn die nicht mehr zur Verfügung steht, weil meine Reaktion auf die veränderte Umwelt auf eine bereits wieder umgestaltete Umgebung trifft, wird die Rückkoppelung gekappt und die Identitätsbildung gestört. Dies wiederum blockiert die Beziehungen.«[180] Auch hier zeigt sich, dass gestörte

Resonanzfähigkeit in abgeschlossene Systeme mündet, in denen entropische und degenerative Prozesse vorprogrammiert sind.

Über die Wirkungen der wissenschaftlich-technischen Zivilisation schreibt Georg Picht: »Wissenschaft und Technik sind dem Gesetze unterworfen, daß es in ihnen keinen Stillstand geben kann. Ihr Grundprinzip ist die Innovation. Da jede wissenschaftliche Erkenntnis binnen kürzester Frist in technisch-industrielle Praxis übersetzt wird, befindet sich eine Welt, die diesen Mächten unterworfen ist, in einem Zustand permanenter Umwälzungen. [...] Die Menschen sind heute in der Lage, durch geplante Eingriffe irreversibel jenen Kontext der Natur zu verändern, dessen Kontinuität in den vergangenen vierzigtausend Jahren das menschliche Leben auf diesem Planeten getragen hat. Verändert man aber das Ökosystem, so verändert man die Selektionsbedingungen, man verändert die Gattung. Die wissenschaftlich-technische Revolution untergräbt nicht nur die politischen Strukturen, die Wirtschaftsformen und die sozialen Ordnungen, sie greift durch bis in die biologische Substanz.«[181]

Auch – und gerade – wenn wir davon ausgehen, dass es nicht »Selektionsbedingungen« sind, sondern die epigenetisch wirkenden Umweltverhältnisse, die die biologische Substanz verändern, trifft es uneingeschränkt zu, dass die wettbewerbsbedingte Steigerungslogik gleichermaßen kultur- und naturauflösend wirkt und so die Substanz des Menschlichen zerstört. Im Grunde ist *Fortschritt* erklärtermaßen eine Aufkündigung von Tradition und somit kulturauflösend. Alexander Solschenizyn sagt dazu: »Anne-Robert Turgot verlieh ihm die wohlklingende Bezeichnung *progrès* – Fortschritt, und zwar in dem Sinne, daß ein Fortschritt, der auf wirtschaftlicher Entwicklung beruht, zweifellos und unablässig zu einer generellen Verfeinerung der Sitten führe. [...] *Wir schreiten fort!* Bereitwillig glaubte die gebildete Menschheit sofort an diesen Fortschritt. Merkwürdigerweise aber machte sich keiner darüber Gedanken: Forschritt – *worin denn?* Fortschritt – *wovon denn?* Und droht uns nicht bei diesem Fortschritt irgendein Verlust? [...] Großartig marschierte der Fortschritt – aber er hatte Folgen, die die früheren Generationen keineswegs erwartet hatten. Die erste Kleinigkeit, die wir übersehen und erst kürzlich entdeckt haben: Es kann keinen grenzenlosen Fortschritt in der begrenzten Umwelt der Erde geben. [...] Als zweite Fehleinschätzung erwies sich, daß mit dem Fortschritt keine generelle Verfeinerung der Sitten eintrat. Man hatte nicht mehr und nicht weniger als die menschliche Seele außer acht gelassen. [...] unser Gefühl sagt uns verhalten, daß etwas verloren gegangen ist – etwas Reines, Hohes und Zerbrechliches. Wir haben aufgehört, das *Ziel* zu sehen.«[182]

So, wie es zum Aussterben einer Art führt, wenn im evolutionären Wechselspiel von Konstanz und Veränderung im Umweltverhältnis der betreffenden Art die Veränderungs-Phasen zu lang und die Konstanz-Phasen zu kurz werden, so führt es zur Kulturauflösung, wenn die Phasen der Veränderung immer seltener und immer kürzer von Phasen des Tradierens unterbrochen werden oder letztere ganz unterdrückt werden. Und weil Kultur immer auch eine epigenetische Komponente hat, wirkt die eingeschränkte oder fehlende transgenerationelle Festigung eines sozialen Umweltverhaltens auch biologisch »lastend« und mündet im Extremfall in die kollektive Erschöpfung. Der Biologe Rupert Riedl (1925–2005) kommt in seinem Buch über die »Systembedingungen der Evolution« zu der ganz ähnlichen Erkenntnis, dass die Umweltprägungen der Vergangenheit in den von ihm als »epigenetische Systeme« bezeichneten Programmen der Art akkumuliert wurden und damit genau das bestimmen, was menschengemäß ist. Riedl schreibt dazu: »Die epigenetischen Systeme lassen sich nicht ändern und da sie die Vorteile für gestern speichern mußten, müssen sie die Nachteile für heute beinhalten. Nachteile gegenüber einem Milieu, dem wir nicht angepaßt sind. Ein Milieu, das wir selbst geschaffen haben. Das enthält zugleich die Tragik wie die Hoffnung unserer Position. Sollen die Nachteile verschwinden, so nur durch eine Anpassung unseres Milieus an die Biologie des Menschen«.[183]

Umweltprägung und Beheimatung: Das ökologische Milieu in uns

Erinnern wir uns daran, dass der Umwelt-Begriff vor etwa 100 Jahren von dem Biologen und Philosophen Jakob von Uexküll eingeführt wurde – und zwar in der Gegenüberstellung von Innenwelt und Umwelt. Uexküll hatte erkannt, dass die Umwelt immer auch ein Teil der Innenwelt ist. Und das trifft nicht nur auf Tiere zu, die immer ein »Bild« von ihren artgemäßen Habitaten in sich tragen, sondern auch auf Menschen: Eine lebenswerte Umwelt im Sinne von *Landschaft* ist Voraussetzung für eine lebensbejahende Atmosphäre unter den Menschen. Und eine ansprechende Landschaft, die auch dem Auge Nahrung und der Seele Kraft gibt, ist nicht irgendein Luxus, den wir in zwei oder drei Urlaubswochen andernorts genießen können, sondern Voraussetzung für ein menschengemäßes Dasein im Alltag.

Beheimatung ist nicht nur (wie auf S. 147 beschrieben) ein individuelles Geschehen, sondern auch ein generationenübergreifender Prozess. Die von James Cowan so beeindruckend beschriebene »visionäre Geographie« der australischen Aborigines, für die ihr Land eine »geographische Ikone« ist, zeigt, dass die auf das ökologische Milieu bezogene rituelle Tradition ein erbliches Gefühl generiert, welches das Individuum mit seiner *Heimat* verbindet.[184] Der Begriff »Traumzeit« im Blick auf die innere räumliche Bindung der Aborigines deutet an, dass diese unbewusste Erinnerung an die Topographie der Heimat auch die Basis der seelischen Empfindungen berührt. In Mitteleuropa bezieht sich die »kollektive Erinnerung« auf jenes Umweltmilieu, das hier in den zurückliegenden 5000 Jahren prägend war: auf ein Landschaftsbild, das durch eine vielfältige kleinbäuerliche Landbewirtschaftung geprägt ist. Das abwechslungsreiche kleinteilige Mosaik von Feldern und Hecken, Wiesen und Weihern, Gehölzen und Wäldern, Höfen und Gärten – die alle durch obstbaumgesäumte Wege verbunden sind –, entspricht unserer Seelenlandschaft mehr als die seit erst seit wenigen Jahrzehnten vordringende steppenartig nivellierte Agrarindustrie-Landschaft. Insoweit verdient nicht jede »kultivierte« Landschaft auch die Bezeichnung *Kulturlandschaft*.

Wie aber auch »fremde« Landschaften die Seele berühren, hat jeder Binnenländer gespürt, als er zum ersten Mal in seinem Leben ans Meer kam – und sich ihm beim Blick über die Düne der unendliche Horizont der weiten See eröffnete. Hier fühlt der Mensch das wahre Verhältnis zwischen seiner Kleinheit und der Größe der Welt. Hier fühlt jedes Kind, dass es jenseits von allem Menschengemachten etwas Größeres, Erhabenes und *Heiliges* gibt, in das wir eingebettet sind. Fatal ist, dass gerade die Akteure der aus der Umweltbewegung entsprungenen Energiewende jegliche Sensibilität für dieses Erhabene und Heilige der Natur hinter sich gelassen haben und die Eigenwerte der Natur negieren.

Wer heute an den Ort kommt, wo er als Kind das erste Mal die Tiefe und Unendlichkeit des Meereshorizonts erblickt hat, wird oft schockiert sein: Vor der magischen Horizontlinie, wo die sichtbare Welt zu Ende ist, erheben sich in langer Reihe Hunderte von Windanlagen aus dem Wasser, deren Rotoren das Bild der wild tobenden und brausenden Wellen gegen den Himmel hin mit einer von gleichförmigen Drehbewegungen bestimmten zaunartigen Begrenzungslinie brechen. Und nach Sonnenuntergang, wenn der Himmel zum nächtlichen Sternenfirmament wird, fängt eben diese Horizontlinie zwischen dem weiten Meer und dem offenen Himmel an zu blinken. Hunderte von synchron geschalteten roten Lichtern verwandeln die erhabene Stille des nächtlichen Meereshorizonts in eine Mischung aus Sylvester-Party und Industrielandschaft. Hätte Caspar David Friedrich (1774–1840) im Jahr 1818 sein berühmtes Bild der *Kreidefelsen auf Rügen* gemalt, wenn damals die Horizontlinie durch eine Fülle rotierender und blinkender Offshore-Anlagen verstellt gewesen wäre? Durch einen Öko-Aktionismus, dem nichts heilig ist, der keine Ehrfurcht vor der »Erhabenheit der Landschaft« (Michael Succow) hat, wird sich eine organismische Integration des Menschen auf der ökologischen Ebene nicht entwickeln lassen.

Entsprechendes gilt natürlich auch für die Erhabenheit des Himmels über uns; und das nicht nur, weil der Sternenhimmel infolge von Luftverunreinigungen und der städtischen Lichtüberflutung nur noch eingeschränkt sichtbar ist: Im Wesentlichen sind es die permanent anwesenden Flugzeuge, die uns tagsüber einen gestreiften, eingetrübten Himmel bescheren und nachts mit ihren blinkenden Lichtern die Sternbilder durchkreuzen, um sie dann mit ihren Kondensstreifen hinter einem trüben Schleier unkenntlich zu machen – ganz zu schweigen von dem Himmelstheater der Starlink-Satellitenstaffeln (s. S. 159).

In welcher Weise heute sogar der Umwelt-Begriff diskreditiert ist, zeigte sich im November 2019, als gerade »Umwelt«-Verbände gemeinsam mit der Windkraft-Lobby gegen den von der Deutschen Bundesregierung geplanten 1000-Meter-Mindestabstand von neuen Windrädern zur Wohnbebauung Sturm gelaufen sind. Wenn man das Uexküll'sche Prinzip verstanden hat, wonach die Umwelt immer auch ein Teil der Innenwelt ist, dann ist jeder Angriff auf unsere landschaftliche Umwelt auch ein Angriff auf die Grundlagen unserer seelischen Verfassung. Im Fall von Landschaft, Meer und Himmel betrifft das in gleicher Weise die seelische Verfassung der jeweils betroffenen Völker – oder sogar die der Menschheit.

Die Erkenntnis, in der Biophonie der Natur den Ursprung der Musik zu sehen, hat der Tierstimmenforscher und Musiker Bernie Krause von dem amerikanischen Musikwissenschaftler Louis Sarno übernommen, der seit Mitte der 1980er Jahre unter Bayaka-Pygmäen im zentralafrikanischen Dzanga-Sangha-Regenwald lebt.[185] »Mehr als jeder andere steht Sarno für den Gedanken, dass es eine numinose und praktische, sehr unmittelbare Verbindung gibt zwischen den Klängen einer unberührten Landschaft und der Entwicklung der Musik, des Tanzes und wahrscheinlich sogar der Sprache der Spezies Mensch«, so Krause.[186] Und er kommt zu einem Schluss, der den Gedanken einer *organismischen Integration* des Menschen in die Natur der Erde teilt: »Das Wispern jedes Blattes und jedes Geschöpfs beschwört uns, dem zarten Klangteppich der Biophonie unsere Liebe und Sorge zu schenken, denn schließlich bot er die erste Musik, die unsere Spezies vernahm. Er vermittelte dem Menschen die Botschaft, dass er ein wesentlicher Bestandteil eines einzigen fragilen ökologischen Systems ist, eine Stimme in einem vielgestaltigen Orchester, und keinen wichtigeren Auftrag hat als die Feier des Lebens selbst.«[187]

Abb. 38 und 39: Landschaft als Stoff für die Seele? Im Namen des Umweltschutzes wird gerade das zerstört, was die menschliche Innenwelt nur aus einer menschengemäßen Umwelt aufnehmen kann: Ruhe, Harmonie, Proportionalität, Schönheit, Offenheit. (Oben: Naumburg, 2015 / unten: Altentreptow, 2019)

In diesen Zusammenhang gehören auch die Betrachtungen zum Thema »Vögel für unsere Seele« von Ernst Paul Dörfler. Dörfler lenkt unsere Aufmerksamkeit auf die Leistungen der Natur, die nicht so leicht in Euro zu beziffern sind und meint: »Zu den Gratisleistungen der Vögel rechne ich schon ihre Präsenz. Das unmittelbare sinnliche Erleben der Vögel steigert unser Wohlbefinden, unsere Lebensqualität. [...] In früheren Jahrhunderten galt der Gesang der Nachtigall als eine Art Heilmittel. Ihre Lieder, so die damalige Auffassung, sollten Heilungsprozesse kranker Menschen günstig beeinflussen. Ist das so abwegig? Wer könnte dem widersprechen? Und warum sollte das nicht auch für die Gesänge anderer Vögel gelten? [...] Viele Menschen, so meine Beobachtung, hören den Gesang überhaupt nicht mehr, ihre Wahrnehmung für den ›Sender Natur‹ ist abgeschaltet.«[188]

Die »aktive Anverwandlung von Natur«[189] läuft (gerade bei Kindern wie bei Naturvölkern) über Intuition und »Instinkt«. Sie ist ebenso »unverfügbar« wie Resonanz; sie ist Resonanz. Man kann Naturwahrnehmung schulen bzw. einüben, beispielsweise durch Artenkenntnis, Atmosphärenwahrnehmung, Vogelstimmenkenntnis; aber man kann die für Naturresonanz nötigen Sinne (die Naturvölker noch haben, wie z. B. einen absoluten Kompass-Sinn) nicht mehr abrufen, wenn sie viele Generationen vor uns nicht mehr aktiviert haben und so im Zuge der ›erblichen Wirkung des Gebrauchs oder *Nichtgebrauchs* der Organe‹ verkümmert sind. Wir sollten uns vielmehr darum kümmern, wie man Kinder so mit Natur in Kontakt bringen kann, dass sie sich berühren lassen und ein – intuitiv – positives Naturgefühl ausbilden. Eines, mit dem sie später auch in ihrer Erinnerung in Resonanz treten können – dass sie dann über Resonanz durch die Natur berührbar macht.

Reinhard Falter schreibt hierzu: »Wer die Schönheit und Größe der Natur nicht mehr unverstellt empfinden und preisen kann (sei es, weil deren objektive Grundlage oder die persönliche Empfindungsgrundlage zerstört ist), ist kein Mensch im traditionellen Sinn des Wortes mehr, demnach Mensch ist, wer das Gegenüber der Unsterblichen aushält«.[190] Und: »Es geht bei einer generationenübergreifenden Ethik nicht nur darum, ihnen Rohstoffe übrig zu lassen, sondern auch Landschaft ›als Stoff, an dem ich meine Seele übe‹ (Humboldt).«[191]

Die Art als Ausdrucksorgan der Landschaft: Was der Faunenwandel ausdrückt

Wenn wir frühmorgens die Amsel vor unserem Haus singen hören, dann freuen wir uns über ihren kraftvollen und melodischen Klang. Aber wir sollten darüber hinaus mit Dankbarkeit erfüllt sein, dass es unter den naturunmittelbar als Wildform lebenden Arten so viele *Kulturfolger* gibt; dass sich die »paradiesische Schöpfung« auf den Menschen zu bewegt. Woher hat die Amsel (als Art) den Impuls bekommen, aus den Tiefen der Wälder bis in die Zentren der Großstädte hinein zu kommen, um mit ihren paradiesischen Flötenklängen auch den entfremdeten Menschen an seinen Herkunfts- und Bestimmungsort zu erinnern?

Oft wird Biodiversität nur als »Artenzählerei« oder als ein juristisch einsetzbarer Hebel im Landschaftsschutz missverstanden. Artenvielfalt ist aber aus sich selbst begründbar – und nicht zuletzt ein Schlüssel zur *Lebensfreude* der Menschen. Das Vorhandensein von Arten hat immer etwas mit Lebensqualität zu tun! Völlig zu Recht schreibt der Biologe Ernst Paul Dörfler: »Unsere Welt ist an einem Punkt angekommen, an dem die Liebe zur Natur allein nicht mehr genügt. Mit dem Seltenwerden oder gar Verschwinden vieler Tier- und Pflanzenarten droht einer Quelle von Lebensfreude die Austrocknung. Ich empfinde die Artenverarmung in der Natur auch als eine Verarmung der menschlichen Seele.«[192]

Der Greifswalder Ökologe Michael Succow hat bereits 1990 den Gedanken in die Diskussion eingeführt, dass Arten auch einen kulturellen Wert haben. Gerade die für die Kulturlandschaft typischen Arten, wie Hase, Storch, Lerche, Rebhuhn, Bläuling, Kornblume oder Wiesenchampignon sind auf das Engste mit unserer Kulturgeschichte verwoben. Das Artensterben in der Agrarlandschaft ist also nicht nur ein biologisches Problem, sondern auch ein Zeichen für die seelische Verarmung der Menschen und ein Bestandteil kulturellen Verfalls. Eine landschaftlich und biologisch ausgeräumte Flur, in der man nirgendwo mehr seinen Kindern einen Hasen, ein Rebhuhn oder eine Blumenwiese mit Schmetterlingen zeigen kann, ist in kultureller Hinsicht mit einer zerbombten Stadt vergleichbar.

Insoweit verdient nicht jede »kultivierte« Landschaft auch die Bezeichnung *Kulturlandschaft*. Der Agrarökologe Gottfried Briemle meint, das Wort »Kultur« im landwirtschaftlichen Sinne sei nicht nur als Urbarmachung und Pflege des Bodens zu verstehen, »sondern vielmehr als Ausdruck des menschlichen Schaffens im ländlichen Raum schlechthin. Für die landschaftliche Ausstattung gelten somit die gleichen Maßstäbe, wie für die kulturellen Bauten und das geistig-kulturelle Gedanken- und Brauchtumsgut. Demzufolge ist nicht nur die Pflanzendecke relevant, sondern auch jedes sichtbare Zeichen für die Landschaftsverbundenheit des Bauern.«[193]

Als *Kulturfolger* werden Arten bezeichnet, die in der Kulturlandschaft leben und oft sogar die Nähe des Menschen suchen, wie z. B. Weißstorch *(Ciconia ciconia)*, Rauchschwalbe *(Hirundo rustica)* und Türkentaube *(Streptopelia decaocto)*. Bemerkenswert ist die Tatsache, dass die verschiedenen Habitatbindungen und das damit zusammenhängende ökologische Verhalten mit dem Körperbau der betreffenden Art offenkundig in keinem Zusammenhang stehen. Der Weißstorch hat keine körperlichen Merkmale, die ihn für das Leben in menschlichen Siedlungen geeigneter erscheinen lassen als den Schwarzstorch *(Ciconia nigra)*. Schleiereulen *(Tyto alba)*, die in Mitteleuropa faktisch nur in Gebäuden brüten, brüten auf den britischen Inseln meist in Baumhöhlen. Ringeltauben leben sowohl in ausgedehnten Wäldern als auch inmitten von großen Städten. Die spezifischen »Habitatansprüche« entwickeln sich also weitgehend unabhängig von irgendwelchen körperlichen Voranpassungen (Präadaptionen). Niemand glaubt, dass sich der Schwalbenfuß erst mit der Entwicklung von Leitungsdrähten zu seiner heutigen Gestalt herausgebildet hat und Weißstörche ihren derzeitigen Körperbau erst nach der Besiedelung von Scheunendächern und Schornsteinen angenommen hätten. Physische Gestalt und Anatomie der Kulturfolger-Arten sind weitaus älter als die Kulturen, in denen sie leben.

Wohl konnten frühere Steppenbewohner mit der Ausbreitung des Ackerbaus neue Habitate erschließen und dadurch auch ihr geographisches Areal erweitern. Auch felsbewohnende Arten fanden im Gemäuer der Städte einen neuen Lebensraum, so dass sich ihre Areale und Habitate weit über die Gebirge und Steilküsten hinaus ausdehnen konnten. Die ökologische Anpassung an bestimmte Kulturen des Menschen vollzog sich aber allein auf der Ebene der Verhaltensweisen. Dabei sind die meisten Kulturfolger in ihrer Habitatwahl beweglich. Bei genauerem Hinsehen, wird man sogar feststellen, dass sich Kulturfolger-Arten, wie z. B. Rauchschwalben, in ihrem Verhalten je nach regional oder geschichtlich bedingter Viehhaltungsweise, Dorf- und Bauernhausarchitektur an verschiedene Kulturen anpassen.

Wenn jedoch Kulturfolger-Arten auf dem epigenetischen Wege der dynamischen Erblichkeit ihre Umweltansprüche und ihr Umweltverhältnis verändern, so müssen die entsprechenden Umweltveränderungen *allmählich* geschehen. Wird die »maximale biologische Evolutionsgeschwindigkeit« durch die rasante Veränderung der Umweltverhältnisse um ein Vielfaches überschritten, stellt sich eine Degeneration der betroffenen Populationen ein, die in diesem Fall nicht zur Domestikation, sondern zum Aussterben führt. Gemessen an den seit einigen Jahrtausenden weitgehend gleichbleibenden oder sich nur sehr langsam verändernden landschaftsprägenden Wirkungen der Ackerbaukultur, wurde das agrarische Milieu in den zurückliegenden 70 Jahren in einer Geschwindigkeit verändert, die das epigenetische Anpassungsvermögen der betreffenden Kulturfolger-Arten übersteigt. (Zu Biologie und Landnutzung s. auch *Umweltresonanz*, S. 514–527.)

Dass es sich beim Aussterben der Kulturfolger in den spätmodernen agrarischen Landschaften nicht allein um die Folgen einer Nahrungs- und Wohnungsnot handelt, zeigt sich daran, dass sie sich oft schon Jahre vor ihrem »Verschwinden« auffällig unauffällig verhalten. Anfang der 1980er Jahre waren die Steinkäuze *(Athene noctua)* in den mitteldeutschen Dörfern noch vorhanden, aber in der Abenddämmerung waren ihre Rufe nicht mehr zu hören und sie zeigten sich nicht mehr auf den Scheunengiebeln. Ähnliches können wir heute in der Toskana und in Siebenbürgen feststellen. Auch die letzten Rebhühner waren stumm und lebten extrem versteckt. In Rumänien gibt es Weißstörche, die mitten in Dörfern auf gut sichtbaren Dächern nisten – und heute ein so unscheinbares, gedämpft wirkendes Leben führen, das mit nichts an die vordergründige Präsenz der Störche in früheren Zeiten erinnert. Geradezu erschrocken sind Ornithologen mitunter über das Auftauchen eines jungen Kuckucks *(Cuculus canorus)* in einer Gegend, in der im Frühjahr kein Kuckuck zu hören war.

Was sagt uns das, wenn der Kuckuck noch da ist, aber nicht mehr ruft? Hier bekommt der Gedanke von Reinhard Falter Bedeutung, der meint, dass die Arten nicht nur eine funktionelle Aufgabe im ökologischen Gefüge haben, sondern auch *Ausdrucksorgan der Landschaft* sind. In der Tat gilt der Uexküll'sche Befund, wonach die Umwelt ein Teil der Innenwelt des Individuums und das Habitat ein Teil der Art ist, auch umgekehrt: Arten sind immer in der Weise »Zeiger-Arten«, als sie das ihrer Art entsprechende Milieu anzeigen. Wo Schafstelze *(Motacilla flava)* und Rohrweihe *(Circus aeruginosus)* rufen, Kiebitz *(Vanellus vanellus)* und Bekassine *(Gallinago gallinago)* ihre geräuschvollen Flugspiele zeigen und abends Wechselkröten *(Bufo viridis)* und Kreuzkröten *(Bufo calamita)* in das Froschkonzert einstimmen, ist eine teilweise mit Seggen und Schilf bewachsene nasse Wiesenlandschaft zu erwarten, die zumindest von den Rändern her als Wiese und Weide genutzt, aber nicht übernutzt – und vor allem nicht mit Stickstoff überdüngt – wird.

Ob wir nun an Neuntöter *(Lanius collurio)* und Braunkehlchen *(Saxicola rubetra)* denken, an Steinadler *(Aquila chrysaetos)* und Alpenbraunelle *(Prunella collaris)*, an Schwarzspecht *(Dryocopus martius)* und Schwarzstorch *(Ciconia nigra)* – oder an Haubentaucher *(Podiceps cristatus)* und Teichrohrsänger *(Acrocephalus scirpaceus)*: der erfahrene Ornithologe wird immer genau den Landschaftstyp vor Augen haben, der zu diesen Arten gehört. Im Falle der Kulturfolger-Arten sind es bestimmte Kulturlandschaftstypen, die mit einer bestimmten Art der Landbewirtschaftung verbunden sind. Und hier zeigt sich fast durchweg: Je weniger bäuerlich arbeitende Menschen und je weniger Weidetiere in der Landschaft anzutreffen sind, desto weniger freilebende Kulturfolger-Arten finden sich, die eben diese Landschaft als eine Kulturlandschaft *repräsentieren.*

Artenvielfalt ist kein Maß für »Natürlichkeit«, weil die meisten (theoretisch stabilen) Endstadien der ökologischen Sukzessionsprozesse relativ artenarm sind. Die größte Artenvielfalt hat sich mit der Etablierung einer kleinbäuerlichen Ackerbaukultur eingestellt; sie gehört zur wahren Kulturlandschaft. Für das, was in unserem ackerbaubasierten »Ökotyp« menschengemäß ist und Lebensfreude bringt, ist Artenvielfalt daher sehr wohl ein Maßstab. Bemerkenswert ist, dass – im Gegensatz zu den Arten der Wälder – die meisten Kulturfolger besonders lichtliebende Arten sind. Als solche sind sie auch im kollektiven Bewusstsein der Menschen verankert. Wird es, wenn sie verschwinden, auch in uns dunkler?

In der Tat: Wer den Verlust der biologischen Reichhaltigkeit in den letzten 40 Jahren aufmerksam beobachtet hat, muss feststellen, dass durchaus nicht alle Arten abnehmen – es gibt auch solche, die häufiger werden. Auffallend ist, dass der Wandel der Artenzusammensetzung in der Kulturlandschaft überall in dieselbe Richtung geht: Die lichtliebenden Arten werden immer weniger; die Schatten-Arten nehmen dagegen überall zu. Gerade in der Vogelwelt ist das deutlich sichtbar: Der Weißstorch *(Ciconia ciconia)* nimmt ab, der Schwarzstorch *(Ciconia nigra)* nimmt zu; die Schafstelze *(Motacilla flava)* ist nahezu verschwunden, die Gebirgsstelze *(Motacilla cinerea)* wird häufiger; das Braunkehlchen *(Saxicola rubetra)* ist fast weg, Rotkehlchen *(Erithacus rubecula)* sieht und hört man jetzt überall; Steinschmätzer *(Oenanthe oenanthe)*, Gelbspötter *(Hippolais icterina)* und Sumpfrohrsänger *(Acrocephalus palustris)* sind sehr selten geworden, Zaunkönig *(Troglodytes troglodytes)* und Waldlaubsänger *(Phylloscopus sibilatrix)* wurden dagegen häufiger; Dorngrasmücken *(Sylvia communis)* findet man kaum noch, Mönchsgrasmücken *(Sylvia atricapilla)* sind heute omnipräsent; die abendliche Gegenwart des dämmerungsaktiven Steinkauzes *(Athene noctua)* auf Scheunendächern und Obstbäumen ist heute Geschichte, während der nachtaktive Waldkauz *(Strix aluco)* den Steinkauz-Lebensraum außerhalb der Wälder mit übernommen hat. Überhaupt ist es auffällig, dass Arten der Wälder, wie auch Buchfink *(Fringilla coelebs)* oder Singdrossel *(Turdus philomelos)*, mehr in die offene Landschaft vorrücken.

Betrachten wir das Verhältnis der Pflanzen und Tiere zum Licht, dann eröffnen sich auch neue Perspektiven für das Verständnis der landschaftlichen Atmosphären und ihre Beeinflussung durch den Menschen. Der Vegetationskundler Hans-Christoph Vahle[195] bezeichnet die Lebensgemeinschaft, die wir bisher »Trockenrasen« nennen, als »Lichtrasen«. In der Tat ist nicht ihre Trockenheit, sondern die Lichtdurchflutung der Vegetation das entscheidende Kennzeichen dieser Standorte. Es sind durchweg »magere« Standorte, also solche Böden, auf denen die Einzelpflanzen nicht zu »fett« werden, dafür aber viele verschiedene Arten hier gute Bedingungen finden und sich diesen Lebensraum teilen können. Und das trifft ebenso auf die von und mit diesen Pflanzen lebenden Tierarten zu. Es gilt die einfache Formel: Je weniger Stickstoff im Boden ist, desto mehr Pflanzen- und Tierarten leben hier – und desto heller ist ihr Lebensraum. Auch Rainer Holz[195] betont, dass Lichtverlust und Abkühlung an der Bodenoberfläche aus einer »Verdichtung des Pflanzenkleides« resultieren, welche wiederum »Folge der Eutrophierung aber auch der zunehmenden Kohlendioxidanreicherung in der Atmosphäre« sei. Diese Verdichtung des Pflanzenkleides hat dazu geführt, dass es auch in der offenen Landschaft in den ersten 50 cm über dem Boden immer dunkler, feuchter und kälter geworden ist.

Es ist sicher nicht übertrieben, davon auszugehen, dass etwa 80 Prozent des Artenschwunds in der Kulturlandschaft auf das Konto der übermäßigen Stickstoffdüngung auf Acker und Grünland gehen. Dennoch kommen für die Verschiebung der Artenzusammensetzung von den Lichtarten hin zu den Schattenarten auch andere Ursachen in Betracht. Hier müssen wir den Blick nach oben wenden. Betrachten wir den gestreiften Himmel, so zeigt sich, dass wir uns an das Fehlen einer von Flugzeugen unbeeinflussten Wolkenbildung ebenso gewöhnt haben, wie an das Fehlen von Wiesenblumen auf dem Grünland.

Die Tatsache, dass die permanente Präsenz von Flugzeugen und ihren Kondensstreifen am Tag- und Nachthimmel allgemein akzeptiert wird, zeugt von einer Entheiligung des Himmels, wie es sie sicher nie vorher in der Menschheitsgeschichte gegeben hat. Dabei sind auch die ökologischen Auswirkungen des massenhaften Flugverkehrs gravierender als gemeinhin angenommen: Bei der Verbrennung von 1 kg Kerosin in der Flugzeugturbine werden 1,25 kg Wasserdampf, 3 kg CO_2 sowie Stickoxide und Ruß erzeugt.[196]

Da in der Reiseflughöhe von 10 bis 13 km Temperaturen von −40 bis −70 °C herrschen, bilden sich Kondensstreifen. Das sind Eiswolken, die sich bei höherer Feuchte der Umgebungsluft über große Gebiete ausbreiten und für Stunden oder Tage bestehen bleiben.[197] »Neben der Wirkung der Kondensstreifen selbst wird vermutet, dass die zusätzlichen Kondensationskeime nach der Auflösung der Kondensstreifen durch Verdunstung noch weiteren Einfluss auf den Treibhauseffekt haben. So könnte die Zahl der Eiskeime in Tropopausenhöhe allgemein so stark steigen, dass auch die spätere Bildung weiterer Cirren erleichtert würde. [...] Die vermehrte Beobachtung natürlicher Cirren in den letzten Jahrzehnten deutet [...] auf einen solchen Einfluss hin.«[198] Klimaforscher gehen davon aus, dass die Cirruswolken einer Isolierschicht gleichen, indem sie einerseits die Wärme der Sonne reflektieren, andererseits aber die Wärme der Erde nicht nach oben entweichen lassen.

Abb. 40 u. 41: Sperrschicht, Eintrübung und globale Verdunklung: Wolkenbildung mit Vielfliegerei (oben: Anfang Dezember 2015) und bei eingeschränktem Flugverkehr (unten: Anfang April 2020).

Diese Isolierschicht ist möglicherweise nicht nur eine meteorologische: Hans-Christoph Vahle macht darauf aufmerksam, dass Moose, Pilze und Schnecken, die normalerweise an beschatteten Orten vorkommen, sich gegenwärtig massiv in andere Milieus hinein ausbreiten. Er sieht ein »Phänomen, das auf eine krankhafte Übersteigerung des Erdelementes hinweist.« Und Vahle fragt: »Woran liegt das? [...] wer oder was zieht dann heute fast überall das Erdelement in die Atmosphäre hinaus? Ist es [...] eine noch feinsubstanziellere ›Dach‹-Form, eine Sperrschicht innerhalb der Atmosphäre, die die Wirkungen von Wärme, Licht und Luft abschirmt? Die Frage [...] ist sicherlich globaler Art.«[199]

Eine Antwort auf diese Frage dürfte im Zusammenhang mit jenem Phänomen stehen, das heute als »globale Verdunklung« *(global dimming)* bezeichnet wird. Durch die anthropogen erhöhte Konzentration von Aerosolen in der Atmosphäre kondensiert mehr Wasser und es entstehen mehr Wolken. »Von 1961 bis 1990 hat sich die Sonneneinstrahlung an der Erdoberfläche um geschätzte 4 % verringert.«[200] Die permanente Beeinträchtigung der Atmosphäre durch industrielle Aerosole, insbesondere aber durch Flugzeug-Kondensstreifen führe zudem dazu, dass »das Licht nicht mehr in gerader Linie auf die Erdoberfläche trifft«, sondern diffus ankommt, so dass »Blätter von allen Seiten bestrahlt« werden.[201] Und dies gilt auch für die Wolken: Klare Konturen haben Wolken nur bei absolut sauberer Luft. Nur dann kommt es zu keiner Lichtdiffusion, d. h. die Unterseiten der Wolken werden nicht durch die Reflexion der Dunst-Partikel von unten beleuchtet, sondern sie erscheinen dunkel. Dann sieht man die Wolken in einem tiefen Kontrast aus weißer Oberseite und dunkler Unterseite.

Somit kann man davon ausgehen, dass das Zusammenspiel zwischen der allgemeinen Stickstoffanreicherung der Böden und der Zunahme von diffusem Licht zu einem üppigeren Wachstum der Einzelpflanzen führt – das aber stets zu Lasten der Artenvielfalt der jeweiligen ökologischen Räume geht. Insbesondere die Dimension der atmosphärischen Verdunkelung ist bedrückend. Und diese wirkt sich – zumindest unbewusst – auch auf uns Menschen aus. Die für die Kulturlandschaft typischen Arten sind auf das Engste mit unserer Kulturgeschichte verwoben. Sie alle sind besonders lichtliebende Arten – und als solche auch im kollektiven Bewusstsein der Bevölkerung verankert. Wenn sie verschwinden, wird es in der Landschaft dunkler – und auch in uns.

Es ist nicht zu leugnen, dass eine atmosphärische Eintrübung der Luft mit einer atmosphärischen Eintrübung der Stimmung einhergeht: Wo die Räumlichkeit und Klarheit des Tag- und Nachthimmels nicht mehr wahrgenommen werden kann, scheint auch ein Gefühl des Eingebunden-Seins in die Welt verloren zu gehen. Die Umwelt ist eben immer auch ein Bestandteil der Innenwelt. Wenn wir also keine menschengemäße Umwelt mehr um uns finden, wird die Umweltveränderung auch seelische Spuren hinterlassen. Konkret: Wenn es trotz zunehmender Sommerhitze und Trockenheit zu einem Verlust an direktem Licht und atmosphärischer Klarheit kommt, wird das wohl auch zu mehr Zerstreutheit, Vernebelung und Eintrübung in uns beitragen.

Mensch und Umweltresonanz: Wahrnehmungsradius als Maß für Freiheit

Lärm macht krank – und nicht nur die Ohren. Das ist inzwischen Allgemeinwissen. Doch auf welche Weise Lärm die Gesundheit schwächt, ist wenig bekannt. Meist werden hier nicht näher beschriebene Stressreaktionen genannt, die zu psychosomatischen Schäden führen. »Stress tritt dann auf, wenn die Anforderungen aus der Umwelt die Reaktionsmöglichkeiten eines Menschen überfordern«[202], so die geläufige Stress-Definition. Über chronischen Stress schreibt der Arzt Joachim Strienz: »Im Gegensatz zu unseren Vorfahren aus der Steinzeit, die ihre Energien durch Kampf oder Flucht wieder abbauen konnten, ist dies bei uns modernen Menschen meist nicht möglich. Wir müssen viel zu häufig im Dauerstress verharren, weil wir uns gegen die chronischen Belastungen nicht wehren können. [...] Mit der Zeit tritt eine Erschöpfung ein. [...] Beim Burnout-Syndrom ist schließlich die Belastung so weit fortgeschritten, dass der Körper die natürliche Fähigkeit zur Erholung, auch wenn die Zeit dafür vorhanden wäre, verloren hat.«[203]

Weiter schreibt Strienz: »Der Mensch ist gut vorbereitet für akuten Stress, Dauerstress kann er jedoch schlecht aushalten. Der andauernde Kortisolüberschuss bei chronischem Stress hat schwerwiegende Folgen für die Gehirnfunktion. [...] Kortisol hemmt die Erneuerung der Neurotransmitter. Es kommt zu einem Verlust von Gehirnzellen und zu einer Verlangsamung der Neubildung von Nervenzellen. Kortisol wirkt in hohen Dosen neurotoxisch.«[204] Auf diese Weise wird verständlich, dass andauernde Stresssituationen – auch dann, wenn sie nur unbewusst wahrgenommen werden – zu einer Einschränkung oder zu einem Erlöschen des natürlichen Regenerationsvermögens führen.

Darüber hinaus kann hier das Umweltresonanz-Konzept zu einem tieferen Verständnis dieser Zusammenhänge beitragen. Dass Umgebungsgeräusche immer die akustischen Wahrnehmungs- und Orientierungsmöglichkeiten einschränken, wie bereits (auf S. 53) am Beispiel des Amselgesangs veranschaulicht, gilt auch für den Menschen: Dauertöne jeglicher Art lassen den Radius zusammenschrumpfen, aus dem man natürliche Umweltinformationen aufnehmen kann. Dies ist zugleich der Radius, in dem sich der Organismus bewusst oder unbewusst orientieren kann; in dem er mit jenen Faktoren in Resonanz treten kann, die wir zu den *Bedingungen der Regeneration* zählen. Es ist der Radius der *Umweltresonanz* oder, wie es Jakob von Uexküll ausgedrückt hat, der Radius der »Merkwelt«.

In seinem beeindruckenden Buch *Das große Orchester der Tiere* bezeichnet Bernie Krause das von diesem Radius abgesteckte Gebiet als »effektive Hörfläche«, also »jenen Bereich, in dem stimmliche Signale von Tieren gehört und beantwortet werden können.«[205] Krause macht deutlich, dass die akustische »Überblendung« eine »Verminderung der Erkennungsdistanz oder des sogenannten aktiven Raums nach sich zieht« und zu umfangreichen Beziehungsstörungen zwischen den Organismen führt.[206] Lärm ist wohl der Faktor, der die Umweltresonanz am meisten in eine Umwelt*dissonanz* verwandelt; der somit umfassende psychische und psychosomatische Schäden verursacht. Aber auch im Blick auf die anderen natürlichen Umweltinformationen ist der Wirkungszusammenhang derselbe: Ob Licht, chemische oder elektromagnetische Informationen – überall wo die Gegebenheiten des natürlichen Hintergrunds abgeschirmt, überlagert oder anderweitig gestört sind, kann sich der Organismus – bewusst oder unbewusst – nicht mehr richtig orientieren und kein intaktes Resonanzverhältnis zu seiner natürlichen Umwelt eingehen.

Umweltresonanz ist ein wechselseitiger Informationstransfer zwischen Organismen und ihrer Umwelt. Daher erfordert sie einen ungestörten Zugang zu natürlichen Umweltinformationen. Das heißt, dass die Organismen sich nur dann auf natürliche Weise in die Ökosysteme integrieren können, deren Teil sie sind, wenn sie sich anhand der tages- und jahreszeitlichen Rhythmen, der Charakteristika des Ortes und der Lebensäußerungen anderer Tiere und Pflanzen orientieren können. Zugvögel etwa können sich nur dann richtig orientieren, wenn der Sternenhimmel für sie sichtbar ist und die natürlichen elektromagnetischen Felder (unbewusst) wahrnehmbar sind. Und ebenso wie die bekannten natürlichen Umweltinformationen für die Orientierung der Organismen von Bedeutung sind, müssen wir davon ausgehen, dass auch nicht messbare Faktoren im Sinne der Hypothese biologischer Felder und Programme für die unbewusste Orientierung der Organismen (sowie ihrer Zellen einerseits und ihrer Populationen und Ökosysteme andererseits) erforderlich sind und im Zusammenhang mit der Umweltresonanz eine entscheidende Rolle spielen. Daher ist ein Zugang zu ihnen auch an einen intakten Zugang zu den bekannten natürlichen Umweltinformationen gebunden.

Weil der *Wahrnehmungsradius* eben jener Lebensbereich ist, in dem ein Individuum mit Artgenossen und Umweltverhältnissen soziale und ökologische Resonanzbeziehungen aufbauen kann, wirkt eine gestörte Umweltresonanz ähnlich wie Gefangenschaft. Freiheit heißt immer auch Beziehungsfreiheit und Orientierungsmöglichkeit. Daher können wir den Wahrnehmungsradius als ein Maß für unsere Freiheit verstehen. Alle künstlichen Lärm-, Licht- und elektromagnetischen Strahlenquellen schränken unseren Wahrnehmungs- und Orientierungsradius ein. Sie sorgen dafür, dass unser Milieu kein offenes System mehr ist. Sie sind somit krank machende Freiheitsbeschränkungen.

Die Selbstdomestikation abwenden: Degeneration als Menschheitsproblem

Degeneration ist nicht nur ein genetisch abbauender Prozess, der bei Pflanzen und Tieren auftritt, die aus ihren natürlichen ökologischen Milieus herausgenommen wurden. Degeneration ist heute auch ein weithin unterschätztes Existenzproblem der zivilisierten Menschheit. Mit der Erkenntnis von den *Grenzen des Wachstums* kam es zu einer Bewusstwerdung der durchaus absehbar nahenden Erschöpfung der materiellen Ressourcen, insbesondere der Energierohstoffe. Dazu kam mit der Wahrnehmung der *Umweltkrise* die Erkenntnis, dass die Anhäufung und Anreicherung von Umweltgiften den Fortbestand der Menschheit und ihrer biotischen Lebensgrundlagen ernsthaft gefährdet. Die hier vorgestellte Analyse des ökologisch-genetischen Zusammenhanges eröffnet den Blick auf eine weitere Ebene eines möglicherweise nicht mehr fernen Endpunktes der menschlichen Zivilisation: Die *biologisch-genetische Degeneration* des Menschen.

Der Aspekt der menschlichen Degeneration ist in vielfältiger Weise mit der Ressourcenverknappung und der toxischen Umweltkontamination verknüpft, und auch hier multiplizieren sich die Probleme mit der quantitativen Anzahl der Menschen bzw. der jeweiligen Bevölkerungsdichte. Dennoch handelt es sich bei dem Problemfeld der Degeneration nicht um eine bloße Nebenfolge der anderen Existenzkrisen, sondern um ein eigenständiges Phänomen, das eigene Ursachen hat, durch eigene Verläufe gekennzeichnet ist und zu ganz eigenen Schlussfolgerungen herausfordert. So existenziell bedrohlich die Degenerationsprozesse beim Menschen heute schon sind und sich noch mehr für die nächsten Generationen abzeichnen, so bemerkenswert ist es auch, dass unsere Gesellschaft von ihrer bewussten Wahrnehmung derzeit weit entfernt ist.

Verhängnisvoll für eine Auseinandersetzung mit der Problemlage der Degeneration war nicht ihre späte, sondern ihre frühe Erkenntnis: Ernsthafte Erörterungen über *Zivilisationsschäden* am Menschen gab es schon ein paar Jahrzehnte vor der Wachstums- und der Umweltdebatte. Daher konnten diese von den deutschen Nationalsozialisten mit der darwinistischen Logik vom Überleben der Stärksten im *Kampf um's Dasein* verknüpft und zur Unterfütterung ihrer eugenischen und rassehygienischen Programme mit herangezogen werden. Das Thema *Degeneration* wurde dann (ganz im Gegensatz zum Darwinismus!) wegen seiner Verwertung durch die Nationalsozialisten seit Mitte des 20. Jahrhunderts mit einem Tabu belegt. Auch hier gilt: Man löst keine Probleme, über die man nicht spricht.

Wenn die genetische Kohäsion einer Population schwächer wird, zeigt sich das zunächst in einer Vergrößerung der Bandbreite der Variation. Es gibt nun z. B. mehr besonders große und besonders kleine Individuen. Oder die Ausweitung der Variation verläuft nur in eine Richtung. Bei den meisten Domestikationsprozessen nimmt die Körpergröße in der Gesamtpopulation spontan zu – wie es z. B. in den Industrieländern auch beim Menschen seit etwa 150 Jahren der Fall ist.

Warum sollte mehr Vielfalt ein Problem sein? Das ist sie auch nicht. Aber die Vielfalt von Arten oder Unterarten (Populationen bzw. geographischen Formen) gibt es nur, solange diese verschieden sind und jede für sich eine eigene Identität hat – die nicht zuletzt aus einer jeweils begrenzten Bandbreite ihrer Merkmalsausprägungen resultiert. Eine nachlassende genetische Kohäsion geht immer einher mit anderen domestikationstypischen Degenerationserscheinungen. Und bei den allermeisten der unter uns mehr und mehr um sich greifenden Zivilisationskrankheiten handelt es sich – biologisch gesehen – um domestikationstypische Degenerationserscheinungen. Ist dieses Geschehen tatsächlich als »Domestikation« einzustufen? Ja und nein. Zunächst einmal kommen die – oben beschriebenen – für Domestikationsprozesse typischen *unregelmäßig abweichenden Varietäten* beim Menschen nur sehr selten vor. Andererseits lässt die fortschreitende Schwächung der menschlichen Konstitution keinen Zweifel daran, dass es sich hier um einen die Gesamtpopulation betreffenden Abbauprozess handelt.

In der Natur gibt es eine Vorstufe bzw. ein Frühstadium der Domestikation, welche als *Semidomestikation* bezeichnet wird. Hierbei handelt es sich um eine Dämpfung bzw. eine Art Präzisionsverlust erblicher Verhaltensmuster bei aus Wildformen hervorgegangenen Populationen, die über einige Generationen hinweg in Gefangenschaft gehalten worden waren und dann wieder in die Freiheit entlassen wurden oder entwichen sind. Ein Beispiel hierfür sind die halbzahmen Höckerschwäne und auch manche städtischen Gänse- und Entenvorkommen. Semidomestizierte Populationen sind (im Gegensatz zu domestizierten Populationen) in freier Natur ökologisch beständig, haben aber im Unterschied zur ursprünglichen Wildform ein reduziertes Verhaltensrepertoire, das sich in vermindertem Zugverhalten, eingeschränktem Orientierungssinn, verminderter Scheu, aber auch in Massenvermehrung sowie in Habitat-Veränderungen und Arealausweitungen zeigen kann. Semidomestizierte Formen haben in der Regel keine erkennbaren oder nur regelmäßig abweichende Domestikationsmerkmale ihrer Gestaltmuster, tendieren im urbanen Raum aber schneller zur Ausbildung von unregelmäßig abweichenden Aberrationen als Wildformen. Die Semidomestikation kann also als eine Vorstufe der Domestikation angesehen werden, die vermutlich noch reversibel ist. Vieles spricht dafür, den Zustand der ackerbaubasierten Kulturen des Menschen als »semidomestiziert« einzustufen, wobei die Hochzivilisation der Industriegesellschaften wohl unmittelbar an der Schwelle zur tatsächlichen Domestikation angekommen ist.

Und die Gefahr einer »Selbstdomestikation« kann nicht durch Selektion und Züchtung gebannt werden, sondern nur durch die Wiederherstellung eines artgerechten Umweltverhältnisses, also einer menschengemäßen Naturbeziehung. Das heißt, es geht zum einen um eine angemessene körperliche Aktivität, also, im Sinne der erblichen Wirkung des Gebrauchs oder Nichtgebrauchs der Organe, um einen artgemäßen »Gebrauch der Organe«. Wenn wir damit warten, bis die Energierohstoffe erschöpft sind, die uns heute von einem menschengemäßen Gebrauch unserer Organe »befreien«, dann könnte es für eine kollektive Regeneration zu spät sein. Zum anderen geht es um ein möglichst weites Offenhalten des »Fensters« zu den natürlichen Umweltinformationen, welches eine harmonische Umweltresonanz ermöglicht und so *Bedingungen der Regeneration* schafft. Der Mensch braucht ein Lebensmilieu, das zur Natur hin kein abgeschlossenes System ist.

Das, was in der Natur Degenerationserscheinungen oder Prozesse der Semidomestikation auslöst, sind erzwungene Lebensbedingungen, die eine artgemäße Umweltresonanz blockieren und, wo die betroffenen Organismen diesen gestörten Milieus weder durch Kampf noch durch Flucht entkommen können, zu chronischem Stress führen. Und wenn für uns Menschen eine artgemäße Umweltresonanz dauerhaft gestört oder verhindert ist, wird in ähnlicher Weise Dauerstress zum Allgemeinzustand. Der Hirnforscher Gerald Hüther warnt: »Wenn die Prognosen der WHO zutreffen – und es gibt keinen Grund, an der prognostizierten dramatischen Zunahme stressbedingter Erkrankungen in den hochentwickelten Industriestaaten zu zweifeln –, so werden in Zukunft kaum bewältigbare Kosten auf die medizinischen Versorgungssysteme und damit auf die Krankenkassen dieser Länder zukommen. Absehbar ist nicht nur eine enorme Zunahme stressbedingter somatischer Erkrankungen, vor allem die durch muskuläre Verspannungen verursachten langfristigen Schäden des Halte- und Bewegungsapparates und die durch permanent erhöhten Sympatikotonus verursachten kardiovaskulären Störungen. Es ist auch mit einem dramatischen Anstieg stress- und angstbedingter psychischer Erkrankungen zu rechnen, dazu zählen Angststörungen, Depression, Suchterkrankungen, Zwangsstörungen, Burn-out-Syndrome etc.«[207]

Wie sich die zivilisationsbedingte Milieustörung und der Verlust an kulturellem Halt in ihren degenerativen Wirkungen gegenseitig verstärken, beschreibt Hüther wie folgt: Der »[...] Mangel an eigenen Kompetenzen zur Stressbewältigung wird noch enorm verstärkt [...] durch einen Mangel an kohärenten, sinnstiftenden und haltbietenden Orientierungen. [...] Mit anderen Worten heißt das: In den hochentwickelten Industriestaaten gibt es für zu viele Menschen während der Phase der Hirnentwicklung zu wenige stärkende und stark machende und dafür zu viele schwächende und schwach machende Erfahrungen.«[208] Wenn wir diese Entwicklung umkehren wollen, brauchen wir Verhältnisse, in denen soziale und ökologische Resonanzbeziehungen den Alltag bestimmen; also ein »System«, das ausreichend kooperativ, integrativ und kleinteilig strukturiert ist, um als Einzelner Selbstwirksamkeit in Gemeinschaft mit Mensch und Natur erfahren zu können.

Organismische Integration und Vitalität: Zu Psychologie und Gesundheit

Ein immer größer werdender Teil der Gesellschaft wird sich heute der Notwendigkeit einer ökologischen Einbindung des Menschen bewusst – und beteiligt sich nur noch deswegen an der Ausplünderung des Naturkapitals der Erde, weil er sich dem Wettbewerbssystem nicht entziehen kann, das ihn dazu nötigt, sich in allen Fragen der Arbeitsweise und des Lebensstils an die Wachstumsökonomie anzupassen.

Hier kommt die Frage nach dem Grad der Selbstbestimmung des Menschen ins Spiel. Bemerkenswert ist, dass bei der wissenschaftlichen »Selbstbestimmungstheorie der Motivation« als Subtheorie die *»Organismische Integrationstheorie«* (Organismic Integration Theory) eine zentrale Rolle spielt. [209] Diese definiert den Grad der Selbstbestimmtheit als das Verhältnis zwischen der Stärke des inneren Antriebs (intrinsische Motivation) und dem Ausmaß der äußeren Einflüsse bzw. der wahrgenommenen externen Kontrolle (extrinsische Motivation).[210] Hieraus folgt, dass der optimale Zustand einer organismischen Integration (die integrierte Verhaltensregulation) eigentlich dann hergestellt ist, wenn das Individuum eine soziale und ökologische Umwelt vorfindet, in die es sich integrieren kann, ohne dabei sein Wesen und seine Intention zu vergewaltigen. Insoweit verlangt die Organismische Integrationstheorie der Psychologie geradezu nach einer Organismischen Integrationstheorie der Sozialwissenschaft – sowie der Biologie und Ökologie.

Ebenso wie das »Selbst« in der Biologie ein relativer Begriff ist, weil die Auffassung von der »Selbstorganisation« der Organismen suggeriert, dass wir unsere Körper »selbst« aufbauen, ist auch die Rede von der »Selbstbestimmung« zweideutig. Die biologische Feld-Hypothese und der Gedanke des »kollektiven Unbewussten« (Carl Gustav Jung) legen nahe, dass die Quelle der einer Person zugehörigen Intuitionen und Intentionen nicht zwingend im Inneren der betreffenden Person zu suchen ist. Zumal das von Anders Lindseth beschriebene Gefühl für den »wahren Lebensweg« (vgl. S. 201) keines ist, das wir als »selbst gemacht« ansehen könnten. In welcher Weise das »von innen« auch als ein »von außen« gedacht werden kann, hat Götz Kubitschek in seinen Betrachtungen über Friedrich Hölderlin (1770–1843) schön ausgedrückt: »Hölderlin verfertigte seine Gedichte nicht, er empfing sie eher«.[211]

Eine sozialwissenschaftlich-ökonomische Version der Organismischen Integrationstheorie ist eigentlich in Erich Fromms Werk *Haben oder Sein* schon erkennbar. Dass sich die große Verheißung der Industriegesellschaften nicht erfüllt habe, liegt nach Fromm »[...] neben den systemimmanenten ökonomischen Widersprüchen innerhalb des Industrialismus an den beiden wichtigsten *psychologischen* Prämissen des Systems selbst, nämlich 1. daß das Ziel des Lebens Glück, d. h. ein Maximum an Lust sei, worunter man die Befriedigung aller Wünsche oder subjektiven Bedürfnisse, die ein Mensch haben kann, versteht *(radikaler Hedonismus)*; 2. daß Egoismus, Selbstsucht und Habgier – Eigenschaften, die das System fördern muß, um existieren zu können – zu Harmonie und Frieden führen.«[212] Und Fromm hat klar erkannt, dass auch der Kommunismus keine erstrebenswerte Alternative zum Kapitalismus sein kann: »Die Behauptung der Kommunisten, ihr System werde den Klassenkampf durch Abschaffung der Klassen beenden, ist eine Fiktion, da auch ihr System auf dem Prinzip des unbegrenzten Konsums als Lebensziel basiert. Solange jeder mehr haben will, müssen sich Klassen herausbilden, muß es Klassenkampf und, global gesehen, internationale Kriege geben. *Habgier und Friede schließen einander aus.*«[213]

Die Entwicklung des kapitalistischen Wirtschaftssystems, so Fromm, »wurde nicht mehr durch die Frage: *Was ist gut für den Menschen?* bestimmt, sondern durch die Frage: *Was ist gut für das Wachstum des Systems?*« Von Anfang an habe man diesen Konflikt zu verschleiern gesucht durch die These, »daß alles, was dem Wachstum des Systems [...] diene, auch das Wohl der Menschen fördere.« Und: »Diese These wurde durch eine Hilfskonstruktion abgestützt, wonach genau jene menschlichen Qualitäten, die das System benötigte – Egoismus, Selbstsucht und Habgier – dem Menschen angeboren seien; sie seien somit nicht dem System, sondern der menschlichen Natur anzulasten.« Genau dieses Denkmuster wirkt bis heute – und ebenso seine bereits von Fromm aufgezeigte Folge: »[...] das Verhältnis des Menschen zur Natur wurde zutiefst feindselig.«[214] Voraussetzung hierfür ist freilich das falsche Naturbild der etablierten Biologie, wo – so Richard Dawkins – die »egoistischen Gene« sogar für einen »Krieg der Generationen« und einen »Krieg der Geschlechter« sorgen.[215]

Zu Recht bezeichnet Erich Fromm die uns von unserem sozioökonomischen System aufgezwungenen Charakterzüge als »pathogen«. Zum ersten Mal in der Geschichte hänge »[...] das physische Überleben der Menschheit von einer radikalen seelischen Veränderung des Menschen ab. Dieser Wandel im ›Herzen‹ des Menschen ist jedoch nur in dem Maße möglich, in dem drastische ökonomische, und soziale Veränderungen eintreten, die ihm die Chance geben, sich zu wandeln«. Und ausgesprochen klar erkannte Fromm die zentrale Rolle einer von der Selektionslehre deformierten Biologie, Anthropologie und Psychologie: »Einer der gewichtigsten Einwände gegen das Ziel, Habsucht und Neid zu überwinden, nämlich der Einwand, daß diese in der menschlichen Natur verwurzelt seien, verliert bei näherer Betrachtung stark an Bedeutung: Habsucht und Neid sind nicht von Natur aus so stark, sondern infolge des allgemeinen Drucks, ein Wolf unter Wölfen zu sein. Sobald sich das gesellschaftliche Klima, die allgemeinen Wertmaßstäbe geändert haben, wird auch der Übergang von der Selbstsucht zum Altruismus um vieles leichter sein.«[217]

Bei den notwendigen psychischen Veränderungen der Gesellschaft geht es jedoch nicht um einen Altruismus, der im Sinne von Aufopferung oder Selbstaufgabe interpretiert wird. Nach der Logik der *organismischen Integration* hat das Individuum zugleich Organfunktionen im Gesamtorganismus der Gesellschaft. Wenn die Gesellschaft organismisch verfasst ist, kann sich der Einzelne kooperativ integrieren – und als ein Teil des Ganzen fühlen. Und in organismischen Systemen harmonisch integriert, ist nicht nur die Umwelt ein Teil der Innenwelt, sondern auch die Identität des sozialen Gesamtorganismus ein Teil der Identität des Individuums. Insoweit kann – ein organismisch funktionierendes Gesellschaftssystem vorausgesetzt – erst eine optimale Einfügung des Einzelnen in »das Ganze« seine funktionelle Integration und spezifische Förderung bewirken. Erst mit dem Eintreten eines wechselseitigen Resonanzverhältnisses zwischen »Organ« und »Organismus« kann der Individualität des Einzelnen eine *Erfüllung* zukommen, die ihn das sein lässt, was er ist. Organismische Integration ist nicht Selbstaufgabe, sondern Selbstfindung.

Da das desintegrierende Wettbewerbsmodell letztlich nicht nur Ressourcen vergeudet, sondern schlicht und einfach zur Erschöpfung der von ihm getriebenen Menschen führt, sind alternative Leitbilder unumgänglich. Der Mensch – als Individuum ebenso wie als Menschheit – muss lernen, sich einzufügen in ein übergeordnetes Ganzes. Dort, wo wir Einfluss auf das Übergeordnete haben, nämlich im Sozialen und im Politischen, sollten wir uns am *organismischen Prinzip* der Natur orientieren, also darauf achten, dass es die ihm zugehörigen »Organe« organismisch integriert.

Aus der Perspektive des organismischen Prinzips kann eine Gesellschaft dann in ein gesundes Gleichgewicht kommen, wenn

a) sie ihre Organstellung im Gesamtökosystem der Erde bejaht und in einer vollständigen funktionellen Integration in regenerationsfähige Ökosysteme lebt;

b) sie selber im Sinne eines Organismus strukturiert ist, also ihre Organe nicht konkurrieren, sondern sich wechselseitig stärken und das Ganze zusammenhalten;

c) ihre gesellschaftlichen (und ökologischen) Erfordernisse Traditionslinien (Gewohnheiten) etablieren, die äußere Anforderungen und intuitive Intention in Übereinstimmung bringen, d. h. Autonomie, Kompetenz und soziales Eingebundensein miteinander vereinen.

Was soziale Resonanz bedeutet, hat Hartmut Rosa auch in einem anderen Zusammenhang anschaulich benannt: »Die anthropologische Angewiesenheit auf Resonanzerfahrungen zeigt sich u. a. in der Institution des ›sozialen Todes‹ bei sogenannten ›archaischen Kulturen‹, die Mitglieder durch Resonanzverweigerung töten. Vielleicht tut das die spätmoderne Kultur auch ... «[218]

Eine positive Resonanzerfahrung dieser Art machte der Anthropologe Armin Heymer, als er eine zentralafrikanische Pygmäengruppe, die noch in der ursprünglichen, nämlich ur-menschlichen Lebensweise als Jäger und Sammler im Ituri-Urwald wohnte, nach ein paar Tagesbesuchen fragte, ob er eine Weile mit ihnen zusammenleben dürfe: »Musanki schmunzelte und lächelte, aber er hatte nichts dagegen. Bei den Frauen und Mädchen, die er sogleich von meinem Vorhaben unterrichtete, löste diese Nachricht große Heiterkeit aus. [...] Malaki und eine andere Frau krümmten sich vor Lachen. Die Heiterkeit überkam schließlich auch mich. Im Lager herrschte eine freudige Stimmung. Als Mitbewohner war ich somit akzeptiert.«[219] Das gemeinsame Lachen ist vermutlich nicht nur ein Resonanz-Test, sondern auch ein Instrument zum Aufbau und zur Stabilisierung sozialer Resonanz. Mit wem man nicht zusammen lachen kann, mit dem hat man auch sonst »nichts zu lachen«.

Ebenso ist für soziale Resonanz auch *Authentizität* eine unabdingbare Voraussetzung. Vielleicht ist es kein Zufall, dass zusammen mit der Wiedereinführung der kapitalistischen Verhältnisse in Ostdeutschland zu Beginn der 1990er Jahre überall in der beruflichen Erwachsenenbildung Kurse zu »Rede- und Diskussionstechnik« eingebaut wurden. Ich erinnere mich gut, wie die gerade um ihre östliche Identität ringende Zielgruppe genau diese Kurse als eine »Schulung des Unechten« bzw. als eine »Erziehung zur Falschheit« geißelte – und mit der Erfahrung westlicher Überfremdung verknüpfte.

Es geht aber nicht nur darum, seinen Mitmenschen nichts Falsches vorzuspielen, sondern auch darum, ein authentisches Verhältnis zur natürlichen Umwelt zu haben. Beispielgebend ist die von Niko Paech eingeführte Kategorie des »aufgeklärten Glücks«: »Dies wäre mit dem Bewusstsein verbunden, Glück stiftende Lebenskunst innerhalb eines verantwortbaren, also nicht entgrenzten Handlungsrahmens zu praktizieren. Wer nicht über seine ökologischen Verhältnisse lebt, sondern ein kerosin- oder plünderungsfreies Glück genießt, muss nicht ständig neue Ausreden erfinden. Wie viel Selbstbetrug ist nötig, um mit Dingen glücklich zu werden, von denen ich wissen kann, dass ich sie – gemessen an meinem Bewusstsein für globales Wohlergehen – nie verantworten könnte? Ist Glück, das nicht ehrlich ist, weil es das Aushalten oder Verdrängen von Widersprüchen abverlangt, nicht letztlich ein Unding? Demnach würde aufgeklärtes Glück voraussetzen, nicht nur zu genießen, sondern dabei mit sich selbst im Reinen zu sein.«[220]

Entsprechend ist auch für das Verhältnis zwischen den eigenen Grundhaltungen und der Zielrichtung der momentan ausgeübten Erwerbsarbeit ein authentisches und aufrichtiges Verhältnis herzustellen. Sobald man mit seinen Mitmenschen näher ins Gespräch kommt, stellt sich doch heraus, dass heute die meisten Leute ihre eigene Arbeit verachten. Sie sehen sich von den Zwängen des Wettbewerbssystems dazu genötigt, eine Arbeit zu tun, die sie selber als destruktiv erachten. Dies wiederum führt zu psychischen Verspannungen und trägt letztlich zu der Flut psychosomatischer Zivilisationskrankheiten bei.

Ähnlich verheerend wirkt auf Heranwachsende der häufige Wohnortwechsel, zu dem sich ihre erwerbstätigen Eltern im Industriesystem genötigt sehen. Hier geht es um die stabilisierende bzw. destabilisierende Wirkung der Kontinuitäten bzw. Diskontinuitäten räumlicher Einbindung. Papst Franziskus beschreibt das mit den Worten: »Die Geschichte der eigenen Freundschaft mit Gott entwickelt sich immer in einem geografischen Raum, der sich in ein ganz persönliches

Zeichen verwandelt, und jeder von uns bewahrt in seinem Gedächtnis Orte, deren Erinnerung ihm sehr gut tut.«[221] Die in der Innenwelt gespiegelte räumliche Bindung ist eine zum Teil unbewusste Erinnerung an die Topographie der Heimat und berührt die Basis der seelischen Empfindungen unmittelbar. Jedenfalls darf die innere Kraft, die der individuellen Prägung durch die Kindheitslandschaft innewohnt, nicht unterschätzt werden.

Man kann wohl davon ausgehen, dass Wohnortwechsel während der Kindheit und Jugend zu einer subtilen inneren Haltlosigkeit führen; dass Träume weder heimatlichen Boden noch Hintergrund haben, wenn die Seelenlandschaft nicht durch eine individuelle örtliche Beheimatung gefestigt ist. Eine psychische Destabilisierung wird natürlich auch dann eintreten, wenn man in einem sozialen bzw. ökologischen Milieu aufwächst, in dem harmonische Resonanzbeziehungen nur eingeschränkt aufgebaut werden können.

Aus medizinischer Perspektive ist der Mensch nicht ohne die überindividuellen Zusammenhänge verstehbar, deren Teil er ist. Über die »Einbettung« des Menschen in seine Umwelt schreibt der Naturheilkundler Hilarion G. Petzold: »Wer existentiell erfahren hat, dass wo immer die Integrität eines Menschen bedroht ist, auch seine eigene Identität gefährdet wird, wo immer auch die Integrität unseres ökologischen Lebensraumes zerstört wird, auch sein Leben gefährdet ist, der wird mit aller Kraft und allem Engagement, dessen er für sein eigenes Überleben fähig ist, auch für den anderen und die Welt eintreten; denn sie ist unser Haus *(oikos)* und die anderen sind unsere Schicksalsgefährten *(consortes)*.«[222]

Ebenso wie wir unser soziales und unser ökologisches Umfeld in unsere Identität integriert haben, und es entsprechend zu verteidigen bereit sind, so ist umgekehrt auch unsere psychische Verfassung als ein Bestandteil dieser Umwelten erklärbar. Und – nicht nur, weil es umfassende psychosomatische Zusammenhänge gibt, sondern auch infolge der *organismischen Integration* als solche – gilt dasselbe auch für unsere *physische* Verfassung: Die meisten der modernen Zivilisationskrankheiten erschließen sich nicht allein aus dem Einzelschicksal des betroffenen Individuums, sondern erst aus der Verfassung der »Population«, deren Teil es ist.

Bei den heute um sich greifenden Zivilisationskrankheiten handelt es sich sowohl um die Folgen einer Anreicherung von Umweltgiften, als auch um die Folgen einer Mangelversorgung mit lebenswichtigen Spurenelementen. Viele dieser Krankheitsbilder resultieren aber auch aus dem Zusammenspiel von Bewegungsmangel und der Abschirmung bzw. Störung von natürlichen Umweltinformationen. Zumindest letztere können im Blick auf den Zustand der Gesamtbevölkerung auch als Degenerationserscheinungen interpretiert werden. Eine organismische Sicht auf die menschliche Gesellschaft könnte uns verstehen lehren, dass viele Erkrankungen nicht dem Schicksal des Individuums zuzuschreiben sind, sondern dem Gesundheitszustand unserer »Zivilisation«. Von hier aus lassen sich die Ursachen der Zivilisationserkrankungen besser verstehen – und letztlich auch besser zurückdrängen.

So sehr der Einzelne darum bemüht sein sollte, eine harmonische *Umweltresonanz*, also die bewusste und unbewusste »Fühlung« zu seiner natürlichen Umwelt nicht ganz zu verlieren, so muss sich auch die Gesellschaft die Gefahr einer kollektiven Bewusstseinstrübung vor Augen führen, die aus der zunehmenden Naturentfremdung und Realitätsflucht erwächst. Und – das zeigen alle Beobachtungen zu Domestikationserscheinungen in der Natur – kollektive Verhaltensanomalien im Sinne von milieubedingter Trägheit, die aus einer eingeschränkten ökologischen Integration und einer gestörten Umweltresonanz resultieren, bewirken stets eine Degeneration der Gesamtpopulation. Und diese lässt sich auch als eine nachlassende *genetische Kohäsion* (s. S. 53) interpretieren, die erst im Variationsbild einer Population erkennbar wird.

Dass heute Heilpraktiker oft erfolgreicher und menschengemäßer heilen als die sogenannte »Schulmedizin«, liegt im Wesentlichen daran, dass sie die Selbstregulation des Gesamtorganismus in den Blick nehmen und nicht allein einen isoliert betrachteten »entarteten« Organbereich. Gerade die organfixierte Therapie entspricht ja spiegelbildlich dem Krebsgeschehen, welches (in seiner klassischen Interpretation) dadurch gekennzeichnet ist, dass bestimmte Zellen und Gewebe ihre organismische Funktion im Gesamtorganismus aufkündigen und »von allein« weiterwachsen.

Darüber hinaus ist das quasi industrielle Gesundheitswesen ja auch in vielen anderen Punkten weit davon entfernt, den Kranken für ihre Gesundung *Bedingungen der Regeneration* zur Verfügung zu stellen. Vom Zwangsfernsehen über die enge Belegung der Zimmer bis zum schlechten Essen in den Kliniken stehen die Zeichen nicht auf eine Förderung des Heilungsprozesses. Hinzu kommt die kommerz- und wettbewerbsbedingte Nötigung zu überflüssigen, aber kostenintensiven und oft riskanten Eingriffen und Therapien. Über Ivan Illichs (1926-2002) Kritik am heutigen Gesundheitssystem schreibt Gerald Lehner: »Illich stellt jene schöngeistige These massiv in Frage, wonach die medizinische Wissenschaft der Industriegesellschaft dazu da sei, dem Menschen zu helfen. Für ihn ist sie längst ein autoritäres System, das eine zerstörerische Eigendynamik entwickelt, absolute Macht ausübt und sozial verträglichere Formen der Heilkunst verdrängt.«[223]

Besonders bedenklich wird die zentralistische Top-Down-Medizin in ihrer Verbindung mit dem Weltbild der reduktionistischen Biologie. Während das organismische bzw. systemische Verständnis der Biologie die Verfassung des Immunsystems in den Mittelpunkt der Gesundheitsfragen stellt, fokussiert die Antibiotika- und Impflogik des reduktionistischen Medizinverständnisses auf die Erreger. Das ist insoweit problematisch, weil in unserem Körper zehnmal mehr Mikroorganismen leben als wir Körperzellen haben. Wir nehmen dauernd Mikroorganismen auf und scheiden ständig solche aus. Es gibt vielfältige Symbiosen zwischen höheren und niederen Organismen und auch das Phänomen der Umweltresonanz ist ohne die kooperativen Beziehungen mit und zwischen Mikroorganismen nicht vorstellbar. Erhellend ist der Gedanke von Walter Ostertag, dass es nicht nur »Krankheitserreger«, sondern auch »Gesundheitserreger« gibt – und daher eine gar zu sterile Lebensweise die Vitalität untergräbt.[224]

Unsere Vitalität hängt in entscheidendem Maße vom Zustand unseres Immunsystems ab. Das Immunsystem lässt sich als ein systemisches Zusammenwirken ganz verschiedener Bestandteile und Funktionen unseres Körpers beschreiben. Es wird gestärkt durch eine vollwertige Ernährung mit ausreichend Vitaminen und Spurenelementen, durch Aufenthalt im Freien mit ausreichend Sonnenlicht und sauberer Luft, sowie durch genügend körperliche Bewegung und ausreichend Schlaf. Geschwächt wird das Immunsystem durch Umweltgifte in Atemluft und Nahrung, durch falsche, vitalstoffarme Ernährung, durch Bewegungsmangel, Unterkühlung und Schlafdefizit, sowie durch chronischen Stress und soziale Isolation. Auch hier sind es intakte ökologische und soziale Resonanzbeziehungen, die Körper und Geist gesund erhalten. Es geht also um ein Leben in offenen Systemen, das uns an den *Bedingungen der Regeneration* teilhaben lässt.

Wie ist nun vor dem Hintergrund des Umweltresonanz-Konzepts das Geschehen einer globalen Pandemie zu bewerten? Zunächst sollten wir uns vor Augen führen, dass in der Natur fast jedes exponentielle Populationswachstum mittels Seuchen wieder korrigiert wird. Dass das Ende der globalen Bevölkerungsexplosion des *Homo sapiens* ein Seuchengeschehen mit tödlichen Viren sein könnte, ist nicht unwahrscheinlich. Ob diese »von selbst« entstehen oder aus einem Impfstoff-Forschungslabor entweichen, wie es für das Corona-Virus Covid-19 angenommen wird, ist dann unerheblich.

Um in einem solchen Fall – oder beim Herannahen einer Pandemie mit noch nicht genau bestimmbarer Gefährlichkeit – die Verbreitung der Seuche einzudämmen, kann es durchaus legitim sein, Grundrechte einzuschränken. Was aber nicht legitim ist, ist die Zurückhaltung von Informationen, die zur Orientierung nötig sind und die Unterdrückung der freien und öffentlichen Debatte. Weder legitim noch hilfreich sind Vorschriften, die das Immunsystem der Menschen schwächen, insbesondere alles, was unser Lebensmilieu zu noch abgeschlosseneren Systemen macht, als sie ohnehin schon sind – also die Verbannung der Bevölkerung in die Entropie-Falle. Wo Regeneration nur noch eingeschränkt stattfinden kann, wird das Immunsystem geschwächt, und wo das Immunsystem geschwächt ist, wird die Infektionswahrscheinlichkeit erhöht. Im Grunde muss es aber um die Fragen gehen, wie krisenfest die Gesellschaft verfasst ist und in welchem Zustand sich der kollektive Immunstatus der Bevölkerung befindet, *bevor* eine Epidemie oder Pandemie ausbricht. Wenn die Pandemie auf eine instabil verfasste Gesellschaft trifft, mit einer wachstumsabhängigen Wirtschaft, einer fast vollständig von Fremdversorgung abhängigen und obendrein immungeschwächten Bevölkerung; auf eine politisch gegeneinander gehetzte Gesellschaft, deren Zusammenhalt ebenso zerrüttet ist, wie ihr Vertrauensverhältnis in Politik und Medien – dann können die Folgen verheerend sein.

Das systemische Verständnis von Biologie und Medizin öffnet uns ja die Augen dafür, was kollektive Gesundheit ausmacht: Es geht um ein intaktes Immunsystem bei einem möglichst hohen Anteil der Bevölkerung; es geht um Vitalität und Lebenskraft; es geht um das Wirken von Regeneration; es geht um ein Leben in Milieus, die zur Natur hin offen sind. Die beste Gesundheitspolitik ist also eine prophylaktische. Wer es ernst meint mit der Gesundheitsvorsorge der Bevölkerung, muss für Verhältnisse sorgen, in denen keine Umweltgifte in Atemluft, Trinkwasser und Nahrung eingebracht werden; in denen für eine gesunde und vitalstoffreiche Ernährung gesorgt wird; in denen die Nötigung zu einem bewegungsarmen Arbeitsleben in Innenräumen unterbleibt; in denen die Ursachen für chronischen Stress und soziale Isolation abgebaut werden. Und nicht zuletzt geht es um ein Gesundheitssystem, das von unten nach oben organisiert ist und all das stärker fördert, was zunächst Hausmittel und Hausarzt, Meditation und Yoga, sowie Osteopathie und Heilpraktiker für die Stärkung der Regenerations- und Lebenskräfte tun können.

Eine andere Frage, die auch für die »sanfte Medizin« gilt, ist die, ob eine nur auf das Individuum bezogene Heilkunde der ökologischen und sozialen Einbettung des Menschen überhaupt gerecht wird. Die Individualistischen Ansätze stehen dem Konzept der hier vertretenen organismischen Biologie entgegen: Oft ist die »alternative Medizin« – wie die »Schulmedizin« auch – zu sehr auf das Individuum fokussiert. Da die rasant wachsende Krebshäufigkeit zu den »Volkskrankheiten« zählt, muss eine wirklich organismische Sicht auch den übergeordneten »Organismus«, dessen Teil das menschliche Individuum ist, in den Blick nehmen – und das sind in diesem Fall die von dieser Entwicklung betroffenen zivilisierten Völker der Industriegesellschaft.

Wenn wir – analog zu den Stadttauben – die verschiedenen Ebenen der physischen Konstitution der Gesamtbevölkerung in Variationsbild und Variationsdichte bildlich darstellen und ihre Veränderungen in den zurückliegenden Zeiträumen betrachten würden, dann hätten wir eine konkretere Vorstellung von der Verfassung der überindividuellen Kategorie, deren Teil wir sind. Egal ob wir diese »Population«, »Bevölkerung« oder »Volk« nennen, müssen wir uns darüber im Klaren sein, dass eine gemeinsame Verantwortung für diejenige Realität, in die wir sozial und genetisch eingebettet sind, nichts mit dem zu tun hat, was heute allgemein als »völkisch« verstanden bzw. missverstanden wird. Die Verantwortung, die die Umweltresonanz-Perspektive nahelegt, ist eben gerade nicht eine züchterische »Verantwortung« im Sinne von Selektion und Euthanasie, sondern eine Verantwortung für artgemäße, nämlich menschengemäße Lebensverhältnisse – eine Verantwortung für ein Leben in harmonischen Resonanzbeziehungen auf der sozialen wie auf der ökologischen Ebene!

Eine große Übereinstimmung mit der Perspektive von Umweltresonanz und organismischer Biologie sehe ich in dem Konzept der »Systemaufstellungen« des Psychotherapeuten Bert Hellinger. Hellinger betrachtet Familie und Sippe als ein System mit gewachsenen Bindungen, die zusammen eine »Schicksalsgemeinschaft« bilden. Beim Familien-Stellen scheint auch das von Sheldrake beschriebene Phänomen der »morphischen Resonanz« eine Rolle zu spielen: »Plötzlich fühlen die Stellvertreter wie die Person, die sie vertreten, ohne dass sie etwas von ihnen wissen. Danach kann durch Verschiebungen der Stellvertreter jene Ordnung für die Familie gefunden werden, bei der sich alle wohl fühlen. Das Familien-Stellen ermöglicht also Einblicke in die verborgenen Gesetze von Beziehungen und zeigt, wie sie gelingen.«[225]

Hellinger schreibt, dass diese Einsichten nicht allein über philosophische Wahrnehmung oder die Anwendung eines phänomenologischen Erkenntnisweges zu gewinnen waren: »Dazu brauchte es noch einen anderen Zugang, den ich Wissen durch Teilhabe nenne. Dieser Zugang eröffnet sich über das Familien-Stellen, wenn es auf phänomenologische Weise geschieht. [...] All dies wird erlebt, ohne dass die Stellvertreter von der Familie mehr wissen, als wen sie vertreten. Es zeigt sich also beim Familien-Stellen, dass zwischen dem Klienten und den Mitgliedern seines Systems ein wissendes Kraftfeld wirkt, das Wissen ohne äußere Vermittlung allein durch Teilhabe ermöglicht, und, was noch überraschender ist, dass auch die Stellvertreter, die ja mit dieser Familie sonst nichts zu tun haben und von ihr auch nichts wissen können, an dieses Wissen und an die Wirklichkeit dieser Familie angeschlossen sein können.«[226] Aus einer solchen Perspektive wird auch deutlich, dass die *Familie* kein beliebiges soziales Konstrukt ist, sondern die Grundeinheit einer artgemäß menschlichen Sozialverfassung.

Signatur und Wirkungsart: Zur Theorie der Pflanzenheilkunde

Pflanzen sind unsere Lebensgrundlage, weil sie die Energie der Sonne und die Mineralstoffe der Erde umwandeln und für den Menschen verfügbar machen. Dank der Pflanzen können die Kräfte der Sonne und der Erde im Menschen wirksam werden. Darüber hinaus wohnen vielen Pflanzenarten besondere Heilkräfte inne. Dies lässt sich damit begründen, dass der überwiegend pflanzliche Anteil der menschlichen Nahrung sich ursprünglich aus sehr vielen verschiedenen Pflanzenarten zusammensetzte und im Zusammenhang mit der starken Vereinseitigung der pflanzlichen Kost Mangelerscheinungen auftraten – die wiederum durch bestimmte Kräuter ausgeglichen werden können.

Es ist eine alte Volksweisheit, dass Gott gegen jede Krankheit ein Kraut wachsen lässt – man die Kräuter mit ihren Heilwirkungen nur kennen und richtig anwenden muss. Schon in der Bibel heißt es: »Der Herr läßt die Arznei aus der Erde wachsen, und ein Vernünftiger verachtet sie nicht.« (Sir 38,4) Dabei sind unsere Vorfahren – wie die Heilkundigen in Naturvölkern heute noch – intuitiv vorgegangen. Hal Zina Bennett weist im Vorwort zu Eliot Cowans Buch *Pflanzengeist-Medizin* zu Recht darauf hin, dass die heilenden Wirkungen der Kräuter nicht durch das Ausprobieren aller Arten bei allen Krankheiten erkannt worden sein können: »Es ist ziemlich unwahrscheinlich, dass die Wirkung des Fingerhuts zufällig oder durch Versuch und Irrtum entdeckt wurde, die Pflanze ist ja giftig. Es scheint mir nahe liegender zu sein, dass die alten Heilkundler irgendwie in der Lage gewesen sind, mit den Pflanzen zu kommunizieren oder auf eine andere intuitive Weise *lesen* konnten, was sie uns Menschen anzubieten haben.«[228]

Im Gegensatz zur heutigen Pharmazie geht die Pflanzenheilkunde davon aus, dass nicht einzelne extrahierte Inhaltsstoffe, sondern die Gesamtheit der Inhalts- und Wirkstoffe einer Pflanzenart in ihrer natürlichen Zusammensetzung und in ihrem gegenseitigen Zusammenwirken die spezifische Heilwirkung eines Krautes ausmacht. Darüber hinaus weist der Autor Roger Kalbermatten darauf hin, dass es neben dem biologischen Einfluss der Wirkstoffe noch ein polar gegenüberstehendes Wirkprinzip gibt, die *Information*. Und ein zwischen diesen Polen vermittelndes Wirkprinzip, das er als Wesen und Lebensenergie beschreibt. Hieran schließt sich der Gedanke einer Signaturenlehre an. Diese geht davon aus, dass man aus der äußeren Gestalt einer Pflanzenart einiges über ihre Wirkungsart ablesen kann. So stehe die Wilde Möhre (mit ihrem schwarzen Knopf in der Blütenmitte) für Zentrierung, die Kapuzinerkresse für Lichtdurchdringung des Dunklen, die Birke für Anmut und Beweglichkeit, der Hopfen für Leichtigkeit, der Schachtelhalm für Gliederung und Strukturierung und der Sonnenhut *(Echinacea)* für Abschirmung und Schutz.

Viele der genannten, über die stoffliche Wirkung hinausreichenden Wirkprinzipien sind mit dem Umweltresonanz-Konzeptgut vereinbar. Insbesondere das Aufgreifen des in Naturvölkern überall anzutreffenden Konzepts der *Lebenskraft* kann zu einem tieferen Verständnis dieser Naturzusammenhänge beitragen. Hier ist Heilung nur in Verbindung mit Regeneration und Integration vorstellbar.

Da der Mensch nicht nur einen Körper, sondern auch eine Seele hat, muss sich auch die Pflanzenheilkunde mit der Frage auseinandersetzen, in welchen sozialen Verhältnissen und geistigen Bewusstseinszuständen der Gesellschaft sie so wirken kann, dass die pflanzlichen Heilkräfte überhaupt mit ihrem ganzen Potential zur Wirkung kommen können. Es geht, wie es Hal Zina Bennett ausdrückt, darum, »die Verbindung mit den Kräften alter, intuitiver Traditionen« wieder herzustellen und uns darum zu bemühen, »nicht nur unsere individuellen Erkrankungen zu reparieren, sondern auch die gewaltige Wunde, die uns von der natürlichen Welt und der Welt des Geistes abtrennt.«[229]

Den Zugang zur Natur offen halten: Baubiologie, Strahlenschutz und Ernährung

Aus der Perspektive einer *organismischen Biologie* ist Natur mehr als die Abwesenheit von Einflüssen der menschlichen Zivilisation. Auch wenn man – wie die Debatte um biologische Felder bzw. Programme zeigt – die aufbauenden, ordnenden und regenerierenden Faktoren schwer fassen kann, so müssen wir *Natur positiv denken* (s. auch S. 220). Wenn der moderne Mensch die Natur kaum noch direkt wahrnimmt, sollte man nicht glauben, dass die indirekte Naturwahrnehmung ohne Wirkung wäre. Jeder weiß, dass ein, zwei Wochen Urlaub außerhalb der Stadt deutlich mehr zur Regeneration der eigenen Kräfte beitragen, als wenn man sich dieselbe Zeit in der Stadt ausruht. Es geht hier nicht nur um Ruhe *von* etwas, sondern um Ruhe *zu* etwas, nämlich zu Naturerfahrung – auch wenn diese nur eine indirekte ist. Schließlich ist das Rauschen der Wellen am Meeresstrand nicht leiser als das Rauschen der Stadtautobahn. So wie die vielfältigen »Leistungen« der Ökosysteme (vgl. S. 220) und unsere indirekte Naturwahrnehmung Voraussetzungen für die Regeneration der menschlichen Kräfte sind, so sind Resonanzstörungen zu unserer natürlichen Umwelt oft schädlicher, als die messbaren Faktoren im Sinne eines »zu viel«.

So lassen sich die bionegativen Effekte der Mobilfunkstrahlung wahrscheinlich nicht allein auf thermische Wirkungen zurückführen, sondern primär auf Resonanzstörungen zu natürlichen elektromagnetischen Informationen. Wenn das »elektromagnetische Breitband-Rauschen [...] im urbanen Umfeld allgegenwärtig« ist und den Magnetkompass der Zugvögel stört, »sollten uns diese Ergebnisse zu denken geben – sowohl was die Überlebenschancen der Zugvögel als auch was mögliche Effekte für den Menschen angeht«, so der Biologe Henrik Mouritsen.[230] Diese Effekte sind sowohl direkt als auch indirekt als Resonanzstörungen interpretierbar. Und Dissonanzen wie Disharmonien wirken bewusst und unbewusst als Dauerstress – mit all ihren degenerativen Folgen für Individuum und Population.

Oft führt die Abschirmung von schädlichen Umwelteinflüssen auch zu einer Abschirmung von lebenswichtigen natürlichen Umweltinformationen. In der *Baubiologie* z. B. ging es früher vor allem darum, dass Häuser atmen können. Heute ist dort die Abschirmung gegen künstliche elektromagnetische Felder ein wichtiges Thema. Damit hat sich die Intention umgekehrt: Während man früher darauf aus war, dass das Haus bei aller »Umhausung« doch ein zur Natur hin offenes System bleibt, geht es heute immer mehr darum, dass es zu einem abgeschlossenen System wird. Die Erkenntnis der Umweltresonanz sagt uns jedoch, dass diese Abschirmung zugleich auch eine Abschirmung gegen natürliche elektromagnetische Felder bewirkt. Ein ungestörter Zugang zu natürlichen Umweltinformationen (auch zu natürlichen elektromagnetischen Informationen) ist allerdings notwendig, um eine unbewusste Orientierung in Raum und Zeit zu ermöglichen und degenerativen entropischen Effekten vorzubeugen.

Wer sein Haus mit Aluminiumfolie oder Ähnlichem vor Mobilfunkstrahlung abschirmt, tut im Effekt dasselbe, wie jemand, der alle Fenster seines Hauses zumauert, um sich vor der nächtlichen Lichtüberflutung der städtischen Straßenbeleuchtung zu schützen. Ebenso wie das natürliche Sonnenlicht benötigen wir gewiss auch die natürlichen elektromagnetischen Feldinformationen der Erde. Die individuelle Abschirmung vor Mobilfunkstrahlung bzw. Elektrosmog verschlimmert nicht nur die Lage der Betroffenen – sondern meist auch die Lage der Allgemeinheit und die der Natur: Denn sie führt oft dazu, dass sich Betroffene gegen die elektromagnetischen Umweltmanipulationen nicht mehr wehren. Es gibt freilich auch natürliche Umweltfaktoren, die gesundheitsschädigend sind. Dennoch ist es oft nicht hilfreich, ihnen *ausschließlich* schädigende Wirkungen zuzuschreiben – wie es sich am Beispiel radioaktiver Heilquellen zeigt.

Auch bei der Betrachtung der stofflichen Zusammensetzung der Ackerböden sollten wir uns von der berechtigten Kritik an zu hohen Schadstoffbelastungen nicht den Blick darauf verstellen lassen, welche Elemente in einem gesunden Boden enthalten sein müssen. Das Problem an der reduktionistischen Vorstellung von »Pflanzenernährung« ist, dass sie sich nur auf die vier »Hauptnährstoffe« beschränkt: Stickstoff, Phosphat, Kalium und Kalzium. Damit allein kann aber keine Pflanze gedeihen. Die Pflanzen benötigen über diese Hauptnährstoffe hinaus eine Vielzahl von Spurenelementen bzw. »Mikronährstoffen«. Viele Landwirte, die trotz reichlicher Düngergaben sinkende Erträge einfuhren, verzeichneten wieder deutlich höhere Erträge, seit sie auch mit den neuerdings verstärkt angebotenen Mikronährstoffen düngen. Das heißt, dass durch die jahrzehntelange einseitige Überdüngung mit Stickstoff, Phosphat und Kali (NPK-Dünger) die Böden bezüglich der Spurenelemente völlig ausgelaugt sind und die Kulturpflanzen Mangelerscheinungen erleiden.

Dieselben Mangelerscheinungen erleiden nun auch die Menschen, die kaum eine Alternative dazu haben, als sich von diesen mit Mikronährstoffen unterversorgten Nahrungspflanzen zu ernähren. So wird der oxidative Stress in den Zellen, der durch die übermäßige Bildung freier Radikale entsteht, mit Zellschäden und der Entstehung von Krankheiten, insbesondere von Tumoren in Verbindung gebracht. Lebenswichtige Enzyme, die antioxidativ wirken, brauchen meist Mineralstoffe, wie Zink, Kupfer, Mangan und Selen, als Cofaktoren.[231]

Über die wichtigsten Zivilisationskrankheiten schreibt der Arzt Max Otto Bruker (1909-2001): »All diese Erkrankungen sind in erster Linie durch Vitalstoffmangel als Folge der zivilisatorischen Verfeinerung und Technisierung unserer Nahrung entstanden.«[232] Hier ist zugleich angedeutet, dass die Mangelerscheinungen nicht nur von der einseitigen Überdüngung und Auslaugung der Ackerböden herrühren, sondern auch durch den übermäßigen Verzehr von in der Natur unbekannten »leeren Energieträgern«.[233] Das sind industriell hergestellte Produkte, die reichlich Hauptnährstoffe bzw. Makronährstoffe für die menschliche Ernährung (Eiweiße, Fette, Kohlenhydrate) enthalten und für deren Verstoffwechselung Mikronährstoffe verbrauchen, welche sie aber selbst nicht oder nur unzureichend enthalten.

Im Laufe seiner evolutionären Entwicklung hat sich der menschliche Stoffwechsel darauf eingestellt, dass Zucker und Stärke stets in Verbindung mit den sie natürlich begleitenden Mineralstoffen und Vitaminen vorkamen; so dass genau diese natürlichen Begleitstoffe zu notwendigen Co-Faktoren der Verdauung von Zucker und Stärke wurden. Wenn wir nun über Fabrikzucker und Auszugsmehl unserem Körper isolierten Zucker und isolierte Stärke zuführen, fehlen die zu ihrer naturgemäßen Verdauung erforderlichen Begleitstoffe - und es kommt zu degenerativen Erkrankungen.

Das, was wir dem Boden sowie unseren Nahrungspflanzen und Nutztieren mit einer Vergiftung bzw. denaturierten Ernährung antun, hat auch eine über das Toxische hinausgehende, tiefere Wirkung: Mit unserer Nahrung nehmen wir nämlich nicht nur Stoffe und Energie auf, sondern auch die für die Bildung der biologischen Ordnung in uns erforderlichen *Informationen.* Es ist bemerkenswert, dass es nicht Biologen waren, die erkannt haben, dass Lebewesen Ordnung aufnehmen müssen, um leben zu können. Diese Erkenntnis kam von dem Physiker Erwin Schrödinger und dem Physikochemiker Ilya Prigogine (1917-2003). Viele der lebenden Makromoleküle, die für die Regulierung der Lebensprozesse notwendig sind, sind zugleich auch Informationsträger. Und dies betrifft nicht nur die DNA-Moleküle, die »in irgendeiner Form das ›Bild‹ des fertigen Organismus« vermitteln[234], so der Pionier des biologischen Landbaus, Hans-Peter Rusch (1906–1977). Rusch meint: »Die biologische Ordnung muss in irgendeiner Form in der Nahrung, der breitesten Verbindungsstraße zur Umwelt, enthalten sein, und diese Ordnung ist nur denkbar in eben den Formen, die dem Lebendigen selbst zugehören.«[235] In der Tat korrespondiert die biologische Ordnung mit den Eigenschaften der Vitalität und der Natürlichkeit, die auch Grundlagen der Regeneration sind.

Der Biophysiker Fritz-Albert Popp (1938–2018) bezeichnet auch das natürliche Licht, insbesondere die Sonne als eine »Quelle der Ordnung«.[236] Auch er bezieht sich dabei auf Erwin Schrödinger: »Der Kunstgriff, mittels dessen ein Organismus sich stationär auf einer ziemlich hohen Ordnungsstufe (einer ziemlich tiefen Entropiestufe) hält, besteht in Wirklichkeit aus einem fortwährenden Aufsaugen von Ordnung aus seiner Umwelt. [...] im Fall der höheren Tiere kennen wir die Ordnung, von welcher sie sich ernähren, recht gut; es ist der äußerst wohlgeordnete Zustand der Materie in den mehr oder minder komplizierten organischen Verbindungen, welche ihnen als Futter dienen. [...] Pflanzen [...] besitzen ihren stärksten Vorrat an negativer Entropie selbstverständlich im Sonnenlicht.«[237] Dass im Zusammenhang mit der Ernährung die »Ordnung wichtiger ist als die Energiezufuhr«, zeige sich auch an der »Bedeutung des Appetits«, der uns verrät, »zu welcher Zeit welches Lebensmittel die günstigste Wirkung auf unser System ausübt. [...] Durch das Essen kommt es zum Informationsaustausch, zu einer *Botschaft der Nahrung*.«[238]

Ebenso wenig wie sich die Realität des Appetits in rechenbare Einheiten zerlegen und vermessen lässt, kann man den Ordnungszustand bzw. die »Ordnungskraft« der Lebensmittel messtechnisch bestimmen. Neben dem bereits erwähnten Phänomen des Zusammenhanges von Präzision (der Gestalt- und Verhaltensmuster) und der jeweils möglichen Umweltresonanz (zum Ökosystem) hat die Ebene des Ordnungszustandes auch die Komponente von Harmonie bzw. Disharmonie. Auch diese kann man eher intuitiv wahrnehmen als technisch messen. Eine Möglichkeit, die Qualitätsunterschiede der Lebensmittel bezüglich ihres Informations- bzw. Ordnungsgehaltes doch zu veranschaulichen, besteht vielleicht in der von Walter Dänzer vorgestellten »Soyana-Methode«.[239]

Diese besteht darin, dass man aus einem Lebensmittel eine Probeflüssigkeit extrahiert, davon einen Tropfen auf einem Glas austrocknen lässt, wobei die Flüssigkeit auskristallisiert. Dann werden die so entstandenen Kristallisationsbilder durch das Mikroskop fotografiert. »Die Bilder erlauben uns, ganze Kristall-Landschaften zu betrachten, die nichts anderes sind als die eingetrockneten Mineralstoffe des untersuchten Lebensmittels«, so Dänzer.[240]

Und Dänzer weist auf die Probleme des mechanistischen Modells vom *Lebensmittel* hin, das unsere Nahrung nur anhand ihres Nährwerts und als Energieträger betrachtet: »Der feinstoffliche oder informationshaltige Teil der Lebensmittel bleibt unbeachtet und wird durch den chemisch-industriellen Landbau und die moderne Welt laufend schlechter: Ihr natürliches Leben, ihre reiche Information, ihre Fähigkeiten, ihr Wissen, ihre Ordnungskraft, ihre Erinnerungen und Erfahrungen – sie bleiben unbemerkt, ungepflegt, verschwinden mehr und mehr, und schlimm: Sie werden ersetzt mit negativen Inhalten.« Dieses Modell bewirke weiterhin, dass »[...] die chemisch-industriell erzeugten Lebensmittel immer weniger lebensunterstützende Informationen haben, in ihrem feinstofflichen oder informationshaltigen Teil immer schwächer und chaotischer werden, in ihrer Ordnungskraft abnehmen und in ihrer Ordnungskraft zunehmend negativ werden. Wer sich damit ernährt, erhält immer weniger Unterstützung durch den feinstofflichen/ informationshaltigen Teil der Nahrung für seine Gesundheit und immer mehr lebensfeindliche Einflüsse, die das organische Wissen, das biologische Erinnern und Können (Fähigkeiten) auf der Ebene der Zellen auslöscht. Es kann sein und ist zu vermuten, dass dadurch zusammen mit anderen Einflüssen unseres Lebensstils unsere Krankheitsanfälligkeit zunimmt und dies unsere Gesundheits- und Leistungsfähigkeit zunehmend bedroht.«[241]

Dass Lebensmittel mehr sind, als nur Sattmacher, ist schon seit langem bekannt. Werner Kollath (1892–1970) führte den Begriff der »Ernährungsnot« ein, die bei zivilisierten Völkern zunehme: »Wenn Nahrungsnot zu Hunger führt, so führt Ernährungsnot zu Krankheiten.«[242] Bereits 1940 erkannte er: »In der Verbindung des Zuviel und des Denaturierten finden wir dann erst jene Komplexe, aus denen sich eine Ernährungsnot zusammensetzen kann.«[243] Inzwischen sind 80 Jahre vergangen und die Situation hat sich – schleichend – zur Katastrophe ausgeweitet. Die ganze Dimension des Problems verdichtet sich in der scheinbar lapidaren Feststellung: »Die Krankenkassenbeiträge sind heute höher als die Ausgaben, die der Bundesbürger im Durchschnitt für den Einkauf von Lebensmitteln tätigt.«[244] Rainer Sagawe bringt hiermit auf den Punkt, dass billige Nahrung ungesunde Nahrung ist. Im Blick auf Landwirtschaft und Ernährung schreibt Fred Grimm treffend: »Dass ethische und ökologische Selbstverständlichkeiten die kritisch hinterfragte Ausnahme bilden, während der Irrsinn als Normalität durchgeht, ist doch die Krankheit unserer Zeit.«[245]

Der Gefangenschaft entkommen: Umweltresonanz und Recht

Was hat nun der Umweltresonanz-Gedanke mit dem Recht zu tun? Erinnern wir uns an die oben (S. 53) ausgeführten Realitäten des ökologisch-genetischen Zusammenhangs: Dass nämlich ein eingeschränkter *Wahrnehmungsradius* zu einer gestörten Umweltresonanz führt und dieselben domestikationstypischen Degenerationserscheinungen bewirkt bzw. erblichen Krankheiten auslöst, wie Gefangenschaft. Insoweit kommt eine durch menschengemachte Umweltfaktoren aufgezwungene Einschränkung unseres Wahrnehmungsradius einer Freiheitsbeschränkung gleich. Und wer will sich grundlos in Gefangenschaft überführen lassen? Jede künstliche Lichtüberstrahlung des Nachthimmels, jede künstliche Überformung der natürlichen elektromagnetischen Verhältnisse und jede akustische Überlagerung der natürlichen Biophonie macht unseren Lebensort ein Stück mehr zum Gefängnis, zu einem Milieu des geschlossenen Systems – weil sie unseren Wahrnehmungsraum verkleinert. Und genau hier stellt sich die Frage, was an unserem Rechtssystem zu ändern ist, damit diejenigen, die uns in ein der Gefangenschaft entsprechendes Dasein hineinzwingen, ebenso wegen Freiheitsberaubung belangt werden können, wie es bei einer physischen Festsetzung der Fall ist.

Hinzu kommt, dass auch die lebenswichtige *Regeneration* unseres Körpers mit all seinen Zellen beständig eingeschränkt wird, wenn unser Schlaf gestört und Ruhezeiten nicht respektiert werden. Die vorhandenen Lärmschutzgesetze greifen hier viel zu kurz. Wenn in Gefängnissen Gefangene mit Schlafentzug tyrannisiert werden, so wird das als »weiße Folter« bezeichnet. Nichts anderes ist es, wenn wir als (scheinbar) freie Menschen immer wieder durch Ruhestörungen oder andere Einschränkungen in der Regeneration unserer Lebenskräfte behindert werden.

Letztlich handelt es sich bei all den genannten Störungen um einen Angriff auf die Umwelt des Menschen, der deswegen sträflich ist und bestraft gehört, weil wir ein Teil der Umwelt sind – und sie ein Teil von uns. Mit dem Dauerstress geht eine als Milieustörung erlebbare Naturentfremdung einher. Ebenso wie bei Tieren das Leben in unnatürlichen Milieus zu permanentem Stress führt, der domestikationstypische Degenerationserscheinungen verursacht (vgl. S. 41), dürften ähnliche Wirkungen auch für den Menschen zu erwarten sein. Insbesondere die oft nur unbewusst wahrgenommenen Dauergeräusche von Ventilatoren, Heizungsanlagen, Kühlschränken, Kläranlagen oder Verkehrswegen bewirken einen subtilen Stress, weil sie die Naturgeräusche, welche meist als entspannend oder harmonisch empfunden werden, überlagern. Ähnlich dürfte es sich mit der Überlagerung natürlicher elektromagnetischer Informationen durch »Elektrosmog« jeder Art verhalten.

Der von Helmut Hemmer aufgezeigte Zusammenhang zwischen chronischem Stress und der veränderten Aktivität von Hypothalamus und Hypophyse (vgl. S. 41) greift tief in Hirn- und Körperfunktionen ein. Zusammen mit den Hormonstörungen, die durch Rückstände aus den in Medizin und Tiermast eingesetzten Hormonpräparaten sowie durch Weichmacher in Kunststoffen (Bisphenol A) und die in Pestiziden und Lösungsmitteln enthaltenen Xenohormone ausgelöst werden[246], kann der vielschichtige – auch subtile – Dauerstress zu einer massiven Ausweitung verschiedenster »Zivilisationskrankheiten« führen. Und daraus kann – wie bei den domestizierten Tieren – schließlich eine genetische Schädigung der »Population« resultieren.

Eigentlich sollten Menschen, wenn sie krank sind, einen besonderen Anspruch auf regenerative Umstände haben – und dieser Anspruch verdient eine rechtliche Verankerung. Heute unterscheiden sich die meisten unserer Kliniken und Krankenhäuser in dieser Hinsicht kaum von Gefängnissen. Oft werden dort die Ursachen der überwiegend stressbedingten Krankheiten von Körper und Seele des modernen Menschen völlig ignoriert. Gerade nach medikamentösen oder operativen Eingriffen wird zu wenig der Tatsache Rechnung getragen, dass Heilung durch *Regeneration* geschieht und Regeneration eine intakte *Umweltresonanz* zu natürlichen Informationen erfordert. Wer, wie heute in vielen Kliniken üblich, in einem Mehrbettzimmer zu ganztägigem Zwangsfernsehen verurteilt ist und mit aufgewärmtem, weitgehend denaturiertem Fertigessen ernährt wird, der wird nur sehr eingeschränkt Resonanzbeziehungen zu jenem Natürlichen aufbauen können, das Regeneration ermöglicht.

In der Landwirtschaft sorgt der inszenierte Wettbewerbs- und Rationalisierungsdruck dafür, dass immer mehr Tiere in immer größeren Stallanlagen immer enger konzentriert werden. In diesen Stallanlagen sind die Tiere so eng zusammengepfercht, dass sie an Sauerstoffmangel ersticken würden, wenn nicht über Ventilatoren ständig Frischluft zugeführt würde. Und wo diese leistungsstarken Ventilatoren laufen, wird nicht nur die Umgebungsluft mit einem Gemisch von antibiotikahaltigen Stäuben und multiresistenten Keimen angereichert. Das gesamte Umfeld in einem Radius von über einem Kilometer ist auch einer permanenten und nervtötenden Lärmbelästigung ausgesetzt: Als Anwohner ist man gefangen in diesem kollektiven Tinnitus; man ist dazu verurteilt, den subtilen Psychoterror dieser nie endenden sirenenartigen Dauertöne zu ertragen.

Beim Menschen verstärken solche Dauergeräusche den chronischen Stress mit all seinen Folgen – auch dann, wenn diese nur noch unbewusst wahrgenommen werden. Und sie vergiften und entheiligen die Atmosphäre: Selbst in den wenigen Stunden an hohen Feiertagen, wenn in der Heiligen Nacht, am frühen Morgen des ersten Weihnachtstages oder des Ostersonntags die Straßen und Autobahnen verstummen und sich – andernorts – eine heilsame Stille übers Land legt, brummen diese Ventilatoren ununterbrochen ihren schneidenden Sound und zerstören jede Stille. Sie verkündigen den Spuk, der die Tierfabriken hervorgebracht hat. Und das ist der Ungeist des Wettbewerbs und des grenzenlosen Wachstums – dem nichts heilig ist.

Georg Picht schreibt treffend: »In der technisch-industriellen Gesellschaft hat eine Destruktion des Klangraumes stattgefunden, die [...] alles, was bisher Natur hieß, ebenso wirksam zerstört hat wie die Zerstörung der Landschaft und die Vergiftung von Wasser und Luft. Das Zentralproblem ist nicht die Belästigung durch Lärm, sondern die Zerstörung eines Gefüges von Konsonanzen und Dissonanzen, das man analog zum biologischen Gleichgewicht als akustisches Gleichgewicht bezeichnen könnte [...]. Jede Veränderung des Klangraums hat eine Veränderung der Befindlichkeit, eine Veränderung der Seelenverfassung zur Folge«.[247] Der Philosoph Reinhard Falter merkt dazu an: »Ruhe ist also keineswegs nur eine akustische Qualität. Deshalb spreche ich nicht vom akustischen sondern vom klanglichen Gleichgewicht. Dieses wird durch drehende Rotoren empfindlichst gestört.«[248]

Und auch Falter kommt hier auf die Rechtslage zu sprechen: »Wichtig wäre die Höherschätzung nicht materieller Einbußen und ihr Ausgleich durch die materiellen Gewinner. So wäre wirksamer Lärmschutz z. B., wenn alle Betreiber lärmender Geräte (Auto, Rasenmäher, Planierraupe) die darunter leidenden mit Schmerzensgeld ausstatten müssten. Das würde Baumaßnahmen verteuern und im besten Fall unrentabel machen. Eines der widerlichsten ›Rechtsprinzipien‹ der bürgerlichen Gesellschaft ist der Vorrang von Erwerb vor Genuss. Ein Kleingärtner darf seinen Rasenmäher nicht in der Mittagszeit benutzen, eine dafür angeheuerte Firma jedoch sehr wohl.«[249]

Es geht aber auch um eine rechtliche Berücksichtigung der qualitativen Eigenschaften des Lärms. Die heutigen Lärmschutzgesetze kennen nur Grenzwerte der absoluten quantitativen Lautstärke, die in Dezibel gemessen werden. Im Blick auf den genannten subtilen Stress und die Verkleinerung der Wahrnehmungsräume müssen aber qualitativ verschiedene Lärmarten verschieden gewichtet werden: Permanente und stationäre Dauertöne sind in ihrer schädigenden Wirkung auf Mensch und Natur bei weitem höher zu bemessen als Kurzzeitbelastungen in gleicher Lautstärke! Wenn wir wissen, dass es sich um vorübergehenden Lärm handelt, wie es bei vorbeifahrenden Zügen oder sogar bei nachts arbeitenden Erntemaschinen der Fall ist, bewirkt dieser Lärm längst nicht solchen Stress, wie im Falle der permanent laufenden Ventilatoren.

Wer seine Mitmenschen[250] auf Jahre oder Jahrzehnte dem subtilen Stress eines nicht endenden Dauertons aussetzt und ihren Wahrnehmungsraum auf unbestimmte Zeit dauerhaft unnatürlich klein hält, der sollte mit deutlich höheren Strafen rechnen, als jemand, der während der Ruhezeiten seine Motorkettensäge benutzt. Es wäre nur gerecht, wenn diejenigen, die unser Wohnmilieu auf Dauer in ein ökologisch abgeschlossenes System verwandeln, welches in seinen krankmachenden biologischen Wirkungen mit Gefangenschaft vergleichbar ist, auf ebensolange Dauer in das abgeschlossene System der Gefangenschaft überführt würden.

Ein anderes Problem besteht darin, dass die Unversehrtheit universeller und konstitutiver Umweltkategorien, wie Landschaftsprofil, Horizont oder Himmel nicht in den räumlichen und zeitlichen Dimensionen ihrer Existenz rechtlich geschützt ist. Wir brauchen ein Rechtssystem, das auch Himmel und Meer, Berge und Flüsse, Ökosysteme und Arten als Rechtssubjekte respektiert und die Beeinträchtigung der Naturwahrnehmbarkeit im Sinne von Freiheitsberaubung ahndet.

Wenn nämlich über den Zusammenhang von Umwelt und Innenwelt sowie über die Umweltabhängigkeit unserer Seelenverfassung ein klares Bewusstsein vorhanden ist, lassen sich auch psychisch wirksame Umwelteingriffe und charakterprägende Landschaftselemente besser juristisch handhabbar machen. Wem der Horizont seines Lebensortes mit Windparks verstellt wird, sollte das als einen Angriff auf seine und seiner Mitmenschen Seelenverfassung vor Gericht bringen können – und nicht dazu genötigt sein, den Roten Milan vorzuschieben. So könnte man die Umweltdebatten unserer Tage ehrlich machen, den Artenschutz um der Arten willen verfolgen und diejenigen Aspekte, die das artgemäß Menschliche betreffen, anders gewichten.

Aktuelles Extrembeispiel einer globalen Schändung der natürlichen Umwelt, die sich wohl auch in einer globalen Verstümmelung der menschlichen Innenwelt spiegeln wird, ist das sogenannte »Starlink-Projekt«. Damit will das US-Raumfahrtunternehmen *SpaceX* von Tesla-Chef Elon Musk und Gwynne Shotwell mit einer Vielzahl neuer Satelliten an allen Orten der USA, später »an jedem Ort der Erde eine Internetverbindung möglich« machen. Im Mai und November 2019 hat man damit begonnen, jeweils 60 dieser Satelliten gleichzeitig auszusetzen. Irgendwann sollen es »mehrere Tausend« sein.[251] »Insgesamt bestehen bis zum Jahr 2027 befristete Genehmigungen für den Start von maximal 11.927 Satelliten sowie Anträge von SpaceX für nochmals bis zu 30 000 Satelliten. Das entspricht zusammengenommen dem fünffachen aller von 1957 bis 2019 gestarteten Satelliten.«[252]

Das Ungeheuerliche dieses Projekts besteht allerdings nicht nur in der reinen Zahl der zusätzlichen Satelliten, sondern auch darin, dass immer jeweils 60 der gleichzeitig ausgesetzten Satelliten in derselben Bahn fliegen, also in den Stunden nach Sonnenuntergang und vor Sonnenaufgang – mit anfangs engerem, später weiterem Abstand – wie leuchtende Perlenketten den Nachthimmel durchqueren und so den Blick in die Sterne irritieren. Hier stellt sich die Frage, woher eigentlich eine nationale Behörde das Recht nimmt, eine globale Entwürdigung des Nachthimmels zuzulassen und der gesamten Menschheit die Erhabenheit des Blicks in die Sterne auf Dauer zu vergällen. Eine Menschheit, die über ein Bewusstsein ihrer Würde und über das Wissen der Umweltabhängigkeit ihrer Seelenverfassung verfügt, muss schleunigst das Völkerrecht dahingehend anpassen, dass niemand die Bedingungen des artgemäß Menschlichen ungestraft beeinträchtigen oder zerstören darf.

Immanuel Kant schrieb in seiner *Kritik der praktischen Vernunft* bereits 1788: »Zwei Dinge erfüllen das Gemüth mit immer neuer und zunehmender Bewunderung und Ehrfurcht, je öfter und anhaltender sich das Nachdenken damit beschäftigt: Der bestirnte Himmel über mir und das moralische Gesetz in mir. [...] ich sehe sie vor mir und verknüpfe sie unmittelbar mit dem Bewußtsein meiner Existenz.«[253] Kant verweist uns hier auf die Verknüpfung der Ehrfurcht vor einem Höheren mit dem Bewusstsein der eigenen Würde und Identität; auf die Verbindung von unverstellter Naturwahrnehmung und moralischem Gesetz; auf den Zusammenhang von Ästhetischem und Ethischem. Das Satelliten-Spektakel beeinträchtigt ja nicht nur unseren Blick zu den Sternen und entwürdigt das himmlische Firmament über uns: Wenn unser Planet von abertausenden Satelliten mitsamt dem zu erwartenden Weltraumschrott »umhüllt« ist, macht das die

Erde als Ganzes zu einem mehr und mehr *abgeschlossenen System*. Somit wird das Gaia-System einem entropischen Verfall preisgegeben, welcher dann zu irreversiblen *Bedingungen der Degeneration* führt – und zwangsläufig mit einer *globalen Erwärmung* einhergeht.

Es scheint der Preis eines global flächendeckenden Internetzugangs zu sein, dass global und flächendeckend unser Zugang zu den Regeneration ermöglichenden, struktur- und ordnungsbildenden *Lebenskräften* verstellt wird. Wenn nun schlicht vorausgesetzt wird, dass die gesamte Menschheit ungefragt dazu bereit ist, diesen Preis zu zahlen – dann handelt es sich hier (auf Anbieter- und Nachfrageseite, sowie bei den politischen Weichenstellern und den Genehmigungsbehörden) um Akteure mit einem skandalösen Welt- und Menschenbild, die in sich selbst offenbar so etwas wie ein *moralisches Gesetz* nicht vorfinden. Wir brauchen also dringend einen völkerrechtlichen Rahmen für die Setzung und Durchsetzung von am Leben ausgerichteten Prioritäten.

Die Grenzen des Wachstums: Geld, Energie und Entropie

In einer endlichen Welt lebend, ist unbegrenztes Wachstum nicht möglich. Je mehr das Wirtschaftswachstum und der damit verbundene Ressourcenverbrauch angeheizt werden, desto heftiger verschärft dieser Fortschritt soziale Verteilungskonflikte und ökologische Krisen – und umso früher mündet er in den allgemeinen Kollaps der Erschöpfung. »Die Wachstumsideologie, egal ob sie im neoliberalen oder im keynesianischen Gewand daherkommt, hat uns an den Rand des Verderbens gebracht«, so Ulrich von Weizsäcker.[254] So fatal die Rolle nicht menschengemäßer ökonomischer Lehrgebäude und die Steigerungslogik der nimmersatten Finanzoligarchen auch sind, als primäre Ursache für die Wachstumskrise müssen wir wohl das annehmen, was Reinhard Falter mit wenigen Worten auf den Punkt bringt: »[...] nämlich das ständig steigende Produkt von Bevölkerungswachstum und Anspruchswachstum.«[255] Auch Rupert Riedl und Manuela Delpos warnen: »[...] das Wachstum, dort der Bevölkerung, da der Ansprüche, ist längst zum Zentralproblem dieser Menschheit geworden.«[256] Rolf Peter Sieferle verweist ebenfalls auf diesen Zusammenhang, wenn er schreibt: »Bisher hat das Industriesystem seine Krisen dadurch bewältigt, daß es immer größer werdende Mengen von Energie und Rohstoffen durch das soziale System schleuste. Das wurde schon deshalb erforderlich, weil es durch Zertrümmerung der traditionellen Reproduktionsschranken säkulares Bevölkerungswachstum erzeugte. [...] Das Industriesystem befindet sich in der Balance eines Motorradfahrers, der solange nicht umkippt, wie die Maschine läuft.«[257] Vor diesem Hintergrund hat man Lösungsvorschläge nicht so schnell bei der Hand. Dennoch ist es sinnvoll, das Problem von seinen verschiedenen Seiten her zu beleuchten, um Auswege von Irrwegen unterscheiden zu können.

Ein zentraler und gemeinhin unterschätzter Wachstumsfaktor ist ohne Zweifel unser zinsbasiertes Geldsystem. Der Journalist und Sachbuchautor Christoph Pfluger beschreibt anschaulich, warum das heutige Finanzsystem exponentielles Wachstum erzwingt: »Zurückzahlen muss er [der Kreditnehmer] aber mehr, nämlich die ursprüngliche Summe plus Zins und Zinseszins.

[...] Damit die Kreditkette nicht reisst, müssen also immer neue und größere Darlehen gesprochen werden. Und damit sich Kredite rechtfertigen lassen, braucht es Wachstum. Denn in einer stabilen Wirtschaft – von einer schrumpfenden gar nicht zu sprechen – lässt sich der Mehrertrag gar nicht erwirtschaften, den es zur Bedienung der Kredite braucht. In einer Wirtschaft ohne das nötige Wachstum, um Schulden zu bedienen und neue anzuhäufen, verliert das Geld (= Schulden) automatisch an Wert und die Banken und das Geldsystem geraten in Schieflage. Deshalb sind wir süchtig nach Wachstum.«[258]

Pfluger macht das Geldsystem sogar für den Beginn des exponentiellen Bevölkerungswachstums verantwortlich: »Wenn man die Kurve der Bevölkerungsentwicklung betrachtet, fällt eine markante Beschleunigung ab 1700 auf. [...] Meist wird er mit der Industrialisierung in Verbindung gebracht, aber die setzte später ein. [...] Eine plausible Ursache finden wir in der Entwicklung des Geldwesens mit der Gründung der Bank of England 1694 und der Einführung des Kreditgeldes als gesetzliches Zahlungsmittel mit seinem eingebauten Zwang zum Mehr. Die Industrialisierung und die Steigerung der Effizienz wurden unter seinem Einfluss zur Notwendigkeit. [...] Den vorläufig letzten Beschleunigungsschub erfuhr der Um- und Neubau der Welt mit dem Wegfall der letzten Goldbindung 1971. Das private Schuldgeld löste sich von seinem letzten Anker und die grosse Virtualisierung der Welt konnte beginnen. Die Grenzen fielen.«[259]

Es spricht also einiges dafür, dass es zwischen Wirtschaftswachstum und Bevölkerungswachstum einen Zusammenhang gibt, der zu einem beträchtlichen Anteil durch den in das zinsbasierte Geldsystem »eingebauten Zwang zum Mehr« angetrieben wird. Wie wenig innerhalb dieses Systems Auswege aus den Wachstumszwängen gangbar sind, bringt Pfluger mit dem Satz auf den Punkt: »Der Mensch im Kapitalismus produziert und konsumiert nicht derart masslos, weil er will, sondern weil er muss.«[260] So gefestigt das zinsbasierte Geldsystem auch ist, es ist kein Naturgesetz und daher überwindbar. Pfluger meint: »Der Finanz-GAU ist [...] wie der mythologische Drache, der nur von denen bezwungen werden kann, die ihre Angst überwinden. [...] Oder, um ein altes Wort zu zitieren: Fürchtet Euch nicht!«[261]

In diesem Zusammenhang ist es hilfreich daran zu erinnern, dass der heutige Zustand keineswegs »naturwüchsig« entstanden ist. Der Ökonom und Wissenschaftstheoretiker Heinz D. Kurz schreibt dazu: »Während in der Antike und im Mittelalter die Auffassung vorherrschte, daß es sich beim Zins um eine widernatürliche bzw. Gott nicht gefällige Angelegenheit handelt, wird er in der modernen Gesellschaft gemeinhin als nicht weiter zu hinterfragende Selbstverständlichkeit akzeptiert. Bis es jedoch zur Hinnahme des Zinses als quasi naturwüchsiges Phänomen kam, war ein weiter, verschlungener Weg zurückzulegen. Seine Merkmale sind heftige Debatten und die gelegentliche Anwendung von Gewalt [...].«[262] Von der freiwirtschaftlichen Bewegung um Silvio Gesell in den 1920er Jahren bis zu den Regionalwährungs- und Vollgeld-Initiativen der Gegenwart gab und gibt es immer wieder Initiativen, die uns vor Augen führen, dass das derzeitige Geldsystem weder natur- noch menschengemäß ist.

Die oft als ein Ausweg aus den Wachstumszwängen präsentierte *Energiewende* entpuppt sich in ihrer derzeitigen Konfiguration als Irrweg. Denn sie verlängert die Abhängigkeit von einem Energieverbrauchsniveau, das so hoch ist, dass es zwingend zu entropischen Begleiterscheinungen kommt – und zwar sowohl im Blick auf die strukturauflösenden Effekte, als auch hinsichtlich einer allgemeinen Überhitzung. Thomas Hoof schätzt, dass die Verknappung der Energierohstoffe noch weitaus früher eintritt, als gemeinhin prognostiziert. Denn man muss berücksichtigen, dass der Anteil der schon durch die Rohstoffgewinnung verbrauchten Energie mit der schwereren Erreichbarkeit der letzten Lagerstätten deutlich zunimmt. Der mit der scheinbar unbegrenzten Verfügbarkeit von Öl und Gas etablierte Bewusstseinszustand, in welchem sich der Mensch nicht wie in agrarischen Kulturen als Energieproduzent, sondern als Energieempfänger wahrnimmt, könnte sich als eine kurzfristige Illusion entpuppen: »Hundert Jahre, eine menschheitsgeschichtliche Nanosekunde, hat dies alles nur gedauert. Aber dem, der ganz ohne Vor- und Rückbehalt nur Zeitgenosse war, ist es widerfahren, daß er sein Bild von der Wirklichkeit aus der Beobachtung eines Strohfeuers oder einer Seifenblase gewann.«[263]

Dass auch die sogenannte Energiewende dieses Zeitfenster des Lebens im Energieüberfluss nur bedingt vergrößern kann, wird anhand der ökologischen Schäden und der geringen Effizienz der »regenerativen Energien« in der Gesamtbilanz offenkundig. So liegt die Energiebilanz bei der Biogaserzeugung aus Mais bei etwa 1:1. Wenn man also die zumeist fossilen oder nuklearen Energien mitberücksichtigt, die für die Herstellung des Stickstoffdüngers und für Herstellung und Verbrauch der Landmaschinen sowie beim Transport des Ernteguts zu den Biogasanlagen anteilig anfallen, steckt man etwa ebenso viel »unsaubere« Energie hinein, wie man am Ende »saubere« Energie herausholt.[264] Auch von Klimaschutz kann hier eigentlich keine Rede sein. So schreibt der Landwirt und Bodenkundler Jörg Gerke: »Beim Anbau von Mais und Raps, beides sehr intensive Feldfrüchte, wird durch die unvermeidliche Umwandlung von Stickstoff im Boden Lachgas (N_2O) gebildet. Dies gilt bei den Intensivfrüchten Mais und Raps in besonders hohem Maße. Lachgas ist aber gegenüber CO_2 ein rund dreihundertmal effektiveres Treibhausgas. Das bedeutet, daß der Anbau von Mais zur Stromerzeugung und von Raps für Biodiesel nicht nur keine Entlastung für das Klima bringt, sondern zu einer (überdies noch teuren) zusätzlichen Belastung mit Treibhausgasen führt.«[265]

Inzwischen mehren sich auch die Anzeichen dafür, dass die Windkraftanlagen eher zu einer Erwärmung, anstatt zu einer Abkühlung beitragen. Eine Studie von Lee M. Miller und David W.

Abb. 42 und 43: Ausgebremster Wind und fehlender Regen: Ob die trockenheitsbedingten Waldschäden nur eine Folge des Klimawandels oder auch eine Folge des »Klimaschutzes« sind, scheint noch offen.

Keith kommt zu dem Befund, dass die aus jeweils vielen großen Windkraftanlagen bestehenden Windparks zu einer Verringerung der Windgeschwindigkeit führen und damit eine verstärkte Erwärmung der Luft und bei Sonneneinstrahlung indirekt auch der Böden eintritt.[266] Eine weitere Folge des gebremsten Windes dürfte ausbleibender Regen, also die Abnahme der Niederschlagsmengen sein. Für Indigene, wie den Mohawk-Ältesten Tom Porter, ist der Zusammenhang von Wind und Regen eine Gewissheit, über die man nicht diskutieren muss: »Der Wind, der aus den vier Himmelsrichtungen weht, der im Sommer die kühle Brise und den Regen bringt und allem, was wächst, Wasser spendet – das ist eine weitere universelle Wahrheit.«[267]

Bei der Verstromung von Sonnenenergie müssen der Energie- und Ressourcenaufwand bei der Herstellung der Photovoltaik-Module und die Entsorgungsprobleme in die Umweltbilanz einbezogen werden. Vor allem aber beim Betreiben von Freiflächen-Photovoltaikanlagen relativiert sich der Klima-Effekt: Die Paneele heizen sich im Sommer auf bis zu 60 °C auf und es kommt zu einer verstärkten Rückstrahlung von Wärme und infrarotem Licht, was den Treibhauseffekt verstärkt. Der Treibhauseffekt kommt ja dadurch zustande, dass die Atmosphäre die von der Sonne ankommende kurzwelligen Strahlung weitgehend ungehindert hindurchtreten lässt, während sie gegenüber der von der erwärmten Erde reflektierten langwelligen Infrarotstrahlung viel weniger durchlässig ist.[268] Der Grad der Erwärmung über der Erdoberfläche hängt also zum einen davon ab, in welcher Konzentration klimarelevante Gase in der Atmosphäre enthalten sind; zum anderen davon, wie stark das Sonnenlicht an der Erdoberfläche (oder in der Luft) reflektiert wird. Und der Umfang der reflektierten Infrarotstrahlung ist abhängig von dem Partikelgehalt bzw. der Eintrübung der Luft (vgl. S. 138); vor allem aber davon, ob der Boden mit einer Vegetationsschicht bedeckt ist oder nicht – und wenn nicht, ob er sedimentiert, porös und durchfeuchtet oder glatt und trocken ist.

Berücksichtigt man, dass der Treibhauseffekt nicht nur aus einer Zunahme von Treibhausgasen in der Luft, sondern ebenso aus einer Zunahme von Objekten, die infrarotes Licht besonders stark reflektieren, resultiert, dann verweist dies auf ein weiteres gewaltiges Problem: Das mit dem Wachstum der urbanen Räume verbundene Wachstum der bebauten Flächen ist in gleicher Weise für die Überhitzung der Erde verantwortlich zu machen wie die CO_2-Emissionen. Dasselbe gilt für die vor allem durch Flugzeug-Kondensstreifen bewirkte Lichtdiffusion in der Luft. Auch die Reflexion der Dunst-Partikel dürfte zu einer deutlich verstärkten Rückstrahlung langwelliger Infrarotstrahlung führen, die dann durch die oberen Atmosphärenschichten nur noch eingeschränkt wieder austreten können. Daraus folgt, dass eine rationale Klimapolitik ebenso auf eine Verkleinerung der urbanen Räume und auf eine Revitalisierung der Dörfer – sowie auf eine drastische Reduktion des Flugverkehrs – setzen müsste wie auf eine Reduktion der CO_2-Emissionen. Eigentlich müsste erst einmal geklärt werden, zu welchem Anteil die globale Erwärmung eine Folge der flugbedingten atmosphärischen Eintrübung ist. Um dies zu ermitteln, können die Wetterdaten aus der Zeit der Flugbeschränkungen während der Corona-Krise von 2020 sicher hilfreich sein.

Auch die heute mit einem fast totalitären Hochdruck vorangetriebene Digitalisierung wird den Energieverbrauch nochmals extrem ansteigen lassen. Ernst Ulrich von Weizsäcker verweist auf den »Rebound-Effekt«, welcher besagt, »[…] dass in der Vergangenheit alle Effizienzsteigerungen zu einer höheren Verfügbarkeit der gewünschten Produkte geführt haben, was dann zu einem höheren Verbrauch und zu steigenden ökologischen Schäden bei Klima, Ressourcen und Biodiversität führt, oft verursacht durch die rasend beschleunigte Mobilität. […] Trotz all der guten Dinge, die wir der Digitalisierung zuschreiben, unter Berücksichtigung ihrer direkten Auswirkungen auf die Nachhaltigkeit, besteht kein Zweifel daran, dass der ökologische Effekt negativ ist. Der IKT-Sektor selbst hat zu einer schnellen, in vielen Fällen exponentiellen Zunahme der Nutzung von Energie, Wasser und einigen kritischen Ressourcen wie Spezialmetallen geführt.«[269] Wie passt es zusammen, wenn heute die Mehrzahl der bisherigen Energieträger vom Netz genommen werden soll und gleichzeitig die Energienachfrage massiv angeheizt wird? Wie soll man es verstehen, wenn in einer Zeit, in der – aus guten Gründen – Kernkraftwerke stillgelegt werden und die Kohleverstromung zurückgefahren wird, mit einem gigantischen Finanzaufwand Schultafeln und Kreide aus den Klassenzimmern herausgeräumt werden, um elektronischen Großbildschirmen Platz zu machen?

Vermutlich sind auch hier destruktive ökonomische Interessen im Spiel, die Ernst Friedrich Schumacher (1911–1977) bereits in den 1970er Jahren geißelt, indem er argwöhnt, dass die Wirtschaftswissenschaft nur darauf ausgerichtet sei, »Reiche und Mächtige reicher und mächtiger werden zu lassen.« Eine »Wirtschaftswissenschaft des Gigantischen und der Automation« sei »ein Überbleibsel aus den Zuständen und dem Denken des 19. Jahrhunderts und völlig unfähig, auch nur eine der wirklich drängenden Aufgaben der Gegenwart zu lösen.«[270] Schumacher mahnt hier eine grundsätzliche Neuorientierung der Wirtschaftswissenschaft an:

»Was heißt denn Demokratie, Freiheit, Menschenwürde, Lebensstandard, Selbstverwirklichung, Erfüllung? Geht es dabei um Güter oder um Menschen? Selbstverständlich geht es um Menschen. Doch Menschen können nur in kleinen, überschaubaren Gruppen sie selbst sein. Wir müssen daher lernen, uns gegliederte Strukturen vorzustellen, innerhalb derer eine Vielzahl kleiner Einheiten ihren Platz behaupten kann. Wenn unser wirtschaftliches Denken das nicht erfasst, dann taugt es nichts. Kann es über seine ungeheuren Abstraktionen – Sozialprodukt, Wachstumsrate, Kapitalkoeffizient, Kosten-Nutzen-Analyse, Mobilität der Arbeitskräfte, Kapitalbildung – nicht hinausgehen und keine Verbindung zur menschlichen Wirklichkeit – Armut, dem Gefühl der Vergeblichkeit, der Entfremdung, Verzweiflung, Zusammenbruch, Verbrechen, Fluchtbewegungen, Stress, Zusammenballung, Hässlichkeit und Tod der Seele – herstellen, müssen wir die Wirtschaftswissenschaft zum alten Eisen werfen und ganz neu anfangen.«[271]

Auch Heinz D. Kurz geht auf diese fatale Entwicklung der Wirtschaftswissenschaft und ihrer »neuen Wachstumstheorie« ein: »Es ist eine weitere Ironie der Geschichte unseres Fachs, daß in einer Zeit, in der die negativen Begleiterscheinungen wirtschaftlichen Wachstums weithin wahrgenommen werden können, eine sich als ›neu‹ gebende Theorie diesen Begleiterscheinungen und den sich daraus ergebenden Problemen keinerlei nennenswertes Verständnis entgegenbringt. Umso erstaunlicher ist die Weitsicht der klassischen politischen Ökonomen, die in einer Epoche, in der diese Begleiterscheinungen allenfalls erahnt, aber noch kaum auf breiter Front beobachtet werden konnten, der Endlichkeit der vom Menschen genutzten Umwelt große Aufmerksamkeit schenkten. Auch aus diesem Grund ist die Lektüre der alten Meister häufig ergiebiger als diejenige der neuen.« Vielleicht wirft dies ein Licht darauf, wie auch in der Wissenschaft abgeschlossene Systeme zu entropischen Degenerationsprozessen tendieren.

Ein Wirtschaftswissenschaftler unserer Tage, der die Abkapselung der Ökonomie aufgebrochen sowie den Mut und den Klarblick hatte, ganz neu anzufangen, ist der ökologisch orientierte Ökonom Niko Paech. Das unter seiner Federführung entwickelte Konzept einer *Postwachstumsökonomie*, also einer neuen Ökonomie, die *nach* der heutigen wachstumsabhängigen Ökonomie kommen muss, ist ein wahrer Befreiungsschlag. Und es ist insoweit ein wirklicher Ausweg, als nun ein ökonomisches Denken angebahnt ist, das an einer Mäßigung auf der Nachfrageseite des Energieverbrauchs nicht vorbei kommt und nicht vorbei kommen will. Das grundsätzliche Problem der wachstumsabhängigen Wirtschaft benennt Paech wie folgt: »Unser ohne Wachstum nicht zu stabilisierender Wohlstand ist das Resultat einer umfassenden ökologischen Plünderung. Versuche, die vielen materiellen Errungenschaften einer Abfolge von Effizienzfortschritten oder anderweitiger menschlicher Schaffenskraft zuzuschreiben, beruhen auf Selbsttäuschung. [...] Demnach leben die Menschen in modernen Konsumgesellschaften auf dreifache Weise über ihre Verhältnisse; sie eignen sich Dinge an, die in keinem Verhältnis zu ihrer eigenen Leistungsfähigkeit stehen. Sie entgrenzen ihren Bedarf erstens von den gegenwärtigen Möglichkeiten, zweitens von den eigenen körperlichen Fähigkeiten und drittens von den lokal oder regional vorhandenen Ressourcen.«[273]

Niko Paech hat mit seinem Impuls für eine wachstumsunabhängige Ökonomie im Grunde viel mehr bewirkt, als nur eine neue Debatte über Wachstumsfragen. Mit der Begründung einer ökologischen Ökonomie hat er zugleich deutlich gemacht, dass sich die Wirtschaftswissenschaft einer generationenübergreifenden Verantwortung nicht entziehen kann – und somit auch die von Ernst Friedrich Schumacher angemahnten sozialen Aspekte mit in den Blick gerückt. Zudem schärft das Konzept der Postwachstumsökonomie unser Bewusstsein dafür, dass auch das Sprechen von »Grünem Wachstum« oder »regenerativen Energien« nichts daran ändert, dass eine Beibehaltung des derzeitigen Verbrauchsniveaus zerstörerische Wirkungen hat. Gerade die Destruktion menschlicher Beheimatung in den Landschaftsräumen durch »Windparks« stört das Resonanzverhältnis zu den *eigentlichen* »regenerativen Energien«, die im Sinne von Lebenskraft die aufbauenden und regenerativen Prozesse der Ordnungs- und Strukturbildung ermöglichen.

Wichtig ist allerdings, dass die berechtigte Kritik an den Fehlleistungen der Energiewende nicht mit einem Verbleib bei Kohleverstromung und Kernenergienutzung zu beantworten ist. Es führt kein vernünftiger Weg vorbei an einer – unter den Bedingungen unserer heutigen Demokratie freilich schwer durchsetzbaren – Verringerung der Energienachfrage. Hier geht es nicht nur um die von Ivan Illich aufgezeigte gesellschaftszersetzende Wirkung eines zu hohen Energieverbrauchs (s. S. 167) und die mit den Großtechnologien verbundene Zentralisierung wirtschaftlicher und politischer Strukturen, die nicht minder gesellschaftszersetzend ist. Im Falle der Kernenergie geht es auch darum, dass es unverantwortbar ist, das Risiko und die permanente

Bedrohung einer Atomkatastrophe in den Alltag unserer Gesellschaft zu implementieren. Wer die unsagbaren Folgen der Tschernobyl-Katastrophe von 1986 für die Menschen in der Ukraine und in Weißrussland zur Kenntnis genommen hat[274], sollte weder über dem eigenen, noch über einem anderen Volk ein solches Damoklesschwert aufhängen. Keine noch so große Energieausbeute, kein noch so großer Wohlstand und keine noch so große CO_2-Einsparung kann das rechtfertigen.

Interessant ist wiederum, dass der Mathematiker und Ökonom Nicholas Georgescu-Roegen (1906–1994) das Problem der begrenzten Ressourcen nicht von der Stoffmenge, sondern von der Entropiefrage her betrachtet; also anhand der Frage, wie viel Ordnung aufbauende Energie überhaupt zur Verfügung steht. Das übliche Lehrbuchschema, wonach der ökonomische Prozess nur eine Pendelbewegung zwischen Produktion und Konsum in einem geschlossenen System sei, blende die Tatsache aus, »daß zwischen dem ökonomischen Prozeß und der materiellen Umwelt eine ununterbrochene, geschichtsbildende Wechselwirkung besteht«. [275] Da der Mensch weder Materie noch Energie erschaffen kann, stelle sich nur die Frage der Umwandlung: Er betont, »[…] daß das, was in den ökonomischen Prozeß aufgenommen wird, aus *wertvollen natürlichen Stoffen* besteht, das, was aus ihm entlassen wird aus *wertlosem Abfall.* […] Vom Gesichtspunkt der Thermodynamik aus tritt Materie/Energie in den ökonomischen Prozeß in einem Zustand *niedriger Entropie* ein, und sie verläßt ihn in einem Zustand *hoher Entropie.*«[276]

Je höher die wirtschaftliche Entwicklung, so Georgescu-Roegen, »[…] desto größer die jährliche Abnahme der Vorräte und demgemäß desto kürzer die Lebenserwartung der menschlichen Spezies. […] Jedesmal, wenn wir einen Cadillac produzieren, zerstören wir unwiderruflich eine bestimmte Menge von niedriger Entropie, die dazu dienen könnte, einen Pflug oder einen Spaten herzustellen. Mit anderen Worten: jeder Cadillac, der vom Band läuft, wird in Zukunft Menschenleben kosten. Wirtschaftliche Entwicklung durch industriellen Überfluß mag für uns […] eine Wohltat sein. Sie verstößt aber ganz eindeutig gegen die Interessen der Menschheit als ganzes, wenn sie so lange zu überleben wünscht als der Vorrat an niedriger Entropie es zuläßt.«[277]

Ausgesprochen erhellend ist Georgescu-Roegens Erkenntnis, dass das Problem des Ressourcenverbrauchs zwingend mit dem Problem der Abfälle und Rückstände gekoppelt ist. Im Hinblick auf die wachsende Umweltverschmutzung schreibt er: »Auch heute noch scheint niemand einzusehen, daß der Grad der Misere in unserer Unfähigkeit zu suchen ist, den entropischen Charakter des ökonomischen Prozesses zu erkennen.«[278] Da nun, wie eingangs erläutert, die *Entropie* auf der physikalischen Ebene ein abbauender Prozess ist, der dem abbauenden Prozess der *Degeneration* auf der biologischen Ebene entspricht, erscheint es geradezu folgerichtig, dass ein entropischer Wirtschaftsprozess in den von ihm bestimmten Milieus auch zu degenerativen Entwicklungen bei Pflanzen, Tieren und Menschen führt.

Es muss also um Auswege gehen, die – im Sinne der von Ulrich Klinkenberg entworfenen *Wertewirtschaft* – nur mit einer radikalen Mäßigung der wirtschaftlichen Akteure auf der Angebots- und auf der Nachfrageseite einher gehen können.[279] Hierzu hat bereits der Philosoph Ivan Illich wesentliche Orientierungen gegeben, der den strukturellen Zusammenhang zwischen

Ökonomischem, Sozialem und Ökologischem klar ausgesprochen hat: »Durch den Verbrauch großer Energiemengen werden soziale Beziehungen ebenso unweigerlich zersetzt wie das physische Milieu. [...] Eine partizipative Demokratie verlangt nach einer Niedrigenergietechnik, und produktive soziale Beziehungen zwischen freien Menschen müssen auf die Geschwindigkeit des Fahrrads beschränkt bleiben.«[280]

Auf die von Illich benannte gesellschaftszersetzende Wirkung zu hohen Energieverbrauchs ist auch von anthropologischer Seite verwiesen worden. Am Ende seines Werkes *Strukturale Anthropologie* kommt Claude Lévi-Strauss zu dem Schluss: »Wenn es nicht die freiwillige Zustimmung [der unterjochten oder gezielt desorganisierten Völker] ist, die die westliche Überlegenheit begründet, ist es dann nicht jene größere Energie, über die sie verfügt und die es ihr eben gerade ermöglicht hat, diese Zustimmung zu erzwingen? Genau das ist der Kern. [...] die westliche Zivilisation strebt – nach Leslie White – danach, einerseits die Energiemenge pro Kopf der Bevölkerung ständig zu vergrößern, andererseits das menschliche Leben zu schützen und zu verlängern [...].«[281] Beides zusammen geht nicht auf Dauer. Sicher kann man auf eine begrenzte Zeit gleichzeitig die Pro-Kopf-Energieverbräuche vergrößern und die Lebensspanne der menschlichen Individuen verlängern. Die Lebensspanne der menschlichen Art lässt sich unter der Bedingung eines ständig zunehmenden Energieverbrauchs gewiss nicht verlängern.

Vielleicht ist es ja generell mit dem »geschichtlichen Prozess« verbunden, dass die Ablösung von der Natur nicht freiwillig geschah und jede weitere Stufe der degenerativen Entkoppelung und Entfremdung von der jeweiligen natürlichen Basis der Kulturen mit der Einführung neuer Instrumente von Überwachung und Gleichschaltung einherging? So schreibt Bernhard Streck: »Der Grad, in dem qualitative Umweltwahrnehmung zugelassen wird, hängt stark von der Überwachung ab. Johann Gottfried Herder (1744–1803) nannte die ›Naturvölker‹ ›unpolizierte Nationen‹. Damit meinte er staatenlose Gesellschaften, wie sie sich in der Tat in vielen Weltgegenden, in denen Kolonialismus und Mission sich nur schwer durchsetzen konnten, gehalten haben.«[282]

Als es mit der kommunistischen Revolution in Russland ab 1917 darum ging, ganz verschiedene Völker mit je eigenen kulturell verwurzelten Naturbeziehungen von ihren Wurzeln abzutrennen, um sie im Sinne der Fortschrittsbeschleunigungsidee einer zentralistischen Macht gleichzuschalten, prägte Lenin (1870–1924) die Formel: »Kommunismus – das ist Sowjetmacht plus Elektrifizierung des ganzen Landes.« Ohne die mit der totalen Vernetzung des ganzen Landes geschaffenen politisch-kulturellen Indoktrinationsmöglichkeiten und energetischen Abhängigkeitsverhältnisse der betroffenen Völker wäre die revolutionäre Zerstörung der traditionellen Kulturen (und Bewusstseinsinhalte) wohl nie in die Gesamtfläche der Sowjetunion vorgedrungen.

So sollte es uns zu denken geben, dass das Zusammenspiel von Energiewende und Digitalisierung nicht auf eine Reduzierung des Gesamtenergieverbrauchs, sondern auf einen deutlichen Anstieg des Anteils der Elektroenergie am Energieangebot und -verbrauch hinausläuft. Und auch dort, wo die Heizungsanlagen noch mit Holz oder Kohle befeuert werden, sind diese wegen ihrer elektronischen Bauteile zunehmend stromabhängig. Die heutige »Elektrifizierung des ganzen

Landes« versetzt nahezu all unsere Lebens- und Arbeitsbereiche in unnatürliche elektromagnetische Verhältnisse. Darüber, dass diese elektromagnetischen Strahlungsfelder auch Wirkungen haben könnten, die über unsere »irdische« Lebensspanne hinausreichen, wird derzeit wohl nur in anthroposophischen Kreisen diskutiert. Der Soziologe Gennadij A. Bondarev sieht die von Elektrosmog betroffenen biologischen Gewebe und Organismen »der Wirkung der Sphärenharmonie entzogen«[283] und verweist darauf, »welch verheerende und unumkehrbare Folgen« die großangelegte Versetzung unserer Lebensbereiche in unnatürliche elektromagnetische Strahlungsverhältnisse möglicherweise »in der höheren Welt zeitigen wird, in die er [der Mensch] nach dem Tode eingeht.«[284]

Neben der merkwürdigen Tatsache, dass die Energiewende die Signatur der Elektrifizierung trägt, stimmt es nachdenklich, dass die Klimadebatte von einer augenfälligen Eintrübung des Himmels begleitet ist, der keine Aufmerksamkeit geschenkt wird. Wollte man anstatt der immer absurder werdenden Klimaheuchelei gleichermaßen angemessene soziale wie ökologische Konsequenzen aus der Lage der Menschheit ziehen, müsste zuerst das Fliegen ein Ende haben – zumindest in seinen heutigen Ausmaßen! Neben den CO_2-Emissionen sowie der flugbedingten Zunahme der Wolkenbedeckung und Lufteintrübung ist der Flugverkehr direkt am Zustandekommen der globalen Entropie beteiligt. Er wirkt nämlich in Richtung einer Nivellierung der tageszeitlichen Temperaturdifferenzen. Was Jahrzehnte lang wegen des Fehlens eines unbelasteten Referenzgebietes nicht feststellbar war, zeigte sich im September 2001 unerwartet: »Nach den Terroranschlägen vom 11. September 2001 galt für drei Tage ein Flugverbot für die gesamten USA. In dieser Zeit wurde beobachtet, dass die Temperaturdifferenz zwischen Tag und Nacht über den USA um 1,1 °C höher war als einen Tag vor oder nach dem Flugverbot. Ein so hoher Temperaturunterschied war dort in den vergangenen dreißig Jahren nicht gemessen worden.«[285]

Was sich hier im Blick auf die Temperaturdifferenz der tageszeitlichen Rhythmik zeigt, ist eine Verflachung der natürlichen Musterbildung, die mit einem Verlust von Ordnung, Struktur und Präzision einhergeht. Dies ist ohne Zweifel ein entropischer Prozess, der mit den degenerativen biologischen und ökologischen Effekten jenseits der freien Natur parallel läuft. Die Vielfliegerei ist derzeit wohl der bedeutsamste Faktor bei der schleichenden Umwandlung des Gesamtökosystems unserer Erde in ein mit Gefangenschaft vergleichbares Umweltmilieu. Schließlich spielt das Fliegen auch für einen Extremfall biologischer Entropie, die Entwicklung von Seuchen, eine Schlüsselrolle: Dass eine regionale Epidemie binnen Tagen zu einer globalen Pandemie wird, wäre ohne den weltumspannenden Massenflugverkehr kaum vorstellbar.

Auch für das Gaia-System gilt die thermodynamische Logik der Entropie-Falle: Strukturverlust vermindert Resonanzfähigkeit, und eine verminderte Umweltresonanz verwandelt ein offenes System in ein – insbesondere gegenüber den natürlichen regenerativen Faktoren – stärker abgeschlossenes System, das seinerseits wiederum strukturauflösend wirkt. Die mit den *Bedingungen der Regeneration* kompatiblen ökologischen Räume schrumpfen nicht nur zusammen; auch der Charakter der *freien Natur* verschiebt sich unter dem Einfluss der genannten entropischen Verhältnisse schleichend von einem regenerativen System in Richtung eines degenerativen

Systems. Ähnlich problematisch sind auch Geschwindigkeit und Umfang der Warenströme. So würde beispielsweise der wirksamste Schutz des Amazonas-Regenwaldes darin bestehen, jeglichen Import von Soja (und Rindfleisch) zu untersagen und die Eiweißversorgung der heimischen Tierhaltung auf heimische Eiweißpflanzen umzustellen.

Letztlich geht es also nicht nur um die soziale Frage, sondern auch um die ökologische; wie sich der Mensch auf eine ebenso naturgemäße wie menschengemäße Weise in die Natur eingliedern kann. Mit seinem Buch *Natur neu denken* hat Reinhard Falter den Blick auf Geschichte und Gegenwart der Naturwahrnehmung und des Naturverhältnisses geweitet und dabei in Erinnerung gerufen, dass Natur nicht das »zu Besiegende« ist, sondern von Grund auf positiv gedacht – und gefühlt – werden muss: »Was wir brauchen [...] ist kein Projekt zur Überwindung der Natur, sondern zu ihrem Neuakzeptieren, keines zur Höherentwicklung der Menschheit, sondern zum Wiedereinleben in die *Conditio humana.*«[286]

Um diese unabdingbaren Voraussetzungen für die *Bedingungen des Menschlichen,* für ein menschengemäßes »Überleben« in die Praxis umzusetzen, müssen wir uns nicht nur von den parasitären Strukturen einer Finanzwirtschaft befreien, die mit ihrer leistungsungerechten Geldverteilung jedes Bewusstsein für die organismische Zusammengehörigkeit der Gesamtgesellschaft untergräbt; wir müssen auch der Steigerungslogik entsagen, uns aller Beschleunigungszwänge entziehen und den Wachstumstreibern entkommen. Und da liegt nichts näher, als das Wettbewerbssystem zu analysieren – und zu überwinden.

Raus aus der Wettbewerbs-Falle: Der Erschöpfung entgehen

Aus einer falsch verstandenen Biologie, nämlich der Selektionslehre, wurde die Wettbewerbslogik in die Ökonomie übertragen. Und von dort aus ist sie in alle Gesellschaftsbereiche eingedrungen. Insoweit muss zuallererst betrachtet werden, wie der Wettbewerbsgedanke in der Wirtschaft wirkt. Die gewaltige Eigendynamik wettbewerbsgetriebener Ökonomien führt zwangsläufig zu mehr Wachstum und Ressourcenverbrauch. Zudem bedingen sich wirtschaftliches Wachstum und sozialer Wettbewerb gegenseitig, weil der steigende Konsum Ungleichheiten schafft, deren Beseitigung wieder neues Wachstum notwendig macht.[287]

Wettbewerb war und ist der Motor eines von den realen Bedürfnissen entkoppelten wirtschaftlichen Wachstums. Was aber, wenn nun die *Grenzen des Wachstums* erreicht sind – und der Motor weiterläuft? Was, wenn keiner weiß, wie man ihn abstellen kann? Dann kommt es unweigerlich zum Crash. Wollen wir dem Desaster entgehen, so müssen wir uns die Logik des Wettbewerbs näher betrachten; anschauen, wo sie eigentlich her kommt, wie sie auf uns und in uns wirkt. Für zukunftsfähige Konzepte ist Wettbewerb ein falsches Leitbild. Wettbewerb hebelt soziale und ökologische Beziehungen aus. Wettbewerb desintegriert. Wettbewerb nötigt die Menschen dazu, jedes menschliche Maß auszublenden und das natürliche Maß unserer Umweltverhältnisse zu ignorieren. Der Wettbewerb bewirkt und rechtfertigt Maßlosigkeit.

Die Kritik an den Betrügereien innerhalb des Wettbewerbssystems und die Ablehnung des Wettbewerbssystems insgesamt schließen sich nicht gegenseitig aus: Völlig berechtigt ist beispielsweise die Feststellung, dass eine Externalisierung der Kosten *unlauterer Wettbewerb* ist. Doch ein »lauterer« Wettbewerb löst die Probleme nicht. Weil Wettbewerb immer darauf aus ist, die anderen zu besiegen; weil es um die Frage »ich oder du« geht, werden die Akteure immer dazu tendieren, die Spielregeln des Wettbewerbssystems zu unterlaufen. Das Ziel der *organismischen Integration* braucht ein anderes Leitbild, weil Wettbewerb desintegriert.

Wie das Wettbewerbsprinzip ökologische und soziale Beziehungen untergräbt, wird dort richtig offenkundig, wo sich Mensch und Natur am intensivsten berühren: Auf dem Feld der Landwirtschaft. Die Konzentration der Landwirtschaft, die in den kommunistischen Ländern unter Zwang und Gewalt herbeigeführt wurde, lief und läuft im Westen in dieselbe Richtung. Doch was ist hier, wo das Höfe-Sterben als »Strukturwandel« beschönigt wird, das bewirkende Prinzip? Es ist das Prinzip des Verdrängungswettbewerbs, die Logik vom »Wachsen oder Weichen« der Höfe. Dieses System überlässt die Vernichtung des Bauernstandes den Bauern selbst: Sie sind in einen Existenzkampf von Landwirten gegen Landwirte hineingestellt. Das ist eine strukturelle Gewalt, die keinen Polizeistaat braucht, weil sich unter diesen Verhältnissen die Bauern gegenseitig den Boden wegnehmen – solange bis nur noch wenige Großbetriebe übrig sind. Auf diese Weise ist seit den 1960er Jahren auch im Westen Europas ein Trend zur Konzentration und Industrialisierung der Landwirtschaft in Gang gesetzt worden, in dessen Folge allein in Westdeutschland mehr als eine Million bäuerliche Betriebe aufgegeben haben und ca. vier Millionen landwirtschaftliche Arbeitsplätze verloren gegangen sind.[288]

Im westlichen Wettbewerbsmodell kommt der *Anpassungsdruck* subtiler daher als in Diktaturen, ist aber keineswegs weniger wirkungsvoll. Die Angst, im allgemeinen Wettrennen zurückzubleiben ist so groß, dass schlicht keiner mehr danach fragt, wohin diese Rennbahn eigentlich führt; ob es überhaupt irgendwo ein Ziel gibt. Vielleicht ist es ja gerade das Fehlen einer konkreten Perspektive, das es überhaupt möglich macht, alle zum Mitrennen zu veranlassen. Jedenfalls ist die subtile Androhung eines Zurückbleibens so wirksam, dass für die Frage nach dem Wohin kein Raum bleibt. Ob Digitalisierung, Genmanipulation oder andere Risikotechnologien; jedes in seinen Folgen unabsehbare Vorhaben wird heute mit dem Argument vorangetrieben, dass wir ohne gewaltige Investitionen in diese Bereiche im globalen Wettbewerb gegenüber Nordamerika oder China zurückfallen würden. Die Frage aber, ob das überhaupt die Richtung ist, in die wir gehen wollen, ist damit vom Tisch.

Wie sehr die aus der Ökonomie hereindrängende Wettbewerbslogik auch das soziale Zusammenleben überformt, beschreibt der Soziologe Hartmut Rosa: »Konkurrenz und Resonanz sind [...] zwei inkompatible Welthaltungen. Das unaufhörliche, mantraartig repetierte ökonomische und politische Lob des Wettbewerbs basiert immer und ausschließlich auf der Idee und dem Versprechen, dass dieser mehr Welt in Reichweite bringt (indem er Güter und Dienstleistungen billiger macht, Leistung und Effizienz steigert usw.), niemals auf einer Erwägung der *Beziehungsqualität*. Jeder Wettbewerb erzeugt Verlierer und damit Angst; Wettbewerbe beruhen

Abb. 44: Der alltägliche »Kampf um's Dasein«: Aus Angst vorm Zurückbleiben wird die Frage nach dem »Wohin« oft gar nicht mehr gestellt.

systematisch auf der Idee des Übertreffens und damit der *Steigerung*, und sie erzeugen, wenn sie zu permanenten performativen Wettbewerben gemacht werden, ständige Unruhe und Unsicherheit. Dadurch und darüber zwingen sie die Konkurrenten in eine Haltung des Kampfes und damit zu einer verdinglichenden Fokussierung, die darauf abzielt, die Dinge unter Kontrolle zu bringen, zu beherrschen und verfügbar zu machen. [...] *Begegnen* und *Besiegen* sind inkompatible Zielsetzungen.«[289]

So kommt Rosa auch zu der Feststellung: »Der endogene, das heißt nicht nur durch Umweltveränderungen und historische Kontingenzen, sondern durch die eigene Reproduktions-Logik erzeugte Zwang zur Steigerung ist ein singuläres Merkmal der modernen Sozialformation. [...] Die Welt, in die wir uns gestellt finden, ist nicht einfach nur dynamisch, sondern sie befördert uns in jedem Moment gleichsam abwärts, so dass wir (immer schneller) nach oben laufen müssen, um unseren relativen Platz zu halten.«[290]

Da der im Wettbewerb stehende Mensch zwangsläufig auf eine Übervorteilung gegenüber anderen aus ist, kommt es zu einer Zersetzung von *Vertrauen* und *Vertrauensfähigkeit* in der Gesellschaft. Ohne diese Tugenden kann aber kein kooperativ verfasstes und am Allgemeinwohl orientiertes politisches System bestehen. Ebenso wie das Vertrauen zum behandelnden Arzt eine Voraussetzung für Heilung ist[291], ist das Vertrauen in die Wahrhaftigkeit von Politik und Medien eine grundlegende Voraussetzung für das gedeihliche Zusammenwirken von Regierten und Regierenden in einem auf Interessenausgleich, Kooperation und gemeinsamer Verantwortung ausgerichteten Staatswesen. Wo dieses Vertrauen im institutionalisierten Verdrängungswettbewerb der politischen Parteien absichtlich oder fahrlässig zerstört wird, verliert auch ein demokratisch verfasstes Gemeinwesen seine Legitimation.

Solange das politische System der Logik des Verdrängungswettbewerbs untergeordnet ist, kann man von den agierenden Politikern auch nicht erwarten, dass für sie das Wohl des gesellschaftlichen Ganzen die erste Priorität hat. Der Politikwissenschaftler Lothar Fritze betont, dass »das Obsiegen im Kampf um Hegemonie vor das Gemeinwohl zu stellen [...] die eigentliche Verfehlung im Kulturkampf der Gegenwart«[292] ist. Und diese Verfehlung ist eigentlich nicht den politischen Akteuren anzulasten, sondern dem politischen System, nach dessen Spielregeln sie zu funktionieren haben. Die Gesellschaft als ein organismisches Ganzes zu begreifen, das nur gedeiht, wenn seine Gliederungen a) verschieden sind *und* b) kooperieren, ist in der bisherigen Verfassung der parlamentarischen Demokratie nicht angelegt.

Darüber hinaus führt die vom Wettbewerbssystem getriebene Beschleunigung auch auf der psychischen Ebene zum Kollaps. Zu der vom Dauerstress bewirkten Erschöpfung schreibt Hartmut Rosa: »Die in den Symptomen der Stress-, Depressions-, Angst und Burnout-Erkrankungen, aber auch in Erscheinungen wie ADHS aufscheinende *Psychokrise* der Spätmoderne [...], lässt sich mit guten Gründen als eine *Erschöpfungskrise* im Steigerungsspiel verstehen: *Gleichgültig, wie kreativ, aktiv und schnell wir in diesem Jahr sind, nächstes Jahr müssen wir uns steigern*, lautet die Grundbefindlichkeit spätmoderner Subjekte fast überall auf der Welt.«[293]

Als »Erschöpfungspraktiken« bezeichnet der linke Sozialwissenschaftler Ullrich Mies die aus seiner Sicht beabsichtigte Wirkung des »Wettbewerbsterrors« im neoliberalen System: »[...] im pseudo-repräsentativen System ist der Souverän politischer Kunde. Er darf sich aus dem gleichgeschalteten marktkonformen Einheitsbrei unterschiedlicher Parteienlabels das für ihn passende aussuchen. [...] In der Fassadendemokratie wird der ›Souverän‹ zudem mit Droh- und Erschöpfungspraktiken drangsaliert. Der Wettbewerbsterror bedroht weite Teile der Arbeitnehmerschaft, indem das Damoklesschwert des Arbeitsplatzverlustes und damit der existenzielle Absturz ständig über ihnen schweben. Die Flexibilisierung der Arbeit mit Löhnen unter dem Existenzminimum zielt auf eine Erschöpfung der Menschen im Arbeitsleben. Für die herrschende Kaste eine ›win-win‹-Situation insofern, als der erschöpfte Souverän nicht mehr auf die Idee kommt oder die Kraft hat, politisch gegen die Verursacher seiner Lebensbedingungen aktiv zu werden.«[294]

In derselben Weise, wie der Darwinismus die Arten und Individuen aus ihrer Organstellung im ökologischen Gefüge herausgelöst hat, um sie als autonome Gebilde in einen gegenseitigen Überlebenskampf zu schicken, agiert das auf dem sozialdarwinistischen Verdrängungswettbewerb basierende Wirtschaftssystem: Der amerikanische Farmer und Poet Wendell Berry weist darauf hin, dass all die Brüche zwischen Körper und Seele, Mann und Frau, Ehe und Gemeinschaft, Gemeinschaft und Erde in ihrer Summe zu einem Zustand schwerer Krankheit führen, an der Mensch und Natur gemeinsam leiden. Und Berry bringt die Parallele zwischen darwinistischer Biologie und sozialdarwinistischer Wirtschaft treffend auf den Punkt, wenn er schreibt:

»Unsere Wirtschaft gründet auf dieser Krankheit. Ihr Ziel ist es, uns so weit wie möglich von den (materiellen, sozialen und spirituellen) Quellen des Lebens abzuschneiden, diese Quellen unter die Kontrolle von Unternehmen und Experten zu bringen und sie mit maximalem Profit an uns zurückzuverkaufen. Sie schlägt die Schöpfung in Fragmente und lässt diese in Konkurrenz zueinander treten. Zur Linderung des aus Fragmentierung und Konkurrenz entstehenden Leids verspricht unsere Wirtschaft nicht Heilung, sondern ausgedehnte ›Behandlungen‹, die zu weiterer Machtkonzentration und Profitsteigerung führen: […] Gesunden können wir nur, indem wir die zerschlagenen Verbindungen wiederherstellen. Verbindung ist Genesung. Und was unsere Gesellschaft tunlichst vor uns verbirgt, ist auf welch gewöhnlichen, öffentlich zugänglichen Wegen Gesundheit entsteht. Wir verlieren unsere Gesundheit – und erzeugen profitable Krankheiten und Abhängigkeiten –, weil wir die direkten Verbindungen zwischen Leben und Essen, Essen und Arbeiten, Arbeiten und Lieben nicht mehr erfahren. Beim Gärtnern arbeiten wir mit dem Körper, um den Körper zu ernähren.«[295]

Rückkehr zum menschlichen Maß: Geringere Geschwindigkeiten, kleinere Einheiten

Aus der Erkenntnis der dynamischen Erblichkeit wissen wir, dass die *erbliche Wirkung des Gebrauchs oder Nichtgebrauchs von Organen* zu einer generationenübergreifenden Regeneration oder Degeneration der beanspruchten bzw. unbeanspruchten Organfunktionen führt. Es bedarf einer fortlaufenden und gleichsinnigen Aktivierung der artgemäßen Organfunktionen, damit sich die Erblichkeit einer Eigenschaft festigt, bzw. damit sie »erbfest« bleibt. Die Brücke im Wirkungszusammenhang zwischen dem ökologischen Milieu und der genetischen Konstitution auch physischer Merkmale bildet die funktionelle Aktivität, also das umweltbezogene Verhalten. Da sich nur solche Verhaltensweisen im *Informationspool* bzw. *biologischen Feld* einer Art zu einem gleichsinnigen Verhaltensmuster akkumulieren können, die über etliche Generationen gleich bleiben, können umweltbedingte Verhaltensänderungen nicht von einer Generation zur nächsten erblich werden, geschweige denn erbfest.

Insoweit gibt es im Blick auf die umweltbedingten Veränderungen der Arten und Populationen eine *maximale Evolutionsgeschwindigkeit.* Das ist sozusagen die Höchstgeschwindigkeit, in der eine Art bzw. Population ihre erblichen Verhaltensmuster mit einer sich verändernden Umweltsituation harmonisieren kann. Sobald die Geschwindigkeit der Umweltveränderungen die maximale Evolutionsgeschwindigkeit der Art übersteigt, schlägt Evolution in Degeneration um. Dasselbe tritt ein, wenn die Veränderungsphasen des Milieus seine Stabilitätsphasen überwiegen. Kulturfolger-Arten können z. B. in menschlichen Kulturlandschaften nur solange existieren, wie sich diese Kultur langsam bzw. in nicht zu dicht aufeinander folgenden kleinen Schritten verändert.

Entsprechendes trifft nun auch auf den Menschen zu, der in und mit dieser Kultur lebt. Die Übergänge zur Erbfestigkeit und zur Auflösung bzw. Degeneration der Merkmale sind fließend. Und: Die Frage, wie lange ein Aktivitätsmuster bereits von den Vorfahren tradiert wurde, ist stets auch damit verbunden, ob seine Ausführung als »tragend« oder als »lastend« empfunden wird (vgl. S. 117). Von daher gibt es handfeste biologische Gründe dafür, warum ein ununterbrochener und erst recht ein sich beschleunigender technologischer Fortschritt und kultureller Wandel zu genetischen Auflösungserscheinungen, also zu degenerativen Prozessen in den davon betroffenen Völkern (Populationen) führt. Und die degenerativen Effekte betreffen Körper und Psyche gleichermaßen. Umgekehrt bedeutet das: Wir sollten die Zeiten der technologischen Stabilisierung und kulturellen Traditionsbildung nicht als »Stagnation« verachten, sondern das biologisch regenerative Potential dieser *Regenerationsphasen* wertschätzen.

Die Geschwindigkeit der technologischen und kulturellen Entwicklung hängt nicht zuletzt auch mit der Alltagsgeschwindigkeit zusammen, mit der wir uns von diesem Fortschritt treiben lassen bzw. ihn selbst mit antreiben. Bereits in den 1970er Jahren hat der Philosoph Ivan Illich darauf hingewiesen, dass es hinsichtlich der Sozialverträglichkeit unserer Mobilität so etwas wie ein generelles Tempolimit geben müsste: »Jenseits einer kritischen Geschwindigkeit kann niemand Zeit ›sparen‹, ohne daß er einen anderen zwingt, Zeit zu ›verlieren‹. Derjenige, der einen Platz in einem schnelleren Fahrzeug beansprucht, behauptet damit, seine Zeit sei wertvoller als die Zeit dessen, der in einem langsameren Fahrzeug reist. Jenseits einer gewissen Geschwindigkeit wird der Passagier zum Räuber: er konsumiert die Zeit der anderen und plündert die Masse der Gesellschaft. [...] Eine Gesellschaft, die das Zeitraffen der Auserwählten nicht nur duldet, sondern auch wünscht, unterwirft sich freiwillig dem Imperium mechanischer Gewalt.«[296]

Auch das uns hier interessierende Thema der biologischen Erschöpfung durch Beschleunigung hat Illich bereits im Blick gehabt: »Eine konkrete Analyse des Verkehrs enthüllt also die der Energiekrise zugrunde liegende Wahrheit: Die Auswirkung industriell verpackter Energiequanten tendiert zu Zerstörung, Erschöpfung und Versklavung, und diese Folgen werden noch schneller eintreten als die Gefahren der physischen Umweltvernichtung und der Ausrottung der menschlichen Gattung. Wenn ›Beschleunigung‹ erst einmal entzaubert wäre, dann stünde die Entscheidung offen, gemeinsam im Süden und im Norden, auf dem Land und in der Stadt, in Ost und West modernem Werkzeug jene Grenzen zu setzen, innerhalb deren es zur Befreiung beitragen kann.«[297]

Und derjenige, der die für die »Rückbesinnung auf die Region« und die »Rückkehr zum menschlichen Maß« wegweisenden Erkenntnisse gewonnen und publiziert hat, war der Nationalökonom und Philosoph Leopold Kohr. Kohr meint, »daß das Hauptproblem unserer Zeit nicht national oder ideologisch, sondern dimensional ist«. Wann immer etwas problematisch werde, sei es zu groß: »Demgemäß ist der Bösewicht der Geschichte weder der Deutsche noch der Amerikaner, noch der Russe, noch der Engländer. Der Bösewicht ist der zu mächtig Gewordene: der Großdeutsche, der Großbrite, der Großrusse, der Großnarr. Wie Theophrastus Paracelsus, der Gründer der modernen Medizin, gesagt hat: ›Alles ist Gift, ausschlaggebend ist nur die Dosis.‹ Das gilt für Atome, Heuschrecken und Nationen genauso wie für Heilpflanzen. Was immer die paracelsische Mengengrenze überschreitet, macht Medikamente zum Gift, das Gute zum Schlechten, Demokraten zu Tyrannen, Friedvolle zu Kriegshetzern, Wachstum zu Krebs.«[298]

Der Ökonom Ernst Friedrich Schumacher, der eng mit Kohr zusammengewirkt hat, beschreibt in seinem Buch *Small is beautiful* das Problem der Größe an einem fiktiven Beispiel: »Man denke sich nunmehr, Dänemark als Teil Deutschlands und Belgien als Teil Frankreichs besännen sich plötzlich auf ihre Eigenständigkeit und verlangten nach Unabhängigkeit. Es gäbe endlose und hitzige Debatten darüber, dass diese ›Nichtländer‹ wirtschaftlich nicht lebensfähig seien, ihr Wunsch nach Unabhängigkeit [...] entspringe ›pubertärem Gefühlsüberschwang, politischer Naivität, schwindelhaftem Wirtschaftsdenken und unverfrorenem Opportunismus‹.«[299]

Über den Zusammenhang von Struktur und Verwurzelung schreibt Schumacher: »Millionen von Menschen beginnen umherzuziehen, verlassen die Landgebiete und die Kleinstädte und streben den Lichtern der Großstadt zu. Dort beginnt ein krankhaftes Wachstum. [...] Doch ob uns das gefällt oder nicht, so sieht das Ergebnis der Entwurzelung der Menschen aus, das Ergebnis der wunderbaren Beweglichkeit von Arbeitskräften, die von Wirtschaftswissenschaftlern über alles geschätzt wird. Alles in der Welt muss eine Struktur haben, sonst leben wir im Chaos. [...] Einer der Hauptbestandteile der Struktur für die gesamte Menschheit ist selbstverständlich *der Staat.* Und eines der Hauptelemente oder Instrumente zur Schaffung von Strukturen sind *Grenzen,* Staatsgrenzen. [...] Wirtschaftswissenschaftler kämpften dagegen, dass diese Grenzen wirtschaftliche Grenzen wurden – daher stammt die Ideologie des Freihandels. Damals aber waren Menschen und Dinge nicht entwurzelt, die Kosten des Verkehrs waren so hoch, dass Bewegungen von Menschen und Waren immer nur in Randmengen stattfanden. [...] Doch jetzt ist alles und jeder beweglich geworden. Alle Strukturen sind bedroht, und alle Strukturen sind in einem Ausmaße *verwundbar* wie nie zuvor.«[300]

Was Schumacher hier aufzeigt, spricht nicht nur für kleine Einheiten und dezentrale Strukturen; es bestätigt die für die biologische und soziale Sphäre gleichermaßen gültige universelle Erkenntnis, dass Strukturauflösungen zu Degeneration führen und umgekehrt klare Strukturen eine Voraussetzung für Regeneration und Resilienz sind. In ähnlicher Weise äußert sich Herbert Gruhl, der meint: »Es wird in dieser Welt nie eine multikulturelle Gesellschaft geben, die das Adjektiv kulturell wirklich verdient. Je stärker die Völker durcheinander brodeln, um so größer die Entropie, ein um so geringeres Maß an Kultur ist das Ergebnis. Und auch zu einer *friedlicheren Welt* kann dieser Weg nicht führen. Schon Kant wußte, daß der Weg zum Frieden über die Autonomie der Regionen führen müsse; er sah in Sprache und Religion Trennungslinien der Natur, die darauf hinweisen, daß es kein einheitliches Weltimperium geben könne«.[301]

Auch Leopold Kohrs Aussage, »Wo immer etwas fehlerhaft ist, ist es zu groß«[302], scheint sich in der biologischen Analyse zu bestätigen: Am Beispiel der Domestikation zeigt sich, dass degenerative Prozesse von Populationen fast immer mit einer Größenzunahme der beteiligten Individuen einhergehen. Auch die als *Wachstumsakzeleration* bezeichnete Größenzunahme des Menschen, die beginnend in den westlichen Industrienationen vor wenigen Generationen einsetzte, ist in diesem Zusammenhang zu sehen. Aber auch die Übergröße von Populationen selbst kann mitunter nur eine Vorstufe ihres Zusammenbruchs sein. So ging dem Aussterben der nordamerikanischen Wandertaube (*Ectopistes migratorius*) eine unbeschreibliche Massenvermehrung voraus: Ihre Schwärme waren so groß geworden, dass die Bäume unter ihnen zusammenbrachen, auf denen sie sich zum Schlafen niederlassen wollten.

Hier spielt offenbar nicht nur die Populationsgröße, sondern auch die *Populationsdichte* eine entscheidende Rolle. So ist es offenkundig, dass Stadttaubenschwärme in übergroßer Populationsdichte, wie wir sie beispielsweise in den Zentren von Pilsen/Plzen, Breslau/Wrocław oder Bromberg/Bydgoczsz finden, einen viel größeren Anteil kranker Tauben beherbergen als anderswo. Auch in menschlichen Gesellschaften gibt es diesen Zusammenhang zwischen hoher Bevölkerungsdichte und hoher Krankheitsrate – was nicht nur die Entstehung und Ausbreitung von Seuchen betrifft.

Den Zusammenhang zwischen Größe und Dichte gibt es auch in der Verknüpfung mit der Geschwindigkeit der Mobilität. Dazu schreibt Leopold Kohr, der »Begriff der *sozialen* Größe oder auch der *effektiven* Größe der Gesellschaft« stehe »im Gegensatz zu der *physikalischen* Größe der Gesellschaft, die auf der Bevölkerungszahl beruht. Dagegen beruht soziale Größe nicht auf *einem* Faktor, sondern auf vier Faktoren: Zahl, Dichte, verwaltungsmäßige Integration und Geschwindigkeit der Bevölkerung. Eine dichtere Gesellschaft ist nämlich *im Effekt* eine größere Gesellschaft als eine mit einer zahlenmäßig gleich großen, aber weniger dichten Bevölkerung. Sie erzeugt mehr Energie. Aus demselben Grund ist eine straffer organisierte Gesellschaft effektiv eine größere Gesellschaft [...] und eine schnellere Gesellschaft größer als eine langsamere.«[303]

Auch hier zeigt Kohr, dass physikalische Gesetzmäßigkeiten für gesellschaftliche Phänomene ebenso gültig sein können: »Mehr Menschen, die sich mit verringerter Geschwindigkeit bewegen, stellen daher die gleiche Masse dar wie weniger Menschen, die sich mit erhöhter Geschwindigkeit bewegen. Daher die Notausgänge in Theatern, die überflüssig sind, solange die Menschen im gewöhnlichen Schrittempo gehen, die aber vorhanden sein müssen, um die massensteigernde Wirkung von Menschen aufzufangen, die sich beschleunigt bewegen wie etwa bei Panik. Aus diesem Grund läßt sich jedes durch Vorhandensein einer übergroßen Zahl bewegter Teilchen verursachte Problem auf zwei Arten lösen: quantitativ (durch Verminderung der Teilchen) und qualitativ (durch Verminderung ihrer Geschwindigkeit).« So versuche er zu zeigen, »daß die meisten Probleme der modernen Überbevölkerung durch Verminderung der Geschwindigkeit, mit der sich die Menschen bewegen, besser gelöst werden können als durch Auswanderung oder die Eroberung von neuem ›Lebensraum‹.«[304] Vielleicht könnte man so auch manche der mit der Masseneinwanderung verbundenen Probleme durch eine Verlangsamung der Mobilität auffangen.

Leopold Kohr meint daher, es gebe zu dem »Zwang zur Verminderung der Bevölkerungszahl« immer auch eine Alternative: »Die viel weniger drastische Maßnahme einer Verminderung ihrer Bewegungsgeschwindigkeit erzielt dieselbe Wirkung. Die läßt sich durch die Auflockerung des Staatsgefüges erreichen, beispielsweise durch verwaltungsmäßige, wirtschaftliche und kulturelle Dezentralisierung, die eine Verringerung der Bewegungsgeschwindigkeit durch die einfache Abschwächung des Bewegungsmotivs herbeiführt.«[305] Eine Dezentralisierung, so Kohr, sei nicht deswegen Vorbedingung für eine gesunde soziale Existenz, weil es dabei »keine Probleme gäbe, sondern weil die Probleme wieder auf Ausmaße zurückgeführt würden, die der Mensch bewältigen kann«.[306]

Interessant ist, dass im *Kreisauer Kreis*, der wohl bedeutendsten Widerstandsgruppe gegen das NS-Regime, ähnlich gedacht wurde. Über dessen »Vorstellungen und Ziele für die Zeit danach« schreibt Frauke Geyken: »Der Staat sollte neu organisiert werden in den Einheiten Gemeinde, Kreis, Land, Reich und sollte, ganz im Gegensatz zu den Bedingungen des totalitären Zentralstaats, von unten her organisiert werden. [Helmuth James von] Moltke favorisierte die Idee der kleinen Gemeinschaften, denn nur derjenige könne gegenüber der großen Gemeinschaft, nämlich dem Staat, ›das rechte Verantwortungsgefühl [entwickeln], der in kleineren Gemeinschaften in irgendeiner Form an der Verantwortung mitträgt‹.«[307] In einer Denkschrift von 1939 schreibt Helmuth James von Moltke (1907–1945): »Es ist der Sinn des Staates, Menschen die Freiheit zu verschaffen, die es ihnen ermöglicht, die natürliche Ordnung zu erkennen und zu ihrer Verwirklichung beizutragen.«[308] Und Geyken fügt an: »Politische Parteien waren dementsprechend nicht vorgesehen.«[309]

Wollen wir also menschengemäße Lebensbedingungen erreichen, so gilt es, uns für eine Umkehr hin zur Dezentralisierung einzusetzen. Nur verkleinerte politische Handlungs-, Verantwortungs- und Haftungsräume können wirklich demokratisch mitgestaltet und kontrolliert werden. Nur in dezentralen Strukturen kann eine reelle Mitbestimmung der Menschen in Politik, Verwaltung und Wirtschaft ermöglicht werden. Und nur in überschaubaren Handlungsräumen können Menschen eine Selbstwirksamkeit erleben.

Humus aufbauen: Stoffkreisläufe schließen, die Würde der Dörfer zurückholen

Die sich ausschließlich an den Maßstäben der Finanzwirtschaft orientierende Politik hat den Blick für die ökologischen und sozialen Leistungen und die auf beiden Ebenen funktionierende organismische Integration der *bäuerlichen* Landwirtschaft völlig verloren. Agrarsubventionen wurden eingeführt, um das Essen billiger zu machen, damit die Bevölkerung weniger Geld für Nahrungsmittel ausgeben muss – und somit mehr für Industrieprodukte ausgeben kann, um das Wirtschaftswachstum auf Beschleunigungskurs zu halten. Und diese Subventionen ermöglichen es den Landwirten, viel Geld für überflüssige Ackergifte und überdimensionierte Landtechnik auszugeben; also die Profite jener destruktiv agierenden Konzerne zu mehren, die – über die in ihre Abhängigkeit überführten Landwirte – immense externe Kosten auf die Allgemeinheit abwälzen.

Michael Succow hat absolut Recht, wenn er verlangt, dass landwirtschaftliche Fördergelder, also eine Bezuschussung durch die Allgemeinheit, nur dann gezahlt werden dürften, wenn dafür »ökologische Leistungen« erbracht würden: »Nur, wenn sich unter dem Acker ein trinkbares Grundwasser bildet«, sei eine öffentliche Bezuschussung der Landwirtschaft verantwortbar.[311] Daher ist die Spaltung der Landwirtschaft – einschließlich der Landwirte und der Verbraucher – in »konventionell« und »bio« keine gute Perspektive. Solange sich die Bio-Produzenten und -Konsumenten damit beruhigen können, dass sie »alles richtig machen«, aber ignorieren, dass zugleich auf 80 Prozent der Flächen eine systematische Boden- und Grundwasservergiftung stattfindet, stimmt etwas nicht. Eine vielversprechende Chance, um eine Mehrheit der konventionellen Betriebe ohne die bürokratischen Hürden des Ökolandbaus in eine ökologisch verträgliche Landbewirtschaftung zu führen, ist der Ansatz der *Regenerativen Landwirtschaft*. Hier geht es vor allem um »die Wiederherstellung der mikrobiellen Prozesse im Boden durch die Förderung der Interaktion Pflanze-Bodenleben«. Dabei handelt es sich sozusagen um die unterirdische Umweltresonanz, über die die regenerativen Prozesse im Landbau verständlich werden.

Das Ökosystem Boden besteht aus vielen Organismenarten; der Boden ist ein lebendiges Organ des Gesamtökosystems der Erde. Um die Wurzelhaare der Pflanzen siedelt eine Flora symbiontischer Bakterien. Die *Bodenfruchtbarkeit* ist nichts anderes als die »Leistung« eines intakten und organismisch funktionierenden Ökosystems. Aus der Perspektive einer *organismischen Integration* des Menschen in die Ökosysteme unserer Erde ist der Punkt zu erkennen, an dem die Stoffkreisläufe am drastischsten ausgehebelt wurden: die Einführung der Wassertoilette mit dem daran angeschlossenen Abtransport der Nährstoffe in die Weltmeere. Es ist enorm wichtig, die Frage, was mit unseren Ausscheidungen passiert, zu enttabuisieren und unser Bewusstsein für diese Zusammenhänge zu schärfen.

Die immer größer werdende Versorgungslücke der Böden versucht man durch »Kunstdünger« auszugleichen. Diese werden nicht nur unter hohen ökologischen Kosten hergestellt, sondern sie sind in ihrer Zusammensetzung auf die sogenannten »Hauptnährstoffe« Stickstoff, Phosphat und Kalium beschränkt. Sowohl die landwirtschaftlichen Kulturpflanzen als auch die Menschen leiden zunehmend an einem Mangel wichtiger Spurenelemente bzw. »Mikronährstoffe« (s. auch S. 154). Experten warnen: »Wir verhungern vor vollen Töpfen«.[312]

Das Potential, Trockentoiletten und entsprechende Kompostierungssysteme in unsere Zeit hinein zu holen und weiterzuentwickeln, haben am ehesten die Inhaber landwirtschaftlich-gärtnerischer Kleinstbetriebe und ländliche Selbstversorger-Wirtschaften. Nicht nur deswegen sollten diese – innerhalb des Wettbewerbssystems nicht lebensfähigen Einheiten – soweit gefördert werden, dass sie sich im Sinne von Zukunftswerkstätten neu konstituieren und am Leben bleiben können.

Auch die biologische Landwirtschaft kommt nicht daran vorbei: Durch einen Verzicht auf die Zufuhr von externen Mineraldünger kann eine Denaturierung der Böden durch Fremdstoffeinträge vermieden werden; es kommt dabei aber – ebenso wie in der »konventionellen« Landwirtschaft – zu einer allmählichen Auszehrung der landwirtschaftlichen Flächen. Die entzogenen Nährstoffe können zum Teil über die organische Düngung aus betriebseigenem Mist dem Boden wieder zugeführt werden. Jener Teil der Nährstoffe, der über die Produkte den Betrieb verlässt, kehrt heute nicht mehr auf die Ackerböden zurück. Der natürlichste Weg – bei dem auch die lebenswichtigen Spurenelemente in ihrem natürlichen Verhältnis wieder dem Boden zurückgeführt würden – wäre der, den kompostierten Bio-Abfall und den Klärschlamm aus den Fäkalien der (überwiegend städtischen) Verbraucher wieder auf die Felder zurück zu bringen. Derzeit enthalten aber die Abfälle und Abwässer der Haushalte so viele toxische Substanzen, dass man damit eine langfristige und in ihren Folgen unabsehbare Kontamination der Böden bewirken würde.

Die Gesamtbevölkerung kann also nur dann an den erstrebten geschlossenen Stoffkreisläufen einer ökologischen Nahrungsmittelerzeugung teilhaben, wenn sie ihr Alltagsleben radikal entgiftet. Ein Grundsatz, den Felix zu Löwenstein bei den Kleinbauern Haitis fand, sollte auch hier gelten: Wer seine Lebensmittel aus natürlichen Kreisläufen beziehen möchte, lehnt Stoffe ab, die »Mutter Erde« nicht essen kann![313]

Im Grunde müssen wir ein Bewusstsein dafür entwickeln, dass wir uns erst dann wirklich wieder in den ökologischen Kreislauf integriert haben, wenn wir uns von Früchten ernähren, die *auch* mit unserem eigenen Dung gedüngt wurden. Rainer Sagawe, einer der Vordenker zur Holzkohleherstellung für die Kompostverbesserung, schreibt: »Zellen meines Körpers gebe ich in den Gartenkreislauf, die Bodenorganismen nehmen davon etwas auf [...] Die Amsel gräbt Löcher in den Mulch und findet Regenwürmer, schon ist etwas von mir auch in der Amsel. Sie setzt sich auf den Baum überm Beet und lässt einen weißen Klacks fallen – schon ist etwas von der Amsel im Beet, im Kohlrabi, in mir.«

Aus der Perspektive, dass wir mit unserer Nahrung nicht nur Stoffe und Energie, sondern auch *Ordnung* und *Information* aufnehmen, bekommt das einen tieferen Sinn: Wenn unser Acker oder Garten Stoffe mit Informationen unseres Körpers bekommt und diese mit den Informationen der Erde des Ortes, an dem wir leben, zusammenbringt und uns dann in dieser Verbindung wieder zurückgibt, dann ist das eine sehr konkrete Form von *Umweltresonanz*. Aus demselben Grund ist es skandalös, dass das Wasser der dörflichen Brunnen erst über die nahezu flächendeckende Brunnenvergiftung der agrarindustriellen Pestizidlandwirtschaft unbrauchbar gemacht und letztlich ihre Nutzung zur Trinkwassergewinnung untersagt wird. Der allgemeine Anschlusszwang an die Fernwasserversorgung bewirkt nicht nur ein Gefühl des Ausgeliefertseins, sondern er verhindert die basale *Umweltresonanz* zwischen uns und den qualitativen Eigenschaften des Wassers an dem Ort, an dem wir leben. Damit ist genau jenes Fenster geschlossen, das eigentlich für alle Lebewesen auf der Erde einen Zugang zu grundlegenden Informationen über die Natur ihres Lebensortes öffnet.

Wendell Berry weist darauf hin, dass heute nicht nur über 95 Prozent der Bevölkerung von der Erzeugung ihrer Nahrung »befreit« sind, sondern die »degenerierende[n] Auswirkungen« dieser Trennung von der Erde auch bewirken, dass ebenso viele »von der Regenerationsphase des natürlichen Fruchtbarkeitskreislaufs abgekoppelt« sind: »Eine Ursache dieser Verschwendung liegt in der alten ›religiösen‹ Spaltung zwischen Körper und Seele, die den Körper und seine Ausscheidungsprodukte als anstößig verurteilt. [...] Doch davon ›erlöste‹ uns dann zu alledem auch noch die moderne Technik durch das Wasserklosett und die Wasserkläranlage. Diese Vorrichtungen entsorgen die ›Abfallprodukte‹ unserer Körper schlichtweg dadurch, dass sie sie aus unserem Wahrnehmungsfeld befördern. Die Ironie dabei ist nur: Diese technische Reinigung des Körpers erfolgt um den Preis, dass unsere Flüsse vergiftet und unsere Felder ausgezehrt werden. Sie macht die angebliche Anstößigkeit des Körpers zu etwas tatsächlich und unweigerlich Anstößigem und lässt eine ganze Gesellschaft vergessen, dass der Mutterboden ohne weiteres in der Lage ist, diese ›anstößigen Abfallprodukte‹ zu reinigen«.[314]

Dasselbe, was für unsere Ausscheidungen gilt, betrifft auch unseren Körper nach seinem Tod: Wir sollten Bestattungsformen finden (oder aus anderen Kulturen übernehmen), die den Körper nicht im Eichensarg abgekapselt in die Tiefe nahezu unbelebter Bodenschichten »entsorgen«, sondern so in die Erde einbringen, dass die Bodenlebewesen ihn in kurzer Zeit mit der Erde verbinden und in die ökologischen Kreisläufe wiedereingliedern, reintegrieren können. Bernhard Streck verweist auf die »phytische Thanatologie und Pflanzentheosophie« in der weltweit anzutreffenden Vorstellung vom Weltenbaum: »die Toten werden nach ihrer Bestattung [...] von den Wurzeln aufgesogen, wandern den Stamm hoch und warten in den Ästen auf ihre Wiedergeburt. [...] Pflanzen sind wiederkehrende Wesen, ihr saisonales Sterben steht für Unsterblichkeit. In der archaischen Geosophie ist der Kreislauf von Tod und Leben als ewiges Gesetz erkannt worden und wird im Ritual bekannt. Statt Wachstum heisst hier Ausgleich von Kommen und Gehen die Devise.«[315]

Mit dem Begriff »Ruralisierung« (von lateinisch *ruralis* = ländlich) werden Prozesse einer Verländlichung bezeichnet, also eine Umkehrung der Verstädterung bzw. Urbanisierung, wie es sie beispielsweise zum Ende des Römischen Reiches und in seiner Nachfolge vom 4. bis zum 8. Jahrhundert gegeben hat. Die Ethnologin und Soziologin Veronika Bennholdt-Thomsen verwendet das Wort »Reruralisierung« im Sinne einer Wieder-Verländlichung. Ihr geht es um eine aktuelle Perspektive: Aus der gegenwärtigen kapitalistischen Geld- und Warenwirtschaft »[...] werden wir den Weg ins Freie finden, wenn wir uns an der Subsistenz orientieren [...] ›Subsistenz‹ heißt: über das Lebensnotwendige verfügen.«[316] Subsistenzwirtschaft folgt dem Ziel einer möglichst weitgehenden Selbstversorgungsfähigkeit.

Nicht nur, weil man Geld nicht essen kann, brauchen wir, so Bennholdt-Thomsen, eine Etablierung bzw. Stärkung von Subsistenzwirtschaft, sondern auch aus ethischen Gründen: »Eine Wirtschaftsweise, die nicht als Wachstumskrieg verstanden wird, und ein Gesellschaftsvertrag, der die Ebenbürtigkeit aller Menschen zum Ausgangspunkt nimmt, setzen voraus, dass viel mehr Menschen unmittelbar das Land bearbeiten. Denn wenn wir nicht auf Kosten anderer wirtschaften und in einer Welt des Friedens leben wollen, dann müssen wir bemüht sein, von den Ressourcen des Teils der Erde zu leben, der uns trägt.«[317]

Interessant ist nun, dass Veronika Bennholdt-Thomsen mit dem Gedanken einer Reruralisierung nicht nur die Städte und die Stadt-Land-Beziehung im Blick hat, sondern auch das Land selbst. Der Urbanisierungsgrad der Dörfer und die Industrialisierung der Landbewirtschaftung sind bereits so weit fortgeschritten, dass wir heute eine Wieder-Verländlichung des Landes in den Blick nehmen müssen: »Insofern brauchen wir eine Reruralisierung des Landes, nämlich die Rückkehr des bäuerlichen Wirtschaftens in die Landwirtschaft. [...] Überall auf der Welt muss die Verdrängung der Kleinbauern und –bäuerinnen durch die industrielle, monokulturelle, kapitalstarke Plantagenwirtschaft gestoppt und die kleinbäuerlichen Anbaumethoden sowie die regionalen Vermarktungsformen müssen gestärkt werden. Das ist nicht nur ein Gebot der sozialen Gerechtigkeit, sondern, wie der letzte Weltagrarbericht klarmacht, auch ein Gebot der ökologischen Gesundung der Erde.«

Und Bennholdt-Thomsen ergänzt: »Mit der bäuerlichen Perspektive ist unfehlbar die der Ernährungssouveränität verbunden. [...] Die Ernährungssouveränität ist ein Herzstück der Wiedergewinnung der individuellen und zivilgesellschaftlichen Souveränität gegenüber dem Totalitarismus des Geld- und Warensystems.«[318] Genau hier dürfte auch der Grund zu suchen sein, warum das kapitalistische System ähnlich viel Energie darauf verwendet, kleinbäuerliche Strukturen platt zu machen und das Potential ihrer Regeneration zu zerstören, wie das kommunistische. Den Kommunisten ging es primär darum, aus freien Bauern abhängige Landarbeiter zu machen. Sie wollten eine Proletarisierung der Landbevölkerung erreichen; dafür brauchte man die Agrarindustrie. Und die heutige Urbanisierung und Industrialisierung des ländlichen Lebens geht mit einer Untergrabung individueller und regionaler Selbstversorgungsfähigkeit einher, die Menschen und Regionen in Abhängigkeitsverhältnisse von ortsfremden, oft anonymen Akteuren bringt.

Die Vehemenz, mit der den agrarindustriellen Lobbyinteressen auf allen politischen Ebenen Vorrang eingeräumt wird, deutet darauf hin, dass diese systematische Freiheitsberaubung kein selbstläufiger ökonomischer Prozess ist. Für die Autorin des Buches *Deutschlands kranke Kinder*, Ulrike von Aufschnaiter, liegt es auf der Hand, dass die Bundesministerien für Gesundheit sowie für Ernährung und Landwirtschaft »die überwiegend unerkannte Kraft« sind, »welche den rasanten Aufstieg der Industrielandwirtschaft, Lebensmittelindustrie und Pharmakonzerne überhaupt erst ermöglicht hat. Gleichzeitig sind sie die Hauptverantwortlichen für den gesundheitlichen Niedergang der deutschen Bevölkerung.«[319] Sie betont: »Die Versorgung mit Nahrungsmitteln und Konsumgütern wird von globalen Konzernen gesteuert« und mithilfe der Regierung werden »Kitas und Schulen [...] als Vertriebsnetz für gesundheitsschädigende Produkte genutzt«.[320]

Was dieser Entwicklung entgegenzusetzen ist, ist der Gedanke der Ernährungssouveränität, oder noch umfassender: der Versorgungssouveränität. Die Idee der Versorgungssouveränität kommt ursprünglich aus Afrika und Lateinamerika. Dort war man zu der Einsicht gekommen, dass eine »Versorgungssicherheit« solange gegeben ist, wie man damit rechnen kann, dass regelmäßig Schiffe mit Nahrungsmitteln aus dem Norden ankommen, um die Menschen satt zu bekommen. Eine »Versorgungssouveränität« hingegen hätte man aber nur dann erlangt, wenn das jeweilige Land in der Lage ist, seine Bevölkerung aus den Erträgen der eigenen Landwirtschaft selbst zu ernähren. Vor dem Hintergrund einer absehbaren Verteuerung des Öls und dem daraus folgenden Anstieg der Transportkosten wird die Frage der Versorgungssouveränität zunehmend auch in den Industrieländern des Nordens diskutiert. In dem Maße, wie man sich vom Öl unabhängig machen will oder muss, braucht man eine *regionale Versorgungssouveränität*. Das heißt, eine größere Selbstversorgungsfähigkeit der Regionen, insbesondere der Dörfer und ihrer Bewohner.

Als im Januar 2015 die Heinrich-Böll-Stiftung den mit dem Potsdamer Institute for Advanced Sustainability Studies (IASS) und dem Bund für Umwelt- und Naturschutz Deutschland gemeinsam erstellten *Bodenatlas 2015* präsentierte, verkündete sie in ihrer Pressemitteilung einen sehr schwerwiegenden, aber öffentlich kaum diskutierten Fakt: »Rund 60 Prozent der für den europäischen Konsum genutzten Flächen befinden sich außerhalb der EU. Damit ist Europa der Kontinent, der für seinen Lebensstil, seine Agrarindustrie und seinen Energiehunger am meisten von Land außerhalb seiner Grenzen abhängig ist.«[321] Wenn diese Zahl auch nur annähernd zutrifft, so zeigt sich hier das ganze Ausmaß der Abhängigkeit unserer Zivilisation von einem extrem energieintensiven Transportsystem. Zugleich zeigten diese Zahlen, in welchem Umfang die EU-Staaten externe Flächen beanspruchen, die den betroffenen Ländern für das Erreichen ihrer eigenen Versorgungssouveränität entzogen sind. Und insgesamt zeigt sich an diesen Zusammenhängen, wie zynisch und verlogen das ganze Gerede über den Klimaschutz und die Bekämpfung von Fluchtursachen ist, wenn nicht *bei uns* die Voraussetzungen für eine regionale Versorgungssouveränität und eine Wiederbelebung bäuerlicher Landwirtschaft geschaffen werden!

Die Praxis für die Wende zur regionalen Versorgungssouveränität muss auf dem Land entwikkelt werden und die Wegbereiter dieser Land-Wende brauchen im wahrsten Sinne des Wortes Boden unter den Füßen. Heute gibt es mit der *Transition-Town-Bewegung*, dem *Urban Gardening*, mit der *Permakultur* und der *Solidarischen Landwirtschaft* eine Reihe von hoffnungsvollen Ansätzen, von denen aber keiner für sich allein bereits so ausgereift ist, dass er eine ausreichend tragfähige Basis für den nötigen gesellschaftlichen Wandel sein könnte. Von solchen oder ähnlichen Initiativen ausgehend, muss weiter nach Lebens- und Arbeitsmodellen für die nötige Umkehr gesucht werden. Wir brauchen Handlungsräume für konstruktive und kreative »Aussteiger«; für Leute, die aktiv etwas tun wollen auf der Suche nach zukunftsfähigen Lebensformen und die dabei gleichzeitig – im organismischen Sinne – für die ganze Gesellschaft den Keim für ein neues kleinbäuerliches Fundament bilden können.

Und bezüglich einer tragfähigen Grundidee für die Gestaltung solcher sozial und ökologisch »enkeltauglicher«[322] Praxisfelder muss man durchaus nicht alles neu erfinden. Für eine Rückbindung zum Boden, als Schule der Subsistenzwirtschaft und als Mittler zwischen Stadt und Land könnte eine Wiederbelebung des *Gärtnerhof-Konzepts* eine wichtige Rolle spielen: Nahezu dasselbe, was Felix zu Löwenstein zunächst im Blick auf die Entwicklungsländer als Ökologische Intensivierung bezeichnet[323], hatte der Worpsweder Gartenarchitekt Max Karl Schwarz (1895–1963) bereits für deutsche Verhältnisse konzipiert und 1933 *Intensivsiedler* bzw. 1946/47 *Gärtnerhof* genannt.[324] Schwarz bezeichnet den Gärtnerhof als einen »Kleinbetrieb, der in intensivster und vielseitigster Wirtschaftsweise Gemüse- und Obstbau betreibt, Groß- und Kleinvieh hält, die volle Selbstversorgung der auf ihm Arbeitenden sichert und nachhaltig große Marktleistungen erzielt.«

Die Idee des Gärtnerhof-Konzepts beruht auf einer Kombination aus Gärtnerei und Kleinbauernhof auf einer Fläche von 2 bis 5 Hektar. Im Unterschied zu Kleinbauernwirtschaften soll die gärtnerische Komponente (der intensive Anbau von Gemüse, Obst, Kräutern) den finanziellen Ertrag des Hofes und den Selbstversorgungsgrad seiner Bewohner deutlich steigern. Und im Kontrast zu herkömmlichen Gärtnereien soll die landwirtschaftliche Komponente für einen ausgewogenen »Hoforganismus« im Sinne einer ökologischen Kreislaufwirtschaft sorgen. Dabei wird eine Eigenversorgung mit organischem Dünger auf der Basis von kompostiertem Kuhmist

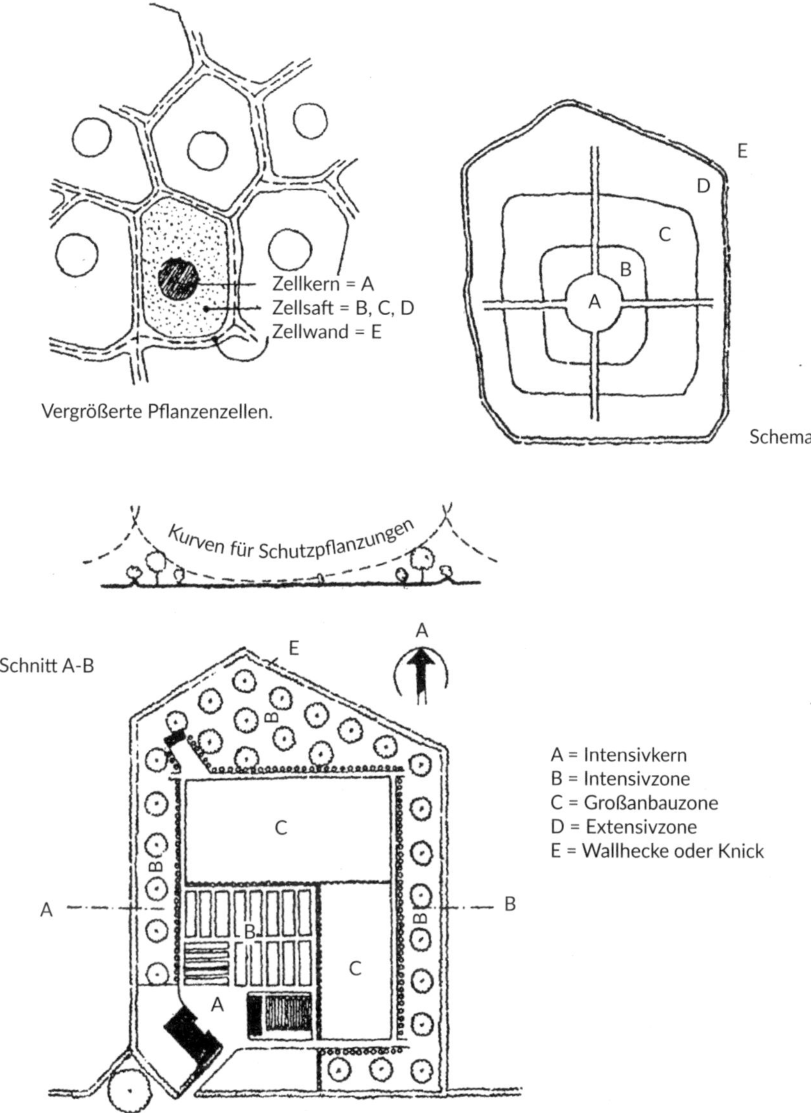

Abb. 45: In Analogie zur Pflanzenzelle: Zonierung der Flächen im Gärtnerhof-Konzept von Max Karl Schwarz.[325]

angestrebt. Für die Haltung von ein bis zwei Kühen sind zugleich ein nennenswerter Grünlandanteil an der Nutzfläche und ein ausreichender Getreideanteil (auch für eigenes Stroh als Einstreu) in der Fruchtfolge Voraussetzung.

Das von Schwarz entwickelte Zonierungsmodell orientiert sich an einer lebenden Zelle: Dem Zellkern entspricht die Hofstelle mit Wohnhaus und Wirtschaftsgebäude. Daran schließt sich die Intensivzone mit Glashaus und Anzuchtbeeten an, um diese herum die Pflegezone mit Gemüse-

und Ackerland und außerhalb von dieser befindet sich das Grünland mit den Obstbäumen. Nach außen wird das Ganze – gleich einer Zellwand – durch eine Wildgehölz-Hecke abgeschlossen. Auch wenn das Gärtnerhof-Modell gerade wegen seiner enorm großen Anbauvielfalt mit dem derzeit praktizierten Kontrollsystem des Ökolandbaus nicht kompatibel ist, kann es im Blick auf eine wirtschaftliche und ökologische Optimierung kleiner Höfe auch heute wichtige Orientierungen bieten – und sogar ein Leitbild für zukunftsfähige Landbewirtschaftung sein.

Im Grunde geht es darum, das in Erinnerung zu rufen, was das *bäuerliche Prinzip* ausmacht: Hier steht der Hof für einen generationenübergreifenden Zusammenhalt von Wohn- und Arbeitsort, für eine Vereinbarkeit von Familie und Beruf; für eine bodengebundene Arbeit mit Pflanzen und Tieren, deren Eigenschaft als Lebewesen das bäuerliche Denken bestimmt; für eine Zusammengehörigkeit von Erwerbsarbeit, gemeinnütziger Arbeit, Eigenarbeit und Erholung in einem selbst gestaltbaren Lebensumfeld; für eine Eigenverantwortung für Hof und Boden, für freie Entscheidungen bei persönlicher Haftbarkeit; für ein großes Selbstversorgungsvermögen, d. h. ein hohes Potential für regionale Versorgungssouveränität und nicht zuletzt für eine Bejahung der Einbindung in kulturelle Traditionslinien und in die Naturzusammenhänge des Standortes und der Erde insgesamt. Wenn es gelingen soll, eine ackerbaubasierte menschliche Gesellschaft in ein soziales und ökologisches Gleichgewicht zu bringen, dann muss eine wahrhaft bäuerliche Basis nicht nur die Ernährung sichern, sondern sie muss auch die Maßstäbe für eine sozial und ökologisch integrationsfähige Gesellschaft setzen.

Wie absurd das vom Bauerntum entfremdete Agrarsystem ist, beschreibt auch Wendell Berry: »Da unser Agrarsystem der Ökonomie und nicht der Biologie folgt, löst es die Nahrung aus dem Kreislauf ihrer Erzeugung und gliedert sie in einen endlichen, linearen Prozess ein, der sie letztlich zu Abfall transformiert und zerstört. Genauer gesagt, wird dabei Nahrung zu Kraftstoff – eine Energieform, die nur ein einziges Mal nutzbar ist – und der Körper folglich zum Verbrennungsmotor transformiert.«[326] Hier kommt Berry zu der entscheidenden Erkenntnis, dass nämlich die entbäuerlichte Landwirtschaft gar nicht mehr der dörflichen Logik folgt, sondern der städtischen: »Es erscheint nur auf den ersten Blick seltsam, dass der institutionelle Aufbau der Agrarindustrie nicht einer Form ländlicher oder dörflicher Kultur folgt, sondern jener, die wir als ›urbane Zivilisation‹ bezeichnen. Die Städte leben in Konkurrenz mit dem Land. Sie leben vom einseitigen Transfer von Energie – Nahrung, Kraft- und Werkstoffen, menschlicher Arbeitskraft, Intelligenz und Talenten – vom Land in die Städte. Nur ein Bruchteil dieser Energie wird je zurückgeführt. [...] Wenn Konkurrenz tatsächlich die angemessene Beziehung zwischen Stadt und Land sein soll, drängt sich erneut die Frage auf: Warum leiden Stadt und Land nach Generationen des Zustroms von Reichtum, Materialien und Menschen vom Land in die Städte gleichermaßen unter Verfall und Verwahrlosung? Warum zerfallen städtische und ländliche Gemeinschaften gleichermaßen?«[327]

Unsere Gemeinschaften zerfallen nicht nur deswegen, weil sie sich als Konkurrenten begreifen. Sie zerfallen auch, weil sie sich untereinander und zur Natur hin abkapseln. Sie sind mehr und mehr als abgeschlossene Systeme verfasst, in denen Entropie im Sinne sozialer und ökologischer Desintegration nur zunehmen kann. Wir brauchen ein neues Stadt-Land-Verhältnis. Nur über eine aktive Verbindung zu den ländlichen Räumen und lebendige Beziehungen zu einem – nicht verstädterten – Dorfleben können die Stadtbewohner ein reales Verhältnis zu dem finden, auf dem ihre Nahrungs- und Energieversorgung beruht. Wir brauchen dieses neue Stadt-Land-Verhältnis im Rahmen eines Gesellschaftsmodells, das sich organismisch versteht: Wo die Menschen und ihre Gemeinschaften verschieden sind, und gerade deswegen sich ergänzen können und zum Wohle des Ganzen kooperieren.

Und zu einem solchen Gesellschaftsmodell gehört auch ein Bildungssystem, in dem die verschiedenen »Organe« der Gesellschaft die gleiche Wertschätzung erfahren und die jungen Menschen nicht allein auf einen Verdrängungswettbewerb im »Wettlauf nach oben« vorbereitet werden. Es geht vielmehr darum, die Kinder und Jugendlichen zu einer Kooperation mit anderen zu befähigen und zu dem Auffinden eines ihren Fähigkeiten und Neigungen entsprechenden Platzes im gesellschaftlichen Ganzen. Eine Gesellschaft, die 50 Prozent eines jeden Jahrganges zu Akademikern machen will, steuert schnurstracks auf einen Handwerkernotstand zu und wird zudem eine aufgeblähte, aber niveaulose Wissenschaft bekommen – und einen ebensolchen Verwaltungsapparat.

Zur Regenerationsfähigkeit und Krisenfestigkeit menschlicher Gesellschaften gehört allerdings nicht nur das Sich-ergänzen-Können, sondern auch das Sich-vertreten-Können. Daher ist es wichtig, dass alle Kinder in ihrer schulischen Laufbahn die handwerklichen und gärtnerischen Fertigkeiten erlernen, die für eine gewisse Selbstversorgungsfähigkeit elementar sind. Um ein Bewusstsein der eigenen Würde ausbilden zu können, ist es zudem erforderlich, dass Heranwachsende ausreichend Gelegenheit für Erfahrungen ihrer Selbstwirksamkeit und Eigenresonanz bekommen. Ein selbst hergestelltes Werk in den Händen zu halten, ein selbst zubereitetes Gericht in Gemeinschaft zu essen oder einen selbst gepflanzten Baum wachsen zu sehen, ist durch kein virtuelles Unterhaltungsangebot ersetzbar. Tragfähige und zu Resilienz fähige Dorfgemeinschaften wachsen dort, wo die Kinder lange gemeinsam wohnortnah zur Schule gehen können. Mit einem jahrgangsübergreifenden Unterricht im Grundschulalter könnten die meisten Dorfschulen wiederbelebt werden. Neben den sozialen Aspekten ist hier auch zu bedenken, dass eine Schulzentralisierungspolitik, die die Eltern zu täglichen Autofahrten zwingt, gewiss nicht »klimaneutral« ist.

Auch eine Rückbesinnung auf die menschliche Ur-Institution, die *Familie*, gehört zu dem organismischen Kooperationsgedanken. Wir können keine generationenübergreifende Verantwortung organisieren, wenn es keinen generationenübergreifenden Zusammenhalt gibt. Wir können keine »enkeltaugliche« Landwirtschaft betreiben, wenn unsere Kinder und Enkel in die Städte oder in andere Länder abwandern. Kleinbäuerliche Landwirtschaft ist in aller Regel Familienwirtschaft. Wirklich nachhaltige Betriebsformen, wie das Gärtnerhof-Konzept, funktionieren nicht als Ein-Generation-Projekt. Zum ökologischen Hoforganismus gehört auch ein sozialer Hoforganismus, in dem z. B. die Alten in derselben Weise mitversorgt werden, wie diese als junge Erwachsene ihre Kinder versorgt hatten. Und in solchen Kleinbetrieben können auch die Alten noch ihre altersgemäßen Aufgaben haben und so das Ihre zum Ganzen beitragen.

Abb. 46 u. 47: Das siebenbürgische Modell: Wettbewerbsfreie Siedlungsbedingungen haben eine kleinbäuerliche Dorfstruktur geschaffen, die eine ideale Basis für menschengemäßes Landleben waren – und sein könnten. Richiş/Reichesdorf (oben) und Malâncrav/Malmkrog. (Foto unten: Kai Pönitz)

Besonders dramatisch zeigt sich das Fehlen der kommenden Generation in einer von Abwanderung betroffenen europäischen Region, die ansonsten die denkbar besten Voraussetzungen für eine zukunftsfähige kleinbäuerliche Landwirtschaft hat: Im rumänischen Siebenbürgen. Als hier vom ungarischen König Géza II. im 12. Jahrhundert deutsche Siedler angeworben wurden, erhielten alle eine gleich große (bzw. gleich *kleine*) Hofstelle. Die im rechten Winkel zur Straße angeordneten Bauernhäuser bieten von der Straße her das Bild einer Abfolge von Giebel und Tor – die jeweils dieselbe Größe haben. Den sonst üblichen Wettbewerb unter den Bauern, wer den größten Hof hat, hat es hier nie gegeben. Diese quantitativ nahezu egalitäre, aber qualitativ äußerst vielfältige kleinbäuerliche Dorfstruktur ist bis zu Rumäniens EU-Beitritt weitgehend erhalten geblieben. Sichtbares Zeichen der fehlenden Wachstumsoption ist, dass vor jedem Haus eine Bank steht – wo sich nachmittags die Menschen einfinden und einen geselligen Feierabend genießen. Ein anderes Spiegelbild der auf der Basis dieser kleinbäuerlichen strukturellen Voraussetzungen praktizierten Landbewirtschaftung ist die einmalige Artenvielfalt der siebenbürgischen Kulturlandschaften.

Wenn man in einem siebenbürgischen Dorf in der Dämmerung eines stillen Mai- oder Juniabends auf die Straße geht, kann man auch heute noch die phantastische abendliche Biophonie bäuerlicher Kulturlandschaften wahrnehmen: Dort sind vier Arten Eulen und Käuze und fünf Arten Frösche und Kröten zugleich zu hören. Bei den siebenbürgischen Bauerndörfern handelt es sich um Orte, die die Seele freier machen, die eine kraftvolle Stille verströmen; um Orte, wo das noch lebendig ist, was bäuerliches Kulturleben ausmacht: Bauern, die noch so arbeiten, dass sie von der Erde, den Pflanzen und den Tieren Kräfte zurück bekommen; Straßen, die noch atmen und auf denen sich Pferde, Kühe und Hühner frei bewegen dürfen, Häuser, die sich harmonisch in eine Kulturlandschaft einfügen, die diesen Namen verdient; Wiesen, die nicht nur Kühe und Schafe, sondern auch Bienen und Schmetterlinge ernähren - und das Auge natursensibler Zeitgenossen; Menschen, die die Gelassenheit haben, abends in Ruhe auf der Bank vorm Haus zu sitzen.

Hier, wo »enkeltaugliche« Modelle für ein sozial und ökologisch nachhaltiges Landleben sofort auf die vorhandenen Strukturen und Traditionen aufsetzen könnten, fehlen junge Menschen, die in der diese Dorfstruktur tragenden kleinbäuerlichen Landbewirtschaftung fortfahren wollen bzw. können. Ob auch diese Region der allgemeinen agrarindustriellen Konzentration und landschaftlichen Nivellierung zum Opfer fällt oder hier eine Wiederbelebung bäuerlicher Lebensformen gelingt, wird nicht nur die politischen Rahmenbedingungen spiegeln, sondern auch die Frage nach der kulturellen Degeneration oder Regeneration beantworten.

Ein neues Stadt-Land-Verhältnis brauchen wir auch im Blick auf eine *organismische Integration* des Menschen in die Naturzusammenhänge unserer Erde. Hier sollten wir vor allem auch die biologischen Effekte des *urbanen Raumes* bedenken, die bei Tieren und Pflanzen ja mit den biologischen Wirkungen von Gefangenschaft korrespondieren. Abgesehen von den Abschirmungen gegenüber natürlichen Umweltinformationen führt ein Leben in beengten Verhältnissen und bei dauernden Dissonanz-Erfahrungen auch zu Aggression. Der Verhaltensforscher John B. Calhoun (1917–1995) hat an Ratten und Mäusen nachgewiesen, dass eine zu hohe Populationsdichte zwingend in eine »Verhaltenssenke« mündet: Trotz reichlicher Nahrungsversorgung bricht ab einer bestimmten »Überbevölkerung« die artgemäße soziale Organisation der Population zusammen.[328]

In der Verbindung aus der Entfremdung von den eigenen Lebensgrundlagen, der Abhängigkeit von Fremdversorgung und der hohen Bevölkerungsdichte wächst mit der fortschreitenden Urbanisierung der Welt ein AggressionsPotential, das insgesamt friedensgefährdend ist. Insoweit ist der globale Trend der Flucht vom Land in die Stadt und der Urbanisierung nicht eine Bewegung zu mehr Lebensqualität der Menschen, sondern ein entropischer Prozess für die Menschheit. Es ist ein Prozess, der von den absehbaren biologischen Effekten her die Bedingungen einer Selbstdomestikation schafft. Auch ein beträchtlicher Teil der aktuellen Migrationsströme nach Europa hat in den Herkunftsländern seine Vorstufe in einer Flucht vom Land in die Stadt. Dem mit einem hohen Selbstversorgungsvermögen verbundenen Landleben weltweit eine menschenwürdige Perspektive zu geben, ist gewiss die wichtigste Voraussetzung für Frieden und Stabilität des künftigen Menschseins auf unserer Erde.

In welchem Umfang kapitalistische und sozialistische Akteure bei ihren gegen das dörfliche Leben gerichteten Zentralisierungsbestrebungen Hand in Hand wirkten, erkannte Rolf Peter Sieferle bereits in den 1980er Jahren. Aus westdeutscher Perspektive schreibt er: »Die Vision der sozialistischen Zukunftsgesellschaft nahm jedoch in der Realität die Züge des Sozialstaates an, der Reallohnsteigerung, der Dominanz von Großbetrieben als Großanbietern von ›Arbeitsplätzen‹, der staatlich sanktionierten Zerstörung kurzer Produktionswege, d. h. der Vernichtung subsistenznaher Existenzen und ihres Anschlusses an die bürokratisch kontrollierten Marktzusammenhänge.«[329] Weil wir das nicht im Blick hatten, ließen wir unser kritisches Umweltengagement in der DDR (vor und nach dem Ende der DDR) von denen benutzen, die das Industriesystem auf die »Vernichtung subsistenznaher Existenzen« ausrichteten – also auf die Auslöschung genau solcher Existenzen aus waren, die, unseren ökologischen Motiven entsprechend, auch unsere Existenzen hätten werden können und sollen.

Gesellschaft organismisch verstehen: Gemeinwohl und politisches System

Benötigt eine Betrachtung über die Ursachen von Degeneration und die Bedingungen der Regeneration eine spezifische Analyse des politischen Systems? Ja, durchaus. Die jeweilige Sozialverfassung entscheidet darüber, ob wir menschengemäß leben können – und ob wir in kulturellen Systemen leben, die zur Natur hin offen sind. Von beiden Fragen hängt ab, ob wir als Individuen in ausreichendem Maße Zugang zu Bedingungen der Regeneration haben; aber auch, ob unsere sozialen Gemeinschaften in ihrer Struktur von abbauenden oder von aufbauenden Prozessen geprägt sind.

Auf der ökologischen Ebene bedeutet *organismische Integration*, nach der Organfunktion des Menschen im Gesamtökosystem der Erde zu fragen, welches der englische Arzt und Biologe James Lovelock als »Gaia-System« bezeichnet (vgl. S. 85). Eine organismische Perspektive auf unsere Erde öffnet den Blick dafür, dass auch der Mensch ein Teil der Erde ist. Er wird die Krise des Mensch-Natur-Verhältnisses überleben, wenn er seine Organfunktion wiederfindet, die Natur der Erde als ein Höheres akzeptiert und sich zum Wohle des Ganzen in sie integriert – bzw. integrieren lässt.

Und auf der sozialen Ebene bedeutet organismische Integration, nach der Organfunktion des Individuums in den sozialen Zusammenschlüssen zu fragen, deren Teil es ist. Diese Frage richtet sich aber zunächst nicht an den Einzelnen, sondern an die Gesellschaft: Welche Art von sozialem Zusammenschluss sollen wir zugrunde legen, der sowohl die untergeordneten Zusammenschlüsse organismisch zu integrieren vermag als auch zu den gleichrangigen anderen Zusammenschlüssen ein kooperatives Verhältnis eingeht und sich schließlich gemeinsam mit diesen in den übergeordneten sozialen Zusammenschluss *Menschheit* organismisch einfügt? Das einzige, was diesen Anforderungen entspricht – und auch mit dem natürlichen überindividuellen Zusammenschluss der »Population« korrespondiert –, ist die Kategorie *Volk*.

Nun ist der Begriff »Volk« in den heutigen politischen Zusammenhängen schwierig, weil er zu oft missbraucht wurde und obendrein die Strömungen, die das eigene Volk gegen die anderen Völker in Stellung brachten, als »völkisch« bezeichnet wurden – obgleich sie ja genau deswegen eigentlich »antivölkisch« waren. Man könnte nun den Ersatzbegriff »volklich« verwenden, wie es beispielsweise Sascha Bohn in seiner Analyse korporativer Konzepte der Zwischenkriegszeit tut.[330] Im Grunde ist es aber fatal, den Begriff *Volk* in all seinen über hundert Verknüpfungen, die der deutsche Duden von *Volksabstimmung* bis *Volkszugehörigkeit* enthält, den »Völkischen« allein zu überlassen. Wir brauchen eine Rehabilitierung der Kategorie und des Begriffs *Volk* – wie sie ja mit den ostmitteleuropäischen Freiheitsrevolutionen von 1989/90 und deren zeitgeschichtlichen Betrachtungen fast schon erreicht war.

Zunächst muss es darum gehen, die in jeder Gesellschaft und in jedem Volk vorhandenen Verschiedenheiten als *gleichwertig* zu achten und sie in ein kooperatives Verhältnis zu bringen, in dem sich die verschiedenen Individuen und Gruppierungen gegenseitig fördern und das Ganze zusammenhalten. Eine organismische Verfassung des Volkes wurde bereits in den 1920er Jahren durch den Soziologen und Philosophen Othmar Spann (1878–1950) angedacht. Er gilt heute, obwohl er von den Nationalsozialisten verfolgt wurde[331], als einer der geistigen Wegbereiter des österreichischen »Austrofaschismus«. Auch wenn man nicht mit dem ihm zugeschriebenen Ziel eines autoritären Ständestaates übereinstimmen mag, sind doch Spanns Gedanken über den Individualismus und die von ihm als »Universalismus« bezeichnete Ganzheitslehre nicht autoritär gemeint und mit Gewinn zu lesen.[332]

Spann meint im durchaus organismischen Sinne: »Universalistisch gesehen ist die Substanz der Gesellschaft nicht der Einzelne, sondern ein überindividuelles Geistiges, wie wir immer wieder fanden. Die Organisation ›Staat‹ ist Ausdruck einer wesenhaften geistigen Ganzheit […].«[333]

Zur Klarstellung fügt er hinzu: »Gewöhnlich wird angenommen, es sei der Universalismus oder die Ganzheitslehre das gerade Gegenteil des Individualismus; aber eben das trifft nicht zu. [...] Wenn der Individualist notwendig sagt, die Gesellschaft (außer den Einzelnen) sei nichts, so braucht der Universalist nicht zu sagen, die Gesellschaft sei alles, der Einzelne nichts. [...] Wesentlich für den Universalismus ist dagegen: Daß das Primäre, die ursprüngliche Realität, von der sich alles ableitet, nicht das Individuum ist, sondern die Ganzheit, die Gesellschaft.«[334] Aus der Perspektive seiner Zeit betrachtete Spann seine gesellschaftliche Ganzheitslehre als einen »dritten Weg« zwischen Marxismus und Liberalismus bzw. zwischen Sozialismus und Demokratie.

Organismische Elemente des gesellschaftlichen Zusammenhangs enthält auch die bolivianische Verfassung von 2009. Dort heißt es in der Präambel: *»Es soll ein Staat sein, dessen Grundlage der Respekt und die Gerechtigkeit zwischen allen ist, mit Prinzipien der Souveränität, der Würde, der Komplementarität, der Solidarität, der Harmonie und der Fairness bei der Verteilung und Umverteilung des Sozialprodukts, wo das Bestreben nach dem ›Vivir Bien‹ / ›Besseren Leben‹ vorherrscht; mit Respekt gegenüber der wirtschaftlichen, sozialen, rechtlichen, politischen und kulturellen Pluralität der Bewohner dieser Erde [...]. Wir lassen den kolonialen, republikanischen und neoliberalen Staat in der Vergangenheit zurück. Wir nehmen die historische Herausforderung an, gemeinsam den Einheits- und Sozialstaat plurinationalen und kommunitären Rechts aufzubauen, der die Bestrebungen vereint und miteinander verbindet, die Schaffung eines demokratischen und produktiven Bolivien voranzubringen, das den Frieden trägt und inspiriert, das sich für die ganzheitliche Entwicklung und die freie Selbstbestimmung der Völker engagiert. [...] In Erfüllung des Mandats unserer Völker, mit der Kraft unserer Pachamama und Gott dankend, begründen wir Bolivien neu.«*[335]

Vielleicht ist es ja gerade die regionale Perspektive kleiner indigener Völker und einer kleinbäuerlichen Kultur, die den Zusammenhang von Dezentralisierung und gutem Leben sieht; die die Stärken eines kooperativen Lebens in Vielfalt erkennt; die zu der Klarheit findet, Komplementarität und Harmonie zusammen zu denken; und die den Mut aufbringt, sich auf die Mutter Erde, die *Pachamama*, zu beziehen.

Vor allem aber zeugt es von einer großen Souveränität, politische Modelle jenseits der Dichotomie »Sozialismus oder Kapitalismus« zu entwickeln. Denn die Beschränkung der Perspektive auf nur zwei Systeme – zumal auf solche, die beide bereits an den sozial-ökologischen Herausforderungen gescheitert sind – verstellt den Blick auf integrative Auswege. Der polnische Philosoph Ryszard Legutko weist auf die Parallelen beider Systeme in ihrem Fortschrittswahn hin: »Die Idee der Modernisierung beinhaltet auch die Idee des Bruchs mit dem Alten und des Anfangs von etwas Neuem. Das Wort selbst verweist auf etwas Unvollendetes, auf einen graduellen Prozeß, denn nichts ist ein für allemal modernisiert. [...] Wenn wir den Kommunismus und die liberale Demokratie unter diesem Gesichtspunkt betrachten, werden wir entdecken, daß sie beide von der Idee der Modernisierung getrieben werden. In beiden Systemen entspricht dem Kult der Technik die Akzeptanz des *social engineering* als das angemessene Mittel, um Gesellschaft zu reformieren, das menschliche Verhalten zu verändern und die vorhandenen Probleme zu lösen. [...] In dem einen System bedeutete das die Umkehrung der Fließrichtung sibirischer Flüsse, in dem anderen die

Formung neuer Familienmodelle. Immer jedoch stellt sich heraus, daß die ständig zu verbessernde Natur nur als ein Substrat behandelt wird, das in beliebige Formen gepreßt werden kann.«[336]

Oft werden die Begriffe *Kapitalismus* und *Demokratie* synonym verwendet, was aber nicht sachgerecht ist, die Herausbildung von Oligarchien verschleiert und eine Systemanalyse der Demokratie erschwert. Die Fragen zur Demokratie sind von zwei verschiedenen Richtungen her zu stellen: Zum einen geht es um die Frage, ob das, was uns heute dem Namen nach als Demokratie präsentiert wird, wirkliche Demokratie im Sinne von *Volksherrschaft* ist. Zum anderen geht es um die Fragen, ob die der Demokratie grundsätzlich innewohnenden strukturellen Probleme diese Staatsform geeignet erscheinen lassen, die vor uns liegenden Herausforderungen zu bewältigen – und welche Kriterien eine freiheitliche und friedvolle Alternative erfüllen müsste.

Wichtig ist, dass wir uns weder rückwärts noch vorwärts den Blick verstellen lassen durch die alles andere verdeckende Dichotomie: Demokratie oder Diktatur. In der politischen Bildung unserer Tage geht man geflissentlich darüber hinweg, dass all die vor 1918 existierenden monarchischen Staatsformen weder Diktatur noch Demokratie waren. Zudem waren die Monarchien gegen die Machtergreifung von Diktatoren wesentlich besser geschützt als Demokratien. (Im Deutschen Kaiserreich wäre der Aufstieg Hitlers so nicht vorstellbar gewesen.) Auch für die in den blockübergreifenden Zusammenschlüssen der Friedens- und Umweltbewegungen der 1980er Jahre entwickelte Utopie eines »Dritten Weges« gilt, dass sie weder als (westliche) Demokratie, noch als (östliche) Diktatur gedacht war. Denn schon damals war es offenkundig, dass auch den westlichen Demokratien eine strukturelle Gewalt gegenüber kommenden Generationen und ärmeren Kontinenten innewohnt.

Ende der 80er Jahre hat der sowjetische Reformpolitiker Michail Gorbatschow für eine grundlegende Umgestaltung *(Perestroika)* und für ein *neues Denken* geworben. Ihm ging es damals darum, einen Atomkrieg zu verhindern und den Planeten vor einer ökologischen Katastrophe zu bewahren. Durch seine mutigen Schritte wurden nicht nur die Völker der Sowjetunion vom Kommunismus befreit, sondern auch die ostmitteleuropäischen Völker – und nicht zuletzt wir Ostdeutsche. Ebenso wie die meisten Oppositionellen in der DDR war auch Gorbatschow von einer Notwendigkeit ausgegangen, die eigentlich selbstverständlich ist: »Alle werden sich ändern müssen.«[337] In dieser Erwartung, dass sich nicht allein der Osten ändern müsse, hat Gorbatschow den Sowjetkommunismus in seiner Gänze zur Disposition gestellt. Doch auf der westlichen Seite gab es eine solche Offenheit nicht. Gemäß der sozialdarwinistischen Siegen-oder-Verlieren-Mentalität hat sich der »kapitalistische« Westen nur als Sieger in einem »Kampf um's Dasein« gesehen. Der Sieger-Geist derer, die den Kalten Krieg nicht beendet, sondern gewonnen hatten, bestimmte die politische Entwicklung nach 1990.

Die im Osten ersehnte und im Westen geschätzte Normalität der *Bonner Republik* war nach der Wiederherstellung der Deutschen Einheit schnell Geschichte. Was mit der Privatisierung von Post und Bahn angefangen hatte, ist heute erkennbar als Beginn eines neuen Zeitalters – einer Epoche, die kritische Beobachter mit dem Arbeitstitel »Neoliberalismus« zu fassen suchen. Der Journalist Christoph Pfluger, der den allgegenwärtigen Wettbewerb als eine »[…] Form des

Sozialdarwinismus für äußerst gefährlich«[338] hält, kommt zu dem Schluss: »Was man nach dreißig Jahren Neoliberalismus feststellen muss: Bedingungen, die ein einigermaßen menschenwürdiges Überleben ermöglichen, sind kein Recht mehr, das sich irgendwo einklagen ließe. [...] Der von unserem Geldsystem erzwungene Wettbewerb hat die Menschenwürde besiegt.«[339]

Nicht wenige identifizieren die Entwicklung nach 1990 als die allmähliche Verwandlung des demokratischen Gemeinwesens zur Verfügungsmasse der Spekulationsgeschäfte einer multinationalen Finanzoligarchie. Willy Wimmer, 1988-92 Parlamentarischer Staatssekretär im Bundesverteidigungsministerium, sieht den 1992 abgeschlossenen Vertrag von Maastricht als »das Ende des demokratischen Europas«[340] und sagt: »Durch den Vertrag von Maastricht sind 80 Prozent der nationalen deutschen Zuständigkeit nach Brüssel abgewandert, in die dortigen Institutionen. Nur 20 Prozent der Bonner Zuständigkeit sind nach Berlin gewandert. [...] Das heißt, der Bürger als Souverän, wie wir ihn jahrzehntelang in Europa gesehen haben, auch in Deutschland, ist nicht mehr derjenige, auf den sich die Staatsgewalt stützt und von dem sie sich ableitet, er ist zum reinen Steuerzahler und Konsumenten verkommen.«[341] Wir Deutschen sind also nicht allein, wenn wir nun erleben, wie unter der Begleitmusik eines ohrenbetäubenden Getrommels für »demokratische Werte« schleichend und nahezu unmerklich die nationalstaatliche Demokratie in Richtung einer weltoffenen Oligarchie umgebaut wird.

Die vereinfachende Demokratie-oder-Diktatur-Dichotomie verdanken wir auch einer merkwürdigen, das kapitalistische Industriesystem rechtfertigenden Lesart der Totalitarismustheorie, über die Sieferle schreibt: »Die lineare Ableitung des Nationalsozialismus aus dem romantischen Antikapitalismus entsprang ja der vulgären Totalitarismustheorie, die jede Kritik am marktwirtschaftlich-modernen Status quo direkt in den autoritären Staat einmünden läßt. Ihr zufolge gibt es eine Einbahnstraße vom Sozialismus zum Stalinismus, während eine ästhetisch-kulturelle Kritik schnurstracks zum Faschismus leitet. Von solchen simplen Formeln sollte man sich eigentlich frei machen können.«[342] Hier zeigt sich bereits, wie die eigentlich für totalitäre Systeme typische Praxis, die Unangepassten den Bösen zuzuordnen, um das eigene System gegen Kritik zu immunisieren, auch unter demokratischen Verhältnissen betrieben wird.

Doch zunächst zu der Frage, inwieweit die heutige westliche Demokratie überhaupt dem Anspruch einer Volksherrschaft gerecht wird. Bereits in den 1920er Jahren hat Egon Friedell darauf hingewiesen, was passiert, wenn die konstitutionelle Monarchie freieren Staatsformen Platz macht: »Dies hat jedoch fast immer zur Folge, daß das Leben, das bisher nur während der Militärzeit Zuchthauscharakter trug, nun in seiner Gänze zwangsläufig wird. Eine freie Volksregierung mischt sich schlechterdings in alles: sie [...] hat das eingestandene oder uneingestandene Ideal, aus der menschlichen Gesellschaft ein Internat zu machen [...]. Keine Staatsform kann so viele Torheiten und Gewaltsamkeiten begehen wie die demokratische, denn nur sie hat die *organische* Überzeugung von ihrer Unfehlbarkeit, Heiligkeit und unbedingten Legitimität. [...] die Regierung des ›souveränen Volks‹ ist durch einen perfiden Zirkelschluß vor jeder Selbstbeschränkung geschützt, denn sie ist im Recht, weil sie der Kollektivwille ist, und sie ist der Kollektivwille, weil sie im Recht ist.«[343]

Aus heutiger Sicht müssen wir ohnmächtig feststellen: Unser demokratisches System bietet keine Gewähr dafür, dass es nicht unter Aufrechterhaltung einer demokratischen Fassade seiner demokratischen Inhalte und Prinzipien beraubt wird. Auch eine nominelle Demokratie schützt uns nicht davor, dass gegen den Willen der Bevölkerungsmehrheit demokratisch nicht legitimierte Lobbyorganisationen Durchgriff auf politische Entscheidungen erhalten; dass zentrale Bereiche der öffentlichen Daseinsvorsorge privatisiert werden, um einer neoliberalen Umverteilung den Weg zu ebnen und den Sozialstaat für seine Ausplünderung zu öffnen; dass die etablierten Medien eines ganzen Landes nicht mehr zwischen Nachricht und Meinung unterscheiden und gleichgerichtet einseitig berichten; dass völkerrechtwidrige Kriege begonnen werden und die Souveränität der Nationalstaaten untergraben wird – und das heutige demokratische System schützt uns auch nicht davor, dass die große Mehrheit der Kinder fehlernährt und dummgeschult wird.

Zudem weist Christoph Pfluger darauf hin, dass das zinsbasierte Geldsystem Demokratie gleich dreifach zerstört: »Kapital ist grenzenlos, während wir nur innerhalb von nationalen Grenzen [...] demokratisch entscheiden können. [...] Geld als sich ständig beschleunigende Kraft ist immer schneller als der demokratische Entscheidungsprozess. [...] Und schliesslich zwingt der grenzenlose Wachstumsdrang des Geldes immer mehr Menschen in die Selbstverteidigung. [...] Je mehr Menschen wir in die Selbstverteidigung treiben, desto weniger Demokratie ist möglich.«[344]

So verwundert es nicht, dass bei einer vom Mitteldeutschen Rundfunk in Auftrag gegebenen Umfrage, die zum 30-jährigen Mauerfall-Jubiläum Anfang November 2019 veröffentlicht wurde, jeweils 46 % der Deutschen angaben, in puncto Meinungsfreiheit und Mitbestimmung sei die Situation seit 1989 nicht besser oder gar schlechter geworden.[345] Hier zeigt sich, dass die knappe Hälfte der deutschen Bevölkerung das Vertrauen in die Glaubwürdigkeit von Politik und Medien verloren hat. Dass all dies dennoch von den betroffenen Menschen mehr oder weniger stillschweigend hingenommen und widerspruchslos erduldet wird, ist durchaus auch mit sozialen Degenerationserscheinungen erklärbar. Eine Bevölkerung, die sich nicht mehr als *Volk* empfindet, spürt auch nicht die positive Kraft, die mit einer Volkssouveränität verbunden ist. Und eine Staatsform, die nicht als Volksherrschaft *erlebbar* ist, ist eigentlich keine Demokratie.

Möglicherweise können wir hier von dem nordafrikanischen Historiker und Wegbereiter des soziologischen Denkens, Ibn Chaldun (1332–1406) lernen: Chaldun hat für die Energie des emotionalen Zusammengehörigkeitsgefühls eines Stammes oder eines Volkes den Begriff *Asabiya* eingeführt.[346] Diese ist eine soziologische Eigenschaft kollektiven Verhaltens, die in gewisser Weise der biologischen Eigenschaft der *genetischen Kohäsion* von Populationen entspricht. Solidarität ergebe sich aus Zusammengehörigkeit, also aus der Stärke der Asabiya. Bei einer personellen Überdehnung des Stammes oder Volkes komme es jedoch zu einem Energieverlust der Asabiya und somit zu ihrer Schwächung oder Auflösung.

Solange die Asabiya eines Volkes auch die Asabiya der anderen Völker als legitim erachtet, ist sie eine wesentliche und positive Voraussetzung sozialer Lebenskraft. All das, was wir seit einigen

Jahrzehnten erleben an systematischer Entfremdung von Natur und Heimat; an gezielter und im großen Stil angelegter ethnischer Durchmischung und dem damit zusammenhängenden kulturellen Identitätsverlust; an der politischen Spaltung und gegenseitigen Aufwiegelung der Bevölkerung; an der Untergrabung demokratischer Mitwirkungsrechte und den Entzug von Selbstwirksamkeitserfahrungen; an politischer und medialer Fremdbestimmung, die das Volk von seinem Volkswillen entfremdet; an der Reduzierung der Menschen auf ihr Produzenten- und Konsumentendasein; an der Orientierung der Jugend auf virtuelle Welten und der Zerstörung von Krisenfestigkeit und Selbstversorgungsfähigkeit; sowie an physischer Schwächung durch Umweltgifte und Bewegungseinschränkungen im Arbeitsleben – all das bewirkt eine Entkräftung und Erschöpfung der Asabiya. Sobald dies einer kritischen Masse der Menschen bewusst geworden ist, kann die Asabiya jedoch wieder erwachen. Wo es kein Volk im eigentlichen Sinne mehr gibt, ist eine *Volkserhebung* zwar weniger wahrscheinlich – aber nicht ausgeschlossen.

Doch auch wenn die Voraussetzungen einer Volkssouveränität erfüllt sind, bleibt es in den »überentwickelten Nationen« (Leopold Kohr) ein prinzipielles Problem der Demokratie, dass sich demokratische Entscheidungen immer auch auf die Lebensbedingungen kommender Generationen oder anderer Kontinente erstrecken, aber die Menschen nachfolgender Generationen und die Bewohner anderer Kontinente keine Stimme bei den auch sie betreffenden politischen Prozessen haben. Damit sind politische Strömungen, die die Interessen kommender Generationen mitberücksichtigen, strukturell benachteiligt.

Das Problem der zeitlichen Begrenztheit der demokratischen Interessenvertretung führt dazu, dass die Demokratie nur in Wachstumswirtschaften funktionieren kann und selber das als grenzenlos verstandene Wachstum anheizt. Wann immer zwei Politikangebote zur Auswahl stehen, wo das eine die begrenzten Ressourcen unbegrenzt an die Zeitgenossen verteilen und damit kommenden Generationen entziehen will – und das andere verspricht, die Angebote zu reduzieren, um kommenden Generationen Lebensoptionen zu belassen; wird das erstere stets mehr Stimmen bekommen. Werner J. Patzelt macht darauf aufmerksam, dass die »mehr oder minder sozialstaatlich ausgerichteten demokratischen Verfassungsstaaten westlicher Prägung [...] die Hauptverantwortlichen vieler global bedrohlicher Wachstumsprozesse sind. Sowohl Funktionslogik und Selektionsprinzipien des pluralistischen Wettbewerbs als auch sozialstaatliches Anspruchswachstum machen es in Verbindung mit dem – massenmedial eigendynamisch beeinflußten – demokratischen Modus der Bestellung verantwortlicher Politiker schwer, in solchen Systemen eine Politik durchzusetzen, die auf einen stationären Gesellschaftszustand hinführt.«[347]

Die auf die Menschheit zukommende Situation, dass einer zunehmenden Anzahl von Menschen ein abnehmender Umfang an Energie und Ressourcen zur Verfügung steht, wird mit unserem demokratischen System nur schwer zu handhaben sein. Für eine gerechte Organisation von Schrumpfungsprozessen ist die Demokratie, wie wir sie kennen, offenkundig nicht gemacht. Vor allem kann die entscheidende Frage der generationenübergreifenden Verantwortung nicht mit der einfältigen Methode der bloßen Gewichtung von Links und Rechts geklärt werden, weil es in beiden Lagern solche und solche Strömungen gibt.

Und die räumliche Horizontbegrenzung der demokratischen Verfahren sorgt dafür, dass all die Zusammenhänge verschleiert oder beschönigt werden, wie wir durch die Ausplünderung anderer Kontinente auf Kosten anderer Leben. Diese übergeordnete Perspektive bleibt beispielsweise völlig unberücksichtigt, wenn wir heute auf die nach der Demokratisierung gelungene Umweltsanierung der ökologischen Katastrophengebiete der DDR zurückblicken. Viele Standorte der östlichen Chemieindustrie hatten ja in großem Umfang für westliche Abnehmer produziert. Die Chemieprodukte der DDR waren deswegen für den Westen so billig, weil man die Umweltkosten nicht mitbezahlen musste. Und heute sind wir in den östlichen Bundesländern ein Teil des Westens, aber die dreckigen Vorstufen des westlichen Wohlstands sind heute nicht mehr in Bitterfeld oder Espenhain, sondern in Afrika, Lateinamerika oder China. Die internationalen Verflechtungen sind den damaligen ähnlich, nur dass wir Ostdeutschen heute auf der anderen Seite sitzen. Rolf Peter Sieferle schreibt über die deutsche Wiedervereinigung: Die »Anhänger des Projekts der Modernisierung [...] möchten noch einmal 16 Millionen Menschen auf ein materielles Niveau heben, von dem man weiß, daß es nicht verallgemeinerungsfähig ist.«[348]

Nun will ich keinesfalls dafür plädieren, uns von der heutigen Demokratie zu verabschieden, bevor wir eine freiheitliche und nach innen wie außen kooperativ verfasste Alternative gefunden haben. Dass wir aber deswegen nach einer solchen Alternative gar nicht suchen dürften, weil es auch despotische Alternativen zur Demokratie gibt, halte ich für einen folgenschweren Denkfehler. Warum sollten wir nicht an die Überlegungen zu einem *»Dritten Weg«* aus den europäischen Friedens- und Umweltbewegungen der 1980er Jahre wieder anknüpfen? Ja, das mag für manche Ohren »utopisch« klingen. Aber waren *Utopien* nicht immer auch Kraftquellen für Aufbruch oder Umkehr? Von welcher geistigen Armut zeugt eine Zeit, die voller gigantischer Herausforderungen steckt, aber keine Utopien hat – und scheinbar auch keine duldet?

Es gilt insbesondere, über die politische Links-Rechts-Frage hinauszudenken. Denn diese Perspektiven beruhen beide auf einem anti-organismischen Kurzschluss. Sie verknüpfen Gleichwertigkeit mit Gleichheit und Verschiedenheit mit Ungleichwertigkeit: Die *politische Rechte* alter Prägung geht von einer Verschiedenheit der Menschen aus (was richtig ist) und leitete aus dieser Verschiedenheit oft eine Ungleichwertigkeit ab (was falsch ist). Die *politische Linke* hingegen geht von einer prinzipiellen Gleichwertigkeit aller Menschen aus (was richtig ist), teilt aber mit der herkömmlichen Rechten den sozialdarwinistischen Reflex, wonach Verschiedenheit Ungleichwertigkeit bedeute und leugnet bzw. nivelliert deswegen alle Verschiedenheiten (was falsch ist). Wenn wir eine menschliche und menschengemäße Zukunft anbahnen wollen, brauchen wir eigentlich nur auf der politischen Ebene die Kategorien *verschieden* und *ungleichwertig* zu entkoppeln – und die Kategorien *verschieden* und *gleichwertig* zu verknüpfen. Unter dem Gesichtspunkt einer auf der ökologischen wie auf der sozialen Ebene zu verwirklichenden *organismischen Integration* muss ein zukunftsfähiges politisches System gleichermaßen ökologisch und »volklich« verfasst sein.

Aus einem organismischen Gesellschaftsverständnis heraus sind die Menschen – und ebenso ihre Völker und Rassen – verschieden, aber *gleichwertig*! In der Welt sind die Menschen ebenso verschieden, wie die Klimabedingungen und geologischen Verhältnisse der geographischen Räume, in denen sie sich entwickelt haben, verschieden sind. Innerhalb eines Volkes sind die Menschen ähnlich verschieden, wie die in einer Gesellschaft wahrzunehmenden Funktionen verschieden sind. Eine organismische Verfassung ist eben nicht als eine einfache Hierarchie zu verstehen, die nur oben und unten kennt und diese Positionen in vorteilhafte und nachteilige Lebensbedingungen übersetzt, die dann den gesellschaftlichen Zerfall in reich und arm rechtfertigen. Organfunktionen in einem Organismus sind so wenig über- oder unterprivilegiert wie es Herz und Lunge, Leber und Niere im biologischen Organismus sind. Ein organismisches Politikkonzept will verschiedene Menschen in verschiedene Funktionen integrieren, aber es will ebenso, dass diese in ihrer Verschiedenheit gleichberechtigt sind, weil sie gleichwertig sind! Es will, dass den Bauern und Handwerkern eine höhere Wertschätzung entgegengebracht wird, aber es will auch dass die »Herrschenden« ihre *Kopfaufgaben* der Führungsverantwortung für die Gesellschaft wahrnehmen; dass diese tatsächlich am Allgemeinwohl orientiert führen und nicht nur einen »hohen Posten« innehaben wollen.

Vielleicht wäre es ja auch sinnvoll, sich ein Stück weit am Bienenvolk zu orientieren, wo die jeweiligen »Berufe« an die Altersstadien gekoppelt sind und – außer den Königinnen und den Drohnen – jedes Individuum im Laufe seines Lebens alle Organfunktionen des Superorganismus einmal ausführt. Die menschliche Gesellschaft könnte von einem solchen Prinzip insoweit lernen, dass jeder einmal in die Tätigkeiten der »Basis« aktiv hineingestellt sein muss: Dass beispielsweise (anstatt eines Wehr- oder Zivildienstes) jeder am Beginn seines Berufslebens ein bis zwei Jahre im bäuerlichen und handwerklichen Bereich arbeitet – und niemand Denk- und Führungsaufgaben übernehmen kann, der nie ein Teil der die Gesellschaft tragenden Basis gewesen ist.

Die organismische Sichtweise will weder eine parasitäre Ausbeutung der Unterschichten durch die Oberschicht, noch einen gegenseitigen Klassenkampf der Organe desselben Organismus. Sie will ein solidarisches Miteinander der Gesellschaft. Und die hierfür nötige Bereitschaft zu aktiver und passiver Integration ihrer Gliederungen und Individuen wird sich nur entwickeln, wenn sich alle als Organ desselben Organismus begreifen lernen. Gleichmacherei im Sinne einer Nivellierung der verschiedenen Neigungen und Funktionen führt ebenso zum Kollaps eines organismischen Systems wie ein Konkurrenz- und Wettbewerbsverhältnis seiner Organe. Insoweit ist das politische Links-Rechts-Schema nicht nur ein Trugbild, das die tatsächliche Komplexität der politischen Strömungen nicht wiederzugeben vermag; es ist ein destruktives, gesellschaftszerstörendes Denkmuster. Es wirkt vor allem deshalb verheerend, weil es alles politische Denken und Handeln nur auf eine Entscheidung zwischen diesen beiden antiorganismischen Richtungen reduziert. Dieser totalitäre Politikmodus zwingt die Gesamtgesellschaft auf einen Weg, der von Vornherein jeden organismischen Ansatz ausschließt: Wer nicht links ist, sei rechts – wer nicht rechts ist, sei links.

Wie schwierig es ist, aus der linken Ideologie heraus ökologische Interessen zu vertreten, beschreibt schon Rolf Peter Sieferle: »Die Homogenisierung kultureller Unterschiede, die Herstellung gleichartiger materieller Lebensbedingungen, die Einebnung des Gegensatzes von Stadt und

Land, von Inland und Ausland, von Freund und Feind, von eigener und fremder Kultur war ein wichtiges Ziel der Moderne. Kapitalismus, Industrialismus und schließlich Konsumismus [...] besorgten dies besser und gründlicher als jedes politische Programm. Genau an dieser Stelle war die romantische Kritik eingeschritten und hatte den Begriff der ›Heimat‹ und der ›Persönlichkeit‹ diesem Universalismus entgegengestellt. Der Widerstand gegen die liberale oder bürokratische Zentralisierung und Nivellierung war bei den Linken immer als ›reaktionär‹ verschrien«.[349]

Über den einer linken politischen Ökologie entgegenstehenden Ansatz einer *Konservativen Ökologie* schreibt der Soziologe Jost Bauch (1949-2018): »Konservative Ökologie grenzt sich von genuin grünen oder linken Öko-Diskursen dadurch ab, dass sie die Vorstellungen von einer nicht-instrumentellen Technik (ohne Naturausbeutung) als nicht realistisches Wunschdenken entlarvt. Sie wendet sich gegen eine alleine voluntaristische und interventionistische Ökopolitik. Stattdessen setzt sie darauf, durch stabile soziale Institutionen die technische Rationalität so einzuhegen, dass diese nicht zur allein bestimmenden Ratio der Mensch-Natur-Beziehung wird.«[350] Die »Urinstitution der Familie« sei das beste Beispiel: »In ihr werden soziale Tugenden wie Empathiebereitschaft und Respekt vor der Schöpfung (zusammen mit religiösen Institutionen) vermittelt, ohne die eine Gemeinschaft nicht bestehen kann. [...] Institutionen haben im gleichen Sinne nicht nur einen gesundheitlichen Nebeneffekt, sie haben auch einen ökologischen Nebeneffekt. So ist der ›ökologische Fußabdruck‹ einer Familie erheblich besser als der von Single-Haushalten. Kleine, regionale Wirtschaftsstrukturen, die noch an die Familienform gebunden sind, sind sehr viel nachhaltiger als groß-industrielle Landwirtschaft [...]. Gemeinschaftliche Netzwerke, kirchliche Gemeinschaften etc. vermitteln Sitten und Gebräuche, stärken den Sensus für Heimat, die Wahrnehmung von Unverfügbarkeiten in städtischer oder dörflicher Bausubstanz und in der natürlichen Umgebung.«[351]

Geht man davon aus, dass die Links-Rechts-Polarisierung keine ganz selbstläufige Entwicklung ist, so ist diese von den Mainstream-Medien unterstützte Spaltung der Bevölkerung eine besonders perfide Form der Teile-und-Herrsche-Strategie: Wenn die Gesellschaft in Linke und Rechte aufgeteilt und diese Spaltprodukte dann gegeneinander aufgewiegelt werden, kann niemand die nötigen Kräfte bündeln, um die wahren Herausforderungen unserer Zeit anzugehen. Ullrich Mies geht von einer absichtlichen Spaltung der »Feinde« der marktradikalen Ordnung aus und spricht von einer »[...] Umerziehung der Bevölkerung und Umgründung der Republik: Die Öffentlichkeit soll für die Zwecke der marktradikalen Ideologen und ihrer Ordnung eingenordet, die Jungen neoliberal deformiert, die Allgemeinheit unter Kontrolle gehalten und ihre Feinde gespalten oder kriminalisiert werden.«[352] Über die führenden Akteure einer sich abzeichnenden Oligarchenherrschaft schreibt Mies: »Zumeist sind sie Anhänger des Sozialdarwinismus, einer Selbstbehauptungs-, Kampf- und Herrschaftsideologie.«[353]

Die Grundannahme der auf der Wettbewerbslogik basierenden Demokratie behauptet, dass die Summe der konkurrierenden Eigeninteressen in ihrer Eigendynamik automatisch das *Allgemeininteresse* artikuliert und ein dauerhaft stabiles Gemeinwesen hervorbringt. Dieses Postulat ist durch die Geschichte der Industriegesellschaft sowohl auf der sozialen, als auch auf der ökologischen Ebene gründlich widerlegt worden. Eine sozialdarwinistisch fundierte Demokratie bietet geradezu ideale Voraussetzungen für die Etablierung einer Finanzoligarchie. Und wenn das neoliberale System primär die Umverteilung von unten nach oben und von öffentlich nach privat organisiert, handelt es sich um eine Bereicherung weniger auf Kosten vieler. In der Biologie nennt man eine solche Daseinsweise *parasitär*. Innerartliches Parasitentum gibt es jedoch in der Natur nicht.

Eine andere demokratietheoretisch relevante Frage, die auch aus verhaltensbiologischer Perspektive interessant ist, ist die, ob bzw. in welchem Ausmaß kollektive Bewusstseinszustände »gelenkt« werden können. Vieles deutet darauf hin, dass die mehr und mehr nachfrageunabhängig finanzierten »Leitmedien« die Bevölkerung mit einem Einheitsbewusstsein indoktrinieren, das in den »liberal-demokratischen allgemeinen Willen« mündet, so der polnische Philosoph Ryszard Legutko.[354] Legutko beschreibt dieses Phänomen wie folgt: »Dieser allgemeine Wille durchdringt das öffentliche und private Leben. Er strömt aus den Medien, aus der Reklame, aus Filmen, den Theatern und der bildenden Kunst. Er kommt als allgemeine Ansicht und dreiste Stereotype daher, ist Inhalt der Bildungscurricula vom Kindergarten bis zu den Universitäten. Dieser liberal-demokratische allgemeine Wille kennt keine geographischen oder politischen Grenzen. Und obwohl er kein Kontrollzentrum und keine Vollzugsbehörde hat, bewegt er sich immer weiter vorwärts und erobert neue Gebiete, als würde er unter einem strukturierten und gut organisierten Kommando einer hervorragenden Strategie folgen. Freie, unabhängige und nur den Wählern gegenüber verantwortliche gesetzgebende Körperschaften machen Gesetze, die dem allgemeinen Willen entsprechen, und Richter, die noch freier, unabhängiger und keinem gegenüber verantwortlich sein sollten, liefern Entscheidungen als wären sie seine getreuen Diener. Der liberal-demokratische allgemeine Wille erreicht Bereiche, von denen Rousseau nicht einmal zu träumen gewagt hat: die Sprache, die Gestik und die Gedanken.«[355] Ganz neu ist dieses Unbehagen nicht. Dorothy von Moltke (1884-1935) schreibt bereits 1928 in einem Brief aus Kreisau: »Das scheint mir eine der größten Schwächen der Demokratie zu sein – daß die öffentliche Meinung so ›gelenkt‹ werden kann.«[356]

Aus der biologischen Perspektive stellt sich die Frage: Lässt sich ein mit dem *kollektiven Unbewussten* verwandtes Phänomen tatsächlich »machen«? Einiges deutet darauf hin, dass von dem Moment an, wo ein Großteil der sozialen Umweltbeziehungen durch die mit elektronischen Medien virtuell dargebotenen Scheinbeziehungen (Radio, Fernsehen, Filme, Videos, Computerspiele) ersetzt werden und diese bis in die Sprache und Gestik hinein gleichsinnig ausgerichtet (»gleichgeschaltet«) werden, tatsächlich neue Elemente des »kollektiven Unbewussten« und wohl auch neue kollektive Bewusstseinszustände »produziert« werden können. Genau diesem Aspekt der allgemeinen *Digitalisierung*[357] ist Widerstand entgegenzusetzen.

Zudem gehen mit den digitalen Speichermöglichkeiten ein Verlust der menschlichen Erinnerungsfähigkeit und eine »Zerstörung der Erinnerungskultur« einher, so der Kulturhistoriker Manfred Osten. Die »digitale Demenz« folge einem Bildungsprogramm »als beschleunigten Erwerb von Zukunftskompetenzen ohne Herkunftskenntnisse. Dann können wir regiert werden nach dem Prinzip ›es gilt das gebrochene Wort‹, weil sich sowieso keiner mehr erinnern kann, was gesagt worden ist.«[358] Da wir im Zusammenhang mit dem Prinzip der *dynamischen Erblichkeit* das mehr oder weniger gefestigte Gedächtnis als Paradigma einer stärkeren oder schwächeren *Erbfestigkeit* kennen gelernt haben, wird eine systematische Schwächung des kollektiven Gedächtnisses gewiss degenerative Folgen haben.

Vor diesem Hintergrund sollte uns die Vehemenz zu denken geben, mit der heute die totale Digitalisierung mit all ihren Bestandteilen bis in den letzten Winkel hineingepresst wird. Der »digitale Tsunami«[359] (Richard David Precht) ist kein Naturereignis, sondern ein Instrument zur flächendeckenden Abtötung all jener Kulturelemente, die für regionale Natureinbindung und Selbstversorgungsvermögen stehen. In dem Maße, wie uns die äußeren Möglichkeiten und die inneren Voraussetzungen einer *qualitativen Umweltwahrnehmung* genommen werden – oder wir sie uns selbst nehmen –, verlieren wir den Zugang zu den *Bedingungen der Regeneration.*

Auch jenseits der Manipulationsmöglichkeiten ist die allumfassende Digitalisierung mit einer erheblichen Zerrüttung des Zusammenhanges zwischen Umwelt und Innenwelt verbunden: Wenn nämlich die Umwelterfahrungen der Heranwachsenden überwiegend virtueller Art sind, von welcher Qualität wird dann das auf epigenetischem Wege an die Folgegenerationen weitergegebene *kollektive Unbewusste* sein? Und welche Formen von kollektivem Bewusstsein werden so etabliert und gefestigt? Wie kulturelle (und seelische) Vielfalt verloren geht, zeigt sich ja schon deutlich am Verlust der regionalen Dialekte bei der heutigen Jugend. Wenn der Zeitanteil, in dem die Heranwachsenden ihre Muttersprache aus elektronischen Medien hören, jenen Zeitanteil dominiert, in dem sie ihre Muttersprache von ihren Mitmenschen hören, kann nicht nur keine Wertebildung mehr stattfinden; es verdorren auch die jedes Sozialgefüge tragenden zwischenmenschlichen Bindungen schlechthin. Und diese Beziehungen sind auf Dauer nicht über digitale, sondern nur über »analoge« Begegnungen aufrecht zu erhalten.

Nicht zuletzt gehört es auch zu einem organismischen Verständnis der Gesellschaft, das Verhältnis zwischen den Geschlechtern als *komplementär* zu begreifen. Auch hier ist die Einsicht hilfreich, dass Gleichwertigkeit nicht Gleichheit bedeutet. Die sozialdarwinistische Übersetzung von Verschiedenheit mit verschiedener Wertigkeit ist ja durchaus nicht nur in rechtsextremen politischen Milieus zu finden. Es ist auch die Mehrzahl der Linken und Linksextremen, die sich nicht vom sozialdarwinistischen Denken lösen kann und beispielsweise an Dawkins These von einem naturgegebenen »Krieg der Geschlechter«[360] glaubt. So meint man, einer Nivellierung der Verschiedenheiten zwischen Mann und Frau das Wort reden zu müssen. Damit ist aber weder den Frauen noch den Männern gedient. Im Grunde ist die traditionelle soziale Rollenverteilung in der Familie weitaus weniger auf Diskriminierung oder Ausbeutung der Frau angelegt, als diejenigen Verhältnisse, die beide Elternteile zur Vollzeit-Erwerbsarbeit nötigen. Ganz zu schweigen von den psychischen Folgen, wie der eingeschränkten Ausbildung von Vertrauens- und Bindungsfähigkeit, bei den »ganztags« fremdbetreuten Kindern.

Eine Achtung der weiblichen Würde finden wir weder in dem Verlangen des Industriesystems nach einer sozialen Austauschbarkeit der Geschlechter, noch in der genderkonformen Verstümmelung unserer Muttersprache. Eine wirkliche Achtung der weiblichen Würde sollte schließlich auch den weiblichen Zyklus in all seinen natürlichen Bestandteilen achten und zulassen. Eine Kultur, in der die Ausschaltung des weiblichen Zyklus durch synthetische Hormonpräparate zum Normalfall wird, ist weder naturverbunden, noch menschengemäß. Zudem gelangen die Hormonpräparate über die kommunalen Abwässer in die Natur – und bringen in verheerender Weise die natürlichen Ökosysteme aus dem Gleichgewicht. Die Gleichmacherei zwischen den Geschlechtern geht nunmehr einher mit einer rapiden Zunahme von hormonell wirksamen Haushalt- und Umweltgiften – die den Frauen weibliche und den Männern männliche Eigenschaften abhandenkommen lassen.[361]

Reifung ermöglichen: Person-Konzept und soziale Heilung

Eine organismische Perspektive auf die sozialen Zusammenhänge, welche die Individuen als Bestandteile von Gemeinschaften betrachtet, bedeutet nicht, die besondere Individualität zu verkennen, die das Menschsein ausmacht. Zu Recht weist Carl Gustav Jung auf den Unterschied zwischen Individualismus und *Individuation* hin: »Individuation aber bedeutet geradezu eine bessere und völligere Erfüllung der kollektiven Bestimmungen des Menschen, indem eine genügende Berücksichtigung der Eigenart des Individuums eine bessere soziale Leistung erhoffen lässt, als wenn die Eigenart vernachlässigt oder gar unterdrückt wird.«[362] Dasselbe gilt auch umgekehrt: Das Individuum kann sich nur dann seinen Intentionen gemäß entfalten, wenn es als soziales Wesen angesehen und mit seinen ebenfalls in ihm angelegten Organfunktionen »organismisch« in einen übergeordneten sozialen Zusammenhang integriert wird.

Ebenso, wie in den überindividuellen Zusammenschlüssen bei Tierarten, hat auch beim Menschen das Individuum immer Organfunktionen in einem organismischen Ganzen – und es kann seine spezifische Individualität nicht außerhalb oder unabhängig von diesem Ganzen entfalten. Das Verhältnis zwischen Individuum und Ganzheit ist beim Menschen aber davon geprägt, dass Gemeinschaft und Individuum dynamisch sind; also beide Ebenen stärker als bei Tieren veränderlich sind. Und diese Veränderungsprozesse können sowohl einen neutralen, als auch einen degenerativen oder einen regenerativen Charakter haben. Ähnlich wie bei der ökologischen Sukzession lassen sich »gesunde« soziale Entwicklungen als Reifungs- und Regenerationsprozesse verstehen. Im Zusammenspiel zwischen überwiegend ererbten und überwiegend erworbenen (bzw. zu erwerbenden) Anteilen ihres Verhaltensrepertoires sind Menschen viel mehr auf das individuelle Erwerben, also auf soziales Lernen, angewiesen als die stärker instinktgebundenen Tiere. Somit sind regenerative Sozialprozesse davon abhängig, dass die an ihnen beteiligten Individuen eine individuelle *Reifung* im Sinne von *Potentialentfaltung* vollziehen können. Vielleicht ist das menschengemäße Sozialverhältnis am treffendsten damit beschrieben, was der Hirnforscher Gerald Hüther als »individualisierte Potentialentfaltungsgemeinschaften«[363] bezeichnet.

Dass ein jeder seine Potentiale in sich trägt und zu diesen einen zumindest intuitiven Zugang haben kann, beschreibt der Philosoph Anders Lindseth: »Den wahren Weg können wir aber nur in der zeitlich sich vollziehenden Erfahrung des Entsprechens selbst wahrnehmen. Vor allem nehmen wir ihn auf *negative* Weise wahr durch die Erfahrung, der erlebte und gelebte Lebensweg sei noch *nicht* das Wahre. Diese negative Erfahrung setzt aber voraus, daß wir irgendwie mit dem wahren Weg vertraut sind, sonst könnten wir sie nicht machen. Wir haben einen Zugang zum wahren Lebensweg, der uns erlaubt, immer nachzuempfinden, ob der tatsächliche Lebensweg dem wahren Lebensweg entspricht oder nicht entspricht.«[364] Im Gegensatz zu früheren Zeiten, »als Begriffe wie *Bestimmung* und *Vorsehung* noch gebräuchlich waren«, sei beim »zeitgemäße[n] Angebot der Verstehensmöglichkeiten, das uns gerade bei Lebensfragen bereitgestellt wird, [...] der Gedanke eines wahren Lebensweges [...] nicht im ersten Sortiment«. Dieser Gedanke sei aber »wichtig, weil wir ohne ihn nicht verstehen können, was Bildung heißt«, so Lindseth.[365]

Eng verwandt mit dem Gedanken der Potentialentfaltung und dem Gespür für den eigenen Lebensweg ist das Bewusstsein über die eigene menschliche *Würde*. Das mangelnde Bewusstsein für Würde ist ein entscheidender Grund für all die Verletzungen, die den *Sozialkörper* unserer Gesellschaft verwunden und heilungsbedürftig machen. In dem Moment, wenn das »gesellschaftliche Ganze« nicht mehr respektiert oder gar nicht mehr wahrgenommen wird, erlischt auch das Bewusstsein von der eigenen Würde. Eine wesentliche Ursache dafür sind die heute in den Vordergrund gestellten moralischen »Werte« von *Gleichheit* und *Abgrenzung*. Die Absicht des Gleichmachens und Einebnens aller Unterschiede geht einher mit dem Drang nach Abspaltung und Aussonderung derer, die anders sein wollen. Mit den Maximen von Gleichheit und Abgrenzung lässt sich aber weder eine vielfältige und arbeitsteilige Gesellschaft aufrechterhalten, noch ein dauerhafter sozialer Frieden stiften. Diese Werte stehen genau dem entgegen, was das Organismus-Modell nahelegt: eine Kooperation *verschiedener* Gruppierungen, die jedoch in ihrer Verschiedenheit komplementär ausgerichtet und untereinander *gleichwertig* sind.

Ausgrenzung, Ächtung, das Heraussetzen aus der Gesellschaft und das Aussätzig-machen unangepasster Köpfe, funktionieren in einem Zusammenspiel derer, die systematisch dämonisieren und diffamieren mit jenen, denen der Mut, die Souveränität und die Würde fehlen, ihrem eigenen Urteil zu vertrauen. Beides ist gleichermaßen destruktiv und würdelos. Wer dem, was Außenstehende über die Gesinnung eines Menschen verbreiten, ein größeres Gewicht beimisst als seinem eigenen Urteil aus einer jahrelangen Zusammenarbeit oder Freundschaft und sich ohne Rückfrage bei dem Betroffenen ängstlich von ihm abwendet, ist nicht minder mitverantwortlich für den schleichenden Einzug totalitärer Verhältnisse. Aus guten Gründen schreibt Lothar Fritze: »Wer jede Gelegenheit nutzt, zu diffamieren, zu stigmatisieren und auszugrenzen, ohne sich zu fragen, was eigentlich falsch läuft, wer glaubt, sich über ›den Pöbel‹ erheben zu können, und es für noch nicht einmal nötig hält, eigene Positionen zu hinterfragen, ist kein Verteidiger der Demokratie, sondern ihr Gefährder.«[366]

Solche Würdelosigkeit der Einzelnen gedeiht in einem Milieu, in dem eine gemeinsame Zugehörigkeit zu einem als gemeinsames Ganzes verstandenen Sozialkörper geleugnet wird. Damit sich eine Gesellschaft nach der Teile-und-herrsche-Logik in die Erschöpfung führen lässt, muss sie, so Pfluger: »[...] die Basis der Humanität, die Kooperation, zum Sekundärfaktor degradieren und das *survival of the fittest* zur maßgebenden Zielgröße erheben [...]. Jeder kämpft gegen jeden, ein reichlich absurdes, wenn nicht gar apokalyptisches Gesellschaftskonzept.«[367]

Dieses apokalyptische Gesellschaftskonzept ist nun auch zur Geschäftsordnung jenes politischen Systems geworden, das sich den oligarchischen Wirtschaftsmächten unterordnet. Die nicht Systemkonformen werden in Linke und Rechte aufgeteilt – in der wohlbegründeten Erwartung, dass sie sich dann gegenseitig an den Kragen gehen. Das ganze Spiel hätte aber keine erzieherische Wirkung, wenn dabei nicht *Konformität* begünstigt würde: Wer zuerst dazu bereit ist, seine ursprünglich systemkritischen Positionen preiszugeben, wird belohnt. Diese Rolle kommt seit geraumer Zeit den Linken zu. In dem Maße, wie sie sich von ihren einst kapitalismuskritischen Positionen lösten, wurden sie als die »Guten« auserkoren, die nun den Kampf gegen das schlechthin Böse zu führen haben, den »Kampf gegen rechts«.

Wenn der Impuls »Wehret den Anfängen« alles rechtfertigt, kommt es nur noch darauf an, von welchen Ideen her man die Verbindungslinien zum bösen Ende hin zieht. Inzwischen wird alles Konservative zur Vorstufe eines neuen nationalsozialistischen Menschheitsverbrechens erklärt. Es gilt die Logik: Wer nicht links ist, ist ein Nazi. Unter diesen Umständen ließen sich Linke und Grüne bereitwillig von ihrem sozialen und ökologischen Engagement abbringen, um all ihre Energien in den »Kampf gegen rechts« fließen zu lassen.

Dem sozialdarwinistischen Gesellschaftskonzept entsprechend, leben wir heute in einer stark segmentierten Gesellschaft, deren soziale Gruppierungen sich zunehmend gegeneinander ausrichten und »bekämpfen«. Zudem beginnen einige, sich voller Verachtung gegen das gesellschaftliche Ganze zu wenden: Nation, Volk oder Staat werden die Zugehörigkeit aufgekündigt. Letzteres entspricht den sogenannten *Autoimmunkrankheiten*, wo die Zellen bestimmter Organe daran gehen, den eigenen Körper zu bekämpfen. Wenn wir *soziale Heilung* im Sinne von Regeneration ermöglichen wollen, ist es hilfreich, auch die Gesellschaft in ihrer Funktion als sozialer Organismus zu verstehen. Aus der organismischen Sicht erscheint das soziologische Konzept des »Sozialkörpers« *(social body)* plausibel. Wo wir einen »verwundeten Sozialkörper«[368] vorfinden, ist soziale Heilung ratsam.

Die Wortführer der Gleichheits- und Abgrenzungsmoral konfrontieren ihre Mitmenschen zumeist mit einem Absolutheitsanspruch, der mit absurden Dichotomien kombiniert wird: Wer am Kapitalismus zweifelt, sei ein Kommunist; wer kein Darwinist ist, sei Kreationist; wer kein Linker ist, sei ein Rechter. Am Ende unterscheidet sich das gesellschaftliche Klima kaum noch von dem in Diktaturen: Die Angepassten sind die Guten und die Unangepassten sind die Bösen. Vielleicht ist die skandalöse Vereinfachung moralischer Urteilsbildung auch im Zusammenhang mit der reduktionistischen Logik der Digitalisierung zu sehen: Ebenso wie die Digitaltechnik auf den Binärcode von null und eins reduziert ist, so kennt die digitalisierte Moral nur noch Gut oder Böse, schwarz oder weiß, links oder rechts. Jegliche differenzierende Identifizierung mit Übergangsbereichen wird – der Einfachheit halber – den absoluten Kategorien zugeordnet. So verwundert es nicht, wenn die kollektive Überanpassung (Normopathie) zur neuen Volkskrankheit wird und eine politisch-mediale Hysterie um sich greift. Viele unabhängige Geister mussten in den letzten Jahren erleben, wie es sich anfühlt, wenn man inmitten einer Gesellschaft, die sich auf den Verfassungsgrundsatz der *Unantastbarkeit der Menschenwürde* beruft, verleumdet wird und als geächtet gilt. Besonders bitter ist das für diejenigen, die in der DDR bereits ähnliches erlebt haben.

Woher kommt eigentlich die Stimmungslage, dass im Kampf für Demokratie und Rechtsstaatlichkeit demokratische und rechtsstaatliche Prinzipien keine Geltung hätten? Der Gleichmachen-oder-Ausgrenzen-Impuls entstammt offenkundig der faschistischen Ideologie: »Ein Fremdmachen, das andere Menschen, die durchaus einmal nicht fremd waren, in Fremde verwandeln sollte«, sei »ein Kernstück nationalsozialistischer Politik« gewesen – so der Historiker Michael Wildt in seinem Aufsatz »Das Fremdmachen als historischer Prozess«.[369] In Bezug auf den Nationalsozialismus diagnostiziert Wildt: »Das eliminatorische Fremdmachen will den Fremden vernichten, die Kategorie des Anderen abschaffen, um zur Totalität des Eigenen, zur Apotheose der eigenen Gemeinschaft zu gelangen. Dieses Fremdmachen ist eine Praxis des Säuberns, der Purifikation und Homogenisierung der imaginierten Gemeinschaft.«[370]

Eine in die westliche Demokratie hineingezogene eliminatorische Praxis ist der Tatbestand der »Kontaktschuld«. Wer sich diese Methode zu Eigen gemacht hat, befragt die Menschen nicht nach ihren eigenen Positionen; sie werden stattdessen anhand der Haltung ihrer Gesprächspartner be- und verurteilt.[371] Nach dieser Logik gilt: Wer mit Rechten spricht, sei selber ein Rechter. So wird jeder Versuch vereitelt, die Spaltungen der Gesellschaft zu überwinden und ideologische Gräben zu überbrücken. Solange die Begegnung mit Rechten unter Strafe gestellt ist, ist es niemandem erlaubt, sich seines eigenen Verstandes zu bedienen und sich selbst ein Urteil zu bilden. Wer dennoch den Mut zur eigenen Urteilsbildung hat und dabei die Erfahrung macht, dass sich die *Neue Rechte* eindeutig vom Nationalsozialismus abgrenzt und es in den meisten rechten Kreisen wesentlich toleranter zugeht als bei den pseudolinken Konformitätswächtern, der muss fortan geächtet werden. Wohl auch deswegen, weil er das falsche Feindbild infrage stellen könnte, das die Existenzgrundlage der neuen Totalitären ist.

Auf der Grundlage der Kontaktschuld-Logik werden Rufmordkampagnen losgetreten, die schockierende Parallelen zu den Stasi-inszenierten »Zersetzungsmaßnahmen« haben. Damals ging es darum, mit einer »systematischen Diskreditierung des öffentlichen Rufes«[372] und der damit verbundenen »Organisierung beruflicher Mißerfolge«[373] die sozialen Beziehungen und materiellen Existenzgrundlagen von Menschen zu zerstören, die sich in unangepasster Weise für das Allgemeinwohl und für demokratische Verhältnisse einsetzten. Und heute?

Gerade dort, wo man mit einer Diktatur abrechnet und dort, wo man – nach dem Motto »Wehret den Anfängen!« – das Aufkeimen einer neuen Diktatur verhindern will, scheint sich Viktor von Weizsäckers Erkenntnis zu bewahrheiten: »Im Kampfe wird man dem Gegner immer ähnlicher.« In erschreckender Weise finden sich eliminatorische Theorie und Praxis unter denen, die am energischsten für Demokratie und Menschenrechte streiten. Wie sehr die Akteure im »Kampf gegen rechts« bereits die Identität ihres Feindbildes angenommen haben, ist überall dort zu erkennen, wo man »Hass und Hetze« mit hasserfüllten Kampagnen öffentlicher Diffamierung begegnet, »Toleranz« mit Intoleranz erkämpft, »Weltoffenheit« mit Ausgrenzung, »Vielfalt« mit der Ausschaltung jeder Pluralität und »Zivilcourage« als Denunziation versteht. Die antideutschen Kämpfer »gegen Vorurteile« gegenüber Fremden schwelgen in Vorurteilen gegenüber der eigenen Nation. Als »Haltung zeigen« gilt ihnen das Buckeln vor den tonangebenden Stimmungsmachern und das Treten nach den zu Unrecht Geächteten.

Dieselben Leute, die wegen der Singularität der nationalsozialistischen Verbrechen eine Vergleichbarkeit des Nationalsozialismus mit dem Stalinismus vehement ablehnen, befeuern nun die öffentliche Gleichsetzung der AfD mit dem NS-Regime und »dem Faschismus« überhaupt. Dass genau dies eine Verharmlosung des Nationalsozialismus und eine Verhöhnung seiner Opfer ist, kommt ihnen hier nicht in den Sinn. Ganz ähnlich verhält es sich, wenn die Kritik an den parasitären Strukturen der Finanzwirtschaft als »struktureller Antisemitismus« diffamiert wird. Hier werden nicht nur finanzkapitalistische Praktiken, die tatsächlich gesellschaftszersetzend sind, mit dem Totschlagargument des »Antisemitismus« gegen Kritik immunisiert; sondern es wird der Umkehrschluss suggeriert, dass die jüdische Kultur prinzipiell parasitär veranlagt sei. Der Publizist Gerhard Hanloser schreibt hierzu: »[...] es ist bedenklich, wie schnell Kritiker des ›strukturellen Antisemitismus‹ auf bloße Begriffe wie der Pawlowsche Hund reagieren und damit zeigen, wie sehr besonders Personen und Gruppen aus dem sich ›antideutsch‹ nennenden Milieu selbst von antisemitisch grundierten Assoziationen getrieben werden.«[374]

Inzwischen haben sich auch die meisten parteipolitisch ungebundenen Vereine – von außen und innen – dazu nötigen lassen, ihre Satzungen um Klauseln gegen Rassismus, Antisemitismus, Islamophobie und Homophobie aufzurüsten. Sobald man hier den Alternativvorschlag einbringt, sich besser darauf zu verständigen, dass man »alle Menschen und alle Völker als prinzipiell gleichwertig« achtet[375], zeigt sich, worum es den Vertretern der *political correctness* eigentlich geht: Es geht ihnen darum, das öffentliche Leben auf eine antideutsche Stimmung einzuschwören. Sie wollen unter allen Umständen verhindern, dass auch das eigene Volk gegenüber den anderen als prinzipiell gleichwertig angesehen wird. Ein kollektiver Selbsthass auf die eigene Nation soll zur allgemeinen Tugend gemacht werden. Offenbar gilt die autoaggressive Variante der Volksverhetzung als Voraussetzung für eine zentralistische und globalistische Nivellierung der gegebenen regionalen und sozialen Identitäten. Da muss man sich nicht wundern, wenn ein generationenübergreifend kultivierter kollektiver Selbsthass zu kollektiven psychischen Störungen führt – die letztlich normale kooperative Beziehungen zu anderen Nationen erschweren.

Der Weg in die quasi *semitotalitären Verhältnisse* hinein war ein schleichender Prozess. Bis Mitte der 1990er Jahre bestand ein weitgehender Konsens darüber, dass es an beiden Enden der Links-Rechts-Schiene demokratiegefährdende Extreme gibt, und eine demokratische bzw. nicht-nationalsozialistische Rechte ebenso legitim ist, wie eine demokratische bzw. nicht-kommunistische Linke. Seither jedoch verstärkte sich kontinuierlich die Haltung, dass das gesamte Spektrum rechts der Mitte demokratiegefährdend sei und direkt auf eine neue Nazi-Diktatur zulaufe; während auf der linken Seite das gesamte Spektrum bis zu den äußersten Rändern hin positiv zu betrachten sei, weil hier alle, auch die, die selber nicht demokratisch verfasst sind, zur Rettung der Demokratie beitragen würden, indem sie sich dem »Kampf gegen rechts« verschrieben haben. Da diese Pro-Links-Tendenz im Wesentlichen von den sich in der sogenannten politischen Mitte wähnenden »Etablierten« betrieben wird und fernab von kapitalismuskritischen Positionen ist, ist die Anti-Rechts-Strömung eher als pseudo-links anzusehen. Wer versucht, das Geschehen aus einer übergeordneten Perspektive zu betrachten, merkt schnell, dass es hier offenkundig nicht um eine Stärkung der Linken geht, sondern um eine Spaltung der Gesellschaft.

Genau in dem Moment, als alle etablierten Parteien »gegen rechts« waren, und der »Kampf gegen rechts« die Grundbedingung dafür wurde, um als demokratisch zu gelten, war das demokratische Gleichgewicht beseitigt. Wenn auf der ohnehin nur eindimensional gedachten politischen Links-Rechts-Schiene nur noch eine Seite als legitim gilt, ist es vorbei mit der Demokratie. Wenn nur noch *eine* Haltung als richtig und gut gilt, stellt sich zwangsläufig die Gleichmachen-oder-Ausgrenzen-Mentalität ein, die alle Diktaturen prägt. Auf diese Weise können auch in einer nominellen Demokratie totalitäre oder zumindest semitotalitäre Verhältnisse einkehren. Auch jenseits der politischen Rechten erkannten nun viele, dass der demokratischen Rechten Unrecht geschieht. Im Osten Deutschlands fühlten sich viele erinnert an die politische Instrumentalisierung des Antifaschismus in der DDR. Mehr und mehr Nicht-Rechte zeigten sich solidarisch mit den Rechten. Insoweit wäre ein großer Teil derer, die als »Protestwähler« bezeichnet werden, treffender als »Solidaritätswähler« zu charakterisieren.

Dass in der Atmosphäre des allgemeinen »Kampfes gegen rechts« die politische Rechte zur Radikalisierung gedrängt wird, liegt auf der Hand. Und genau dies scheint gewollt, damit die »etablierten« und pseudolinken Stimmungsmacher immer wieder neue Nahrung bekommen. Das Gleichmachen-oder-Ausgrenzen-System in Verbindung mit dem politischen Verdrängungswettbewerb der repräsentativen Demokratie lädt schließlich beide Seiten dazu ein, die jeweils anderen in das Links-Rechts-Schema zu pressen und dann wahlweise der Stasi oder den Nazis zuzuordnen. Hier wird offenkundig, dass das Böse der anderen gewollt ist und gebraucht wird, um die eigene Seite als die Gute dastehen zu lassen. Der Philosoph Robert Spaemann (1927-2018) sagt über solche Verhältnisse: »Derjenige, der jedes Böse dämonisiert, kann nicht verzeihen, denn das Böse, das als Böses gewollt wird, kann nicht verziehen werden, und von ihm ist auch keine Umkehr möglich.«[376]

Spätestens seit der sogenannten Flüchtlingskrise 2015 sorgt das von Jörg Bernig als »politisch-medialer Komplex«[377] bezeichnete Machtsystem dafür, dass abweichende Meinungen unterdrückt und diffamiert werden. Bezug nehmend auf die beliebte Diffamierung politischer Gegner als »Populisten«, weist der Politologe Lothar Fritze darauf hin, dass »es die Eliten selbst [sind], die Alleinvertretungsansprüche dieser Art erheben – hinsichtlich ihres Wissens um alternativlose Handlungsoptionen oder hinsichtlich der allein richtigen Gesinnung. Die als ›Rechtspopulisten‹ Titulierten wenden sich in aller Regel gegen den drohenden Verlust ihrer vertrauten Lebenswelt; sie wollen ihre Heimat bewahren und eigentlich nur bleiben, was sie sind.«[378] Von daher meint Fritze: »›Rechtspopulisten‹ haben für diese Ziele keine vergleichbaren Begründungslasten zu tragen wie diejenigen, die bereit sind, ihr Land und die Lebensumstände in ihrem Land radikal zu verändern. Ihr Ansinnen, eine solche Umgestaltung unwidersprochen in die Wege leiten zu dürfen, ist der eigentliche Alleinvertretungsanspruch – der zudem ein skandalöses Demokratieverständnis offenbart.«[379]

Aber: Was wir heute in der emotionalen Links-Rechts-Spaltung unserer Gesellschaft erleben, hatte – ausgehend vom Osten Deutschlands – auch eine Vorgeschichte in der unmittelbaren Nach-Wende-Entwicklung seit 1990: Indem wir faktisch eine weitgehend undifferenzierte Ausgrenzung der Stasi-Verstrickten unterstützt oder zumindest gutgeheißen hatten, haben wir einen Präzedenzfall dafür geschaffen, wie die mediale Ächtung eines Teiles der Bevölkerung als legitim gelten und sogar im Namen der Demokratie betrieben werden kann. Wenn wir heute zu einer Haltung gedrängt werden, die, um eine »gruppenbezogene Menschenfeindlichkeit« zu verhüten, zu einer anderen gruppenbezogenen Menschenfeindlichkeit aufruft, dann geschieht das nicht zum ersten Mal. Vielleicht haben auch wir an der Etablierung von Verhältnissen mitgewirkt, die unsere Demokratie gefährden? Es bleibt ein Makel am demokratischen System, dass es bei der Überwindung der Diktaturgeschichte nach 1989 nicht ohne totalitäre Elemente auskam.[380] Das Verlangen nach der Gleichsetzung einer gesellschaftlichen Gruppe mit dem absolut Bösen und einer totalen Ächtung der ihr zugehörigen bzw. zugehörig gewesenen Menschen, war damals in ähnlicher Weise populär, wie im heutigen »Kampf gegen rechts«.

Ursache des unreflektierten Handelns der besinnungslosen »Kämpfer« für das Gute sind meist Defizite ihres Selbstverständnisses als Person – die sie oft mit den von ihnen Bekämpften teilen. Es geht hier um die von der Philosophin Hannah Arendt (1906–1975) als »Zwei-in-Einem-Tätigkeit des Denkens« bezeichnete Grundlage des Person-seins und des hieraus resultierenden moralischen Handelns: »Bestimmte Dinge kann ich nicht tun, weil ich danach nicht mehr in der Lage sein würde, mit mir selbst zusammenzuleben«[381], so Arendt. Und sie schlussfolgert hieraus: »Das größte begangene Böse ist das Böse, das von Niemanden getan wurde, das heißt, von menschlichen Wesen, die sich weigern, Person zu sein.«[382]

Die Frage, welche Vorstellung wir von der Kategorie *Person* haben, ist gerade auch für die nach einer Diktatur (bzw. nach diktaturähnlichen Politikphasen) anstehenden *sozialen Heilungsprozesse* relevant. Interessant ist, was die chilenische Menschenrechtlerin Roberta Bacic über soziale Heilungsprozesse nach dem Ende der Militärdiktatur in Chile schreibt, bei denen es darum ging, wieder »eine integrierte Gesellschaft zu schaffen«.[383] Im Kontext der Diktatur habe es verschiedene Kategorien von Bürgern gegeben, die damit beschäftigt waren, sich »[…] gegenseitig mit Misstrauen zu beäugen. In extremen Fällen hieß es, den anderen auszuschließen. In anderen Worten, das soziale Geflecht war zerrissen.«[384] Nun ging es also darum, das soziale Geflecht zu reparieren und über Wahrheit und Versöhnung »neue Fäden für das Geflecht«[385] entstehen zu lassen.

Warum eigentlich war nach der Überwindung totalitärer Systeme in Lateinamerika und in Südafrika das Moment der *Versöhnung* eine tragende Säule, aber hier in Mitteleuropa nicht? Noch 70 Jahre nach dem Ende des Nationalsozialismus wurden die letzten überführten NS-Verbrecher als fast Hundertjährige von Justiz und Medien so behandelt, als seien sie noch in derselben geistigen Verfassung wie zum Tatzeitpunkt. Noch 30 Jahre nach dem Ende der DDR wurde die auf Ausgrenzung der Stasi-Verstrickten hinauslaufende Stasi-Überprüfung um weitere zehn Jahre verlängert.[386] Hier zeigt sich eine ausgesprochen statische Vorstellung von der Kategorie *Person*.

Umgekehrt: In lateinamerikanischen und afrikanischen Ländern gibt es ein Bewusstsein dafür, dass ein Volk – auch dann, wenn es aus verschiedenen Rassen besteht – nicht dauerhaft unter sozialen Spannungen stehen kann, ohne dabei als Ganzes einen Schaden zu nehmen, der sich auf alle nachteilig auswirkt. Und offenbar gibt es dort auch eine klarere Vorstellung von der *Veränderlichkeit* der Person. Die Frage nach dem Person-Konzept einer Kultur, das Versöhnung begünstigt oder erschwert, ist nicht nur von historischem Interesse: Wir erleben es ja nahezu täglich, welch große Rolle der Nazi- und der Stasi-Reflex bei der heutigen Dämonisierung der politischen Gegner im Rechts-Links-Lagerkampf spielen.

So vorteilhaft in unserer westlichen Kultur der hohe Stellenwert der *Verantwortlichkeit* der Person für das gesellschaftliche Zusammenleben ist, so problematisch ist andererseits das damit zusammenhängende statische Person-Konzept. Die Annahme, der Mensch bleibe immer derselbe, macht Versöhnung schwierig. Viel einfacher ist das in der buddhistischen Lehre, wo die Vorstellung des *Anatta* das Nichtvorhandensein eines unveränderlichen Selbst betont: »Was normalerweise als ›Selbst‹ betrachtet wird, ist demnach eine Ansammlung von sich [...] verändernden physischen und psychischen Bestandteilen (›Skandhas‹). Durch das Festhalten an der Vorstellung, der jeweils erlebte, temporäre Zustand bilde eine Art unveränderlicher und dauerhafter Seele«, entstehe Leiden.[387] Auf der Basis eines solchen dynamischen Person-Konzepts sieht man den Täter im Nachhinein nicht zwingend als hundertprozentig identisch mit dem Täter zum Tatzeitpunkt an. So wird Verzeihen leichter.

Aber auch in unserem Kulturkreis gibt es philosophische Perspektiven, die das Dynamische der Person betonen. So geht der Religionsphilosoph Martin Buber (1878-1965) davon aus, dass zur Person etwas gehört, was in der Beziehung zu anderen Personen reifen kann und reifen muss: »Das Ich reift an dem Du.« Zum dialogischen Prinzip gehöre das Bezüglich-Sein, also die Verbundenheit mit anderen. »Vollendete Bezüglichkeit macht nach Buber Menschen zu ›Personen‹.«[388] Von Martin Buber stammt der Satz: »Früchte reifen durch die Sonne, Menschen reifen durch die Liebe.«[389]

Über Verzeihung und Versöhnung schreibt der Philosoph Robert Spaemann: »Auch die Ablehnung der eigenen Tat, auch die Reue ist eine Weise, das Geschehene – und zwar durch ›Umwertung‹ – neu zu integrieren. [...] Selbsttranszendenz, Überschreitung der vitalen Ichzentriertheit, wird dadurch ermöglicht, dass der Mensch sich als von anderen anerkannt erfährt. Personen gibt es nur im Plural. Und das gilt nun auch für die Wiedergewinnung jenes ›Weges‹, auf dem sich

Personen, solange sie leben, befinden und der [...] durch Schuld unterbrochen wurde. Diese Unterbrechung bedarf, um beseitigt zu werden, der Hilfe von außen. Die Hilfe besteht in der Bereitschaft anderer, [...] den Schuldigen nicht mit seinem faktischen So-sein zu identifizieren, sondern es ihm zu erlauben, sich im Verhältnis zu dem, was er tat, neu zu definieren. Diese Erlaubnis nennen wir ›Verzeihung‹. Sie muss erbeten werden. [...] Aber wo diese Erlaubnis verweigert wird, da schließt sich die verweigernde Person ihrerseits aus der prinzipiell unendlichen Personengemeinschaft aus.«[390] Und Spaemann fährt fort: »Verzeihung kommt erst in der Versöhnung voll an ihr Ziel. Und sie hebt sich, dort angekommen, selbst auf. Sie bringt die Asymmetrie, die ihre Voraussetzung ist, zum Verschwinden und stellt die Gleichheit wechselseitiger Anerkennung wieder her.«[391]

Einem dynamischen Person-Konzept entspricht auch das Gebot der »Feindesliebe« in der Bergpredigt Jesu. Dazu gehört auch, sich vor all den »Heuchlern« zu hüten, die ihre »Gerechtigkeit vor den Menschen zur Schau [...] stellen«. Und ebenso die Mahnung: »wie ihr richtet, so werdet ihr gerichtet werden, und nach dem Maß, mit dem ihr messt und zuteilt, wird euch zugeteilt werden. [...] Du Heuchler! Zieh zuerst den Balken aus deinem Auge, dann kannst du versuchen, den Splitter aus dem Auge deines Bruders herauszuziehen.« Diese Heuchler waren in den 90er Jahren all die in der DDR angepassten Mitläufer, die sich nun die emotionale Betroffenheit der Opfer anmaßten und zur undifferenzierten Hetzjagd auf die Stasi-Spitzel aufriefen, ja, die sogar den versöhnungswilligen Opfern ihre Versöhnungsbereitschaft übel nahmen. Und heute sind es die intoleranten »Toleranten«, deren »Zivilcourage« darin besteht, jeden, der auf die als »Feinde« klassifizierten Rechten zugeht und mit ihnen spricht, selber zum »Feind« zu erklären – um sodann etwas ganz und gar unchristliches zu organisieren: Ausgrenzung, Abspaltung, Bestrafung und letztlich Verdrängung. *Feindesliebe* und die *Gleichheit in wechselseitiger Anerkennung* wären die Grundlage für einen gesellschaftlichen Versöhnungsprozess: Es geht darum, den jeweils anderen *Reifung* zuzugestehen und sich dann auf Augenhöhe und *in Würde* zu begegnen.

Und diese Situation ist keine abstrakte, sondern unsere Situation: Schon in naher Zukunft könnten sich die Fragen nach einer *sozialen Heilung* und nach den Voraussetzungen, die es hierfür braucht, neu stellen. Das Anpassen-oder-Ausgrenzen-System hat uns einen »verwundeten Sozialkörper« beschert. Einer gespaltenen Gesellschaft fehlt der Zugang zum gemeinsamen *Sozialkörper* und die Kraft, bzw. die *Asabiya* (vgl. S. 193), um in Krisenzeiten zusammenzufinden und zusammenzustehen.

Vieles spricht dafür, dass wir es mit der Profilierung politischer Gegnerschaft zu weit getrieben haben. Die Gräben sind so tief, die Verletzungen so umfassend, dass an einer sozialen Heilung kein Weg vorbei führt – wenn unsere Gesellschaft wieder ein regenerationsfähiges Ganzes werden soll. Doch ebenso, wie andernorts Diktaturen und Gewaltregime erst überwunden werden mussten, bevor Versöhnung möglich wurde, muss hier erst eine andere politische Kultur Platz greifen. Dass eine solche Kultur der Versöhnung herangereift ist, ließe sich beispielsweise daran erkennen, dass die heute dominierende Strömung der überangepassten »Etablierten« sich zu einem öffentlichen *Schuldbekenntnis* gegenüber der zu Unrecht pauschal dämonisierten und systematisch ausgegrenzten demokratischen bzw. nicht-nationalsozialistischen Rechten – und allen anderen, die willkürlich den Rechtsextremen zugeordnet wurden – durchringen kann.

Es ist aber durchaus nicht nur die politische Sphäre vom Ungeist der Ausgrenzung betroffen. Auch in der Wissenschaft machte sich das breit, was Götz Kubitschek einer »von Hygienezwängen geplagten Gesellschaft«[392] zuschreibt; auch dort kommt es zu einer *eliminatorischen Publizistik*. Die heute um sich greifende Verfahrensweise, wesentliche Überlegungen deswegen zu ignorieren oder zu »tilgen«, weil die betreffenden Autoren an anderer Stelle problematisch erscheinende Ideen vertreten haben, ist nicht souverän und auch nicht wissenschaftlich. Ein Verhaltenskodex, der den heutigen Autor dazu nötigt, alle Zitate zu unterlassen, wenn er sich nicht für die wissenschaftliche und politische Unbedenklichkeit des Urhebers in seinem Gesamtwerk und in seiner Gesamtbiographie verbürgen kann, hat mit einer freien Wissenschaft nicht mehr viel zu tun.

Wenn nun diese Verhältnisse überwunden werden sollen, gilt es, Feindbilder abzubauen. Vor allem gilt es, sich als Teil desselben gesellschaftlichen Ganzen zu verstehen, in dem auch die anderen ihren Platz haben. Es gilt, von einem Person-Begriff auszugehen, der die Menschen als veränderliche Wesen würdigt: Niemand darf in seinem Person-Sein auf nur eine Position oder eine Tat reduziert werden. Denn zu jeder Person gehören sowohl die (verschiedenen) bisher durch sie vertretenen Positionen, als auch das unbekannte Potential ihrer künftigen biographischen Entwicklung. Es gilt, den Diskurs offen zu halten, also gegnerische Thesen und Hypothesen nur dann als »Verschwörungstheorie« hinzustellen, wenn diese von ihren Urhebern gegen eine Widerlegung immunisiert werden. Hier geht es nicht darum, wiederum Sprachregelungen zu errichten oder den »Korridor des Sagbaren« neu einzupferchen, sondern darum, eine Sensibilität dafür zu entwickeln, wie wir ohne uns und unserem Sozialkörper fortwährend Verletzungen zuzufügen, miteinander umgehen. Es geht darum, individuelle Reifung und soziale Regeneration zu ermöglichen.

Was wir heute an eliminatorischer Stimmungsmache erleben, wäre schließlich verboten, wenn man die anhand ihrer Gesinnung ausgegrenzten Bevölkerungsteile den ethnischen und religiösen Gruppen gleichstellen würde. Vieles von der auf eine Ausgrenzung Unangepasster hinauslaufenden Propaganda der »Etablierten« würde dann nämlich den Straftatbestand der »Volksverhetzung« erfüllen. In § 130 (1) des Deutschen Strafgesetzbuches heißt es: *»Wer in einer Weise, die geeignet ist, den öffentlichen Frieden zu stören, gegen eine nationale, rassische, religiöse oder durch ihre ethnische Herkunft bestimmte Gruppe, gegen Teile der Bevölkerung [...] zum Hass aufstachelt [...] oder die Menschenwürde anderer dadurch angreift, dass er [...] eine[n] Teil der Bevölkerung beschimpft, böswillig verächtlich macht oder verleumdet, wird mit Freiheitsstrafe von drei Monaten bis zu fünf Jahren bestraft.«*

So schwierig der § 130 StGB ist, weil er das Recht auf freie Meinungsäußerung einschränkt, so offenkundig ist es, dass er die derzeitige Volksverhetzung nur zu einem eher geringen Teil trifft, solange solche gesellschaftlichen Gruppierungen unberücksichtigt bleiben, die wegen ihrer tatsächlichen oder vermeintlichen politischen Gesinnung in ähnlicher Weise von einer »gruppenbezogenen Menschenfeindlichkeit« betroffen sind, wie es bislang für ethnische und religiöse Gruppen galt. Würde der § 130 StGB auf die wegen ihrer Gesinnung angegriffenen Bevölkerungsteile erweitert, gäbe es Anlass genug, auch diejenige Volksverhetzung zu ahnden, die von oben her begangen wird.

Spätestens nach der kommenden politischen Wende wird es auch eine Aufarbeitung des »Systemunrechts« unserer Tage geben. Heilsam wäre, dieser Prozess würde in einem gesellschaftlichen Klima geschehen, in dem Versöhnung konsensfähig ist. Ob und wann ein solches Klima eintritt, ist im Wesentlichen davon abhängig, ob die politisch-medialen Stimmungsmacher von heute noch rechtzeitig zur Besinnung kommen. Je länger die semitotalitären Verhältnisse der Anpassen-oder-Ausgrenzen-Agenda anhalten, umso schwieriger wird eine soziale Heilung. Zerstörte soziale Bindungen und verloren gegangenes Vertrauen regenerieren nicht von heute auf morgen. Ein Sozialkörper wird dann im Sinne eines Organismus wieder vital und regenerationsfähig, wenn er als eine Ganzheit erfahrbar ist und über belastbare soziale *Bindungen* verfügt. Und soziale Bindungen basieren auf *Vertrauen*. Erst dann, wenn auch das Vertrauen in die Wahrhaftigkeit von Politik und Medien heilt, wird eine am Allgemeinwohl orientierte, sozial und ökologisch integrationsfähige Gesellschaft ihre organismische Funktionsfähigkeit wiedererlangen.

Fazit: Die Umweltbeziehungen harmonisieren

Die Fragen, was die Bedingungen des Menschlichen sind, und was ein menschengemäßes Umweltverhältnis ist, eröffnen einen anderen Blick auf die heutige Klimadebatte. Zunächst lässt es sich kaum sicher bestimmen, zu welchem Anteil die derzeitige globale Erwärmung auf das Konto der menschlichen Zivilisation geht und zu welchem Anteil sie der – auch durch die veränderliche Sonnenaktivität beeinflussten – natürlichen Klimadynamik der Erde zuzurechnen ist. Selbst ein Zusammenhang beider Aspekte ist vorstellbar, sogar im Sinne der Interpretation: »die Erde hat Fieber« – und will ihren Krankheitserreger loswerden. Vor allem ist es fraglich, ob das Kohlendioxid (CO_2) überhaupt der richtige Schlüssel zum Verständnis der globalen Erwärmung ist. Vielleicht ist nämlich die derzeitige Überhitzung durchaus zivilisationsbedingt – aber unabhängig von der Frage, zu welchen Anteilen der CO_2-Anstieg in der Erdatmosphäre menschengemacht ist. (Zu den Aspekten einer politischen Ökologie als »Logik der Rettung« s. auch *Umweltresonanz*, S. 591–610.)

Wenn, wie es Ivan Illich so treffend benannt hat, durch den »Verbrauch großer Energiemengen [...] soziale Beziehungen ebenso unweigerlich zersetzt [werden] wie das physische Milieu«, dann zählt es schlicht zur *Conditio humana*, zu den Bedingungen des Menschlichen, unseren Energieverbrauch drastisch zu begrenzen. Nicht ein globaler Handel mit CO_2-Emissionsrechten sichert uns und unseren Nachkommen eine lebenswerte Zukunft, sondern die Wiederherstellung von menschengemäßen Umweltverhältnissen – die sich in einer menschlichen Innenwelt spiegeln. Eine Energiewende, die auf Dauer das Niveau des heutigen Energieverbrauchs mit Windparks und Solarfeldern bedienen will, zerstört genau jene menschengemäßen Umweltverhältnisse, die sie zu erhalten vorgibt. Eine Politik, die von uns verlangt, unsere Wohnhäuser mit Styropor einzupacken, sich aber scheut, eine Kerosin-Steuer auf den Weg zu bringen, entlarvt ihre Klima-Vorhaben als Heuchelei – wenn nicht gar als Konjunkturprogramm für eine sehr energieintensive Großindustrie.

Kommen wir zurück auf die Verknüpfung des Umweltresonanz-Konzepts mit den Gesetzen der Thermodynamik. Schließlich ist der Klimawandel seinem Wesen nach eine Temperaturveränderung. Und die Energiefrage ist ein wesentlicher Teil des Mensch-Natur-Verhältnisses. Der ökologisch-genetische Zusammenhang lässt sich mit dem Zweiten Hauptsatz der Thermodynamik zusammendenken, welcher besagt, dass in abgeschlossenen Systemen eine Eigentendenz vorherrscht, bei der eine Temperaturerhöhung des Systems mit einem Verlust von Struktur, Ordnung und Information einher geht, die als Entropie bezeichnet wird. Somit sind auch die biologischen Degenerationsprozesse als eine Art *biologische Entropie* (vgl. S. 71f) zu erkennen, da die genetische Verringerung von Vitalität stets mit einem Ordnungs- und Präzisionsverlust der Gestalt- und Verhaltensmuster gekoppelt ist. Und intakte biologisch-ökologische Einheiten sind gerade *wegen* ihres höheren Ordnungsgrades und ihrer differenzierteren Struktur mehr *Resonanzfähig* – und aufgrund ihrer harmonischen Umweltresonanz zur Natur hin als offene Systeme verfasst. Sobald die Umweltbeziehung gestört ist und die für abgeschlossene Systeme charakteristischen entropischen Auflösungsprozesse eintreten, verwandeln sich die *Bedingungen der Regeneration* in Umstände der Degeneration.

Wie der Biologe Rupert Riedl aufgezeigt hat, gilt die von dem Physiker Ludwig Boltzmann (1844–1906) aufgestellte Formel, wonach Entropie »ein Maß für mangelnde Information« ist, auch für die Biologie.[393] Somit hat der mit dem Umweltresonanz-Konzept beschriebene ökologisch-genetische Zusammenhang eine physikalische Entsprechung: Wenn die ökologischen Milieus der urbanen Räume in ihren genetischen Effekten mit Gefangenschaft vergleichbar sind, so lässt sich das auf einen gestörten Zugang zu natürlichen Umweltinformationen zurückführen. Insoweit werden die abgeschlosseneren Systeme der *urbanen Räume* (wie die der Gefangenschaft) stets weniger Ordnung und Information aus der Umgebung aufnehmen können, als die zu ihrer Umwelt hin offeneren Systeme der *freien Natur*.

Global betrachtet, haben wir es heute mit einer fortschreitenden *Urbanisierung* zu tun, was bedeutet, dass die urbanen Räume rasant zunehmen, und zwar stets zu Lasten der ökologischen Milieus der freien Natur. Im Bericht des *Club of Rome* von 2018 heißt es: »Von 1900 bis 2017 wuchs die Weltbevölkerung um das 5-Fache [...]. In dieser Zeit stieg die urbane Bevölkerung um das 18-Fache auf etwa 55 % der Weltbevölkerung.«[394] Entsprechend erweitert sich auch die Flächenausdehnung der urbanen Räume – mitsamt ihren versiegelten Böden, die mit der verstärkten Reflexion langwelliger Infrarotstrahlung den Treibhauseffekt steigern (vgl. S. 163). Wenn nun weltweit die ökologisch gestörten, also zu ihrer Umwelt hin abgeschlosseneren Milieus der *urbanen Räume* in ihrer Gesamtfläche stark zunehmen, so ist dies wie jeder *entropische Prozess* mit einer verstärkten Wärmeentwicklung dieser wachsenden Räume verbunden. Wenn darüber hinaus auf der ganzen Welt die Dörfer verstädtert, also *urbanisiert* werden, verstärkt das diesen Effekt.

Dass die gestörten ökologischen Räume mehr abgeschlossene Systeme sind, liegt ja auch daran, dass hier das ökologische Gefüge und seine Bestandteile weniger natürlich geordnet, strukturiert und differenziert sind, also alles mehr amorph, vermischt und daher *weniger resonanzfähig* ist. Dem entsprechen sowohl die mit der Vielfliegerei einhergehende Nivellierung der tageszeitlichen Temperaturdifferenzen mitsamt dem flugbedingt konturloseren Wolkenbild am Himmel (s. S. 138), als auch das verarmte Landschaftsbild auf der Erde – von dem Gottfried Briemle sagt: Der Einfluss des Menschen auf die Landschaft war früher »viel mehr bereichernd als verarmend: Die Differenzierung war stärker als die Nivellierung.«[395]

Ja, auch die mit Kolonialismus, Neokolonialismus und interkontinentaler Massenmigration begonnene Nivellierung der geographischen Rassenvielfalt der Menschheit gehört in diesen Zusammenhang. Dasselbe spiegelt sich auch im Blick auf die Kulturen. So meint Herbert Gruhl: »Wie nennt man den Ausgleich der Differenzen auf ein gemeinsames Mittelmaß? *Entropie*. Und diese besondere Art von Entropie läuft inzwischen unter einem höchst fragwürdigen Namen: ›*Multikulturelle Gesellschaft*‹. Dieser Begriff ist schon ein Widerspruch in sich. Denn das Hauptkennzeichen *jeder Kultur* ist gerade, daß sie eine unverwechselbare Eigenart besitzt«.[396]

Wenn wir uns die thermodynamische Erkenntnis vor Augen führen, dass sich offene Systeme durch Struktur und Ordnung auszeichnen und geschlossene Systeme von Strukturauflösung und Entropie geprägt sind, dann offenbart sich hier der große Irrtum des Zeitgeistes: Nicht die allgemeine Vermischung der Völker und Kulturen beschert uns *Weltoffenheit*, sondern die Erhaltung der ethnischen und kulturellen Differenzierung der Menschheit; also die Wahrung ethnischer und kultureller Identitäten. Nicht die Auflösung kultureller Traditionen bewirkt die *Integrationsfähigkeit* der verschiedenen Völker in die gemeinsame Menschheitsfamilie, sondern die identitätswahrende Fortführung und Stabilisierung der Kulturen in ihrer Vielfalt. Nicht die nivellierende Vereinheitlichung von Staaten, Wirtschaftsräumen und Währungen sichert den Völkern ein *kooperatives Zusammenwirken in Freiheit*, sondern die Wahrung ihrer nationalstaatlichen Souveränität und das Selbstbestimmungsrecht über ihre Grenzen, ihr Geldsystem und ihre Wirtschaft.

Da sich die ganze Wirtschaft, wie es Nicholas Georgescu-Roegen aufzeigt, im Modus fortgeschrittener Entropie befindet (S. 166), muss man sich auch hier über eine weitere Erhitzung nicht wundern. Und wenn, wie von Claude Lévi-Strauss vorgeschlagen, Völker anhand ihres Fortschrittstempos als »kalte« und »warme« Gesellschaften charakterisiert werden können,[397] dann ist unsere von höchster Mobilitätsgeschwindigkeit, extremen Energieverbräuchen und rücksichtsloser Zentralisierung gekennzeichnete Epoche der beginnenden Totaldigitalisierung mit Sicherheit als »überhitzt« einzustufen.

Der Mensch, so Lévi-Strauss, erscheine »[...] selbst als eine Maschine [...], die an der Auflösung einer ursprünglichen Ordnung arbeitet und eine in höchstem Maße organisierte Materie in einen Zustand der Trägheit jagt, die immer größer und eines Tages endgültig sein wird. [...] So daß sich die ganze Kultur als ein Mechanismus beschreiben läßt, in dem wir nur zu gern die

Chance des Überlebens sehen möchten, die unser Universum besitzt, wenn seine Funktion nicht darin bestünde, das zu produzieren, was die Physiker Entropie und wir Trägheit nennen. [...] Statt Anthropologie sollte es ›Entropologie‹ heißen, der Name einer Disziplin, die sich damit beschäftigt, den Prozeß der Desintegration in seinen ausgeprägtesten Erscheinungsformen zu untersuchen.«[398]

Dabei konnte Lévi-Strauss noch nicht wissen, in welchem Ausmaß sich dies in nur wenigen Jahrzehnten noch steigern würde. Thomas Hoof sieht heute eine »globalistisch orientierte ›Elite‹« zusammen mit ihrer städtischen Gefolgschaft in einen »entropischen Furor« geraten – und er beschreibt uns in einer Situation, »in der wir nun einem universalistischen politmedialen Moralgesang« lauschen, »der uns auffordert, auch die letzten institutionellen und habituellen Hemmnisse [...] beiseite zu räumen und mit allem Vergangenen endlich Schluss zu machen: mit Nationen und ihren Grenzen, mit Familien und ihrer Tragfähigkeit, mit Geschlechtern und ihrer Komplementarität, mit der Anhänglichkeit an Vorfahren und der Verantwortlichkeit für Nachfahren [...]. Erst dann könnten unter einem ›Global Goverment‹ die nicht mehr in Nationen und Stämme geschiedenen, divers pigmentierten und einen unbegrenzten Reichtum an wählbaren Geschlechtern genießenden, dionysischen Menschlein ihrer Tanzfreude nachgehen.«[399]

Der zweite Hauptsatz der Thermodynamik scheint ein universelles Naturgesetz zu sein, dem sich auch biologische und kulturelle Prozesse unterordnen. Hier wie dort gilt die Logik der Entropie-Falle: Strukturverlust vermindert Resonanzfähigkeit, und eine verminderte Umweltresonanz verwandelt ein offenes System in ein – insbesondere gegenüber den natürlichen regenerativen Faktoren – stärker abgeschlossenes System, das seinerseits wiederum strukturauflösend wirkt. Die thermodynamische Begleiterscheinung des Strukturverlustes ist Erwärmung bzw. Überhitzung. Wo immer wir die thermodynamischen Gesetze mitdenken, kommen wir nicht umhin, die Momentaufnahme unserer Gegenwart in einer Welt zu finden, die *sich heiß läuft*. Die menschengemachten CO_2-Emissionen sind wahrscheinlich nicht die Ursache, aber eine zwingende *Begleiterscheinung* dieser Entwicklung. Insoweit müssen wir damit rechnen, dass eine Stagnation oder Umkehr der globalen Erwärmung nur dann eintritt, wenn uns eine generelle Abkehr von der überwiegend wettbewerbsgetriebenen Wachstumsdynamik gelingt. Und diese *Rückkehr zum menschlichen Maß* wäre ihrerseits mit der Begleiterscheinung einer nennenswerten Reduktion der CO_2-Einträge in die Atmosphäre verbunden – nicht umgekehrt.

Auch die aktuelle Klimapolitik und ihre mediale Präsentation leiden an Überhitzung. Im rasenden Galopp wird der logische Zusammenhang durcheinandergewirbelt, über den man sich verständigen sollte: Um »unsere Umwelt« zu schützen, werden mit gigantischen Windparks die Landschaften ihrer Würde beraubt und sogar der Meereshorizont mit rotierenden Neubauten verstellt. Um den CO_2-Ausstoß zu senken, werden die Kohlenstoff-speichernden Humusböden mit Mais-Monokulturen ruiniert, um Biogasanlagen betreiben zu können, aus denen kaum mehr »saubere« Energie herausgeholt werden kann, als man vorher über die anteilige Produktion des synthetischen Stickstoffdüngers und des Verbrauchs der Landmaschinen an konventioneller Energie hineingesteckt hat.[400]

Um den Energie- und Ressourcenverbrauch zu senken, sollen alle Lebensbereiche digitalisiert; also bis hin zur »Digitalisierung der Energiewende«[401] von elektronischen Geräten mit zumeist nicht recycelbaren Verbundstoffen abhängig gemacht werden, die ihrerseits gigantische Energiemengen und wertvolle Ressourcen verschlingen. Um sich vom knapper werdenden und umweltschädlichen Erdöl zu emanzipieren, werden Elektroautos auf die Straße gebracht, die schon bei ihrer Herstellung große Mengen der ebenfalls knappen und in ihrer Gewinnung umweltschädlichen Rohstoffe Lithium, Kobalt, Nickel, Kupfer und seltene Erden verbrauchen – und abermals zu einer Verdichtung des Straßenverkehrs beitragen. Obwohl der Flugverkehr uns mit einer von Jahr zu Jahr zunehmenden Himmelsbedeckung durch Kondensstreifen die erschreckenden Dimensionen einer menschengemachten Manipulation der Atmosphäre vor Augen führt, und beträchtliche CO_2-Emissionen direkt in die für die Klimadynamik besonders sensiblen oberen Atmosphärenschichten einbringt, bleibt die besinnungslose Vielfliegerei von den »Klimaschutzmaßnahmen« verschont.

Die aktuelle Klimapolitik leidet in puncto innerer Logik und äußerer Glaubwürdigkeit an so erheblichen Defiziten, dass viele Menschen, die durchaus dazu bereit wären, in konstruktiver Weise ihren Lebensstil zu ändern, weder undogmatische Kommunikationsangebote noch begehbare Praxisfelder für eigene kreative Lösungsansätze finden. Im Gegenteil: Sie sehen sich umstellt von einer die totale Digitalisierung bejubelnden Bekenntnisgemeinde, die allerorten lautstark beschwört, »gegen CO_2« und »für das Klima« zu sein.

Eine *wahre Energiewende* wird weder von jenen überangepassten Mitläufern ausgehen, noch von denen, die solchen absurden Bekenntnisdruck aufbauen. Sie wird nur gelingen, wenn sie zugleich als eine Befreiung empfunden wird; wenn sie die kreativen Kräfte zu mobilisieren vermag, um freiwillig und rechtzeitig den Weg zu einer krisenfesten Niedrigenergietechnik einzuschlagen. Wo der Ausweg aus dem – auch das soziale Klima gefährdenden – Wachstumswahn liegt, hat Ivan Illich schon vor über 40 Jahren aufgezeigt: »Es gibt zwei Wege zur Erreichung der technologischen Reife: der eine ist die Befreiung vom Überfluss; der andere die Befreiung vom Wunschtraum des Fortschritts. Beide Wege führen zu demselben Ziel: der sozialen Rekonstruktion des Raums, die jedem einzelnen die immer wieder neue Erfahrung vermittelt, daß dort, wo er steht, geht und lebt, der Mittelpunkt der Welt ist.«[402]

Das heißt: kleinere politische Gestaltungs- und Verantwortungsräume, eine Umkehr hin zur Dezentralisierung. Es geht um Regionalisierung statt Globalisierung! Eine Energiewende, die unter den Prämissen und von den Profiteuren des bestehenden wachstumsabhängigen Systems konzipiert wird, ist weder nachhaltig noch naturverträglich, geschweige denn menschengemäß. Wir brauchen eine neue Kultur: Eine Kultur der Dezentralisierung und Regionalisierung; eine Kultur der Versorgungssouveränität (Subsistenz) und Wiederverländlichung (Reruralisierung)[403], die der Primärenergieerzeugung der kleinbäuerlichen Landbewirtschaftung Vorrang einräumt; wir brauchen eine Kultur der Wachstumsunabhängigkeit[404] und des Niedrigenergieverbrauchs; eine Kultur, die ein Weniger an Energie- und Ressourcenverbrauch mit einem Mehr an Lebensqualität zu verknüpfen weiß. Die Energiewende, die aus einer solchen *Kulturwende* folgt, ist nachhaltig, naturverträglich und menschengemäß. Nur mit einer *Lebenswende* lassen sich all die entropischen Prozesse eindämmen, die auf den verschiedensten Ebenen in der Verbindung aus Strukturauflösung, Desintegration und Überhitzung ihre degenerativen Wirkungen entfalten. Um aus der Entropie-Falle herauszukommen und der Überhitzung zu entgehen, müssen wir vor allem eines: Zur Ruhe kommen.

IV.

NATUR POSITIV DENKEN: PHILOSOPHISCHE ASPEKTE DES UMWELTRESONANZ-GEDANKENS

Die europäische Philosophie wird oft als die Fortsetzung eines von Platon (428 v.Chr.–348 v.Chr.) erfundenen »Diskussionsspieles« betrachtet. Georg Picht meint dazu: »In der Tat sind die modernen Logiker einhellig der Meinung, der Sinn dieses Spieles sei gewesen, daß man durch es die Kunst erlernen konnte, in einer Argumentation den Gegner zum Eingeständnis seiner Niederlage zu zwingen. Dann hätte die platonische Logik die gleiche Intention wie die ›Dialektik‹ der Eristiker. Sie wäre die Kunst, auf dem Kampffeld des Denkens zu siegen«.[405] »Das Diskussionsspiel ist ein Kampfspiel«, so Picht: »Wenn man die Antithese ›wahr oder falsch‹ mit dem Freund-Feind-Schema zur Deckung bringt, ergibt sich eine Polarisierung, die jede Rechtsordnung zerstören muß. Wo so gedacht und gehandelt wird, kann die gemeinsame Verantwortung der Menschheit für die Erhaltung des Lebens auf unserem Planeten unter den Bedingungen der wissenschaftlich-technischen Zivilisation nicht wahrgenommen werden. Die Logik, die hier waltet, setzt die Rede der Gerechtigkeit außer Kraft. Ihr Logos will nicht gehorchen, sondern siegen.«[406]

Der Gewinnen-oder-Verlieren-Modus und das damit zusammenhängende Verlangen, immer und überall siegen zu müssen, beziehen sich nun auch auf die Natur, deren Teil der Mensch ist. Der Mensch verhält sich hier wie ein Organ, das den Organismus, dessen Teil es ist, besiegen will. Picht meint, dass dieses verhängnisvolle Denken einem Missverständnis der christlichen Lehre entspringt: »Hätte der menschliche Geist nicht, am Leitfaden der Lehre von der Gottesebenbildlichkeit, für sich selbst die absolute Vollmacht der letzten Instanz aller Verantwortung in Anspruch genommen, so hätte sich jenes Subjekt nicht aufbauen können, das von einem Standort jenseits der Natur über diese verfügt, als ob es die richtende Gewalt des Schöpfers besäße. [...] Die wissenschaftlich-technische Zivilisation konnte sich nur im christlichen Europa entwickeln, denn sie ist aus einer Umdeutung christlicher Lehren hervorgegangen. Die christlichen Kirchen dürfen sich ihrer Verantwortung für dieses ihnen entlaufene Kind nicht entziehen.«[407]

Die heutige Idee der »als Autonomie verstandene[n] Freiheit« und »das ihr zugeordnete Verständnis von Wahrheit«, so Georg Picht, »konstituieren sich durch die Leugnung jeder Instanz, der das Subjekt als solches Verantwortung schuldig wäre.«[408] Picht schreibt aus theologischer Perspektive, »daß die Verantwortung vor Gott zu Beginn der Neuzeit in die Selbstverantwortung einer Vernunft umgedeutet wird, die sich legitimiert fühlt, die souveräne Jurisdiktion des höchsten Richters in Anspruch zu nehmen. Das hat zur unmittelbaren Konsequenz, daß sich das Feld der Verantwortung für... in einen Herrschaftsbereich verwandelt, über den die menschliche Vernunft verfügen kann, wie es ihr beliebt.« Der Christ sei aber »[...] durch das Evangelium dorthin verwiesen, wo die Verantwortung vor... und die Verantwortung für... sich in dem Brennpunkt der einen und unmittelbaren Verantwortung treffen, deren Symbol das Kreuz ist.«[409]

Das für eine organismische Integration des Menschen in das Gesamtökosystem der Erde nötige Anerkennen einer »höheren Instanz« ist freilich kein Alleinstellungsmerkmal des Christentums. Insbesondere in Naturreligionen oder deren Wiederbelebung im Sinne einer Re-Sakralisierung der Erde ist es selbstverständlich, dass der Mensch nur als ein Teil der Erde (»Gaia«)

verstanden werden kann. Unabhängig von der jeweiligen weltanschaulichen Verortung gilt: Eine menschliche Gesellschaft, die kein höheres Subjekt kennt und akzeptiert als den Menschen selbst, ist nicht kompatibel mit der Erde. Dabei schließt die Forderung nach einem Schutz der Erde *um ihrer selbst willen* den Menschen gar nicht prinzipiell aus – weil der naturverbunden lebende Mensch ein Bestandteil der Erde ist.

Hieran schließt sich die Frage an, wie wir über die Natur eigentlich denken. Natur wird in unserer Zeit meist als dasjenige verstanden, was ohne den Einfluss des Menschen übrig bleibt. In Philosophie und Theologie sollte es jedoch mehr um ein Verständnis von Natur gehen, das *das Natürliche* nicht im Sinne eines Restsubstrates negativ sieht, sondern nach den Eigenwerten der Natur fragt. Dieses positive Naturverständnis geht davon aus, dass natürliche Ordnungszustände höherwertig sind als unnatürliche und allem Natürlichen ein Ordnung aufbauendes und Struktur bildendes Potential innewohnt.

Es wäre z. B. ein Symptom eingeschränkter anthropomorpher Wahrnehmung, wenn man den Unterschied zwischen *freier Natur* und *urbanem Raum* allein daran bemessen würde, welche ökologischen »Belastungen« (im Sinne von Überdosis oder Grenzwertüberschreitung) für den urbanen Raum kennzeichnend sind. Eine solche Betrachtungsweise würde in der freien Natur allenfalls eine Summe von Faktoren sehen, die im Hinblick auf ökologische oder »genetische« Folgewirkungen ohne Relevanz bzw. »unschädlich« sind. Die weite Verbreitung dieser Betrachtungsweise verdanken wir leider auch der Tatsache, dass das seit den 1970er Jahren gewachsene Umweltinteresse oft zu Lasten eines Naturinteresses gegangen ist. Das Umweltinteresse fragt nur danach, was in einem Quellwasser *nicht* drin ist, während das Naturinteresse zuerst danach fragt, was in ihm enthalten ist. Und das ist ein wesentlicher Unterschied. Nicht zuletzt hat die Geringschätzung des Natürlichen auch etwas mit der heutigen Verwendung des Wortes »wild« in der deutschen Sprache zu tun, das meist mit *ungeordnet* oder *gefährlich* assoziiert wird. Dabei ist die Eigenschaft »wild« ein Attribut für etwas Natürliches bzw. der freien Natur Zugehöriges, also für etwas durchaus Geordnetes.

Die aufbauenden Naturfaktoren sind auch nicht allein die hier im Fokus stehenden Resonanzbeziehungen zu natürlichen Umweltinformationen, die wir als Basis für Strukturbildung und Ordnung ansehen können. Natürliche Ökosysteme zeichnen sich durch »Leistungen« aus. Die Ökologen Lebrecht Jeschke, Hans Dieter Knapp und Michael Succow beschreiben das mit den Worten: »In diesen Ökosystemen zählen Recycling des Abfalls und der Kohlenstoffbindung, Grundwasserbildung und Klimaregulierung (Kühlung), Mehrung der Bodenfruchtbarkeit (Humus) und Zunahme der Biodiversität im Zuge evolutionärer Prozesse zu den Grundleistungen. Dem Erhalt dieser Grundleistungen der Ökosysteme ist höchste Aufmerksamkeit zu schenken.«[410] Auch wenn diese Grundleistungen ebenso wenig wie die »Leistung« der *genetischen Kohäsion* im Detail erklärbar sind, sind sie vorhanden und der Mensch ist gemeinsam mit allen anderen Arten von ihnen abhängig. Es geht nicht um die Unberührtheit der Natur, sondern um ihre Funktionsfähigkeit. In jedem Fall müssen wir *Natur positiv denken!* Und es geht auch um fühlen; wir müssen die Natur auch positiv fühlen.

Wir brauchen eine Rückbesinnung auf den weiteren Horizont der Naturphilosophie. Eine Naturwissenschaft, die Natur auf das Zähl- und Rechenbare reduziert und sich vor jeder Berührung mit philosophischen Reflexionen scheut, wird das Wesen von Natur nie erfassen. Und das Wesen des Menschseins auch nicht. Dass gerade »die Gleichsetzung des Natürlichen mit dem naturwissenschaftlich Erforschbaren«[411] als »Naturalismus« bezeichnet wird, obwohl sie gerade eine vernünftige Vorstellung dessen, was Natur ausmacht, verfehlt, stiftet erhebliche Verwirrung.

Wichtig ist, naturwissenschaftliche und religiöse Weltbilder nicht von vornherein als unvereinbar zu betrachten. Unvereinbar sind sie nur, wenn sie – hier wie dort – sehr explizit und dogmatisch festgelegt sind, wie es bei Darwinismus und Kreationismus der Fall ist. Noch fragwürdiger wird es, wenn die dogmatisch naturwissenschaftliche Seite das Kriterium der »Beweisbarkeit« ins Feld führt – ohne zu bemerken, dass sie diesem selbst nicht standhält. Denn die allzu exakten Annahmen zur Entstehung und zu den naturgeschichtlichen Werdegängen des Lebens sind auch naturwissenschaftlich weder beweis- noch widerlegbar. Ebenso wenig wie eine religiöse Schöpfungslehre beweisbar ist, ist auch die darwinistische Abstammungslehre der allgemeinen Aufspaltung der Arten nicht empirisch zu verifizieren. Ob zwei ähnliche Formen, deren Knochen wir als Fossilfunde betrachten können, untereinander fruchtbar waren oder nicht, kann heute niemand nachprüfen.

Anders ist das im Falle weniger festgelegter naturwissenschaftlicher oder theologischer Anschauungen: Die hier erörterte naturwissenschaftliche Annahme von biologischen Feldern und Programmen, die aus Natur-Ebenen herrühren, die der begrenzten Erkenntnisfähigkeit des Menschen nur bedingt zugänglich sind, und die theologische Annahme einer fortdauernden Schöpfung *(creatio continua)* sind zwar nicht identisch, aber untereinander sowie mit anderen Weltbildern kompatibel.

Der evangelische Theologe und systematische Zoologe Otto Kleinschmidt, der von einer *creatio continua* ausging, schrieb: »Warum ist Offenbarung in der Natur keine Illusion? Weil in ihr etwas Gebietendes liegt. Sie kehrt die ›Als-ob‘-Theorie in ihr Gegenteil um und verpflichtet den Menschengeist: Du darfst nicht tun, ›als ob nicht‘ etwas da wäre in der Natur, das Tieferes offenbart, das Ehrfurcht abnötigt, Ehrfurcht, die nur Sinn hat, wenn sie Ehrfurcht ist vor einem Schöpfer, der mehr ist als eine einmalige Ursache in der Natur oder ein anderer Name für die Natur selbst. Die biblischen Schöpfungserzählungen, die Psalmen und die Worte über die Lilien im Neuen Testament verdanken ihren ewigen Wert nicht naturwissenschaftlicher Richtigkeit, nicht der künstlerischen Schönheit poetischer Ausdrucksweise, sondern dem Offenbarungsgehalt, dessen Verkennen ein Gottverkennen ist.«[412]

In eine ähnliche Richtung weist der jüdische Religionsphilosoph Pinchas Lapide: »Die Bibel reserviert das hebräische Zeitwort ›bara‘ (schaffen) nur für Gott. [...] ›Bara‘ bezeichnet ein souveränes allmächtiges Handeln, das keine menschliche Entsprechung kennt. [...] Im Anfang schuf Gott, heißt nicht, Gott hat geschaffen, was eine Beendigung der Schöpfung bedeuten würde. [...] Das steht da: ›Gott schuf‘ und schafft weiter, wobei Sie das hebräische Zeitverständnis mit einbeziehen müssen, das nicht die krasse Dreiteilung des Deutschen oder der indogermanischen Sprachen kennt: Vergangenheit, Gegenwart und Zukunft. Sondern Zeit wird im Hebräischen wie ein Fluss betrachtet, der ewig weiterströmt und niemals stehen bleiben will. Das ist das Zeitwort ›Gott schuf'. So heißt es im täglichen Gebet der Synagoge: ›Ich glaube mit voller Überzeugung, dass der Schöpfer, gelobt sei sein Name, alle Geschöpfe erschaffen hat, und dass er allein das Schöpfungswerk vollbracht hat, vollbringt und vollbringen wird.'« Damit sei »der Grundgedanke einer fortschreitenden, vorwärts und aufwärts strebenden Evolution zum Ausdruck gebracht«, so Lapide.[413] So wichtig der Gedanke ist, die Natur nicht als eine abgeschlossene, endgültig vollendete Schöpfung zu verstehen, so verfehlt wäre es aber, die Naturgeschichte im Sinne einer *ununterbrochenen* Schöpfung zu interpretieren. Insoweit ist vielleicht auch der Begriff *creatio continua* nicht so glücklich gewählt. Denn, wie oben (S. 84) aufgezeigt, wechseln sich in der natürlichen Evolution (kürzere) Phasen der Veränderung mit (längeren) Phasen der Konstanz ab – und Franz Wuketits verweist auf die Normalität einer »Evolution ohne Fortschritt«.

Auch der Philosoph Reinhard Falter orientiert sich am Bild des Flusses. Er macht in einer Einführung in seine *Struktivitätsphilosophie* ebenfalls darauf aufmerksam, in welchem Maße das Naturverstehen davon abhängt, welche Sprache uns zur Verfügung steht: »Das Altgriechische hat neben Aktiv und Passiv eine durchgängige dritte Verbalform, das sog. ›Medium‹. Ein Beispiel ist das Wort phyo(mai), von dem Physik kommt. Es bedeutet ›wachsen‹. […] Der Grieche sagt nicht ›ich wachse‹ oder ›ich werde gewachsen‹ (ich kann es ja nicht stoppen) sondern: ›Es geschieht mir Wachsen‹, es ist nicht ein Ich, aber auch nichts mir Fremdes. In gewisser Weise ist es das höhere Ich […]. Alle Naturwirkungen sind in diesem Sinne medial oder struktiv. Der Heranwachsende wächst nicht aktiv, sondern von selbst. Dieses Selbst ist nicht selbst etwas, insofern ›gibt es‹ kein Selbst selbst, sondern nur ein Vonselbst. Das Struktive ist Wirken, es hat nur Verbalform. Das heisst, ›es gibt‹ keinen Gott (der der Welt gegenüberstünde), sondern nur ein ›Gotten‹, das sie durchfliesst.«[414]

Für die Betrachtungen zu Naturgeschichte und Evolution ist es wiederum bedeutsam, von welchem Zeitbegriff man ausgeht. Aus der Perspektive des Islam weist der Religionsphilosoph Seyyed Hossein Nasr darauf hin, dass es einen großen Unterschied macht, ob man von einem zyklischen oder einem linearen Zeit- und Geschichtsbegriff ausgeht, »wobei ersterer bei den nichtabrahamischen, letzterer bei den abrahamischen Religionen zu finden ist.«[415] Allerdings, so Nasr, sei »[…] auch innerhalb der abrahamischen Traditionen die Situation in den drei Religionen, die dieser religiösen Gruppe angehören, nicht dieselbe.«[416] Nasr meint: »Durch Historizismus, säkularen Utopismus und den Gedanken der fortschreitenden Entwicklung und Evolution hat die Zeit für den modernen Menschen gewissermaßen versucht, sich die Ewigkeit einzuverleiben und sich an ihren Platz zu setzen, indem sie das ewige Jetzt, in dem sich das Ewige und das Zeitliche begegnen, durch den gegenwärtigen Augenblick, den flüchtigen Moment der vergänglichen Freuden und Empfindungen ersetzte.«[417]

Vielleicht ist es in der Tat so, dass die Naturgeschichte nicht als eine lineare Evolution vorstellbar ist, sondern hier auch Aspekte eines zyklischen Zeitkonzepts aufgenommen werden müssen. Das heißt nicht, dass sich alles ewig wiederholt, aber dass ein Zyklus von Geburt, Reifung, Alterung und Tod nicht allein das Leben der Individuen betrifft. Solche Zyklen lassen sich über das Individuum hinaus (»organismisch«) auch auf Lebensgemeinschaften (Ökosysteme) übertragen und sogar auf Arten und höhere systematische Kategorien. Unter Bezugnahme auf das »Gesetz der Zeitformenbildung« von Edgar Dacqué (1878–1945) hat der Paläontologe Otto Schindewolf (1896–1971) auf den bemerkenswerten Zusammenhang aufmerksam gemacht, dass es »Typen« gibt, deren Entfaltungsreihen »geradlinig durch lange Zeitabschnitte hindurch gerichtet verlaufen, auch wenn die Lebensbedingungen und die Umweltverhältnisse während dieser Zeit nachweislich wiederholt gewechselt haben.«[418]

Bei einer Naturbetrachtung aus der Perspektive des *organismischen Prinzips* ist ein Evolutionsdenken mit religiösen Schöpfungsmythen nicht prinzipiell unvereinbar. Das Schwierige am Darwinismus ist nicht nur sein antireligiöser Impuls, sondern seine antiorganismische Sicht. Die Überhöhung des Kampfes aller gegen alle zu einer entscheidenden schöpferischen Kraft, die die darwinistische Denkweise kennzeichnet, hängt unmittelbar zusammen mit der Festlegung auf eine allein von unten nach oben gerichtete Kausalität. Genau in dieser Verknüpfung besteht das Fatale des Darwinismus: Die Natur ist hier etwas von den kämpfenden Teilen Gemachtes; und sie ist demzufolge auch über eine Manipulation der Teile »machbar«. Daseinskampf als Grundgesetz der Evolution und Machbarkeitswahn als Ausblendung alles dessen, was über dem Menschen steht; dies beides ist auch als ein Programm zu verstehen, das auf permanente Dissonanz und Disharmonie angewiesen ist und diese Zustände herbeiredet, befördert und letztlich umgekehrt Harmonien, Resonanzerfahrungen und alles Schöne diskreditiert.

Ganz und gar verwirrend ist die vorauseilende Selbstunterwerfung der Kirchen unter das – auch naturwissenschaftlich fragwürdige – Dogma des Darwinismus. Der Biologe Paul Gottlob Layer bezeichnet das 20. Jahrhundert als »das Jahrhundert des unhinterfragten Darwinismus«, der nun durch die Erkenntnisse der Entwicklungsbiologie und Epigenetik überwunden sei. Und im Blick auf die Kirchen schreibt er: »Unzählige Synoden, Konzile, Akademie-Tagungen haben sich im letzten Jahrhundert mit einer religionsverträglichen Integration des darwinistischen Modells herumgeschlagen (oder eigentlich: einer Integration der Glaubensverkündigung in den Darwinismus); ganze Bibliotheken sind gefüllt mit Schriften zu dieser Thematik. Je nach Ausrichtung wurden geistige Verrenkungen vollführt und oft krampfhafte Kompromisse eingegangen, um sich dem scheinbar unverrückbaren Gedankengebäude der Evolutionsbiologen unterzuordnen.«[419]

Der wohl einzige aufrechte Theologe, der sich im 20. Jahrhundert mit naturwissenschaftlichen Argumenten dieser theologischen Unterwerfung unter den Darwinismus entgegengestellt hat, war Otto Kleinschmidt. Und aus genau diesem Grunde wurde er 1927 mit dem Aufbau des Kirchlichen Forschungsheimes in Wittenberg beauftragt. Doch weil Kleinschmidts Darwin-Kritik vom wissenschaftlichen Mainstream der Biologie nicht geteilt wurde, hat sich seine Kirche alsbald von ihm distanziert. Ein solcher Opportunismus wiegt schwer – auch vor dem Hintergrund der weiteren Überlegungen Layers:

»Für mich ist im Rückblick besonders erstaunlich, wie vollständig sich die neodarwinistische, genzentrische Sicht nicht nur in Wissenschaftskreisen als ›letztendliche, unverrückbare Wahrheit‹ durchsetzen konnte, sondern wie effektiv sie sich im Bewusstsein der Allgemeinheit unserer westlichen Gesellschaften – sozusagen als *Theory of Everything* – breit machen konnte. Es hat wohl damit zu tun, dass die simplen Populäraussagen wie ›Survival of the Fittest‹ besonders gut in unsere kapitalistische Welt gepasst haben. Der genetische Determinismus ist mit zur Basis und Rechtfertigung unserer leistungsversessenen Konsumgesellschaft geworden. Es geht immer um den Stärkeren, der den Schwächeren verdrängt, egal mit welchen Mitteln. Im Kapitalismus etwa zählt nur das Kapital. Wer hat, der hat. Der es hat, verdrängt den, der weniger davon hat. Wer Geld hat, ist immer der Stärkere. Nicht Qualität zählt, sondern nur die Quantität. [...] Ein globalisierter Turbokapitalismus wird uns gegen die Wand fahren. Und all dies gerechtfertigt durch ein naturwissenschaftliches Dogma, die Natur selbst?«[420]

Dass die Natur bzw. die Schöpfung nur auf der Basis des *organismischen Prinzips* richtig verstanden werden kann, ist auch von theologischer Seite erkannt. So schreibt Papst Franziskus: »Wie jeder Organismus in sich selber gut und bewundernswert ist, weil er eine Schöpfung Gottes ist, so gilt das Gleiche für das harmonische Miteinander verschiedener Organismen in einem bestimmten Raum, das als System funktioniert. [...] Vielen Menschen wird, wenn sie das merken, bewusst, dass wir auf der Grundlage einer Wirklichkeit leben und handeln, die uns zuvor geschenkt wurde und die unseren Kindern und unserer Existenz vorausgeht. Wenn man deshalb von einem ›nachhaltigen Gebrauch‹ spricht, muss man immer eine Erwägung über die Fähigkeit zur Regeneration jedes Ökosystems in seinen verschiedenen Bereichen und Aspekten mit einbeziehen.«[421] Und dass der Industriegesellschaft genau diese Komponente der organismischen Integration und der Regeneration fehlt, macht Papst Franziskus ebenso deutlich: »Es fällt nicht schwer anzuerkennen, dass die Funktionsweise der natürlichen Ökosysteme vorbildlich ist: Die Pflanzen synthetisieren Nährstoffe für die Pflanzenfresser [...]. Dagegen hat das Industriesystem am Ende des Zyklus von Produktion und Konsum keine Fähigkeit zur Übernahme und Wiederverwertung von Rückständen und Abfällen entwickelt.«[422]

In dem Maße, wie die naturwidrigen Eigenschaften der gesellschaftlichen Verfassung der Moderne offenkundig werden, nehmen hier auch die Stimmen derer zu, die Natur relativieren oder gleich ganz negieren wollen. Gibt es Natur überhaupt? Mehr und mehr wird dies – insbesondere von der neueren Philosophie – in Frage gestellt. Für jeden, der reiche Naturerfahrungen gesammelt hat, zeigt sich dies so ähnlich wie mit dem Leben: Man kann es eigentlich nur instinktiv erfassen.

Im Rahmen der hier vorgelegten biologisch-ökologischen Analyse ist es wichtig, natürliche von unnatürlichen Zuständen zu unterscheiden. Auf der genetischen Ebene lässt sich die Wildform den natürlichen Gegebenheiten zuordnen, die Domestikations- und Zuchtform hingegen nicht. Hier besteht der Unterschied darin, dass die Wildformen über sehr lange Zeiträume in den innerartlichen Bindungen und in der Interaktion mit ihren ihrerseits überwiegend stabilen ökologischen Habitaten ihre Gestalt- und Verhaltensmuster empfangen und *gefestigt* haben. Im Wege der dynamischen Erblichkeit hat sich eine genetische Kohäsion der Arten und ihrer Populationen herausgebildet, die ihre *Beständigkeit* in natürlichen Milieus sichert. Den den unnatürlichen Zuständen zuzurechnenden Domestikations- und Zuchtformen fehlt diese Beständigkeit; nicht nur, weil ihre »neuen« Merkmale keiner natürlichen Genese entstammen, sondern auch, weil ihnen sowohl eine längere Kontinuität ihrer (umweltbedingten) Verhaltens- und Gestaltmuster fehlt, als auch der Zusammenhalt einer größeren Population mit gleichsinnigem Erfahrungshintergrund. Damit blieb ihnen die Akkumulation verhaltensbestimmender und gestaltprägender Gewohnheiten in ihrem genetischen Informationspool versagt.

Insoweit könnte man die natürlichen Zustände als die lange tradierten und daher ausreichend gefestigten kennzeichnen, die unnatürlichen dagegen als die unzureichend gefestigten Zustände. Gemessen an den Zeiträumen, in denen es Leben auf der Erde gibt, bzw. auch an der Zeitspanne, in der Menschen auf der Erde leben, ist die Zeit der ackerbaubasierten Kulturen und erst recht die der modernen »Zivilisation« extrem kurz. Zudem sind gerade letztere durch »Fortschritt«, also durch das Gegenteil von Traditionsbildung gekennzeichnet. Daher wäre die Unterscheidung von anthropogenen und natürlichen Zuständen nicht eine willkürliche Zuschreibung, sondern eine, die sich naturgeschichtlich begründen lässt.

Eine solche Charakterisierung des Natürlichen als das Bewährte und als das (deshalb) Tradierte hätte freilich noch keine Antworten auf die darwinsche Frage nach der »Entstehung der Arten« und der Neubildung all der unübertrefflichen Formen, die erst im »fertigen« Zustand sinnvoll und lebensdienlich sind. Auch die Herausbildung all der wunderbaren Gestaltmuster, wie der des Schmetterlingsflügels oder des Vogelgefieders, die nur einen ästhetischen und keinen funktionellen Sinn haben, lässt sich mit dem Denkmodell »natürlich, weil tradiert und ausreichend gefestigt« nicht erklären. Im Gegensatz zur reduktionistischen Biologie, die hierfür auch keine plausiblen Erklärungen hat, ist die hier skizzierte *organismische Biologie* aber nicht darauf aus, den Schöpferglauben spiritueller Naturzugänge oder das qualitative Naturverständnis nicht-industrieller Völker zu diskreditieren. Dass sich das, was das Leben ausmacht, in weiten Teilen einer mess- und rechenbaren Analytik entzieht, sollten wir mit Ehrfurcht akzeptieren.

Die evolutive Veränderung oder Neubildung von Verhaltens- und Gestaltmustern ist eine systemische Antwort der organismisch verfassten Art bzw. Population auf die aus den Umwelterfahrungen vorangegangener Generationen resultierenden biologischen Erfordernisse. Ohne eine überindividuelle Intelligenz, der ein Subjektcharakter zugestanden werden muss, lässt sich biologische Evolution nicht verstehen. Da die Art wiederum in höhere systematische Kategorien, evolutionäre Werdegänge und ökologische Prozesse organismisch eingebunden ist, ist die im Sinne einer von oben nach unten gerichteten Kausalität wirkende biologische Programmierung nur hierarchisch und zugleich mehrdimensional vernetzt vorstellbar. Die Änderung oder Neubildung biologischer Programme ist also nicht eine *Folge von*, sondern eine *Antwort auf*. Daher liegt der Gedanke eines als Subjekt vorstellbaren »Programmierers« nahe. Nur sind es wohl ihrer viele; alle sind Teil des Gesamtökosystems der Erde (Gaia) und auch das von oben nach unten gerichtete Wirken ist ein organismisches Zusammenwirken. Das ist auch der Grund, warum die über biologische Felder und Programme bestimmten Evolutionsprozesse der als Wildform verfassten Arten in freier Natur zwar *veränderlich,* aber nicht durch den Menschen *veränderbar* sind.

Organismische Biologie meint auch, die Organstellung des Menschen in der Natur zu bejahen. Und dies bedeutet, sich in etwas Höheres einzuordnen, das wir mit unserer begrenzten menschlichen Erkenntnisfähigkeit nicht vollständig überschauen können. Die biologische Neubildung und Regeneration ermöglichende *Lebenskraft* beinhaltet eine *ganz machende* Wirkung – und diese kann offenkundig nur aus einer übergeordneten Ganzheit her bezogen werden. Generative und regenerative Prozesse sind auf eine intakte Resonanzbeziehung zwischen »Organ« und »Organismus« angewiesen, welche voraussetzt, dass beide als *offene Systeme* verfasst sind. Auch wenn der Informationstransfer in solchen Resonanzbeziehungen wechselseitig ist, werden die ganz machenden Wirkkräfte der Regeneration »von oben her« bezogen. Regeneration ist ein Geschehen im Rahmen einer von oben nach unten gerichteten Kausalität. Lebenskraft können wir, ebenso wie das Leben selbst, nur *empfangen.*

ANHANG

Anmerkungen

[1] Gruhl, Herbert (1992): Himmelfahrt ins Nichts. Der geplünderte Planet vor dem Ende. Albert Langen/Georg Müller Verlag, München. 432 S.

[2] Ebenda, S. 255f.

[3] Uexküll, Jakob von (1921): Umwelt und Innenwelt der Tiere. 2. Aufl. Springer-Verlag, Berlin/Heidelberg. S. 2

[4] Vgl.: Falter, Reinhard (2020): Über Sprache der Natur. Festschrift für Rolf Schilling. S. 90–168. S. 102.

[5] Beleites, Michael (2014): Umweltresonanz. Grundzüge einer organismischen Biologie. Telesma Verlag, Treuenbrietzen, 688 S. (zweite Auflage 2020, Manuscriptum Verlagsbuchhandlung Thomas Hoof, Lüdinghausen und Berlin)

[6] Wohl wissend, dass »Kampf um's Dasein« eine schlechte Übersetzung von Darwins »struggle for life« ist, verwende ich sie hier; auch weil sie jene Geisteshaltung recht gut zum Ausdruck bringt, mit der der Darwinismus – und zwar nicht nur im deutschen Sprachraum – angetreten ist.

[7] Vgl.: Mayr, Ernst (1967): Artbegriff und Evolution. Berlin/Hamburg. S. 407.

[8] Darwin, Charles (1884): Über die Entstehung der Arten durch natürliche Zuchtwahl oder die Erhaltung der begünstigten Rassen im Kampfe um's Dasein. Nach der letzten englischen Aufl. wiederholt durchgesehen von J. Victor Carus. E. Schweizerbart'sche Verlagshandlung Stuttgart. (engl. Erstausgabe 1859) 578 S., S. 561.

[9] Kleinschmidt, Otto (1926): Die Formenkreislehre und das Weltwerden des Lebens. Halle. 188 S.

[10] Kleinschmidt, Otto (1929): Berajah, Zoographia infinita. Der Formenkreis Parus Acredula (Kl.). Eine Monographie der Schwanzmeise und zugleich eine Studie über das Wesen der Spielart oder der individuellen Variation in freier Natur. Halle. Tafel III.

[11] Kleinschmidt, Otto (1912-28): Berajah, Zoographia infinita. Realgattung *Falco Peregrinus*. Eine Monograpie des Wanderfalken und zugleich eine Studie über das Wesen der Rasse in freier Natur. Halle. (1927) S. 126.

[12] Kleinschmidt, Otto (1933): Berajah, Zoographia infinita. Der Formenkreis Motacilla Alba (Kl.). Eine Monographie der Bachstelze und zugleich ein Beitrag zur allmählichen Erweiterung genealogischer »Formenkreise«. Halle. 3 S. Tafel II.

[13] Schulze Grotthoff, Werner (1981): Vergleichend-allometrische Untersuchungen an Schädeln von Felsen-, Stadt- und Haustauben. Inaugural-Dissertation. Institut für Zoologie der Tierärztlichen Hochschule Hannover. 61 S., S. 21.

[14] Ebenda.

[15] Darwin, Charles (1884: 40): »Von der Ansicht ausgehend, daß es am zweckmäßigsten ist, irgend eine besondere Thiergruppe zum Gegenstande der Forschung zu machen, habe ich mir nach einiger Erwägung die Haustauben dazu ausersehen. Ich habe alle Rassen gehalten, die ich mir kaufen oder sonst verschaffen konnte [...].«

[16] Glutz von Blotzheim, Urs/Hrsg. (1994): Handbuch der Vögel Mitteleuropas, Bd. 9 (Columbiformes-Piciformes), 2. Aufl., AULA-Verlag, Wiesbaden. S. 21.

[17] Brehm, Alfred Edmund (1891): Die Vögel. Bd. 2: Baumvögel, Papageien, Taubenvögel, Hühnervögel, Rallenvögel, Kranichvögel. Brehms Tierleben. Allgemeine Kunde des Tierreichs. Vögel – Bd. 2. Bibliographisches Institut, Leipzig/Wien. S. 416.

[18] Mayr, Ernst (1967): Artbegriff und Evolution. Berlin/Hamburg. S. 407.

[19] Hemmer, Helmut (1983): Domestikation. Verarmung der Merkwelt. Friedr. Vieweg & Sohn, Braunschweig/Wiesbaden. S. 76f.

[20] Ebenda, S. 77

[21] Zhang, Bing et al. (2020): Hyperactivation of sympathetic nerves drives depletion of melanocyte stem cells.Nature, vol. 577, p. 676-681. https://www.nature.com/articles/s41586-020-1935-3 (22.01.2020)

[22] Darwin, Charles (1884), S. 554f.

[23] Darwin, Charles (1884), S. 62f.

[24] Thellung, Albert (1930): Die Entstehung der Kulturpflanzen. Naturwissenschaft und Landwirtschaft, Heft 16, Verlag Dr. F. P. Datterer &Cie., Freising-München. S. 79ff.

[25] Ebenda.

[26] Ebenda.

[27] Rensch, Bernhard (1929): Das Prinzip geographischer Rassenkreise und das Prinzip der Artbildung. Berlin. S. 165.

[28] Ebenda, S. 167f.

[29] Ebenda, S. 169.

[30] Ebenda, S. 170f.

[31] Jung, Carl Gustav (1936): Der Begriff des kollektiven Unbewussten. In: Jung, C. G. (2019): Archetypen. Urbilder und Wirkkräfte des kollektiven Unbewussten. Edition C. G. Jung im Patmos Verlag. Hrsg. von Lorenz Jung. S. 55-69., S. 55.

[32] Ebenda, S. 57.

[33] Jung, Carl Gustav (1945): Psychologische Betrachtungen. Ausgewählt und herausgegeben von Jolan Jacobi. Rascher Verlag, Zürich. 455 S., S. 44.

[34] Gurwitsch, Alexander (1914): Über die nichtmateriellen Factoren embryonaler Formgestaltung. Zeitschrift für Morphologie und Anthropologie, Bd. XVIII, S. 133/141f.

[35] Sheldrake, Rupert (1993): Das Gedächtnis der Natur. Das Geheimnis der Entstehung der Formen in der Natur. Piper Verlag, München, Zürich. (engl. Erstausgabe 1988) 448 S.

[36] Bischof, Marco (2008): Biophotonen. Das Licht in unseren Zellen. Verlag Zweitausendeins, Frankfurt a. M., 14. Aufl. (Erstaufl. 1995), 522 S., S. 200ff.

[37] Woltereck, Richard (1932): Grundzüge einer allgemeinen Biologie. Die Organismen als Gefüge/Getriebe, als Normen und als erlebende Subjekte. Ferdinand Enke Verlag, Stuttgart. 629 S., S. 621.

[38] Frieling, Heinrich (1936 a): Die Feder. Zeitschrift für Kleintierkunde und Pelztierkunde »Kleintier und Pelztier«, XII. Jg., Heft 2. Leipzig. 60 S., S. 49.

[39] Dawkins, Richard (2007): Das egoistische Gen. (Nachdruck der 2. Aufl. von 1994) Springer Spektrum, Heidelberg. S. 37.

[40] Bauer, Joachim (2010): Das kooperative Gen. Evolution als kreativer Prozess. Heyne Verlag, München. 2. Aufl. 223 S.

[41] Lovelock, James (1992): Gaia. Die Erde ist ein Lebewesen. Scherz Verlag, Bern, München, Wien. 2. Aufl. (Originalausgabe: Gaia – The practical science of planetary medicine. Gaia Books Limited, London 1991) 191 S.

[42] Uexküll, Jakob von (1980): Kompositionslehre der Natur. Biologie als undogmatische Naturwissenschaft. Ausgewählte Schriften. Herausgegeben und eingeleitet von Thure von Uexküll. Propyläen Verlag (copyright by Verlag Ullstein, 1980), 418 S.

[43] Vgl.: Rosa, Hartmut (2016): Resonanz. Eine Soziologie der Weltbeziehung. Suhrkamp Verlag, Berlin. 815 S. Und: Reheis, Fritz (2019): Die Resonanzstrategie. Warum wir Nachhaltigkeit neu denken müssen. oekom Verlag, München. 412 S.

[44] Hemmer, Helmut (1983): Domestikation. Verarmung der Merkwelt. Friedr. Vieweg & Sohn, Braunschweig/Wiesbaden, 160 S. u. 31 Tafeln.

[45] Uexküll, Jakob von (1980)

[46] Ebenda, S. 393ff.

[47] Helbig, Andreas J. (1989): Angeborene Zugrichtungen nachts ziehender Singvögel: Orientierungsmechanismen, geographische Variation und Vererbung. Dissertation, Johann Wolfgang Goethe-Universität zu Frankfurt a. M. 149 S. – insb. S. 25f.

[48] Haase, Eberhard (1985): Domestikation und Biorhythmik – Implikationen für den Tierartenschutz. Natur und Landschaft 60. Jg. Heft 7/8, S. 299.

[49] Reichholf, Josef H. (2007): Stadtnatur. Eine neue Heimat für Tiere und Pflanzen. oekom Verlag, München. S. 243.

[50] Kowarik, Ingo (2003): Biologische Invasionen – Neophyten und Neozoen in Mitteleuropa. Mit einem Beitrag von Peter Boye. Verlag Eugen Ulmer, Stuttgart. Karte S. 123.

[51] Ebenda, S. 127ff.

[52] Reinig, William F. (1937): Melanismus, Albinismus und Rufinismus. Ein Beitrag zum Problem der Entstehung und Bedeutung tierischer Färbungen. Monographiensammlung: Probleme der theoretischen und angewandten Genetik und deren Grenzgebiete. Georg Thieme Verlag, Leipzig. 122 S., S. 77.

[53] Stotz, Karola (2005): Organismen als Entwicklungssysteme. In: Krohs, Ulrich und Georg Toepfer (2005): Philosophie der Biologie. Suhrkamp Verlag, Frankfurt a. M. S. 125–143.

[54] Mayr, Ernst (1991): Eine neue Philosophie der Biologie. Wissenschaftliche Buchgesellschaft Darmstadt. 470 S., S. 122.

[55] Vgl.: http://de.wikipedia.org/wiki/Selektion_(Evolution) (05.03.2012)

[56] Aus: Vogel, Günter und Hartmut Angermann (1995): dtv-Atlas zur Biologie. 8. Aufl. (Erstaufl. 1984) München. 3 Bde, 585 S., S. 498.

[57] Friedell, Egon (2012): Kulturgeschichte der Neuzeit. (Erstaufl. 1927–1931) Verlag C. H. Beck, München. 1580 S., S. 1155.

[58] Bischof, Marco (2008): Biophotonen. Das Licht in unseren Zellen. Verlag Zweitausendeins, Frankfurt a. M., 14. Aufl. (Erstaufl. 1995), 522 S., S. 200ff.

[59] Vgl.: http://www.spektrum.de/news/was-koennen-wir-von-crispr-erwarten/1408668 (21.07.2017)

[60] Ebenda

[61] Beitrag »Evolution: Bald zwei Amselarten?« in:http://www.nationalgeographic.de/php/magazin/redaktion/2005/02/redaktion_geographica.htm (24.08.2005)

[62] Uexküll, Jakob von (1921): Umwelt und Innenwelt der Tiere. 2. Aufl. Springer-Verlag, Berlin/Heidelberg. S. 2.

[63] In der Physik ist heute der Begriff *negative Entropie* bzw. *Negentropie* (Erwin Schrödinger), über die Physik hinausgehend auch *Syntropie* (Fritz Reheis, 2019, S. 42) gebräuchlich.

[64] Zitiert in: Popp, Fritz-Albert (1999): Die Botschaft der Nahrung. Zweitausendeins, Frankfurt a. M. 174 S., S. 44f.

[65] Driesch, Hans (1923): Ordnungslehre. Ein System des nichtmetaphysischen Teiles der Philosophie. 9. Aufl. Verlag Eugen Diederichs, Jena. 491 S., S. 302.

[66] Ebenda, S. 302f.

[67] Faust, Franz Xaver (1998): Totgeschwiegene indianische Welten. Eine Reise in die Philosophie der Nordanden. Gehren, Escher.

[68] Streck, Bernhard (2019): Geosophie. Umrisse einer qualitativen Wahrnehmung der Landschaft. Autochthon – Forschungen zur Metaphysik des Heidentums. Bd I, Sommersonnenwende 2019. Otto-Huth-Archiv, Celle. S. 147–188, S. 166.

[69] An dieser Stelle ist das Umweltresonanz-Konzept anschlussfähig an die Struktivitäts-Philosophie des Philosophen Reinhard Falter, der in der Polarität von feldartigen und physischen Phänomenen »struktive Wirkungen« analysiert.

[70] Brehm, Alfred Edmund (1891): Die Vögel. 2. Bd: Baumvögel, Papageien, Taubenvögel, Hühnervögel, Rallenvögel, Kranichvögel. Brehms Tierleben. Allgemeine Kunde des Tierreichs. Vögel – Bd. 2. Bibliographisches Institut, Leipzig/Wien. S. 404f.

[71] Thienemann, Johannes (1928): Rossitten. Drei Jahrzehnte auf der Kurischen Nehrung. 2. Aufl. Verlag J. Neumann-Neudamm. S. 279.

[72] Sukopp, Ulrich und Herbert Sukopp (1994): Ökologische Langzeit-Effekte der Verwilderung von Kulturpflanzen. In: Verfahren zur Technikfolgenabschätzung des Anbaus von Kulturpflanzen mit gentechnisch erzeugter Herbizidresistenz. Veröffentlichung der Abteilung *Normbildung und Umwelt* des Forschungsschwerpunkts Technik, Arbeit, Umwelt des Wissenschaftszentrums Berlin für Sozialforschung, FS II 94-304, Heft 4. S. 109f.

[73] Kowarik, Ingo (2003), S. 120.

[74] Mancuso, Stefano und Alessandra Viola (2015): Die Intelligenz der Pflanzen. (Aus dem Italienischen von Christine Ammann) Verlag Antje Kunstmann, München. S. 95.

[75] Dieter Volkmann, zit. in: Billig, Susanne und Petra Geist (18. Juli 2010): Wie botanische Gewächse unterirdisch miteinander kommunizieren. In: http://www.dradio.de/dkultur/sendungen/wissenschaft/1226458/ (20.07.2010)

[76] Zit. in: Billig, Susanne und Petra Geist (18. Juli 2010): Wie botanische Gewächse unterirdisch miteinander kommunizieren. In: http://www.dradio.de/dkultur/sendungen/wissenschaft/1226458/ (20.07.2010)

[77] Sheldrake, Rupert (1999): Der siebte Sinn der Tiere. Übersetzt aus dem Englischen von Michael Schmidt. Scherz Verlag, Bern, München, Wien. S. 363.

[78] Dawkins, Richard (2007), S. 243.

[79] Marti, Roland (1994): Einfluss der Wurzelkonkurrenz auf die Koexistenz von seltenen mit häufigen Pflanzenarten in Trespen-Halbtrockenrasen. Veröffentlichungen des Geobotanischen Institutes der ETH, Stiftung Rübel, Zürich, 123. Heft. S. 22.

[80] Lovelock, James (1992): Gaia. Die Erde ist ein Lebewesen. Scherz Verlag, Bern, München, Wien. 2. Aufl. (Originalausgabe: Gaia – The practical science of planetary medicine. Gaia Books Limited, London 1991) 191 S., S. 56.

[81] Ebenda, S. 50.

[82] Kutschera, Ulrich (2004): Streitpunkt Evolution. Darwinismus und Intelligentes Design. Lit-Verlag, Münster. 310 S., S. 33.

[83] Haeckel, Ernst (1874): Anthropogenie oder Entwicklungsgeschichte des Menschen. Leipzig.

[84] Zit. in: Schulze, Fritz (1875): Kant und Darwin. Verlag von Hermann Dufft, Jena. S. 202.

[85] Bertalanffy, Ludwig von (1928): Kritische Theorie der Formbildung. Abhandlungen zur theoretischen Biologie, Heft 27. Verlag von Gebrüder Borntraeger, Berlin. 236 S., S. 31.

[86] Steiner, Bernhard (1937): Stilgesetzliche Morphologie. Zur Logik der organischen Form. Verlag Felizian Rauch, Innsbruck/Leipzig. 198 S., 87f.

[87] Vgl.: Illies, Joachim (1983): Im Wunderwald der Stammbäume. Dendrologie einer Illusion. In: Locker, Alfred/Hrsg./(1983): Evolution – kritisch gesehen. Salzburg, München.

[88] Vgl.: Mayr, Ernst (1967): Artbegriff und Evolution. Berlin/Hamburg.

[89] Haffer, Jürgen (1995): Die Ornithologen Ernst Hartert und Otto Kleinschmidt: Darwinistische gegenüber typologischen Ansichten zum Artproblem. – Ann. Orn. 19: 3-25.

[90] Uexküll, Jakob von (1973): Theoretische Biologie. Suhrkamp Verlag, Frankfurt a. M. 378 S. (Erstaufl. 1920.) – S. 286f.

[91] Vgl.: Beleites, Michael (2014), S. 415ff.

[92] Kutschera, Ulrich (2004): Streitpunkt Evolution. Darwinismus und Intelligentes Design. Lit-Verlag, Münster. 310 S., S. 115.

[93] Nasr, Seyyed Hossein (1990): Die Erkenntnis und das Heilige. Eugen Diederichs Verlag, München (Originalausgabe: Knowledge & the Sacred, New York 1981). 438 S., S. 310.

[94] Klose, Joachim und Jochen Oehler/Hrsg. (2008): Gott oder Darwin? Vernünftiges Reden über Schöpfung und Evolution. Springer Verlag, Berlin, Heidelberg. 415 S., S. 8.

[95] Zit. in: Falter, Reinhard (2003): Natur neu denken. Erfahrung, Bedeutung, Sinn. Grundlagen naturphilosophischer Praxis. Klein Jasedow. S. 7.

[96] Bavink, Bernhard (1944): Ergebnisse und Probleme der Naturwissenschaften. Verlag S. Hirzel, Leipzig. 8. Aufl. 813 S., S. 496.

[97] Ebenda.

[98] Frieling, Heinrich (1940 b): Der Ganzheitsbegriff in der Systematik. Grundsätzliches über Rasse und Art, sowie Bemerkungen über Berechtigung und Bedeutung der höheren systematischen Kategorien. Acta Biotheoretica. Vol. V Pars 3. E. J. Brill, Leiden. S. 117–136., S. 134.

[99] Uexküll, Jakob von (1973), S. 291.

[100] Darwin, Charles (1884), S. 153.

[101] Ebenda (Buchtitel).

[102] Gurwitsch, Alexander (1914), S. 116.

[103] Dawkins, Richard (2007), S. 37.

[104] Ebenda, S 38f.

[105] Bauer, Joachim (2010): Das kooperative Gen. Evolution als kreativer Prozess. Heyne Verlag, München. 2. Aufl. 223 S.

[106] Ebenda, S. 38f.

[107] Lyssenko, Trofim Denissowitsch (1953): Die Genetik. Akademie-Verlag, Berlin. Große Sowjet-Enzyklopädie, Reihe Biologie und Agrarwissenschaft, Bd. 12. 31 S., S. 13.

[108] Flenner, Elmar G. H. (1979): Marxismus und biologischer Finalismus. Zum Problem von Evolution und Vererbung im dialektischen Materialismus unter besonderer Berücksichtigung der Naturphilosophie in der DDR. Haag + Herchen Verlag GmbH, Frankfurt a. M. 326 S. (S. 103f.)

[109] Friedländer, Saul (1998): Das Dritte Reich und die Juden. 1. Bd: Die Jahre der Verfolgung 1933–1939. C. H. Beck, München, 458 S.

[110] Günther, Hans F. K. (1933): Rassenkunde des deutschen Volkes. J. F. Lehmanns Verlag, München. 509 S., S. 476.

[111] Rodenwaldt, Ernst (1940): Zukunftsaussichten der zivilisierten Rassen. In: Zeiss, Heinz und Karl Pintschovius/Hrsg. (1940): Zivilisationsschäden am Menschen. J. F. Lehmanns Verlag, München/Berlin. S. 237-246., S. 243ff.

[112] Cavalli-Sforza, Luca und Francesco (1996): Verschieden und doch gleich. Ein Genetiker entzieht dem Rassismus die Grundlage. Droemersche Verlagsanstalt Th. Knaur Nachf., München. 445 S. (206)

[113] Cremer, H. (2009): »…und welcher Rasse gehören Sie an?« Zur Problematik des Begriffs »Rasse« in der Gesetzgebung. Policy Paper 10. Deutsches Institut für Menschenrechte, 2. Aufl., Berlin. Und: Cremer, H. (2010): Ein Grundgesetz ohne »Rasse« – Vorschlag für eine Änderung von Artikel 3 Grundgesetz. Policy Paper, Deutsches Institut für Menschenrechte, Berlin. Zit. in: Hoßfeld, Uwe (2017): Biologie und Politik. Die Herkunft des Menschen. Landeszentrale für politische Bildung Thüringen, Erfurt. 102 S., S. 86.

[114] Vgl.: Murray, Charles (2020): Human Diversity. The Biology of Gender, Race and Class. Little, Brown and Company, Boston. 528 S.

[115] Vgl.: Falter, Reinhard (2006): Natur prägt Kultur. Der Einfluß von Landschaft und Klima auf den Menschen: Zur Geschichte der Geophilosophie. Telesma-Verlag, München, 604 S.

[116] Papst Franziskus (2015), S. 114.

[117] Dobzhansky, Theodosius (1973): Intelligenz, Vererbung und Umwelt. Die Antwort der Wissenschaft im Streit um vererbte und erworbene Intelligenz. mvg – Moderne Verlags GmbH, München. 144 S., S. 13.

[118] Bernig, Jörg (2016): »Habe Mut …« Eine Einmischung. Kamenzer Rede in St. Annen. Hrsg. Arbeitsstelle für Lessing-Rezeption, Kamenz. S. 28f.

[119] Ebenda, S. 29f.

[120] Welzer, Harald (2016): Die smarte Diktatur. Der Angriff auf unsere Freiheit. S. Fischer Verlag, Frankfurt a. M., S. 263.

[121] Baker, John R. (1976): Die Rassen der Menschheit. Deutsche Verlags-Anstalt, Stuttgart. Aus dem Englischen von Siglinde Summerer und Gerda Kurz (Originalausgabe: Race. Oxford University Press, London/New York/Toronto 1974). 398 S., S. 79.

[122] Heymer, Armin (1995), S. 176f.

[123] Schultze-Naumburg, Paul (1928): Kunst und Rasse, S. 124. Zit. bei: Sieferle, Rolf Peter (1984): Fortschrittsfeinde? S. 199.

[124] Ebenda, S. 136, Zit. bei Sieferle (1984), S. 200.

[125] Sieferle, Rolf Peter (1984): Fortschrittsfeinde? S. 200.

[126] Fromm, Erich (1976), S. 17.

[127] Lévi-Strauss, Claude (1992), S. 402.

[128] Frieden stiften und bewahren. Matthias Fersterer und Lara Mallien reflektieren ein Gespräch zwischen dem Journalisten Claus Biegert und dem Mohawk-Ältesten Tom Porter über die Konfliktkultur und Friedenstradition der Irokesen-Konföderation. Oya 54/07-09 2019, S. 38-43., S. 42.

[129] Markl, Hubert (1995): Pflicht zur Widernatürlichkeit. Der Spiegel 48/1995, S. 206-207. S. 106f.

[130] Lovelock, James (1992): Gaia. Die Erde ist ein Lebewesen. Scherz Verlag, Bern, München, Wien. 2. Aufl. (Originalausgabe: Gaia – The practical science of planetary medicine. Gaia Books Limited, London 1991) 191 S., S. 175.

[131] Ebenda, 176.

[132] Vgl.: https://royalsociety.org/topics-policy/publications/2009/geoengineering-climate/ (04.04.2020)

[133] Popp, Fritz-Albert (1999): Die Botschaft der Nahrung. Zweitausendeins, Frankfurt a. M. 174 S.

[134] Gottwald, Franz-Theo (2015: Irrweg Bioökonomie. Über die zunehmende Kommerzialisierung des Lebens. Der kritische Agrarbericht 2015. AgrarBündnis e.V., ABL Verlag Hamm. S. 259–264., S. 263.

[135] Gurwitsch, Alexander (1914), S. 113.

[136] Conrad-Martius, Hedwig (1963): Schriften zur Philosophie. Bd. 1. Kösel Verlag, München. 458 S., S. 286f.

[137] Ebenda, S. 417.

[138] Zeilinger, Anton (2005): Einsteins Spuk. Teleportation und andere Mysterien der Quantenphysik. C. Bertelsmann Verlag, München. 352 S., S. 15.

[139] Ebenda, S. 342.

[140] Friedell, Egon (2012): Kulturgeschichte der Neuzeit. (Erstaufl. 1927–1931) Verlag C. H. Beck, München. 1580 S., S. 238f.

[141] Finke, Peter (2016): Lauter Defizite. Unser holpriger Übergang ins Transdisziplinäre Zeitalter. Vortrag am 23. Februar 2016 bei »Scoutopia« in Siegen. S. 15.

[142] Finke, Peter (2015): Die kulturelle Krise, in der wir stecken. Vortrag bei der Heinrich-Böll-Stiftung in Berlin.

[143] Finke, Peter (2016), S. 16.

[144] Maaz, Hans-Joachim (2019): Das falsche Leben. Ursachen und Folgen unserer normopathischen Gesellschaft. Verlag C.H. Beck, München. 256 S., S. 130.

[145] Ebenda, S. 130f.

[146] Ebenda, S. 132.

[147] Nicht zu verwechseln mit dem »Fressen *und* gefressen werden«, das das natürliche Geben und Nehmen, das Kommen und Gehen in ökologischen Beziehungsgefügen und Stoffkreisläufen beschreibt.

[148] Picht, Georg (1985): Die Verantwortung des Christen in der wissenschaftlich-technischen Welt. Theologisches Jahrbuch 1985, Leipzig. S. 35-47., S. 40.

[149] Schmitz, Hermann (2015): selbst sein. Über Identität, Subjektivität und Personalität. Verlag Karl Alber, Freiburg/München. 250 S., S. 34.

[150] Schmitz, Hermann (2009): Kurze Einführung in die Neue Phänomenologie. Verlag Karl Alber, Freiburg/München. 135 S., S. 22.

[151] Kohr, Leopold (2017): Das Ende der Großen – Zurück zum menschlichen Maß. Otto Müller Verlag Salzburg/Wien, 4. Aufl. 343 S., S. 147f.

[152] Hagencord, Rainer (2008): Gott und die Tiere. Ein Perspektivenwechsel. Topos plus Verlagsgemeinschaft, Kevelaer. 144 S.

[153] Ebenda, S. 16.

[154] Böhme, Jakob (1622): De signatura rerum. (Von der Geburt und Bezeichnung aller Wesen) 8, 47.

[155] Sehr eindringlich wird diese Erkenntnis in Daniel Quinns Roman »Ismael« beschrieben.

[156] Solschenizyn, Alexander (1994): Politik und Moral am Ende des 20. Jahrhunderts. Rede an der Internationalen Akademie für Philosophie im Fürstentum Liechtenstein am 14. September 1993. Universitätsverlag C. Winter, Heidelberg. 71 S., S. 43ff.

[157] Rainbow, Sonia Emilia (2019): Frauenheilkraft. Das vergessene Wissen um die Urkraft der Gebärmutter. Ansata Verlag, München. 256 S., S. 56.

[158] Patzelt, Werner J. (2010): Evolutionstheorie als Geschichtstheorie – Ein neuer Ansatz historischer Institutionenforschung. In: Oehler, Jochen/Hrsg.(2010): Der Mensch – Evolution, Natur und Kultur. Springer Verlag, Heidelberg. S. 175-212, S. 189.

[159] Zit. in: Streffer, Walther (2005): Wunder des Vogelzuges. Die großen Wanderungen der Zugvögel und das Geheimnis der Orientierung. Verlag Freies Geistesleben, Stuttgart. S. 232.

[160] Klages, Ludwig (1972): Der Geist als Widersacher der Seele. Bouvier Verlag Herbert Grundmann, Bonn. 5. ungek. Aufl. 1521 S., S. 74.

[161] Ebenda, S. 69.

[162] Papst Franziskus (2015): *Laudato si'* Enzyklika Gelobt seist du, mein Herr. St. Benno Verlag, Leipzig. 200 S., S. 115.

[163] Streck, Bernhard (2019): Geosophie. Umrisse einer qualitativen Wahrnehmung der Landschaft. Autochthon – Forschungen zur Metaphysik des Heidentums. Bd I, Sommersonnenwende 2019. Otto-Huth-Archiv, Celle. S. 147–188, S. 155.

[164] Ebenda, S. 172f.

[165] Spengler, Oswald (2007): Der Untergang des Abendlandes. Umrisse einer Morphologie der Weltgeschichte. Albatros Verlag, Düsseldorf (Originalausgabe 1923 in der C. H. Beck'schen Verlagsbuchhandlung, München). 1249 S., Klappentext.

[166] Friedell, Egon (2012): Kulturgeschichte der Neuzeit. (Erstaufl. 1927–1931) Verlag C. H. Beck, München. 1580 S., S. 1516.

[167] Spengler, Oswald (2007), S. 45.

[168] Wuketits, Franz M. (2009): Evolution ohne Fortschritt. Aufstieg und Niedergang in Natur und Gesellschaft. Alibri Verlag, Aschaffenburg. 269 S., S. 13.

[169] Schär, Markus (2020): Warum die Menschen nicht gleich sind. https://www.nzz.ch/feuilleton/charles-murray-ueber-geschlechter-rassen-und-klassen-ld.1542531 (02.03.2020)

[170] Patzelt, Werner J. (2010): Evolutionstheorie als Geschichtstheorie – Ein neuer Ansatz historischer Institutionenforschung. In: Oehler, Jochen/Hrsg.(2010): Der Mensch – Evolution, Natur und Kultur. Springer Verlag, Heidelberg. S. 175-212, S. 182f.

[171] Sieferle, Rolf Peter (2017): Epochenwechsel. Die Deutschen an der Schwelle zum 21. Jahrhundert. Landtverlag, Berlin. 500 S., S. 18.

[172] Sieferle, Rolf Peter (1984): Fortschrittsfeinde? Opposition gegen Technik und Industrie von der Romantik bis zur Gegenwart. C.H. Beck'sche Verlagsbuchhandlung, München. 301 S., S. 20f.

[173] Ebenda, S. 22.

[174] Spork, Peter (2016): Geerbte Angst. Ein Trauma kann Spuren in den Keimzellen hinterlassen. Bild der Wissenschaft 2/2016, S. 16-21.

[175] Hoof, Thomas (2017): Anhaltender Epochenwechsel. Nachwort in: Sieferle, Rolf Peter (2017): Epochenwechsel. Die Deutschen an der Schwelle zum 21. Jahrhundert. Landtverlag, Berlin. S. 483-500. S. 483.

[176] Lévi-Strauss, Claude (1992): Strukturale Anthropologie II. Suhrkamp Taschenbuch Verlag, 426 S. (Originalausgabe: Anthropologie Structurale deux. Paris 1973) S. 394.

[177] Wuketits, Franz M. (2009), S. 211.

[178] Pfluger, Christoph (2016): Das nächste Geld – die zehn Fallgruben des Geldsystems und wie wir sie überwinden. Edition Zeitpunkt, Solothurn. 3. Aufl. 254 S., S. 81.

[179] Ebenda, S. 83.

[180] Ebenda, S. 84.

[181] Picht, Georg (1985), S. 44f.

[182] Solschenizyn, Alexander (1994): Politik und Moral am Ende des 20. Jahrhunderts. Rede an der Internationalen Akademie für Philosophie im Fürstentum Liechtenstein am 14. September 1993. Universitätsverlag C. Winter, Heidelberg. 71 S., 37ff.

[183] Riedl, Rupert (1975): Die Ordnung des Lebendigen. Systembedingungen der Evolution. Verlag Paul Parey, Hamburg/Berlin. 340 S., S.338.

[184] Cowan, James (2004): Offenbarungen aus der Traumzeit. Das spirituelle Wissen der Aborigines. Aus dem Englischen von Christina Cerny. Lüchow Verlag, Stuttgart (Originalausgabe: The Elements of the Aborigine Tradition. Element Books 1992). 174 S., S. 28.

[185] Siehe auch den Film »Song from the Forest« von Michael Obert (2013).

[186] Krause, Bernie (2015), S. 278.

[187] Ebenda, S. 280.

[188] Dörfler, Ernst Paul (2019): Nestwärme. Was wir von Vögeln lernen können. Carl Hanser Verlag, München. 283 S., S. 274f.

[189] Rosa, Hartmut (2016), S. 471f.

[190] Falter, Reinhard (2003): Natur neu denken. Erfahrung, Bedeutung, Sinn. Grundlagen naturphilosophischer Praxis. Klein Jasedow. S. 29.

[191] Ebenda, S. 231.

[192] Dörfler, Ernst Paul (2019), S. 276.

[193] Briemle, Gottfried (1978): Flurbereinigung – Bereicherung oder Verarmung der Kulturlandschaft? Schwäbische Heimat, 29. Jg., Heft 4, S. 226-233., S. 228.

[194] Vahle, Hans-Christoph (2007): Die Pflanzendecke unserer Landschaften. Eine Vegetationskunde. Verlag Freies Geistesleben, Stuttgart. 384 S.

[195] Holz, Rainer (2011): Abkühlung in der Erwärmung? Warum es seit 40 Jahren in den Lebensräumen womöglich kühler wurde. Manuskript. Greifswald. 10 S.

[196] Vgl.: http://www.mpimet.mpg.de/aktuelles/presse/faq/welche-rolle-spielen-kondensstreifen... (18.06.2010)

[197] Ebenda.

[198] Ebenda.

[199] Vahle, Hans-Christoph (2007), S. 340f.

[200] http://de.wikipedia.org/wiki/Globale_Verdunkelung (18.06.2010)

[201] http://www.eduhi.at/index.php?url=news&bereich=bildungsnews&news_id=2150 (18.06.2010)

[202] Strienz, Joachim (2014): Nebennierenunterfunktion. Stress stört die Hormon-Balance. W. Zuckschwerdt Verlag, München. 2. Aufl. 117 S., S. 23.

[203] Ebenda, S. 24.

[204] Ebenda, S. 27.

[205] Krause, Bernie (2015): Das große Orchester der Tiere. Vom Ursprung der Musik in der Natur. Piper Verlag, München/Malik International Geographic. 304 S., S. 228.

[206] Ebenda.

[207] Hüther, Gerald (2018): Was wir sind und was wir sein könnten. Ein neurobiologischer Mutmacher. Fischer Taschenbuch, Frankfurt a. M., 9. Aufl. 189 S., S. 132.

[208] Ebenda, S. 133.

[209] Vgl.: http://de.wikipedia.org/wiki/Organismische_Integrationstheorie (30.11.2012)

[210] Ebenda.

[211] Kubitschek, Götz (2020): Was wollen wir noch mit Hölderlin? Ein Briefwechsel zwischen Ivor Claire und Götz Kubitschek. Sezession (95), April 2020. S. 8–14, S. 12.

[212] Fromm, Erich (1976): Haben oder Sein. Die seelischen Grundlagen einer neuen Gesellschaft. Deutsche Verlags-Anstalt, Stuttgart. 220 S., S. 13.

[213] Ebenda, S. 16.

[214] Ebenda, S. 17.

[215] Dawkins, Richard (2007), S 218ff.

[216] Fromm, Erich (1976), S. 18f.

[217] Ebenda, S 197.

[218] Rosa, Hartmut (2012): Resonanz statt Entfremdung: Zehn Thesen wider die Steigerungslogik der Moderne. Tagung des SFB »Gesellschaftliche Entwicklungen nach dem Systemumbruch« und des Kollegs »Postwachstumsgesellschaften« am 14./15. Juni 2012 in Jena, These 10.

[219] Heymer, Armin (1995): Die Pygmäen. Menschenforschung im afrikanischen Regenwald. Paul List Verlag, München. 539 S., S. 110.

[220] Paech, Niko (2012): Befreiung vom Überfluss. Auf dem Weg in die Postwachstumsökonomie. oekom Verlag, München. 155 S., S. 148f.

[221] Papst Franziskus (2015), S. 67f.

[222] Petzold, Hilarion G. (2016): Die »Neuen Naturtherapien«, engagiertes »Green Care«, waldtherapeutische Praxis, »Komplexe Achtsamkeit« und »konkrete Ökophilie« für eine extrem bedrohte Biosphäre. In: Altner, Nils (2016): Rieche das Feuer, spür den Wind. Wie Achtsamsein in der Natur uns und die lebendige Welt stärkt. KVC Verlag, Essen. S. 187-261.

[223] Lehner, Gerald (1994): Die Biographie des Philosophen und Ökonomen Leopold Kohr. Franz Deuticke Verlagsgesellschaft, Wien. 408 S., S. 290f.

[224] Ostertag, Walter (o.J.): Lebende Makromoleküle als Lebenselixier. Humata Verlag Harold S. Blume, Bern. 128 S., S. 34.

[225] Hellinger, Bert (2007): Ordnungen der Liebe. Ein Kursbuch. Carl-Auer Verlag, Heidelberg. 342 S., S. 16.

[226] Ebenda, S. 338f.

[227] Bennett, Hal Zina (2010): Vorwort zu: Cowan, Eliot (2010): Pflanzengeist-Medizin. Schamanische Kommunikation mit dem Geist von Heilpflanzen. Binkey Kok Publications Haarlem/Holland. 208 S., S. 11.

[228] Kalbermatten, Roger (2002): Wesen und Signatur der Heilpflanzen. Die Gestalt als Schlüssel zur Heilkraft der Pflanzen. AT-Verlag Aarau, Schweiz. 160 S., S. 15ff.

[229] Bennett, Hal Zina (2010): S. 13.

[230] Anthropogenic electromagnetic noise disrupts magnetic compass orientation in a migratory bird. Pressemitteilung der Carl von Ossietzky-Universität Oldenburg vom 07.05.2014.

[231] Spengler, Thomas (2004): Gesundheit durch Vitalstoffe. Informationen und Studien zum Nutzen von Vitalstoffen für den menschlichen Körper. Selbstverlag Thomas Spengler, Wiesbaden. 144 S.

[232] Bruker, Max Otto (2011): Unsere Nahrung – unser Schicksal. (45. Aufl.) emu-Verlag, Lahnstein. 459 S., S. 313.

[233] Ebenda.

[234] Rusch, Hans Peter (2004): Bodenfruchtbarkeit. Eine Studie biologischen Denkens. OLV Organischer Landbau Verlag, Xanten. 7. Aufl. (1. Aufl. 1968). 256 S., S. 47.

[235] Ebenda, S. 51.

[236] Popp, Fritz-Albert (1999), S. 48f.

[237] Schrödinger (1945), zit. in: Popp (1999), S. 44f.

[238] Popp (1999), S. 46ff.

[239] Dänzer, A. Walter (2015): Die unsichtbare Kraft in Lebensmitteln. Bio und Nichtbio im Vergleich. Kristallisationsbilder aus der Forschung vom LifevisionLab von Soyana. (2. Aufl.) Verlag Bewusstes Dasein, Zürich. 269 S.

[240] Ebenda, S. 24f.

[241] Ebenda, S. 251f.

[242] Kollath, Werner (1940): Die Ernährungsnot zivilisierter Völker. In: Zeiss, Heinz und Karl Pintschovius/Hrsg. (1940): Zivilisationsschäden am Menschen. J. F. Lehmanns Verlag, München/Berlin. S. 38-52., S. 38f.

[243] Ebenda.

[244] Sagawe, Rainer (2015): Eure Nahrung soll Euer Heilmittel sein. Flyer. Hameln, 2 S., S. 1.

[245] Grimm, Fred (2015): Vom Irrsinn, der als Normalität durchgeht. Schrot & Korn 01/2015, S. 58.

[246] Heepen, Günther H. (2013): Hormone natürlich regulieren. Gräfe und Unzer Verlag, München. S. 15ff.

[247] Picht, Georg (1990): Kunst und Mythos. Stuttgart. S. 463f.

[248] Falter, Reinhard (2016): Ideengeschichte des Naturschutzes. Manuskript. S. 812.

[249] Ebenda, S. 815.

[250] Da die Eigentümer und Profiteure der industriellen und agrarindustriellen Lärmquellen meist an anderen Orten wohnen, sind sie nur bedingt als »Mitmenschen« anzusehen.

[251] Vgl.: https://www.tagesspiegel.de/wissen/firmament-2-0-gefahr-fuer-den-nachthimmel-durch-elon-musks-satellitenschwaerme/25383132.html (02.01.2020)

[252] Vgl.: https://de.wikipedia.org/wiki/Starlink (03.04.2020)

[253] Kant, Immanuel (1788): Kritik der praktischen Vernunft. Kapitel 34, Beschluß. Vgl.: http://www.zeno.org/Philosophie/M/Kant,+Immanuel/Kritik+der+praktischen+Vernunft/Beschlu%C3%9F

[254] Weizsäcker, Ernst Ulrich von; Anders Wijkman u.a. (2018): Wir sind dran. Eine neue Aufklärung für eine volle Welt. Club of Rome: Der große Bericht. Gütersloher Verlagshaus. 394 S., S. 195.

[255] Falter, Reinhard (2018): Naturschutz, Umweltschutz und Klimawahn. Burschenschaftliche Blätter, 133. Jg., 02/2018, S. 55-61., S. 60.

[256] Riedl, Rupert und Manuela Delpos/Hrsg. (1996): Die Ursachen des Wachstums. Unsere Chancen zur Umkehr. Verlag Kremayr & Scheriau, Wien. 304 S., Vorwort, S. 9.

[257] Sieferle, Rolf Peter (1984): Fortschrittsfeinde?, S. 27.

[258] Pfluger, Christoph (2016): Das nächste Geld – die zehn Fallgruben des Geldsystems und wie wir sie überwinden. Edition Zeitpunkt, Solothurn. 3. Aufl. 254 S., S. 87f.

[259] Ebenda, S. 82.

[260] Ebenda, S. 89.

[261] Ebenda, S. 248.

[262] Kurz, Heinz D. (1996): Zins, Geld, Profit und Kapital: Ein theoriegeschichtlicher Abriß. In: Riedl, Rupert und Manuela Delpos/Hrsg. (1996): Die Ursachen des Wachstums. Unsere Chancen zur Umkehr. Verlag Kremayr & Scheriau, Wien. S. 139–161, S. 139.

[263] Hoof, Thomas (2018): Immer weniger vom Mehr. Das Ende der Reichlichkeit. Tumult, Vierteljahresschrift für Konsensstörung. Sommer 2018. S. 7–16, S. 16.

[264] Gerke, Jörg (2019): Technik und Nachhaltigkeit. Tumult, Vierteljahresschrift für Konsensstörung. Frühjahr 2019. S. 15-20.

[265] Ebenda, S. 17.

[266] Vgl.: https://www.cell.com/joule/fulltext/S2542-4351(18)30446-X (21.09.2019)

[267] Frieden stiften und bewahren. Matthias Fersterer und Lara Mallien reflektieren ein Gespräch zwischen dem Journalisten Claus Biegert und dem Mohawk-Ältesten Tom Porter über die Konfliktkultur und Friedenstradition der Irokesen-Konföderation. Oya 54/07-09 2019, S. 38–43., S. 39.

[268] https://de.wikipedia.org/wiki/Treibhauseffekt (25.02.2020)

[269] Weizsäcker, Ernst Ulrich von; Anders Wijkman u.a. (2018), S. 105ff.

[270] Schumacher, Ernst Friedrich (2019): Small is beautiful. Die Rückkehr zum menschlichen Maß. oekom Verlag, München (Erstaufl. der englischen Originalausgabe 1973). 320 S., S. 84f.

[271] Ebenda, S. 85f.

[272] Kurz, Heinz D. (1996): Wirtschaftliches Wachstum – Fetisch oder Notwendigkeit? In: Riedl, Rupert und Manuela Delpos/Hrsg. (1996): Die Ursachen des Wachstums. Unsere Chancen zur Umkehr. Verlag Kremayr & Scheriau, Wien. S. 181–199, S. 198.

[273] Paech, Niko (2012), S. 10.

[274] Vgl.: Alexijewitsch, Swetlana (2017): Tschernobyl. Eine Chronik der Zukunft. Piper Verlag, München. 5. Aufl. 298 S. Und: Kostin, Igor (2006): Tschernobyl. Nahaufnahme. Verlag Antje Kunstmann GmbH, München. 240 S.

[275] Georgescu-Roegen, Nicholas (1979): Was geschieht mit der Materie im Wirtschaftsprozeß? In: Friends of the Earth und Stephen Lyons (1979): Sonne! Eine Standortbestimmung für eine neue Energiepolitik. Fischer Taschenbuch Verlag, Frankfurt a. M. S. 99–113., S. 100.

[276] Ebenda, S. 101.

[277] Ebenda, S. 110.

[278] Ebenda, S. 107.

[279] Klinkenberg, Ulrich (2016): Wertewirtschaft. Gedanken zu einer vernünftigeren Marktwirtschaft. oekom Verlag, München. S. 497f.

[280] Illich, Ivan (1974): The Energy Crisis. In: Energy and Equity. Deutsche Übersetzung in: Oya 37, März/April 2016, S. 56-58.

[281] Lévi-Strauss, Claude (1992), S. 389.

[282] Streck, Bernhard (2019), S. 154.

[283] Bondarev, Gennadij A. (2020): »Und werdet die Wahrheit erkennen…« Books on Demand, Norderstedt. 555 S., S. 405.

[284] Ebenda, S. 409.

[285] Vgl.: http://de.wikipedia.org/wiki/Globale_Verdunkelung (18.06.2010)

[286] Falter, Reinhard (2003), S. 239.

[287] Paech, Niko (2012), S. 111.

[288] Kemper, Klaus (2010): Die Agrarökonomen rechnen mit falschen Zahlen. Landpost 1/2010, S. 2-4.

[289] Rosa, Hartmut (2016), S. 695f.

[290] Ebenda, S. 690f.

[291] Vgl.: Lindseth, Anders (2005): Zur Sache der Philosophischen Praxis. Philosophieren in Gesprächen mit ratsuchenden Menschen. Verlag Karl Alber, Freiburg/München. 237 S.

[292] Fritze, Lothar (2020): Elitärer Kampfbegriff. Der Populismusvorwurf als Diffamierungsinstrument. Tumult, Frühjahr 2020. S. 29.

[293] Rosa, Hartmut (2016), S. 710.

[294] Mies, Ullrich und Jens Wernicke/Hrsg. (2018): Fassadendemokratie und Tiefer Staat. Auf dem Weg in ein autoritäres Zeitalter. ProMedia Verlag, Wien. 4. Aufl. 271 S. S. 63-77., S. 73.

[295] Berry, Wendell (2016): Körper und Erde. Essay über gutes Menschsein. thinkOya, Drachen Verlag, Klein Jasedow. (Originalausgabe »The Body and the Earth« 1977). 95 S., S. 87f.

[296] Illich, Ivan (1978): Fortschrittsmythen. Rowohlt Verlag, Reinbek. 140 S., S. 90.

[297] Ebenda, S. 112.

[298] Kohr, Leopold (2017): Das Ende der Großen – Zurück zum menschlichen Maß. Otto Müller Verlag, Salzburg/Wien, 4. Aufl. 343 S., S. 32.

[299] Schumacher, Ernst Friedrich (2019): Small is beautiful. Die Rückkehr zum menschlichen Maß. oekom Verlag, München (Erstaufl. der englischen Originalausgabe 1973). 320 S., S. 82.

[300] Ebenda, S. 78ff.

[301] Gruhl, Herbert (1992): Himmelfahrt ins Nichts. S. 314.

[302] Kohr, Leopold (2017): Das Ende der Großen, S. 37.

[303] Kohr, Leopold (1986): Die überentwickelten Nationen. Rückbesinnung auf die Region. Goldmann Verlag (Originalausgabe: The Overdeveloped Nations, 1962/1983; erste deutsche Ausgabe Verlag Alfred Winter, Salzburg, 1983) 227 S., S. 27.

[304] Ebenda, S. 20.

[305] Kohr, Leopold (1986), S. 23.

[306] Ebenda, S. 32.

[307] Geyken, Frauke (2011): Freya von Moltke. Ein Jahrhundertleben. Verlag C. H. Beck, München. 287 S., S.102f.

[308] Ebenda, S. 103.

[309] Ebenda.

[310] Succow, Michael: Vortrag am 29. April 2016 in Greifswald.

[311] Vgl.: https://www.regenerative-landwirtschaft.de/definition.html (24.03.2020)

[312] Krüger, Monika (2015): Schadwirkungen von Glyphosat-haltigen Herbiziden auf Umwelt, Menschen und Tiere. Vortrag vor dem Sächsischen Bauern- und Imkertag am 18. November 2015 in Wilsdruff-Limbach.

[313] Löwenstein, Felix zu (2011): Food Crash. Wir werden uns ökologisch ernähren oder gar nicht mehr. Pattloch Verlag, München. 320 S., S. 183.

[314] Berry, Wendell (2016), S. 85.

[315] Streck, Bernhard (2019): Geosophie. Umrisse einer qualitativen Wahrnehmung der Landschaft. Autochthon – Forschungen zur Metaphysik des Heidentums. Bd I, Sommersonnenwende 2019. Otto-Huth-Archiv, Celle. S. 147–188, S. 167.

[316] Bennholdt-Thomsen, Veronika (2010): Geld oder Leben. Was uns wirklich reich macht. oekom Verlag, München. 93 S., S. 9.

[317] Ebenda, S. 77.

[318] Ebenda, S. 83ff.

[319] Aufschnaiter, Ulrike von (2019): Deutschlands kranke Kinder. Wie auf Anweisung der Regierung Kitas und Schulen die Gesundheit unserer Kinder schädigen. Verlag tredition, Hamburg. 484 S., S. 374.

[320] Ebenda, Klappentext.

[321] https://www.boell.de/de/2015/01/08/flaechenverbrauch-weltweit-begrenzen-bodenatlas-2015-veroeffentlicht

[322] Vgl. Heimrath, Johannes (2012): Die Post-Kollaps-Gesellschaft. Scorpio Verlag, Berlin/München. 335 S.

[323] Löwenstein, Felix zu (2011): Food Crash. Wir werden uns ökologisch ernähren oder gar nicht mehr. Pattloch Verlag, München. 320 S.

[324] Schwarz, Max Karl (1933): Ein Weg zum praktischen Siedeln. Pflugschar-Verlag, Düsseldorf. 136 S.; Schwarz, M. K. & A. Gutschow (o.J.): Der Gärtnerhof. Ein Siedlungsziel für tüchtige Landleute und Gärtner. (Der Gärtnerhof I.) Verlag Br. Sachse, Hamburg. 20 S. Und: Schwarz, M. K., W. Laatsch, A. Köstlin & E. Hagemann (1947): Der Gärtnerhof. Eine Betriebsform eigener Art im Gefüge der Landschaft. Schriftenreihe »Neuaufbau vom Boden her«, Heft 2, Hrsg. V. Dreidax, F. & A. Gutschow. Verlag Br. Sachse, Hamburg. 29 S.

[325] Zeichnung: Schwarz, Max Karl (1933), S. 57.

[326] Berry, Wendell (2016), S. 86.

[327] Ebenda.

[328] Calhoun, John B. (1962): Population Density and Social Pathology. When a population of laboratory rats is allowed to increase in a confined space, the rats develop acutely abnormal patterns of behavior that can even lead to the extinction of the population. Vgl.: https://www.gwern.net/docs/sociology/1962-calhoun.pdf (28.04.2020)

[329] Sieferle, Rolf Peter (1984): Fortschrittsfeinde? S. 251.

[330] Bohn, Sascha (2011): Die Idee vom deutschen Ständestaat. Ständische, Berufsständische und Korporative Konzepte zwischen 1918 und 1933. Diplomica Verlag, Hamburg. 148 S., S. 89f.

[331] Othmar Spann war 1938 vier Monate im KZ Dachau interniert, wo er sich infolge von Misshandlungen ein schweres Augenleiden zuzog.

[332] Spann, Othmar (1921): Der wahre Staat. Vorlesungen über Abbruch und Neubau der Gesellschaft – gehalten im Sommersemester 1920 an der Universität Wien. Verlag Quelle & Meyer, Leipzig. 300 S.

[333] Ebenda, S. 109.

[334] Ebenda, S. 29.

[335] Politische Verfassung Plurinationaler Staat von Bolivien, Stand: Februar 2013. Hrsg. im Auftrag der Botschaft des Plurinationalen Staates von Bolivien in Berlin.

[336] Legutko, Ryszard (2017): Der Dämon der Demokratie. Totalitäre Strömungen in liberalen Gesellschaften. Karolinger Verlag, Wien. (Originalausgabe: Triumf człowieka pospolitego. Posen 2012) 188 S., S. 13ff.

[337] Gorbatschow, Michail (2017): Kommt endlich zur Vernunft! Michail Gorbatschow im Gespräch mit Franz Alt. Benevento Publishing, Salzburg/München. 60 S., S. 20f.

[338] Pfluger, Christoph (2016): Das nächste Geld – die zehn Fallgruben des Geldsystems und wie wir sie überwinden. Edition Zeitpunkt, Solothurn. 3. Aufl. 254 S., S. 111.

[339] Pfluger, Christoph (2016): Das nächste Geld – die zehn Fallgruben des Geldsystems und wie wir sie überwinden. Edition Zeitpunkt, Solothurn. 3. Aufl. 254 S., S. 112f.

[340] Sosnowski, Alexander im Gespräch mit Willy Wimmer (2019): Und immer wieder Versailles. Ein Jahrhundert im Brennglas. Verlag zeitgeist, Höhr-Grenzhausen. 210 S., S. 172.

[341] Ebenda, S. 173.

[342] Sieferle, Rolf Peter (1984): Fortschrittsfeinde? S. 262.

[343] Friedell, Egon (2012): Kulturgeschichte der Neuzeit. (Erstauflage 1927-1931) Verlag C. H. Beck, München. 1580 S., S. 852.

[344] Pfluger, Christoph (2016), S. 247.

[345] https://www.mdr.de/nachrichten/datawrapper-infratest-meinungsfreiheit-100.html (06.11.2019)

[346] https://de.wikipedia.org/wiki/%CA%BFAsab%C4%AByа (06.04.2020)

[347] Patzelt, Werner J. (1996): Politik als Ursache von Wachstum – eine Problemdiagnose. In: In: Riedl, Rupert und Manuela Delpos/Hrsg. (1996): Die Ursachen des Wachstums. Unsere Chancen zur Umkehr. Verlag Kremayr & Scheriau, Wien. S.264-281., S. 264.

[348] Sieferle, Rolf Peter (2019): Finis Germania. Landtverlag, Berlin. 124 S., S 31.

[349] Sieferle, Rolf Peter (1984): Fortschrittsfeinde? S. 259.

[350] Vgl.: http://herbert-gruhl.de/gibt-es-eine-konservative-oekologie/ (25.07.2019)

[351] Ebenda.

[352] Mies, Ullrich (2018), S. 75.

[353] Ebenda, S. 66.

[354] Legutko, Ryszard (2017), S. 79.

[355] Ebenda, S. 79f.

[356] Moltke, Dorothy von (1999): Ein Leben in Deutschland. Briefe aus Kreisau und Berlin 1907-1934. Eingeleitet, übersetzt und herausgegeben von Beate Ruhm von Oppen. C.H. Beck, München. 302 S., S. 149.

[357] Vgl.: Thiede, Werner (2015): Digitaler Turmbau zu Babel. Der Technikwahn und seine Folgen. oekom verlag München. 236 S.

[358] Zit. in: Pfluger, Christoph (2016), S. 85.

[359] Precht, Richard David (2018): Jäger, Hirten, Kritiker. Eine Utopie für die digitale Gesellschaft. Goldmann Verlag, München. 284 S., S. 42.

[360] Dawkins, Richard (2007), S. 243

[361] Vgl.: Heepen, Günther H. (2013): Hormone natürlich regulieren.

[362] Jung, Carl Gustav (2019): Die Beziehungen zwischen dem Ich und dem Unbewussten. Hrsg. von Lorenz Jung. Patmos Verlag, Ostfildern (Erstauflage 1990 dtv München). 160 S., S. 67f.

[363] Hüther, Gerald (2018): Was wir sind und was wir sein könnten. Ein neurobiologischer Mutmacher. Fischer Taschenbuch, Frankfurt / M., 9. Aufl. 189 S., S. 177.

[364] Lindseth, Anders (2005): Zur Sache der Philosophischen Praxis. Philosophieren in Gesprächen mit ratsuchenden Menschen. Verlag Karl Alber, Freiburg/München. 237 S., S. 217.

[365] Ebenda, S. 218.

[366] Fritze, Lothar (2020): Elitärer Kampfbegriff. Der Populismusvorwurf als Diffamierungsinstrument. Tumult, Frühjahr 2020. S. 29.

[367] Pfluger, Christoph (2016), S. 111f.

[368] https://www.deutschlandfunk.de/lyrik-und-liturgie-wo-die-eigene-sprache-versagt.886.de.html?dram:article_id=468202 (20.01.2020)

[369] https://zeithistorische-forschungen.de/3-2007/4758 (06.02.2020)

[370] Ebenda.

[371] https://www.siper.ch/assets/uploads/files/zeitungsartikel/Sputnik%20Deutschland%20(2017)%20-%20Anklage%20Kontaktschuld.pdf (07.02.2020)

[372] MfS-Richtlinie 1/76 zur Bearbeitung Operativer Vorgänge (OV), S. 47f.

[373] Ebenda.

[374] https://www.anarchismus.at/gegen-den-kapitalismus/kapitalismuskritik/454-gerhard-hanloser-kapitalismuskritik-und-falsche-personalisierung (23.02.2020)

[375] So z. B. im Fall der Arbeitsgemeinschaft bäuerliche Landwirtschaft (AbL) in Mitteldeutschland, die 2019 sogar auf den kommunistischen Kampfbegriff des »Internationalismus« verpflichtet werden sollte.

[376] Ebenda, S. 286.

[377] Bernig, Jörg (2016): »Habe Mut ... « Eine Einmischung. Kamenzer Rede in St. Annen. Hrsg. Arbeitsstelle für Lessing-Rezeption, Kamenz. S. 19.

[378] Fritze, Lothar (2020): Elitärer Kampfbegriff. S. 27.

[379] Ebenda.

[380] Auch mein Beispiel, nach dem Ende der DDR mit den für meine Verfolgung verantwortlichen Stasi-Offizieren ins Gespräch zu treten, um eine Form der Aufarbeitung aufzuzeigen, »die nicht die alten Feindschaften fortführt, sondern beiden Seiten ermöglicht, aufrechten Ganges aus dem Konflikt herauszugehen«, wurde ganz überwiegend argwöhnisch betrachtet. So als ob es unzulässig sei, ehemaligen Stasi-Angehörigen als Menschen zu begegnen. Ich für mich konnte aber die befreiende Erfahrung machen: Wer vergibt, tritt aus seiner Opfer-Rolle heraus. (vgl.: Beleites, Michael (1992): Untergrund. Ein Konflikt mit der Stasi in der Uran-Provinz. BasisDruck Verlag, Berlin. 2. Aufl. S. 195 und 205-222).

[381] Arendt, Hannah (2017): Über das Böse. Eine Vorlesung zu Fragen der Ethik. Piper Verlag, München. 12. Aufl. 200 S., S. 81.

[382] Ebenda, S. 101.

[383] https://www.friedenskooperative.de/friedensforum/artikel/chile-soziale-heilung-durch-soziale (05.02.2020)

[384] Ebenda.

[385] Ebenda.

[386] Am 20. November 2019 trat das »Neunte Gesetz zur Änderung des Stasi-Unterlagen-Gesetzes« in Kraft, das die Möglichkeit der Überprüfung bis Ende 2030 verlängert.

[387] https://de.wikipedia.org/wiki/Anatta (29.01.2020)

[388] Brasser, Martin / Hrsg. (1999): Person. Philosophische Texte von der Antike bis zur Gegenwart. Philipp Reclam jun. Stuttgart. 219 S., S. 138.

[389] https://www.zitate.eu/autor/dr-martin-buber-zitate/189937 (06.02.2020)

[390] Spaemann, Robert (2019): Personen. Versuche über den Unterschied zwischen ›etwas‹ und ›jemand‹. Clett-Cotta, Stuttgart. 320 S., S. 284f.

[391] Ebenda, S. 287.

[392] Kubitschek, Götz (2020): Zwischen den Zeilen. Sezession 94, Feb. 2020, S. 11.

[393] Riedl, Rupert (1975): Die Ordnung des Lebendigen. Systembedingungen der Evolution. Verlag Paul Parey, Hamburg und Berlin. 372 S., S. 40.

[394] Von Weizsäcker, Ernst Ulrich; Anders Wijkman u.a. (2018), S. 73.

[395] Briemle, Gottfried (1978), S. 226.

[396] Gruhl, Herbert (1992): Himmelfahrt ins Nichts. S. 311.

[397] Lévi-Strauss, Claude (2018): Das wilde Denken. Suhrkamp Taschenbuch Verlag, Frankfurt am Main. 18. Auflage (Erstauflage 1962, Paris) 334 S., S. 270ff.

[398] Lévi-Strauss, Claude (2015): Traurige Tropen. Suhrkamp Taschenbuch Verlag, 21. Auflage. 415 S. (Originalausgabe: Tristes Tropiques, 1955, Paris) S. 411.

[399] Hoof, Thomas (2017), S. 494f.

[400] Gerke, Jörg (2019): Technik und Nachhaltigkeit. Tumult, Vierteljahresschrift für Konsensstörung. Frühjahr 2019. S. 15-20. Und: Gerke, Jörg (2020): Der Boden als Kohlenstoffspeicher. Tumult, Vierteljahresschrift für Konsensstörung. Winter 2019/20. S. 27-33.

[401] Klimaschutzprogramm 2030 der Bundesregierung, 2019, S. 45.

[402] Illich, Ivan (1978): Fortschrittsmythen. Rowohlt Verlag, Reinbek. 140 S., S. 111.

[403] Bennholdt-Thomsen, Veronika (2010): Geld oder Leben. Was uns wirklich reich macht. oekom verlag, München. 93 S.

[404] Paech, Niko (2012): Befreiung vom Überfluss. Auf dem Weg in die Postwachstumsökonomie. oekom verlag München. 155 S.

[405] Picht, Georg (1985), S. 41.

[406] Ebenda, S. 46.

[407] Ebenda, S. 36.

[408] Ebenda, S. 39.

[409] Ebenda, S. 43.

[410] Succow, Michael; Lebrecht Jeschke und Hans Dieter Knapp/Hrsg. (2012): Naturschutz in Deutschland. Rückblicke, Einblicke, Ausblicke. Ch. Links Verlag, Berlin. S. 314f.

[411] Kaiser, Marie I. (2010): Der evolutionäre Naturalismus in der Kritik. In: Oehler, Jochen/Hrsg. (2010): Der Mensch – Evolution, Natur und Kultur. Springer Verlag, Heidelberg. S. 261–283, S. 265.

[412] Kleinschmidt, Otto (1930): Naturwissenschaft und Glaubenserkenntnis. Berlin. S. 23ff.

[413] Lapide, Pinchas (1985): War Eva an allem schuld? Gespräche über Schöpfung. Grünewald-Verlag, Mainz. S. 18ff.

[414] Falter, Reinhard (2019): Struktivität. Philosophie der Kulturerneuerung. Autochthon – Forschungen zur Metaphysik des Heidentums. Bd I, Sommersonnenwende 2019, Otto-Huth-Archiv, Celle. S. 31–146., S. 120f.

415 Nasr, Seyyed Hossein (1990): Die Erkenntnis und das Heilige. Eugen Diederichs Verlag, München (Originalausgabe: Knowledge & the Sacred, New York 1981). S. 305.

416 Ebenda.

417 Ebenda, S. 309.

418 Vgl. Dacqué, Edgar (1935): Organische Morphologie und Paläontologie. Verlag Gebrüder Borntraeger, Berlin. Und: Schindewolf, Otto (1950): Grundfragen der Paläontologie. Stuttgart. S. 229.

419 Layer, Paul Gottlob (2016): Wie Epigenetik unser Weltbild ins Lot bringen kann. In: Briefe der Evangelischen Akademie Sachsen-Anhalt, Heft 119, S. 46.

420 Ebenda, S. 47.

421 Papst Franziskus (2015), S. 110f.

422 Ebenda, S. 21.

Personenverzeichnis

Sachwortverzeichnis

NACHWORT
VON THOMAS HOOF

In seinem fulminanten, gegen die reduktionistische Gegenwartsbiologie gerichteten Werk *Umweltresonanz – Grundzüge einer organismischen Biologie* hatte Michael Beleites das Evolutionsdogma vom ständigen Wandel der Arten unter dem Druck der Selektion widerlegt durch den Nachweis, daß die Wildformen der Tierwelt eine hohe genetische Kohäsion aufweisen und ihre Merkmale und Eigenschaften auch über lange Zeiträume »zusammenhalten«. Erst durch Zucht und Domestikation, also beim Austritt aus ihrem je spezifischen Habitat, wird die Variationsbreite der Arten größer und es setzen Verhaltens- und Gestaltmodifikationen ein, die in der Regel aber degenerativ, also mit Funktionsverlusten und regressiven Verhaltensänderungen verbunden sind. Naturwissenschaftlich muß die Evolutionstheorie seither als falsifiziert gelten, weil sie ihr Fundament – eben die Unterstellung eines permanenten genetischen Umbaus der Lebewesen durch Anpassung und Selektion – verloren hat.

Die ideologische Waffentauglichkeit dieser entwicklungsgeschichtlichen Lehre war immens, und sie wurde bis tief ins 20. Jahrhundert hinein als Sozialdarwinismus entsprechend eingesetzt. Allerdings sollte man Verschiebungen in der öffentlichen Stimmung (oder genauer in der öffentlichen Stimmungsmache) sehr genau im Auge behalten; wer das tut, wird hinsichtlich der sozialdarwinistischen Frontstellung – prägend für die energiegesättigte Nachkriegsphasen der Wirtschaftsentwicklung zwischen 1920 und 1980 – wesentliche Veränderungen sehen.

Der Darwinismus war in allen seinen Formen Teil des Fortschritts- und Aufstiegsversprechens der Moderne. Sowohl in der biologischen als auch in der kulturellen Evolution wachse der Baum in die Höhe, und der Triumphwagen des Fortschritts rolle unaufhaltsam voran, und wer auch immer – und das waren ganze Völkerschaften – gerade unter seine Räder geraten sei, habe sich gefälligst aufzuraffen und von hinten weiter mitzuschieben. Doch die lange zum Schieben Angefeuerten finden sich zu ihrer Überraschung seit 20 Jahren zum Bremsen berufen, weil der vormalige Triumphwagen nun doch nicht den nächsten Gipfel ersteige, sondern sich Bahn in eine vermeintliche Klimakatastrophe breche.

Dem darwinistischen »Kampf ums Dasein« mit seinem »Naturrecht des Stärkeren« ist in den letzten 40 Jahren das »Recht des Schwächeren« (u.a. auf ausgleichende Bevorteilung) mit Erfolg entgegengetreten und beide zusammen haben die zuvor in der Alltagsmoral wirkenden Gegenseitigkeitsgesetze von »Schuldigkeit und Gütigkeit« (Kant) und »Nothilfe« verdrängt. Das aus dem Recht des Schwächeren abgeleitete »Gebot der Gleichstellung« von allem und jeder führte das Mittelmaß als höchste (aber stetig sackende) Zielnorm ein. Die Rekrutierung der politischen, administrativen, ökonomischen und akademischen »Eliten« wechselte im Zuge dessen folgerichtig von einer Prozedur der Auslese zu einer Prozedur des Lumpensammelns. Offensichtlich ist, daß diese Kehre nicht dem Schutz der Schwäche, sondern der Schwächung der Stärke – sei es eine individuelle oder institutionelle – diente. Die Institutionen und auch ihr Personal bieten seither das unschöne Bild einer induzierten Verwesung bei lebendigem Leibe.

Die im Darwinismus als einziger/wesentlicher Leistungsantrieb geltende »Konkurrenz« war in den Arbeits- und Lebenserfahrungen der Menschen immer eine Randerscheinung.[1]

Selbst aus der agonalen Praxis schlechthin, dem Krieg, bleibt als prägende Erfahrung nicht (die tödliche) »Konkurrenz« zurück, sondern die Kooperation, hier die »Kameradschaft«. Ansonsten tritt Konkurrenz in recht milder Form im Beförderungsgerangel bürokratischer Großinstitutionen, im Sport als hochritualisiertes Kräftemessen und natürlich auf dem Parkett erotischer Annäherungen als Rivalität in Erscheinung. Bemerkenswert und zukunftsweisend ist allerdings, daß Konkurrenz selbst auf ihrem eigentlichen Feld, dem der Wirtschaft, heute auf dem Rückzug ist. Die Kapitalfonds mit Sitz in den USA (Blackrock mit einem verwalteten Vermögen von 7,5 Billionen US-$) sind an allen wichtigen Industrieunternehmen und Banken der westlichen Welt auch aufsichtsrätlich beteiligt. Sie moderieren über den daraus gewonnen Informationsvorsprung und mit der schieren Masse ihres Kapitals die »Konkurrenz«, fädeln »Mergers und Aquisitions« zur Bildung oligopolistischer Strukturen ein und drücken und heben zu diesem Zweck die Marktkapitalisierung der Zielunternehmen nach Belieben[2]. Traditionelle Linke könnten mit mehr Recht als früher von einem »Staatsmonopolitstischen Kapitalismus« reden; allerdings handelt es sich heute um einen Überstaatsmonopolistischen Kapitalismus, der dann auch noch in Privathand ist.

Ein letztes, nicht unwichtiges Relikt des Sozialdarwinismus hat sich allerdings frisch erhalten, nämlich seine ständige Mahnung zur Eile, weil auf Saumseligkeit bei der »Anpassung« evolutionsgesetzlich die Strafe des »Untergangs« stünde. Der letzte Generalsekretär der KPDSU hatte diese Weisheit smalltalk-tauglich gemacht mit seinem »Wer zu spät kommt, den bestraft das Leben«. Große Karriere machte der Spruch aber erst bei den Innovationsfrenetikern des Westens, weil er aufs Schönste den Geist des völlig ziellosen Windhundrennens wiedergibt, in den das »Ewig strebende Bemühen« ernsthafterer Zeiten sich Ende des 20. Jahrhunderts verwandelt hatte. Das wirkt fort in der endemischen Angst, irgend etwas verpasst oder unterlassen zu haben, in einer existentiellen Verspätungsphobie und einer dauernden Getriebenheit auch ohne Treiber.

[1] Es gehört zu einem umfassenden Kreuzzug gegen die Vergangenheit, sie als eine Hölle nichtendenwollender Plackerei darzustellen. Karl Bücher – ein Wirtschaftswissenschaftler der deutschen Historischen Schule um Gustav Schmoller – kommt in seiner großen Untersuchung *Arbeit und Rhythmus*, in der er Arbeitsgestaltungen, Arbeitsgemeinschaften und Arbeitsformen in vorindustriellen Gesellschaften rekonstruiert, zu folgendem Fazit: »In den schier endlosen Tatsachenreihen, die sich im vierten und fünften Abschnitt dieses Buches vor unsern Augen entfaltet haben, ist eine versunkene Welt aus den Fluten der Menschheitsgeschichte aufgetaucht: die Welt der fröhlichen Arbeit. Der Nationalökonom, der diese Welt zuerst betritt, reibt sich verwirrt die Augen, als wäre er durch ein Wunder in das Land Utopia versetzt ...: Hier ist die Arbeit keine Last, kein schweres Lebensschicksal, keine Marktware, ihre Organisation kein Ergebnis kalter Kostenberechnung, überall ... Geselligkeit und Hilfsbereitschaft ...« Karl Bücher: *Arbeit und Rhythmus*, Leipzig 1924, S. 455.

[2] Zur Illustration: Sie konnten z.B. die deutsche Bayer AG dazu nötigen, den von Schadensersatzansprüchen bedrängten US-Round-Up-Hersteller Monsanto für 63 Milliarden US-$ zu übernehmen und den Schadensersatz in Höhe von 12 Milliarden US-$ zu zahlen. 2 Jahre später hat die Bayer-AG (einschließlich Monsanto) einen Börsenwert von 50 Milliarden US-$. Wenn der damalige Drahtzieher die heutige Bayer AG (inklusive Monsanto) jetzt aufkaufte, hätte er 25 Milliarden US-$ verdient und bekäme die ehemalige Bayer AG als Dreingabe dazu.
Der Zwerg Tesla (25 Mill. US-$ Umsatz, bisher noch ohne ein Gewinnjahr) könnte zur Zeit (Juli 2020) mit einer Marktkapitalisierung von 200 Milliarden US-$ die gesamte deutsche Automobilindustrie (VW, BMW, Daimler) mit einer Marktkapitalisierung von zusammen 100 Milliarden US-$ übernehmen, obwohl die drei deutschen Unternehmen einen Umsatz von fast 500 Milliarden US-$ und einen Gewinn von 23 Milliarden US-$ erzielten.

Ein Artgemäßes Mensch-Sein ...? So heißt das dritte Kapitel in Michael Beleites' *Lebenswende* und hier zeigt er, in welche Richtung ein Ausschlupf aus den in allen Lebensbereichen systemisch definierten »Unausweichlichkeiten« zu finden sei. Ich grabe an dieser Stelle noch etwas tiefer, auch um zu zeigen, daß Beleites mit seiner Begriffswahl »Resonanz« zur Kennzeichnung biologischer Gestaltbildungs- und Integrationsprozesse einen guten Griff tat.[3]

Wir pflegen ein Weltbild (der Darwinismus trug dazu bei), auf dem sich unter der ehernen, stoischen und desinteressierten Ruhe des Firmaments auf der Erde das Drama des Lebens in wimmelnder, ameisenhafter Geschäftigkeit entfaltet: Himmlische Ruhe also gegen irdische Rastlosigkeit, himmlische Dauer gegen irdisches Werden und Vergehen.

Was der heutigen Physik weltbildlich allenfalls zu entnehmen ist, malt ein anderes Panorama: Im Welthintergrund herrscht im Wirbel der Wellen oder im Tanz der Teilchen unaufhörliche Bewegung, ein unentwegtes Auf- und Verglühen flüchtiger Partikel, die in Millionstelteilen einer Sekunde erscheinen und vergehen oder ihre Identität wechseln. Mit Friedrich Cramer läßt sich demnach sagen: »Die Welt existiert nicht, sondern sie ereignet sich«[4] Oder: »Der Kosmos hat die Form eines Prozesses.«[5].

Doch in diesem Prozeß erscheint offenbar eine Kraft, die Wellenpakete oder Teilchenschauer zur Resonanz und in eine kreisförmige Oszillation leitet, und ihnen erst damit eine materiale Struktur aufzwingt oder zuteil werden läßt. Die Stofflichkeit der Welt, so wie sie sich unseren Sinnen darbietet, entsteht demnach aus der Intervention einer struktur-, form-, oder gestaltbildenden Kraft in einen unaufhörlichen, möglicherweise zeitlosen Prozeß. Es ist ein Anhalten oder Einfrieren der ewigen Bewegung. »Nach meiner Auffassung ist jede Struktur ein Stück gebremste Zeit, d.h. Zeit, die in einen Zyklus, in eine harmonische Schwingung gezwungen wurde und dadurch reversibel wurde. Sein ist damit Zeit und Zeit ist Sein.«[6]

Die wirkliche, sicht- und faßbare Welt ist demnach lediglich eine Insel der Ruhe (oder der gebremsten Zeit) in einem Meer der dauererregten, sich ständig umwälzenden Potentialität. Die »Hausvögte« dieser Insel hätten dann implizit den Auftrag, die im Zeitlichen erschienen Strukturen und Gebilde zu bewahren oder sie gar in einer mittätigen, fortsetzenden Schöpfung zu veredeln und ihre irdische Frist zu verlängern.

Das haben die Menschen der zehntausend Jahre vor uns in einem Umfang geleistet, der in seinen überkommenen Resten noch heute unseren einzigen Bestand an baulicher und landschaftlicher Schönheit ausmacht. Von uns hingegen, den irdischen Beschleunigern seit 1900 (und verschärft seit 1950), nur Akzeleration, Vergeudung und Verunstaltung.

3 Ich folge hier weitgehend dem Chemiker und Genetiker Friedrich Cramer, der zwischen den 60er und 90er Jahren des letzten Jahrhunderts Direktor am Max-Planck-Institut für experimentelle Medizin in Göttingen war und im Jahre 1966 mit seinem »Versuch einer allgemeinen Resonanztheorie« einen Grenzgang zwischen Naturwissenschaften und Naturphilosophie wagte.

4 Friedrich Cramer: *Symphonie des Lebendigen. Versuch einer allgemeinen Resonanztheorie.* Frankfurt/M. 1998, S.22.

5 Ebenda, S. 24.

6 Ebenda, S.32, »Stabile Strukturen sind immer Zeitkreise, Kreisläufe, harmonische Oszillatoren, Wellenpakete, die zyklisch repetetiv sind« Friedrich Cramer: *Der Zeitbaum. Grundlegung einer allgemeinen Zeittheorie*, Frankfurt/M. 1996, S. 30.

Wie sich der Mensch an diesen »Auftrag«, der weniger eine auferlegte Pflicht, sondern eine Chance zum Glück darstellt, anschließen konnte und könnte, hat Hannah Arendt in ihrem *Vita activa*[7] in eine lebensphilosophische Perspektive gerückt:

Die »vita activa« des Menschen umfaßt Lebenstätigkeiten, die einerseits Arbeit (labour) und andererseits Werk (work) sind. »Arbeit« wäre das, was tagtäglich in der Sorge um die Lebensmittel im engeren Sinne zu verrichten ist. Die Produkte dieser Tätigkeiten (in Land- und Hauswirtschaft) vergehen, kaum daß sie erzeugt sind, indem sie verzehrt werden.

In der »Arbeit«, in dem unaufhebbaren Rhythmus von Erzeugen und Verzehren hat der Mensch seinen Ort in der irdischen Natur, in deren Kreislauf er *»... gleichsam mitschwingen kann zwischen Mühsal und Ruhe, zwischen Arbeit und Verzehr, zwischen Lust und Unlust mit derselben ungestörten, grundlosen und zweckfreien Gleichmäßigkeit, mit der Tag und Nacht, Leben und Tod aufeinanderfolgen.«*

Außerhalb dieses unaufhaltsamen *» ... natürlichen Kreislaufs, in dem ein Körper sich erschöpft und regeneriert, in dem die Mühsal der Arbeit von der Lust des Verzehrens und die Müdigkeit von der Süße der Ruhe gefolgt ist, gibt es kein bleibendes Glück. Und was immer diese kreisende Bewegung aus dem Gleichgewicht bringt ... vernichtet die elementare sinnliche Seligkeit, die der Segen des Lebendigseins ist.«*

Das herstellende »Werk« schafft demgegenüber Dinge, die zum Gebrauch bestimmt sind und eine Dauer und einen Ort in der Welt haben. Sie, Bauwerke und Kulturlandschaften insbesondere, bilden die Heimat des Menschen, die geschaffen wird aus Dingen der Natur, aber gegen sie und ihre unerbittlichen Kreisläufe, Dinge also, *»deren Haltbarkeit der Welt als dem Gebilde von Menschenhand die Dauerhaftigkeit und Beständigkeit verleiht, ohne die sich das sterblich-unbeständige Wesen der Menschen auf der Erde nicht einzurichten wüßte, sie sind die eigentlich menschliche Heimat des Menschen«*. Das konstitutionelle Schicksal des Menschen, Natur und Nicht-Natur zu sein, hebt sich auf in diesen beiden Formen seines »tätigen Lebens«: mit seinen leiblichen Bedürfnissen und der Arbeit zu ihrer Befriedigung mitschwingend in den Kreisläufen der Natur und vor deren Unerbittlichkeit geborgen in einer Welt beständiger, menschengemachter Dinge erfährt er gleichzeitig, daß er als generisches Lebewesen auf der Erde nur innerhalb der Natur, als spezifisch menschliches Lebewesen aber nur in der Welt gebauter, gemachter, beständiger Dinge existieren kann. In der energieüberflußbefeuerten Eskalation der Wirtschafts- und Lebensformen der letzten 150 Jahre sind beide Erfahrungen verloren: fast alle Werktätigkeit ist in Arbeit verwandelt und der Unterschied zwischen Verzehren und Gebrauchen weitgehend eingeebnet. Der Antrieb zu Leben und Wirtschaften zielt nicht mehr darauf, den Ablauf und das Schwinden der Güter zu verlangsamen, sondern es im Gegenteil maximal zu beschleunigen. Die schiere Möglichkeit der Lebensfristung beruht heute darauf *»... daß alle weltlichen Dinge in einem immer beschleunigteren Tempo erscheinen und verschwinden.« »Es ist, als hätten wir die schützenden Mauern eingerissen, durch welche alle vergangenen Zeiten die Welt, das Gebilde von Menschenhand, gegen die Natur abschirmten, mit dem Erfolg, daß wir den ohnehin bedrohten Bestand der menschlichen Welt den Naturprozessen preisgegeben und ausgeliefert haben, vielleicht weil wir meinen, daß wir der Natur*

[7] Hannah Arendt: *Vita Activa oder Vom tätigen Leben*, München 1981; daraus auch alle weiteren Zitate in diesem Abschnitt.

so absolut Herr geworden sind, daß wir der Welt, also einer spezifisch menschlichen Heimat innerhalb der irdischen Natur entraten könnten.«

Die 150jährige Phase eines »constant craving« nach mehr Wachstum, mehr Energie, mehr »Wohlstand« kommt zwangsläufig zum Schluß. Das Verebben der fossilen Energieflüsse markiert das Ende, nicht einmal einer Epoche, sondern eines nur kurzen, aber dramatischen Zwischenspiels, das ungeheure Gewinne brachte, aber auch schwerste Opfer kostete. Zu den letzten zählen Lebensklugheit, Realismus, der gesunde Menschenverstand und wahrscheinlich ein alltägliches Lebensglück in einer wirklichen, örtlichen und zeitlichen Beheimatung.

Es gibt zwei Ausgänge: Der eine führt in die totalitäre, ökodiktatorische Weltgesellschaft, in der der Degeneration wahrscheinlich ein weiter und langer Auslauf gewährt wird. Sie ersetzt die Disziplinierung. Der andere führt auf einen Weg kooperativer, lokaler Lebensbewältigung. Es ist der Weg in die Regeneration. Michael Beleites hat ihn vorgedacht.